U0345860

华建集团 ARCPLUS 科创成果系列丛书

既有深坑地下空间开发利用岩土工程技术与工程实践

GEOTECHNICAL ENGINEERING TECHNIQUE AND PRACTICE OF UNDERGROUNDSPACE DEVELOPMENT IN EXISTING DEEP PIT

梁志荣　著

图书在版编目(CIP)数据

既有深坑地下空间开发利用岩土工程技术与工程实践/梁志荣著.--上海:同济大学出版社,2018.1

ISBN 978-7-5608-7473-9

Ⅰ.①既… Ⅱ.①梁… Ⅲ.①基坑工程-岩土工程-研究 Ⅳ.①TU46

中国版本图书馆 CIP 数据核字(2017)第 274904 号

华建集团科创成果系列丛书

既有深坑地下空间开发利用岩土工程技术与工程实践

梁志荣 著

出 品 人: 华春荣
策划编辑: 胡 毅 吕 炜
责任编辑: 胡晗欣
责任校对: 徐逢乔
装帧设计: 完 颖

出版发行: 同济大学出版社 www.tongjipress.com.cn
(上海市四平路 1239 号 邮编:200092 电话:021-65985622)
经 销: 全国各地新华书店、建筑书店、网络书店
排版制作: 南京新翰博图文制作有限公司
印 刷: 上海盛通时代印刷有限公司
开 本: 889mm×1194mm 1/16
印 张: 18.5
字 数: 592000
版 次: 2018 年 1 月第 1 版 2018 年 1 月第 1 次印刷
书 号: ISBN 978-7-5608-7473-9
定 价: 180.00 元

内容提要

本书是国内第一部较系统介绍既有深坑深度开发中岩土工程技术与工程实践的著作。

既有深坑深度开发利用，尤其是既有深坑开发改造为重大建（构）筑物地下空间是崭新的工程技术领域。为确保既有深坑深度开发利用实践的可行性与安全性，本书对其中所涉及的岩土工程及地基关键技术，结合作者们的科研成果，进行了分析与介绍，以期指导实践。全书在上海市优秀技术带头人计划课题成果基础上编著而成，主要包括既有深坑边坡的稳定性分析方法、既有深坑边坡－基础－结构共同作用抗震分析、既有深坑开发的岩土工程治理设计、边（滑）坡工程监测与检测技术等内容。

同时，本书以作者承担设计的两个既有矿坑重大地下空间深度开发工程项目（上海世茂天马深坑酒店和南京牛首山文化旅游区深坑项目）为工程案例，对既有深坑开发利用岩土工程技术进行了剖析介绍。

本书可供从事岩土工程、结构工程及相关开发、科研、教学、设计、勘察、监测、检测与施工的科技工作者以及大专院校师生学习参考。

作者简介

梁志荣　华东建筑集团上海申元岩土工程有限公司总工程师、教授级高级工程师，长期从事建筑地基基础与桩基础沉降、深大基坑工程设计与环境保护、边坡工程及既有深坑地下空间开发利用、承压水控制等。主编、参编国家、行业和上海市规范、标准 19 部，负责和参与撰写专著、论文 40 多部（篇）。获得国家金奖、铜奖，住房和城乡建设部一、二、三等奖，上海市科技进步二等奖（2 项）、三等奖，上海市优秀勘察设计一等奖（10 项）等 40 多项成果奖项；获得授权专利 8 项。2012 年起享受国务院政府特殊津贴，2014 年入选上海市优秀技术带头人计划。

总 序

文/秦云

伴随着中国的城市化进程，勘察设计行业经历了高速发展时期，行业技术水平在长期的大量工程实践中得到了长足发展。高难度、大体量、技术复杂的建筑设计和建造能力显著提高；以建筑业 10 项新技术为代表的先进技术得以推广运用，装配式混凝土结构技术、建筑防灾减灾、建筑信息化等相关技术持续更新和发展，建筑品质和建造效率不断提高；建筑节能法律法规体系初步形成，节能标准进一步完善，绿色建筑在政府投资公益性建筑、大型公共建筑等项目建设中得到积极推进。如今，尽管我国经济发展进入新常态，但建筑业发展总体上仍处于重要战略机遇期，也面临着市场风险增多、发展速度受限的挑战。准确把握市场供需结构的变化，增强改革意识、创新意识，加强科技创新和新技术推广，才能适应市场需求，才能促进整个建筑业的转型发展。

华东建筑集团股份有限公司（以下简称华建集团）作为一家以先瞻科技为依托的高新技术上市企业，引领着行业的发展，集团定位为以工程设计咨询为核心，为城镇建设提供高品质综合解决方案的集成服务供应商。旗下拥有华东建筑设计研究总院、上海建筑设计研究院、华东都市建筑设计研究总院等 10 余家分子公司和专业机构。集团业务领域覆盖工程建设项目全过程，作品遍及全国各省市及 60 多个国家和地区，累计完成 3 万余项工程设计及咨询工作，建成大量地标性项目，工程专业技术始终引领并推动着行业发展和不断攀升新高度。

华建集团完成的项目中有近 2 000 项工程设计、科研项目和标准设计获得过包括国家科技进步一等奖，国家级优秀工程勘察设计金、银奖，土木工程詹天佑奖在内的国家、省（部）级优秀设计和科技进步奖，体现了集团卓越的行业技术创新能力。累累硕果来自数十年如一日的坚持和积累，来自企业在科技创新和人才培养方面的不懈努力。集团以“4 + e”科技创新体系为依托，以市场化、产业化为导向，创新科技研发机制，构建多层级、多元化的技术研发平台，逐渐形成了以创新、创意为核心的企业文化。在专项业务领域，开展了超高层、交通、医疗、养老、体育、演艺、工业化住宅、教育、水利等专项产品研发，建立了有效的专项业务产品系列核心技术和专项技术数据库，解决了工程设计中共性和关键性的技术难点，提升了设计品质；在专业技术方面，拥有以超高层结构分析与设计技术、软土地区建筑深基础设计关键技术、大跨空间结构分析与设计技术、建筑声学技术、BIM 数字化技术、建筑机电技术、绿色建筑技术、围填海工程技术等为代表的核心专业技术，在提升和保持集团在行业中的领先地位方面，起到了强有力的技术支撑作用。同时，集团聚焦中高端领军人才培养，实施“213”人才队伍建设工程，不断提升和强化集团在行业内的人才比较优势和核心竞争力，集团人才队伍不断成长壮大，一批批优秀设计师成为企业和行业内的领军人才。

为了更好地实现专业知识与经验的集成和共享，推动行业发展，承担国有企业社会责任，我们将华建集团各专业、各领域领军人才多年的研究成果编撰成系列丛书，以记录、总结他们及团队在长期实践与研究过程中积累的大量宝贵经验和所取得的成就。

丛书聚焦工程建设中的重点和难点问题，所涉及项目难度高、规模大、技术精，具有普通小型工程无法比拟的复杂性，希望能为广大设计工作者提供参考，为提升我国建筑工程设计水平尽一点微薄之力。

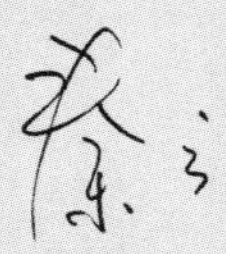

序

文/张桦

近年来，随着城市土地资源的日益短缺及环境保护要求的不断提高，以城市周边废弃矿坑为主的既有深坑再利用及深度开发逐渐成为各地关注热点，许多国家和地区已尝试开展既有深坑的深度开发利用。受自然因素及人类活动的长期影响，既有深坑往往存在不良地质现象发育、地质灾害频发等问题，严重威胁此类项目的建设与运营安全，岩土工程综合治理是此类项目成败的关键。既有深坑岩土工程综合治理中面临边坡长期稳定性控制与变形控制要求高、边坡－基础－结构共同作用显著、边坡变形监测及滑坡预测准确度要求高等技术难题，为工程建设带来诸多挑战。由于工程实践相对较少，当前对其所面临的关键技术缺乏系统梳理和研究。因此，不断深入总结工程实践经验，持续对关键技术难题开展系统研究，对于我国工程界提升技术水平、推进既有深坑深度开发利用具有重要意义。

本书针对既有深坑岩土工程综合治理的技术难题，系统介绍了既有深坑边坡长期稳定性分析方法及安全控制原则，总结既有深坑开发中常用的岩土工程综合治理措施及设计方法，概括了各种治理措施的施工技术要求，引入基于岩土体蠕变时效稳定原理的滑坡预测预报技术，内容系统、翔实、丰富，能够为读者及从事相关工作的人员提供参考。此外，本书紧密结合目前国内第一、第二两个重大既有深坑深度开发利用项目，对既有深坑岩土工程综合治理技术在工程实践中的应用进行了详细论述，具有较高的工程应用价值和工程实践指导意义。

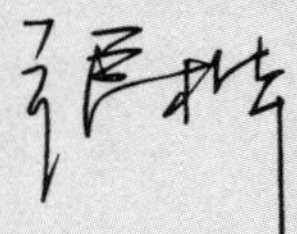

前言

文/梁志荣

矿产资源开采为带动我国的社会与经济发展作出了巨大贡献，但同时导致大量土地资源的灾损，遗留大量矿坑废弃地。随着我国经济水平的提高、环保意识的增强与土地资源的日益匮乏，对废弃矿区进行治理再利用的需求日益增加。对于土地资源开发价值较高的中心城市，废弃矿坑的治理再利用已从早期的生态恢复、矿山复垦逐渐发展到综合整治、深度开发、建设区域性地标项目的阶段。岩土工程综合治理是废弃矿区深度开发的根本保证，具有以下特点：

（1）废弃矿坑边坡地质条件复杂、地质灾害频发，岩土工程治理难度大。受采矿活动，尤其是露天采矿活动影响，废弃矿坑不可避免地存在采矿边坡、尾矿渣堆填边坡等各类边坡，若未能进行有效加固或防护，废弃矿坑边坡容易发生诸如崩塌、滑坡、泥石流、危岩、断裂等不良地质灾害。

（2）废弃矿坑深度开发岩土工程综合治理对边坡的稳定性控制及变形控制要求高。矿坑边坡的稳定与变形控制是确保废弃矿坑深度开发项目安全、正常运营的基本保障，在废弃矿坑深度开发岩土工程综合治理中至关重要，有必要选择合理的方法进行边坡稳定与变形分析，并据此进行加固与防护。

（3）废弃矿坑深度开发项目中，矿坑坡底、坡中与坡顶往往新建重要建筑物，边坡-基础-结构共同作用对边坡稳定、主体结构安全的影响显著，应在废弃矿坑边坡岩土工程治理中予以考虑。

（4）废弃矿坑深度开发施工期及运营期有必要加强边坡变形监测及滑坡预测预报。废弃深坑边坡的地质条件复杂，受扰动易发生地质灾害，故加强边坡变形监测及滑坡预测预报对保证废弃矿坑开发施工安全及正常运营至关重要。

近年来，我司先后承担南京牛首山文化旅游区一期工程、上海天马深坑酒店建设工程这两个既有深坑深度开发利用项目岩土工程综合治理设计及监测工作。既有深坑深度开发中，边坡长期稳定性控制与变形控制、施工期及运营期边坡变形监测及滑坡准确预测等方面要求高、技术难度大，而且边坡-基础-结构共同作用显著，均为工程建设带来诸多困难。针对工程建设中遇到的技术难题，项目团队组织公司骨干力量开展技术攻关，对关键技术问题提出了解决方案，保证了工程的顺利实施与推进，积累了许多经验。本书结合上述工程实践，对既有深坑地下空间开发利用的相关岩土工程关键技术进行提炼、归纳与总结，阐述既有深坑开发利用岩土工程综合治理原则、治理措施与设计方法。本书依托于工程实践编撰，确保内容的系统性、新颖性与实用性。

(1) 系统性：内容围绕既有深坑地下空间开发利用岩土工程技术的主线，对既有深坑开发岩土工程技术展开系统介绍，既强调边坡稳定分析、加固设计与滑坡预测预报等关键技术，又包含既有深坑开发的勘察、排水、防护与施工等内容，涵盖既有深坑开发利用各阶段的岩土工程工作内容，条理清晰，重点突出。

(2) 新颖性：振动台试验是开展边坡-基础-结构共同作用较为先进的方法之一，书中详细阐述了依托既有深坑开发项目边坡-基础-结构共同作用振动台试验研究的方法和主要结论；书中介绍了滑坡预测预报新理论——蠕变时效理论，以实现既有深坑开发中滑坡预测预报的目的。

(3) 实用性：内容除包含工程经验总结外，还涵盖现行规范的相关规定，确保勘察、设计、施工等工程技术尽量规范化。全书结合编者所主持的既有深坑开发利用的岩土工程综合治理项目，详细阐述了典型工程的地质和环境条件、设计理论和设计依据的采用，以及施工监测的工程经验，对既有深坑开发利用岩土工程治理工程的设计与施工具有一定的参考价值，有利于提高解决工程实际问题的水平。

城市发展空间需求与土地资源匮乏的矛盾必然不断提升近郊地区既有深坑的开发价值，使得既有深坑深度开发利用项目越来越多。岩土工程综合治理是既有深坑开发项目实施成败的关键。为解决既有深坑岩土工程综合治理难题，书中首先介绍了边坡稳定性的定性与半定量分析方法、定量分析方法及数值模拟分析原理，然后总结了既有深坑开发中常用的岩土工程综合治理措施及设计方法，并概括了各种治理措施的施工技术要求，这对于解决既有深坑开发岩土工程实际问题具有很好的指导意义。针对既有深坑开发期间滑坡风险较大的问题，书中引入了蠕变时效理论，并结合工程实践详细阐述了该理论在滑坡预测预报中的应用，可为既有深坑开发的滑坡预测预报提供参考借鉴。编者希望书中所总结的经验及相关工程实践能对既有深坑开发利用岩土工程治理的设计及施工技术人员有所帮助。

李伟博士、张菊连博士、刘静德博士等同志参与了本书相关专题的研究与撰写工作，为之付出大量时间与精力，在此表示感谢！

朱合华教授在百忙中对本书进行了审稿，提出了很好的建议，在此对他表示衷心的感谢！

本书研究工作得到了上海市科学技术委员会技术带头人计划的资助，华东建筑集团股份有限公司对本书的编写和出版发行给予大力支持，在此表示衷心的感谢！

本书的编辑、出版和发行得到了同济大学出版社的大力支持，也在此表示衷心的感谢！

本书引用了国内专家学者的诸多研究成果，编者在此致以最真挚的谢意，书中已尽可能详细地标明出处，如有遗漏在此由衷致歉。

由于目前国内既有深坑深度开发利用项目仍较少，书中的经验总结难免有所疏漏和不足，敬请广大读者不吝指正。

2017 年 10 月

目　录

第 7 章 既有深坑开发利用的边坡防护和绿化设计

第 8 章 边（滑）坡工程监测与检测技术

第 9 章 工程实践——南京牛首山一期边（滑）坡治理工程

第 10 章 工程实践——上海天马山世茂深坑酒店边坡加固工程

第 1 章　概　述

1.1 既有深坑开发利用国内外现状

工业革命以来，人类进入了快速发展阶段，许许多多矿产资源得以开采。矿产资源的开发带来了各种各样的环境保护问题，同时由于许多已开发矿产资源的枯竭，形成了大量的矿山废弃地和相关的工业废弃地，这其中包括许多矿坑废弃地与沉陷区废弃地。

随着经济的高速发展、产业结构的更新换代，生活水平日益改善，土地资源日趋紧张，环境要求日益提高，矿山废弃地或工业废弃地的环境整治、生态恢复、景观营建、旅游资源开发价值日益彰显。因此，废弃矿坑土地资源重新开发利用，尤其是城区或城郊既有深坑的开发利用，已经引起各国政府越来越多的重视。目前，世界范围内废弃矿坑开发的主要利用方式是生态修复、坡面覆绿、旅游资源开发、储存燃料、垃圾堆填、坑塘养殖和填土复垦等[1, 2]。

1.1.1 国外现状

国外对矿坑废弃地的改造从 19 世纪开始，至 20 世纪 60 年代在发达国家中快速推进。目前，国外较有影响力的废弃矿坑改造项目主要分为两类：①通过生态恢复或遗迹改造，建设成旅游观光资源，如法国的比特・绍蒙公园、英国的伊甸园、加拿大的布查特花园、德国的北戈尔帕公园、英国的布莱纳文工业遗址等；②改造为其他用途的地下工程，如美国德克萨斯州的卡尔盐矿、乌克兰外喀尔巴什州的岩盐矿等。

1. 废弃矿坑的旅游资源开发

比特・绍蒙公园（Buttes Chaumont）位于巴黎郊区，原为石灰石采石矿坑，废弃后成为垃圾填埋场，后设计师阿尔方将部分石灰岩地形予以保留，并通过生态手法将其改建成公园，成为废弃矿山造园的经典案例。

英国伊甸园［图 1-1（a）］位于英国康沃尔郡，总面积达 15 hm^2。其所在地原是当地人采掘陶土遗留下的巨坑，于 2000 年被改造为世界最大的植物温室展览馆并于次年 3 月对外开放，开业至今游客量过千万[3]。

(a) 英国伊甸园

(b) 加拿大布查特花园

(c) 德国北戈尔帕公园

(d) 英国布莱纳文工业遗址

图 1-1 国外废弃矿坑改造利用典型案例

加拿大布查特花园［图 1-1（b）］位于维多利亚市，始建于 1904 年，占地面积达 12 hm^2，分 4 个大区，其中新境花园原为石灰矿遗留矿坑，经多年经营成为名园，每年吸引来自世界各地的游客 50 多万人。

德国北戈尔帕［图 1-1（c）］是著名的露天煤矿产区，采矿形成大片碎石和大面积深坑群。20 世纪 90 年代，该地区通过生态恢复改造为北戈尔帕公园，将露天煤矿开发为博物馆、露天剧场和休闲场所等。公园建设大量利用场地内原有工业要素、大型机械设施及地形地貌，建造了欧洲最大的金属雕塑群（被称为“铁城”），体现了该地区的历史文化特点。

英国的布莱纳文工业遗址［图 1-1（d）］位于南威尔士东北部的产煤区，曾是 19 世纪世界主要的钢和煤的出产地，是英国工业革命的见证，已被列入世界文化遗产名录。遗址内保留着煤矿和铁矿、采石场、原始的铁路系统、熔炉以及工人住宅和社区等工业区的必要组成部分。

其他如德国的科特布斯矿区的大地艺术品，日本的采石场被开发为国营明石海峡公园，奥地利迪尔恩贝格盐矿被开发为具有人文风貌露天博物馆，波兰维利奇卡古盐矿被开发为矿坑博物馆，约翰内斯堡开发的黄金矿坑旅游区等，均是废弃矿坑经生态恢复改造为旅游景点的典型案例。

2. 废弃矿坑改造为其他地下工程

兴建地下储气库是废弃矿坑改造为地下工程的主要形式之一。据统计，最早的天然气地下储气库建于 1916 年，至 2014 年，世界范围内已建成地下储气库 693 座，总工作气量达 3 588 亿 m^3，其中 76%的地下储气库是通过改造废弃矿坑建成。

美国德克萨斯州开采了 70 年的卡尔盐矿，在废弃坑道两侧建有 1.5 万个地下仓库，用于收藏珍贵物品和文件资料。

乌克兰在外喀尔巴什州开办了一所医院和一所国家疗养院，病房设在地面以下 206～282 m 的岩盐矿井内，哮喘病的治愈率达 84%。

美国密苏里州堪萨斯市利用矿井采空区建立了工作面积为 2.79 万 m^2 的商业与工业中心，运行效果良好。

其他如法国将矿井废弃巷道改作地下油库，储存轻质油；美国蒙大拿州的氡气废弃矿井被改建为氡治疗中心，向癌症患者开放；澳大利亚将蛋白矿遗址改造为沙漠海角地下旅馆，附设商店、酒吧、剧场等设施，久负盛名。这些都是废弃矿坑改造再利用的典型案例。

1.1.2 国内现状

国内方面，因废弃矿坑多数远离中心城区，土地价值有限，而工业、矿山废弃地开发再利用所需付出的经济代价又十分巨大，很多项目都因资金紧张，只能进行简单的开发利用。但随着城市建设的高速发展，中心城市近郊的矿坑废弃地资源开发的空间与价值急剧上升，对其进行生态恢复、改造再利用已经成为政府的焦点之一[4-7]，许多城市正在实施或规划废弃矿坑的深度开发。

目前，我国对废弃矿坑改造利用的主要形式包括：①通过生态恢复，进行旅游资源开发，如绍兴东湖风景区、抚顺西露天矿旅游区、上海宝山炮台湾湿地公园、上海辰山植物园等；②矿山复垦，发展农业，如河南新乡世利农业园、安徽淮北矿区基塘农田生态系统等；③通过综合治理改造，对废弃矿坑进行深度开发利用，建成区域性的地标项目，充分发挥其土地价值，并带动区域经济发展，如南京牛首山文化旅游区一期项目、上海天马山世贸深坑酒店项目、湖南长沙大王山深坑冰雪世界项目等。

1. 废弃矿坑的旅游资源开发

国内较早开展矿坑废弃地改造的是绍兴东湖风景旅游区［图 1-2（a）］。景区所在地在汉代以前为青石山，后经开山采石形成高达 50 m 的悬崖峭壁及深 20～50 m 的巨坑，还有长约 200 m、宽 80 m 的清水塘。清末，绍兴著名乡贤陶浚宣环采石场筑起围墙、拓宽水面，遂成山水相映的东湖。东湖经过百年的人工装扮，成为巧夺天工的山水大盆景。

抚顺煤矿开采形成的西露天矿坑东西长约 6.6 km，南北宽约 2 km，深约

420 m，总体积达 1.7 亿 m^3，号称“亚洲第一大坑”；东露天矿坑面积达 9 km^2。21 世纪初，抚顺市对煤矿开采区进行持续的生态改善整治，2004 年西露天矿被评为全国首批旅游示范点，已成为集自然景观和人文景观为一体的旅游胜地[8]。

上海宝山炮台湾湿地公园［图 1-2（b）］曾经是上海市的钢渣回填滩和铁砂采砂场，经生态恢复和改建后，于 2007 年建成并打造出特色鲜明的湿地、森林、田园花海景观。公园的矿坑花园作为采矿遗迹和生态修复的直观体现者，在整个公园的面貌展示中承担了重要的角色，并于 2013 年对其进行进一步改造。

上海辰山植物园的矿坑花园［图 1-2（c）］原位于采石场遗址，由朱育帆教授主持设计，立意源于中国古代“桃花源”隐逸思想，利用现有山水条件，设计瀑布、天堑、栈道、水帘洞等与自然地形密切结合，这些已成为上海辰山植物园代表景观[9]。

北京门头沟区生态修复重点科技示范工程［图 1-2（d）］包括石灰矿废弃地、采石废弃地、采砂废弃地、采煤废弃地、公路边坡破坏和退化生态系统六大类型，将 4 万 m^2 采石矿场建成公园、6 万 m^2 河道恢复湿地、7 万 m^2 废弃矿坑重穿绿装[10]。

(a) 绍兴东湖风景区

(b) 上海炮台湾湿地公园

(c) 上海辰山植物园矿坑花园

(d) 北京门头沟生态修复示范区

图 1-2　国内废弃矿坑改造利用典型案例

大连市石灰石矿环境综合整治工程采用“放坡填埋”的方式将石灰石矿坑改造成平缓狭长的谷地，进而通过生态恢复建成生态公园[11]。

其他如湖北大冶铜绿山古铜矿遗址被建成古铜矿遗址博物馆，台湾九份地区利用矿区遗迹开发旅游区等，都是国内废弃矿山开发旅游资源的成功典范。

2. 矿山复垦、发展现代农业

河南新乡市世利农业园项目是将新乡市凤泉区凤凰山南麓废弃的 166.7 hm^2 荒地（含废弃矿坑 40 hm^2）改造开发成以农业为主的绿色园区，废弃矿坑则改造成中心湖以及湿地，从而形成旅游资源[12]。

安徽淮北矿区由于地下水位高，采煤导致地面沉陷后，沉陷部位往往常年积水或季节性积水，增加了该地区的水域生态。在矿区复垦中，采用挖深垫浅的方法，建立了高效的基塘农田生态系统，充分发挥了农田生态系统的整体功能。

河南义马北露天矿矿坑土复垦恢复耕种，广西藤城镇矿坑恢复耕田，辽宁岫岩废矿坑复垦等，都是矿坑废弃地再开发的成功案例。

3. 废弃矿坑综合治理、深度开发利用

1）南京牛首山文化旅游区一期工程

南京牛首山文化旅游区一期工程位于牛首山大遗址公园的核心区域，是南京市打造佛教文化旅游区的重点工程。2008 年，南京市大报恩寺遗址出土佛教界的至圣之宝——佛顶骨舍利。宗教和文化行政主管部门、佛教界和文物界根据佛顶骨舍利如法如仪、清净庄严安奉的原则，在深入调研和多方论证的基础上，确定将佛顶骨舍利安奉在南京牛首山。南京市江宁区于 2011 年 6 月启动牛首山创意策划工作，启动牛首山文化旅游区一期工程。

供奉佛顶骨舍利的核心建筑——佛顶宫建在废弃铁矿坑内（图 1-3），该铁矿自抗日战争时期进行开采，形成了深 60～130 m 不等、坡度 20°～45°不等的铁矿坑；废弃后，坑内有大量积水，最大水深约 30 m。矿坑东西两侧分别为牛首山的西峰与东峰，南北则为尾矿渣堆填，尾矿渣厚度为 20～30 m。

该项目致力于打造世界级佛教文化旅游胜地，必将吸引大量佛教弟子朝拜，也会推动南京市江宁区的旅游业进一步发展。佛顶宫补天阙效果图如图 1-4 所示。

2）上海天马山世茂深坑酒店

上海天马山世茂深坑酒店，位于上海市松江区佘山镇西南辰花路 2 号地块（天马山与横山间），地处佘山国家旅游度假区，与纳米假日城和纳米魔法小镇组合成佘山纳米魔幻城项目。该项目由上海世茂集团投资建设，是世界上首个建设于坑内的五星级酒店。

辰花路 2 号地块项目总用地 170 余 hm^2，由两大区域组成：公共设施区域和农业观光休闲度假区。公共设施区域有 42.82 hm^2，包括独家酒店、宾馆、旅游商业、运动休闲设施。农业观光休闲度假区用地约 130 hm^2，是以花卉种植园、果园、葡萄园为主题的度假庄园。

图 1-3

图 1-4

图 1-3　南京牛首山文化旅游区佛顶宫矿坑施工前现场

图 1-4　南京牛首山文化旅游区佛顶宫补天阙效果图

世茂天马深坑原为天马山采石矿区，该采石区于 1950 年投入使用，2000 年关闭。采石坑大致呈椭圆形，上宽下窄，坡度陡峭，坡角约为 80°。采石坑长约 280 m，宽约 220 m，面积约 36 800 m^2，坑深约 70 m，坑内原积水深度约 30 m。

2006 年，该项目正式启动并进行了坑壁和坑底岩石爆破。但因酒店所在深坑落差巨大，工程实施存在许多建筑技术难题，包括消防、防水、抗震等难题。此外，在地下空间的运用、地质考查和研究论证以及建成后的使用和管理等方面，都没有先例可查。因此，该项目设计方案被反复论证、调整，开工时间不断推迟。2013 年 3 月，天马山世茂深坑酒店正式动工，建成后或成为世界上海拔最低的酒店，与欢乐谷、上海辰山植物园等共同带动佘山旅游度假区及周边商业的发展。其施工前现场及项目效果图如图 1-5 所示。

图 1-5　上海天马山世茂深坑酒店施工前现场及项目效果图

上海天马山世茂深坑酒店项目作为全球独一无二的奇特工程，不仅将创造全球人工海拔最低的五星级酒店的世界纪录，而且其遵循自然环境、向地表以下开拓建筑空间的建筑理念也将成为建筑设计的革命性创举，成为环保设计和旧工业区改造利用的绿色建筑范例。2013 年 3 月 17 日，世茂纳米魔幻城、上海天马山世茂深坑酒店与美国国家地理频道合作的《伟大工程巡礼》纪录片开机仪式在上海佘山举行。上海天马山世茂深坑酒店项目和此前入选的中国国家体育馆“鸟巢”、国家游泳中心“水立方”成为展现中国社会经济发展、科技文明进步的最新成果。

3）长沙大王山深坑冰雪世界

长沙大王山旅游度假区位于长沙市坪塘镇的生态修复提质示范区。坪塘老工业基地原以水泥、化工等高污染、高能耗、对生态破坏严重的化工企业、矿山开采企业为主。2010年，区域内21家水泥、化工企业和10余家矿山开采企业全部关闭。长沙市先导区将这个区域规划为大王山旅游度假区，计划利用区域内的山、水、洲等资源优势和交通优势，将曾经的老工业基地打造成国际水准的旅游度假区和绿色新城。大王山旅游度假区计划总投资800亿元，是迄今为止湖南最大的旅游产业项目，片区内规划兴建冰雪世界、巴溪洲水上乐园、矿山复绿公园、湘军文化园等一批引领性休闲度假项目，预计建成后日接待游客量将达10万人。

拟建的深坑冰雪世界利用既有石灰石采矿坑，该矿坑开采历史40多年，矿坑壁陡峭，坡度普遍大于70°，局部近垂直状；开采深度60～80 m，最深达100 m。矿坑呈不规则圆形，坑底面积约5万 m^2，坑上口面积约9万 m^2，上口周长约1 400 m，平均深度约80 m，最大深度约126.32 m。

作为示范区率先开发的重要的特色旅游开发项目，期望通过本项目的开发，带动周边商业发展，为以后的土地开发与出让创造条件，并为其他触媒项目的发展起到引导作用。冰雪世界利用矿坑特有的形态进行设计，对工业遗址进行综合利用开发。冰雪世界总建筑面积约12万 m^2，覆盖矿坑的1/3，如同悬浮的“飞碟”。建筑靠南边2/3的区域是雪乐园，靠北边1/3的区域是水乐园，在水乐园的北边和矿坑的东边是室外水乐园，利用坑的高度形成全球最长的一条滑道，从顶部到底部，长度约600 m，高差有45 m。“飞碟”下方设计成漏斗形的玻璃圆锥筒，把光线引入100 m的深坑内。冰雪世界与深坑围合的空间将打造实景秀场，让游客在游览中品味工业遗址留下的时代痕迹。其建设前卫星图及效果图如图1-6所示。

图1-6 长沙大王山深坑冰雪世界建设前卫星图及效果图

国内还有一些大中城市在规划将城区或城郊的废弃矿坑进行深层次开发，形成区域性的地标性建（构）筑物，以期充分发挥其潜在经济价值，带动区域经济转型发展。但由于废弃矿坑地质条件复杂、地质灾害频发，工程建设所需资金量大，使得类似项目需要更深入的技术经济规划对比分析。本书将结合上海天马山世茂深坑酒店、南京牛首山文化旅游区一期工程两个项目，探讨废弃矿坑深度开发利用中遇到的各类复杂岩土工程问题。

1.2 既有深坑开发岩土工程的特点、难点

1.2.1 废弃深坑环境问题

我国的矿业活动主要指矿石采掘、选矿及冶炼，矿业活动产生的生态环境问题和破坏的种类很多（表 1-1）。各类矿产资源的开发占用大量土地资源，破坏原有生态系统，同时产生了大量固体废弃物。因为各类矿山自然条件、环境条件、工程地质条件、水文地质条件、开采方法、矿产冶炼加工、开采周期等均不同，所引起的环境问题各异。常见的环境问题有：土壤污染、地下水污染、粉尘污染、大气污染、固体废弃物污染、化学污染等。

表 1-1　矿业活动与主要环境问题

环境要素	矿业活动对矿山环境的作用形式	产生的主要环境问题
大气环境	废气排放 粉尘排放 废渣排放	大气污染 酸雨
地面环境	地下采空 地面及边坡开挖 地下水位降低 废水排放 废渣、尾矿排放	采空区地面沉陷（塌陷） 山体开裂、崩塌 滑坡、泥石流 水土流失、土地沙化 岩溶塌陷 侵占土地 土壤污染 矿震 尾矿库溃坝
水环境	地下水位降低 废水排放 废渣、尾矿排放	水均衡遭受破坏 海水入侵 水质污染

1. 侵占土地资源

矿山开发占用并损坏大量土地，其中占用土地主要是用于生产、生活设施用地，损坏的土地主要是露天矿场、排土场、尾矿场及矿山地质灾害破坏的土地。据国家统计局资料：2012—2014 年，全国各项建设用地、弃地、浪费与因灾致损的耕地年均达 38 万 hm^2；至 2014 年年底，我国矿业开采累计占用、损坏的土地面积约有 261.8 万 hm^2。

2. 景观、植被破坏与水土流失

矿山开采活动及配套的加工生产活动，都会大规模改变矿区的地形、地貌，破坏矿区的自然地表景观。开采矿山在占用与破坏大量宝贵的土地资源同时，采掘剥离对覆盖其上的自然景观的肢解和蚕食也是相当严重。露天开采需要剥离植被，矿

坑、矿洞的疏干排水引起地下水位下降，也会破坏地表植被生态系统。采矿过程中产生大量的废石、尾矿、固体废渣，其堆放会破坏原有生物的生存环境，恶化植物群的生长条件，使各类植物的覆盖率大大降低，导致水土大量流失和破坏现有土地资源。矿坑、矿洞边坡的滑塌、地表塌陷等次生灾害，也破坏了地表植被的生态系统。

矿业活动，特别是露天开采，大量破坏了植被和山坡土体，产生的废石、废渣等松散物质极易导致矿山地区水土流失。如位于鄂尔多斯高原的神府东胜矿区，由于气候及人为因素的影响，已使该区生态环境非常脆弱，土地沙化、荒漠化的面积已超过 4.17 万 km^2，占全区面积的 86%以上。

如果城市周围分布废弃矿坑，就会直接影响人们对城市的整体直观印象，即使有些废弃矿坑距离城市较远，随着城市规模的不断扩张，也会使废弃矿坑进入城区，恶劣的生态环境会严重影响城市景观。

3. 环境污染

矿山开采对环境的污染主要通过三废（废水、废气、废渣）对大气、土壤、地下水造成污染。矿山废弃物中的酸性、碱性、毒性或重金属成分，通过径流和大气飘尘，会破坏周围的土地、水域和大气，其污染面积远远超过废弃物堆置场的地域和空间。冶金矿山的环境质量破坏与环境污染，比非金属矿山更为严重。

1）矿业废气

矿业生产过程排放的废气、粉尘及废渣会引起大气污染和酸雨，以煤炭行业及硫化工行业最为严重。如煤炭采矿行业中工业废气排放量达 3 954.3 亿 m^3/年，其中有害物排放量为 73.13 万 t/年，多为烟尘、二氧化硫、氮氧化物和一氧化碳，矿山地区大气环境受到不同程度污染。通常炼 1 t 硫黄需排放 1 万 m^3 有害气体，其含二氧化硫、硫化氢 1.8 t，并产生大量废水及汞、砷、镉等有害物质。如鄂、云、贵、川等省的土硫生产就是一种毁灭生态环境的生产方式，已构成严重的社会公害。此外废渣、尾矿对大气的污染也相当严重。如河南一些有色金属矿山的生活福利区，空气中粉尘含量超标十倍至几十倍。

2）矿业废水

我国矿业活动产生的各种废水主要包括矿坑水，选矿、冶炼废水及尾矿池水等。其中煤矿、金属、非金属矿业的废水以酸性为主，并多含大量重金属及有毒、有害元素（如铜、铅、锌、砷、镉、六价铬、汞、氰化物等）以及 COD、BOD_5、悬浮物等；石油、石化业的废水中尚含挥发性酚、石油类、苯类、多环芳烃等物质。众多废水未经环保达标处理就任意排放，甚至直接排入地表水体中，使土壤或地表水体受到污染；此外，排出的废水入渗，也会使地下水受到污染。

3）矿业废渣

矿山废渣包括煤矸石、废石、尾矿等。据统计，2013 年我国尾矿产生量 16.49 亿 t，同比增长 1.73%；截至 2013 年年底，我国尾矿渣累积堆存量达 146 亿 t，废石堆存量达 438 亿 t。

矿坑废弃后，若对开采过程中形成的大量固体废弃物不做恰当的处理，长期暴露在空气中会慢慢风化，一旦遇到大风天气，风化的小颗粒会污染空气。若经雨水冲刷，废弃物中的有毒有害物质会随雨水浸入地表水，造成饮用水体污染。此外，有些废石、废渣、堆置尾矿中含有对生物有害的放射性元素，如存在于大青石中的锶，它是一种放射性物质，会对周边环境造成放射性污染，严重时会对人的生命安全造成威胁。

4）破坏水均衡系统，并引起水体污染

由于疏干排水及废水废渣的排放，使水环境发生变异甚至恶化。如破坏了地表水、地下水均衡系统，造成大面积疏干漏斗、泉水干枯、水资源逐步枯竭、河水断流、地表水入渗或经塌陷灌入地下，进而影响了矿山地区的生态环境。沿海地区的一些矿山因疏干漏斗不断发展，当其边界达到海水面时，易引起海水入侵现象。矿山附近地表水体常作为废水、废渣的排放场所，由此水体遭受污染。地下水的污染一般局限于矿山附近，为废水及废渣、尾矿堆经淋滤下渗或被污染的地表水下渗所致。

如位于辽东半岛南端的金州石棉矿，近30年的开采，高程已达－400 m水平，长期疏干排水引起海水入侵，随着开采深度的增加，海水混入率不断升高。

4. 地质灾害

开采后的采矿地往往形成采矿点、矿坑、边坡、堆放尾矿、煤矸石、粉煤灰、冶炼渣等的堆场或排土场、采空区、塌陷地等，出于经济性原因，大多未采取可靠的加固与保护措施，致使采矿区各类地质灾害事故频发，比如水土流失、危岩、崩塌、掉块、滑坡、地面沉降、泥石流、溃坝、地裂缝、地面塌陷、土地沙漠化、活动断裂等。

矿坑废弃地的生态恢复及深度开发利用中，需要结合使用要求，进行针对性的治理与生态恢复，确保场地及建（构）筑物的使用安全、人员安全。

本书重点研究矿坑废弃地深度开发过程中的岩土体稳定与变形控制工程问题，关于采矿及闭坑后产生的各类重金属污染等污染问题，需要另行专项设计与治理。

1.2.2 深坑边坡的主要不良地质现象

废弃深坑不可避免地会形成各类边坡，包括天然边坡、矿产开采形成的深坑边坡、尾矿渣堆砌形成的填土边坡。按构成边坡的物质种类，可分为土质边坡、岩质边坡、岩土混合边坡；按边坡高度可分为一般边坡和高边坡。

废弃深坑边坡存在各种不良地质现象，比如不稳定斜坡体、危岩、崩塌、滑坡、岩溶、水土流失、泥石流、采空区、地面沉降、地裂缝、活动断裂等。其中，最为常见的是边坡崩塌、水土流失、局部或整体滑坡。此外，各类特殊岩土体的特性、地应力、邻近区域工程活动等其他因素也可能引起地质灾害。

广义的边坡破坏形式有崩塌、坍塌、滑塌、倾倒、错落、落石等。崩塌与滑坡灾害成因类型可划分为如下10种及其组合：降雨引发型、地震激发型、自然演化型、冻融渗透型、地下开挖型、切坡卸荷型、工程堆载型、水库浸润型、灌溉渗漏型和爆破震动型。

泥石流是松散岩土与水混合形成的特殊流体，常见的是沟谷型泥石流和坡面型泥石流。中国的泥石流灾害成因类型可初步划分为如下 7 种及其组合：沟谷演化型、坡地液化型、滑坡坝溃决型、工程弃渣溃决型、尾矿坝溃决型、冰湖坝溃决型和堆积体滑塌侵蚀型。

据不完全统计，我国每年出现的边坡失稳事故多达上万次，其中相当一部分是开采中、闭矿后的矿坑滑坡事故。由于采矿中多采用爆破作业，废弃深坑坡体表面较为破碎，且因未采取可靠的加固或防护措施，废弃深坑边坡发生落石、崩塌、局部浅层滑坡的概率更高。表 1-2 为 20 世纪 60 年代至今我国发生的典型采矿区大型山体地质灾害[13]。

表 1-2　典型采矿区山体地质灾害

时间	地点	类型	引发因素	死亡失踪/人	其他
1964-08	湖北秭归链子崖	危岩体	采煤	—	长期变形，已治理
1980-06-03	湖北远安县盐池河磷矿	崩塌	采矿	284	
1985	陕西韩城坑口电厂	滑坡险情	地下采煤	—	治理费 5 000 余万元
1987-04	辽宁抚顺西露天矿边坡	滑坡	采煤	—	损失巨大
1988-01-10	重庆巫溪中阳村	崩塌	地下采煤	27	
1990-05-31	四川会理县炭山沟	泥石流	弃渣/降雨	34	损毁巨大
1994-04-30	重庆武隆兴顺乡乌江鸡冠岭	崩塌	采矿	数人	乌江断航数月
1996-06-03	云南元阳老金山	滑坡	采矿	372	损失 1.4 亿元
1996-09-18	贵州印江县岩口	滑坡	采石/降雨	5	堵江淹镇
2004-06-05	重庆万盛万东镇新华村胡家沟	滑坡	煤矸石/降雨	21	
2008-08-01	山西娄烦县尖山铁矿区	滑坡	排土场	41	
2008-09-08	山西襄汾塔山矿区	泥石流	尾矿库溃坝	277	伤 34 人
2009-06-05	重庆武隆县铁矿乡鸡尾山	崩塌	演化/采矿	74	
2011-05-09	广西桂林全州县咸水乡洛江村	滑坡	采石/降雨	22	
2012-07-31	新疆新源县阿热勒托别镇西沟	滑坡	弃渣/降雨	28	
2013-01-11	云南镇雄果珠乡高坡村赵家沟	滑坡	冻融/采矿	46	
2013-03-29	西藏墨竹工卡扎西冈乡斯布村	滑坡	冻融/弃渣	83	

1.2.3　边坡的稳定性控制

在废弃深坑开发利用过程中，首先应对边坡的稳定性进行判断，对于初步判断可能失稳的边坡，应进一步判断边坡的失稳模式和破坏机制，据此选择合理的稳定性计算方法，并拟定合理的破坏面，以确保稳定计算结果能符合边坡的客观条件。表 1-3 为《水利水电工程边坡设计规范》（SL 386—2007）给出的常见边坡失稳特性和破坏机制。规范编制组统计的边坡破坏实例中，发生滑动破坏的边坡占 72.22%，发生崩塌、倾倒或复合破坏的边坡约占 7%。因此，边坡稳定性控制应对滑动破坏、崩塌、倾倒或复合破坏予以重视[14]。

表 1-3　边坡失稳特性和破坏机制[15]

失稳模式		失稳特征	破坏机制	破坏面形态
崩塌		边坡局部岩体松动、脱、落，主要运动形式为自由落体或滚动	拉裂破坏。岩体存在临空面，在结合力小于重力时发生崩塌	—
滑动	平面	边坡岩体沿某一结构面整体向下滑动，折线形滑动面	剪切-滑移破坏，结构面临空，坡脚岩层被切断，或坡脚岩层挤压剪切	层面或贯通性结构面形成滑动面
	曲面	散体结构、破裂结构的岩质边坡或土坡沿曲面滑动面滑动，坡脚隆起	剪切-滑移破坏。内摩擦角偏小，坡高、坡角偏大	圆弧形滑动面
	楔体	结构面组合的楔形体，沿滑动面交线方向滑动	剪切-滑移破坏。结构面临空	两个以上滑动面组合
弯曲倾倒		层状反向结构的边坡，表部岩层逐渐向外弯曲倾倒等现象，少数层状同向边坡也可出现弯曲倾倒	弯曲-拉裂破坏，劈楔。由于层面密度大，强度低，表部岩层在风化及重力作用下产生弯矩	沿软弱层面与反倾向节理面追踪形成
溃屈		层状结构顺层边坡，岩层倾角与坡角大致相似，上部坡体沿软弱面蠕滑，由于下部受阻而发生岩层鼓起，拉裂等现象	滑移-弯曲破坏。顺坡向剪力过大，层面间结合力偏小，上部坡体软弱面蠕滑，由于受阻而发生纵向弯曲	层面拉裂，局部滑移
拉裂		边坡岩体沿平缓面向临空方向产生蠕变滑移，局部拉应力集中而发生拉裂、扩展、移动等现象	塑流-拉裂破坏。重力作用下，软岩变形流动使上部岩体失稳	软岩中变形带
流动		重力作用下，崩塌碎屑类堆积向坡脚或峡谷内流动，形成碎屑流滑坡，多发生在具有较大自然坡降的峡谷地区	流动破坏。碎屑体饱水后在重力作用下，产生流动	碎屑体内流动，无明显滑动面

边坡稳定性分析方法可分为定性分析法与定量分析法。定性分析法主要是通过工程地质勘察，对影响边坡稳定性的主要因素、可能的变形破坏模式及失稳的力学机制、已变形地质体的成因及其演化史等进行分析，对于被评价边坡给出一个稳定性状况及其可能发展趋势的定性说明和解释，包括自然历史分析法、工程类比法、图解法、数据库和专家系统分析法等[16, 17]。

定量分析法是以定性分析为基础，根据边坡的破坏模式简化计算模型，通过各类解析法、半解析法、数值模拟法进行定量计算，主要分为两类：一是基于极限平衡理论的极限平衡分析法；二是数值分析法，包括有限元法、离散元法、边界元法等。数值分析法是近年来随计算机技术发展而迅速兴起的边坡稳定性分析方法，其中有限元强度折减法已被部分规范作为可选的设计手段之一。

边坡稳定性定量计算是边坡计算分析乃至整个边坡设计最重要的工作之一，稳定计算结果直接关系到边坡工程的安全和投资。边坡定量分析必须根据边坡破坏模式合理选取。实际工程中，滑动失稳计算较为普及，而崩塌等其他失稳模式尚未形成被业内广大专家、学者、设计人员认可的成熟计算方法[18]，设计人员宜根据现场地质调查结果，结合工程经验和类似边坡实践进行专项研究。

目前，国内外规范规定的滑动失稳计算方法主要是极限平衡法中的条分法。根据假设条件、力学条件和使用范围的不同，常用的有瑞典圆弧法、简化毕肖普法、摩根斯顿-普莱斯法、斯宾塞法、杨布法、不平衡推力传递法和萨尔玛法等。因采用的计算方法不同，边坡稳定性安全系数计算结果有所差异。通常圆弧法计算结果较平面滑动法和折线滑动法偏低。因此在依据计算稳定安全系数评价边坡稳定性状态时，评价标准应根据所采用的计算方法分类取值。

废弃深坑开发利用中，应根据边坡的工程等级、边坡破坏所造成的影响，选取不同的边坡稳定安全系数控制标准，对于地质条件复杂、高陡边坡、对建筑物安全和正常使用影响较大、人流密集区域、失稳会造成严重的不良社会影响或导致严重环境问题的边坡，其边坡稳定安全系数控制标准宜适当提高。

1.2.4 边坡的变形控制

当边坡工程对变形控制有较高要求时，比如边坡塌滑区附近有建（构）筑物、坑顶与坑壁上的建（构）筑物主体结构对地基变形敏感、预估变形值较大的高大土质边坡上有建（构）筑物等情况下，应该对边坡变形进行设计计算并进行控制。

通常，影响边坡及支护结构变形的因素复杂、工程条件繁多，目前尚无实用的理论计算方法可用于工程实践。《建筑边坡工程技术规范》（GB 50330—2013）中说明，“在工程设计中，为保证一级边坡满足正常使用极限状态条件，主要依据地区经验、工程类比及信息法施工等控制措施解决”。《水利水电工程边坡设计规范》（SL 386—2007）规定“应力和变形计算宜采用有限单元法等数值分析方法”。

有限单元法等数值模拟分析方法在进行变形计算时，需要确定合理的外部边界条件、内部几何条件、荷载和地应力及其随时间的变化、本构模型及岩土体物理力学参数。数值模拟分析中，结构面、断层、软弱夹层、裂隙密集带等构造对变形计算影响较大，本构模型及岩土体物理力学参数的选取也显著影响计算结果。

1.2.5 边坡的抗震稳定性控制

影响边坡稳定的作用因素众多，降雨和地震是诱发边坡失稳的关键因素。多次震害调查指出，地震触发的滑坡是震区最主要的次生地质灾害，其破坏性往往超过地震本身带来的破坏。2008 年 5 月 12 日汶川大地震后，国土资源部紧急组织专家对灾区展开系统性排查，发现新增滑坡隐患点多达 1 701 处，不稳定斜坡 1 093 处。因此废弃深坑开发利用要特别注意降雨与地震的影响。

位于抗震设防区的废弃深坑开发再利用工程，尚应进行抗震设计与加固，其地震作用计算应按国家现行有关标准执行。抗震设防烈度为 6 度的地区，边坡工程支护结构可不进行地震作用计算，但应采取抗震构造措施；抗震设防烈度 6 度以上的地区，边坡工程支护结构应进行地震作用计算，临时性边坡可不作抗震计算。坑顶、坑壁、坑底的建（构）筑物抗震设计应按抗震不利地段考虑，地震效应放大系数应符合现行国家标准《建筑抗震设计规范》（GB 50011—2010）的有关规定。

边坡地震稳定性分析的常用方法有规范推荐的拟静力法、滑块分析法、数值模拟法和模型试验方法。对于工程等级较低、破坏影响较小的边坡可以采用拟静力法设计计算，但对于工程等级较高、破坏影响严重、新建重要建（构）筑物的边坡工程，建议采用有限单元法等数值分析法进行设计计算与加固，有条件时尚可进行模型试验进行研究与验证。边坡工程抗震稳定性分析既包括边坡自身稳定性分析，也包括地震形变引起的矿坑-基础-结构共同作用分析。

1.2.6 边坡-基础-结构共同作用

废弃深坑深度开发利用项目，通常在废弃深坑坑底、坑壁、坑顶新建重要建（构）筑物。深坑边坡-基础-结构的共同作用是影响边坡加固设计、主体结构设计的重要因素。因此，既有深坑开发利用中必须考虑深坑-基础-结构共同作用，确保长期运营期间和地震工况下，边坡的变形水平满足建（构）筑物的使用要求。

深坑边坡-基础-结构共同作用包括长期正常使用状态下静态共同作用分析和地震工况下的动态共同作用分析。因其对于废弃深坑深度开发利用的重要性，通常采用有限单元法等数值分析法进行设计计算，有条件时尚可进行模型试验进行研究与验证。

1.3 既有深坑开发岩土工程治理概述

1.3.1 既有深坑边坡治理措施

为保证项目实施与运营期的安全，既有深坑开发利用中必须对各类地质灾害进行治理，尤其是危岩、崩塌、滑坡、泥石流等常见地质灾害现象。既有深坑边坡与滑坡工程治理主要从两方面着手：一方面进行边坡与滑坡工程治理，预防滑坡灾害的发生；另一方面进行边坡与滑坡的监测，形成边坡与滑坡工程的预报系统，减少边坡滑塌与滑坡造成的灾害损失。

目前，实际工程中常用的边坡与滑坡治理措施主要包括以下几个方面：排水与防渗工程、改变斜坡几何形态、防护加固工程、坡面防护与景观绿化工程等。

1. 排水与防渗工程

地下水是影响边坡稳定性的重要因素，降雨是诱发滑坡灾害的主要因素之一，所谓的“大雨大滑，小雨小滑，无雨不滑”，我国滑坡与泥石流发生频次与降雨量具有良好的一致性。降低地下水水位可以大幅度提高边坡稳定性，且工程投资远小于抗滑桩等支挡加固工程，是边坡治理最常用的措施。

一般边坡排水分为地面排水和地下排水两大类。地面排水通过设置截水沟、排水沟、急流槽等各类有组织的地面防渗和排水措施，收集雨水，减少不稳定坡体以外的地表水流入和降雨的渗入。地下排水一般包括排除深层地下水的排水洞及排水孔、排水井和排除浅层地下水的泄水孔与深层排水管等。

2. 改变斜坡几何形态

坡顶卸载、坡脚反压的治理措施简单宜行，施工方便，减小下滑力，增大阻滑力，适用于对变形控制要求不高的边坡工程，是提高边（滑）坡稳定性的较为经济、有效的措施。

当工程场地有放坡条件，且无不良地质作用时，可采用坡率法进行治理。坡率法充分利用岩土体自身强度，造价经济、施工方便。但对于地质条件复杂、破坏后果严重的边坡工程，不应单独采用坡率法治理，应与其他边坡支护方法联合使用。

3. 防护加固工程

提高边坡抗滑能力的防护加固措施很多，常用的有土钉墙、喷锚防护、锚杆（索）挡墙、重力式挡墙、悬臂式挡墙、扶壁式挡墙、抗滑桩、锚拉抗滑桩和注浆加固等。

4. 坡面防护与景观绿化工程

当边坡岩体易风化、剥落或有浅层崩塌、滑落及落石等影响边坡耐久性及正常使用，或可能威胁到人身和财产安全时，应进行坡面防护。坡面防护分为工程防护和植物防护两大类。

边坡坡面防护实施前，首先应对危岩、不稳定坡体进行清理或加固治理，然后方可进行坡面防护与绿化工程。危岩、不稳定坡体的防治措施分为主动防护与被动防护。主动防护措施，一方面是对危岩体、不稳定坡体的清除，包括削坡、清除危岩、地表排水、爆破清除等；另一方面是对危岩体、不稳定坡体的加固措施，包括支撑、遮挡、拦截、围护、嵌补、锚固、注浆、喷锚防护、主动防护网、护面墙、植物绿化防护等。被动防护措施包括拦截（如落石沟槽、拦石墙、金属栅栏、被动防护网等）、引导和避让等措施。

近年来，随着经济水平的提高，国家和人民越来越重视环境的保护与可持续发展，废弃深坑开发再利用中对于生态修复、环境保护与景观的要求也越来越高。为此，边坡工程建设中不断研究和推广生态护坡技术，以期达到边坡防护和绿化的双重目的。目前应用较多的生态护坡技术主要有植被护坡技术和骨架植被护坡技术。

此外，既有深坑开发利用工程岩土体边坡不确定性因素较多，因此边坡治理期间及后续运营期间必须加强信息化监测，为崩塌、滑坡的正确分析评价、预测预报及治理工程实施效果等，提供可靠的资料和科学依据。同时，既有深坑边坡加固治理应体现动态设计和信息化施工原则：边坡加固治理施工期施工单位应按设计要求实施监测，掌握边坡工程监测情况；编录施工现场揭示的地质状态与原地质资料对比变化图，为施工勘察提供资料；建立信息反馈制度；设计单位应结合施工期地质和安全监测的反馈资料以及现场实际情况的变化，修正设计。

1.3.2 既有深坑岩土工程治理原则

既有深坑重新开发利用方式不同，深坑边坡（滑坡）治理的需求、标准不同，工程治理的造价差异显著。当仅对废弃深坑进行简单的生态修复、坡面覆绿、垃圾堆填、坑塘养殖、填土复垦等开发利用时，可对深坑边坡进行一定程度的治理和安全防范，排除隐患，保障周边居民的生命财产安全，方便群众的生产活动。对于小型地质灾害，则可结合开发方式采取低成本治理措施，比如采取清除危岩体、坡率法、坡面覆绿防护等措施综合治理。对于大型地质灾害隐患，可以采取低成本治理、隔离、避让等方式。对于治理成本高昂的工程，可以考虑降低设计安全度，但需加强监测与地质灾害预警，降低地质灾害损失。

当对开发价值较大的废弃深坑进行深度开发利用时，比如深坑内或坑顶建造建（构）筑物、深坑侧壁开发各种旅游项目等，深坑边坡一旦发生地质灾害，会严重危及人民群众的生命财产安全，造成不良社会影响。据新闻报道，2015 年 5 月 1 日 16 时 46 分，韶关乳源大峡谷景区因暴雨引发山石滑落事件，导致 1 人死亡、3 人重伤、4 人轻伤。2015 年 3 月 19 日，广西桂林叠彩山景区木龙洞附近的游船码头发生落石事故，导致 4 人当场遇难，有 3 名危重伤者在送往医院路上不治身亡，另有 19 人受伤。对这类深度开发的废弃深坑，其破坏后果非常严重，因此必须结合建（构）筑物的防护等级、人流量等进行安全可靠的治理设计与施工，并加强运营期间的监测工作。

总体而言，废弃深坑开发再利用中，应考虑工程总体布局、建筑物布置、人流分布等划分边坡（或其他地质灾害）工程等级，并根据使用要求对深坑边坡进行综合治理，主要包括以下内容：①地质灾害危险性评估；②边坡（滑坡）勘察；③地震安全性评估（根据需要选择）；④深坑治理设计与施工［包括深坑回填、边坡加固、生态恢复、污染治理、地基处理与加固、建（构）筑等内容的设计与施工］；⑤深坑治理的监测与检测。

1.4 既有深坑开发的边坡安全控制原则

1.4.1 边坡稳定性控制标准

边坡稳定性定量分析是边坡计算分析及加固设计最重要的工作之一，稳定性安全系数也是目前边坡设计中最重要、要求最严格的定量控制指标之一。目前，各类规范、手册均根据边坡安全等级、极限平衡分析方法给出了边坡稳定性控制标准。

《建筑边坡工程技术规范》(GB 50330—2013) 规定的边坡稳定安全系数详见表 1-4。

表 1-4 《建筑边坡工程技术规范》边坡稳定安全系数[19]

边坡类型		边坡安全等级		
		一级	二级	三级
永久边坡	天然工况	1.35	1.30	1.25
	地震工况	1.15	1.10	1.05
临时边坡		1.25	1.20	1.15

《水利水电工程边坡设计规范》（SL 386—2007）规定“采用 5.2 节规定的极限平衡分析方法计算的边坡抗滑稳定最小安全系数应满足表 3.4.2 的规定。经论证，破坏后给社会、经济和环境带来重大影响的 1 级边坡，在正常运用条件下的抗滑稳定安全系数可取 1.30～1.50”，详见表 1-5。

表 1-5 《水利水电工程边坡设计规范》边坡稳定安全系数[15]

运用条件	边坡安全等级				
	1	2	3	4	5
正常运用条件	1.30～1.25	1.25～1.20	1.20～1.15	1.15～1.10	1.10～1.05
非常运用条件Ⅰ	1.25～1.20	1.20～1.15	1.15～1.10	1.10～1.05	
非常运用条件Ⅱ	1.15～1.10	1.10～1.05		1.05～1.00	

《岩土工程勘察规范》（GB 50021—2001）（2009 年版）规定的安全系数详见表 1-6。

表 1-6 《岩土工程勘察规范》边坡稳定安全系数[20]

项目	新设计边坡			验算已有边坡稳定
	重要工程	一般工程	次要工程	
安全系数	1.30～1.50	1.15～1.30	1.05～1.15	1.10～1.25

注：采用峰值强度时取大值，采用残余强度时取小值。

《碾压式土石坝设计规范》（SL 274—2001）规定的安全系数详见表 1-7。

表 1-7 《碾压式土石坝设计规范》边坡稳定安全系数[21]

运用条件	工程等级			
	1	2	3	4，5
正常运用条件	1.50	1.35	1.30	1.25
非常运用条件Ⅰ	1.30	1.25	1.20	1.15
非常运用条件Ⅱ	1.20	1.15	1.15	1.10

不同规范、手册中边坡安全等级划分标准、指定的极限平衡分析方法有所差异，对于既有深坑开发边坡治理设计时应根据边坡等级、计算方法等选择适当的安全系数。需注意的是，对地质条件复杂、高陡边坡、对建筑物安全和正常使用影响较大、人流密集区域、失稳会造成严重不良社会影响或产生严重环境问题的边坡，其边坡稳定安全系数控制标准宜适当提高。

1.4.2 边坡变形控制原则

对于既有深坑开发再利用中新建重要建（构）筑物，或既有深坑修坡影响范围内有已建重要建（构）筑物的工程，均应对边坡变形进行设计计算并予以控制，特别是位于抗震设防区的既有深坑开发再利用工程。地震荷载作用下，深坑边坡有变形放大效应，建（构）筑物位于坑底、坑壁、坑顶的基础变形水平和相位不同，将引起较大的结构次应力。因此，必须考虑深坑边坡-基础-结构共同作用对边坡及结构的影响。

既有深坑边坡的变形控制应以重要建（构）筑物结构设计对基础变形控制要求为标准，并满足长期正常使用天然工况和地震工况（多遇地震、罕遇地震）下边坡的变形控制标准。

此外，结构应通过设置抗震缝、滑动支座等措施，降低边坡在天然工况和地震工况下的变形控制要求，以节约边坡加固治理费用，提高结构安全度。

1.5 本书的组织结构

本书系统地总结了既有深坑地下空间开发利用中所涉及的主要岩土工程技术，并结合工程实践介绍了相关工程技术的应用。本书的组织结构如下：

第 1 章为概述。该章介绍了国内外既有深坑开发利用现状，总结了既有深坑地下空间开发利用中存在的岩土工程特点及难点，阐述了既有深坑开发岩土工程治理原则、措施及安全性控制原则，并概括了本书的组织结构。

第 2 章为地质灾害危险性评估与边坡工程勘察。该章首先阐述了既有深坑地下空间开发利用中地质灾害危险性评估的基本要求、调查内容及评估方法，其次介绍了边坡（滑坡）工程勘察的基本要求、勘察方法及资料整理分析原则，最后对地震安全性评价的基本要求、地下危险性的确定性分析及概率分析、地震动参数的确定方法等内容进行说明。

第 3 章为既有深坑边坡的稳定性分析方法。该章首先介绍了既有深坑边坡稳定性分析岩土体物理力学参数的确定方法，然后阐述了既有深坑边坡稳定性分析的定性与半定量方法、刚体极限平衡法及数值分析方法。

第 4 章为既有深坑边坡-基础-结构共同作用抗震分析。该章详细阐述了地震工况下既有深坑边坡-基础-结构共同作用的振动台模型试验研究，并对试验结果进行了深入分析，总结了考虑共同作用条件下既有深坑边坡-基础-结构的动力响应规律。

第 5 章为既有深坑开发利用的岩土工程治理设计。该章详细论述了既有深坑开发利用边坡加固设计的原则与要求、常用边坡加固措施的设计方法，以及边坡排水的设计方法。

第 6 章为既有深坑开发利用的边坡工程施工技术。该章概括了既有深坑开发利用中爆破、挖方、支护结构等的施工技术要求，并介绍了信息化施工的思路、流程及工作要求。

第 7 章为既有深坑开发利用的边坡防护和绿化设计。该章首先论述了边坡植被防护的机理，其次介绍边坡植被护坡选型方法，最后概括了边坡植被护坡与骨架植被护坡的施工工艺与技术要求。

第 8 章为边（滑）坡工程监测与检测技术。该章首先介绍了既有深坑开发利用边（滑）坡工程的监测内容与监测方法，其次着重阐述了岩土体的蠕变时效原理与边坡变形的双耦合时效曲线及解析判据，并结合工程实践对蠕变时效原理的工程应用进行解释，最后概括了边（滑）坡工程的检测内容及要求。

第 9 章与第 10 章为既有深坑地下空间开发利用岩土工程实践。结合南京牛首山一期边（滑）坡治理工程、上海天马山世茂深坑酒店边坡加固工程这两个工程项目，阐明了既有深坑地下空间开发利用边坡稳定性分析、边坡加固设计、景观与绿化设计、监测与检测等岩土工程技术在工程实践中的应用。

第 2 章　地质灾害危险性评估与边坡工程勘察

2.1 地质灾害危险性评估

地质灾害主要指由自然因素或人为活动诱发的与地质作用相关的灾害。目前，常见的地质灾害主要包括崩塌、滑坡、泥石流、地面塌陷、地裂缝和地面裂缝等。我国是地质灾害多发的国家，为防治地质灾害，避免或减轻地质灾害的危害，维护人民的生命财产安全，国务院于 2003 年颁布《地质灾害防治条例》。为贯彻落实《地质灾害防治条例》的相关规定，国土资源部 2004 年发布《地质灾害危险性评估技术要求（试行)》，并于 2015 年发布实施《地质灾害危险性评估规范》(DZ T 0286—2015)[22]，明确规定地质灾害易发区的工程建设或城镇规划应在可行性研究阶段开展地质灾害的危害性评估。这里简要介绍地质灾害危险性评估的具体要求和做法，主要包括以下内容：

(1) 地质灾害危险性评估基本要求；

(2) 地质灾害调查；

(3) 地质灾害危险性评估。

2.1.1 地质灾害危险性评估基本要求

进行地质灾害危险性评估，首先需要根据建设项目的重要性及地质环境条件复杂程度划分评估等级。建设项目的重要性分类见表 2-1，地质环境条件的复杂程度见表 2-2。表 2-1 与表 2-2 对建设项目的重要性和地质环境条件复杂程度的划分较为简单，有时不便于执行。为此，部分省市结合地方实际情况，制定了地质灾害危险性评估的地方性技术要求，对建设项目的重要性及地质环境条件复杂程度的划分进行细化[23, 24]。

建设项目的重要性及工程地质环境条件确定后，可根据表 2-3 划分建设用地地质灾害危险性评估等级。

完成地质灾害危险性评估等级划分后，即可依据相关技术标准，编制评估工作大纲，确定地质灾害调查的内容与重点，明确工作部署与工作量。地质灾害危险性评估需根据评估等级进行资料收集，并在此基础上开展地质灾害危险性现状评估、预测评估及综合评估。

表 2-1 建设项目重要性分类

项目重要性等级	项 目 类 别
重要	开发区建设、城镇新区建设、放射性设施、军事设施、核电、二级（含）以上公路、铁路、机场，大型水利工程、电力工程、港口码头、矿山、集中供水水源地、工业建筑、民用建筑、垃圾处理场、水处理厂等
较重要	新建村庄、三级（含）以下公路，中型水利工程、电力工程、港口码头、矿山、集中供水水源地、工业建筑、民用建筑、垃圾处理场、水处理厂等
一般	小型水利工程、电力工程、港口码头、矿山、集中供水水源地、工业建筑、民用建筑、垃圾处理场、水处理厂等

表 2-2 地质环境条件复杂程度划分

划分依据	复 杂 程 度		
	复杂	中等	简单
1. 地质灾害发育程度	强烈	中等	不发育
2. 地形地貌类型复杂程度	复杂	较简单	简单
3. 地质构造复杂程度	复杂	较复杂	简单
4. 工程水文地质条件	不良	较差	良好
5. 破坏地质环境的人类活动强度	强烈	较强烈	一般

注：每类 5 项条件中，有 1 条符合复杂条件者即划为复杂类型。

表 2-3 建设用地地质灾害危险性评估等级划分

项目重要性	复 杂 程 度		
	复杂	中等	简单
重要建设项目	一级	一级	一级
较重要建设项目	一级	二级	二级
一般建设项目	二级	三级	三级

地质灾害危险性现状评估是对评估区内已有地质灾害的危险性与危害程度进行评估。地质灾害危险性预测评估是分析评估建设项目遭受地质灾害的可能性及危害程度，以及其诱发或加剧地质灾害的可能性及危害程度。地质灾害危险性综合评估是在现状评估与预测评估基础上对建设场地内地质灾害的危险性进行综合评估，分区段划分危险性等级，说明各区段主要地质灾害种类和危害程度，评估建设场地的稳定性与适宜性，并提出地质灾害的防治措施与建议。

不同评估等级的地质灾害危险性评估技术要求如下：

(1) 一级评估应收集充足的基础资料，并进行充分论证。应采用定量分析对评估区内各类地质灾害逐一进行现状评估；宜采用定量分析对建设场地内各类地质灾害进行预测评估；在现状评估与预测评估基础上开展综合评估，分区段划分危险性等级，说明各类地质灾害种类及危害程度，评价建设场地稳定性与适宜性，并提出有效的地质灾害防治措施与建议。

(2) 二级评估应收集足够的基础资料，并进行综合分析。应对评估区内主要地质灾害进行现状评估，评估应以定性分析为主，对重要地质灾害宜采用定量分析；

应对建设场地内主要地质灾害进行预测评估，预测评估以定性分析为主，重要地质灾害宜采用定量分析；在上述评估基础上开展综合评估，分区段划分危险性等级，说明主要地质灾害种类及危害度，评价建设场地稳定性与适宜性，并提出可行的地质灾害防治措施与建议。

（3）三级评估应收集必要的基础资料，并进行概略评估。应对评估区内主要地质灾害进行现状评估，现状评估以定性分析为主；应对建设场地内的主要地质灾害进行预测评估，预测评估以定性分析为主；在上述评估基础上，分区段划分危险性等级，说明主要地质灾害种类及危害程度，评价建设场地稳定性与适宜性，并提出可行的地质灾害防治措施与建议。

2.1.2 地质灾害调查

既有深坑地下空间开发中常见的地质灾害主要包括崩塌、滑坡以及潜在不稳定斜坡等。为评估地质灾害的危险性，需通过地质灾害调查取得相关基础资料。地质灾害调查范围不局限于建设用地范围内，应根据建设项目特点、地质环境条件和地质灾害种类予以确定；若地质灾害危险性仅限于建设用地范围内，则按用地范围进行调查。下面将简要介绍上述灾种的地质灾害调查内容与要求。

1. 崩塌调查

崩塌调查的主要内容与要求：

（1）崩塌灾害调查的范围应以第一斜坡带为限。

（2）调查崩塌类型、规模、范围，崩塌体的大小和崩落方向。

（3）调查崩塌区的地形地貌、岩体的岩性特征与风化程度、地质构造、岩体结构类型与结构面产状，编绘崩塌区地质构造图。

（4）调查崩塌区气象资料（以降水为主）、水文地质资料及地震情况。

（5）调查崩塌前迹象与崩塌原因，人类活动（采矿、爆破等），及当地崩塌防治经验。

2. 滑坡调查

滑坡调查的主要内容与要求：

（1）滑坡灾害调查的范围应以第一斜坡带为限，或滑坡区及其邻近稳定地段，包括滑坡后壁与前缘外一定距离、滑坡体沟谷或江、河、湖水边。

（2）搜集当地滑坡史、易滑地层分布、水文地质与工程地质等资料，调查分析坡体地质构造。

（3）滑坡要素：确定滑坡界限、滑坡壁、滑坡平台、滑坡舌、滑坡裂缝等要素；查明滑动带部位、组成和岩土特性，滑裂缝的位置、方向、尺寸、切割时间与力学特性；分析滑坡方向、主滑段、阻滑段，分析滑动面特征（层数、尺寸与埋藏条件）及其潜在发展趋势。

（4）地形地貌：调查滑坡评估区内微地貌形态及其演化过程。

（5）地质构造：调查岩土类型、性质及接触界面特性、软硬岩层的组合与分布、软弱夹层、风化层与松散层的分布特征；查明结构面的产状、形态、规模、性质、相互切割关系及与坡面组合关系。

(6) 水文地质：调查滑带水、地下水分布情况，查明地下水补给、地面径流与排水条件，泉水出露地点与流量，地表水体、湿地分布及变迁。

(7) 其他：调查滑坡区内外建筑物、树木等的变形、位移及其破坏时间与过程，对滑坡重点部位宜进行拍摄或录像记录，调查当地滑坡防治经验。

3. 潜在不稳定斜坡调查

潜在不稳定斜坡调查的重点为建设场地内可能发生滑坡、崩塌等地质灾害的陡坡地段，主要有：崩滑体、斜坡存在倾向坡外且倾角小于坡角的结构面、斜坡被两组以上结构面切割形成不稳定棱体、斜坡后缘存在拉裂缝、坡脚存在缓倾软弱层、顺坡向卸荷裂隙发育的高陡边坡等。潜在不稳定斜坡的地质灾害调查内容如下：

(1) 地质构造：调查地层岩性与产状，软弱夹层、风化残坡积层的岩性、产状，地层断裂、节理、裂隙发育特征等。

(2) 地形地貌：调查斜坡坡度、坡向，分析地层倾向与斜坡坡向的组合特征。

(3) 水文地质：调查斜坡周边（特别是斜坡上部）暴雨、地表水径流与入渗对斜坡的影响。

(4) 其他：调查人类活动对斜坡的扰动情况，调查分析可能构成崩塌与滑坡的结构面产状，以及斜坡异常情况等。

2.1.3 地质灾害危险性评估

地质灾害危险性评估是在查明各类地质灾害规模、性质及承载对象社会经济属性的基础上，对建设场地地质灾害进行现状评估、预测评估及综合评估，从而判定建筑场地危险性等级，评估建设场地的适宜性，并提出合理的地质灾害防治措施与建议。

地质灾害危险性的现状评估及预测评估应根据建设用地评估等级采用定性分析、定量分析或定性-定量结合的分析方法进行。地质灾害危险性评估常用的定性分析方法有工程地质比拟法和成因历史分析法等，常用的定量分析方法有层次分析法和数字统计法等。

地质灾害危险性综合评估是在地质灾害危险性现状评估与预测评估基础上，综合考虑评估区内的地质环境条件和潜在地质危害分布特性及危害程度，确定地质灾害危险性评估的量化指标，本着“区内相似，区际相异”的原则，通过定性、定量分析，按表 2-4 分区段划分建设场地内地质灾害危险性等级，按表 2-5 评估建设场地适宜性，并提出合理的地质灾害防治措施与建议。

表 2-4　建设场地地质灾害危险性等级划分

危险性分级	地质灾害发育程度	地质灾害危害程度
危险性大	强发育	危害大
危险性中等	中等发育	危害中等
危险性小	弱发育	危害小

表 2-5 建设场地适宜性划分

适宜性级别	分级说明
适宜	地质环境条件复杂程度简单，工程建设遭受地质危害的可能性小，诱发、加剧地质灾害的可能性小，危险性小，易处理
基本适宜	不良地质现象较发育，地质构造、地层岩性变化较大，工程建设遭受地质灾害危害的可能性中等，诱发、加剧地质灾害的可能性中等，危险性中等，但可采取措施予以处理
适宜性差	地质灾害发育强烈，地质构造复杂，软弱结构发育，工程建设遭受地质灾害的可能性大，诱发、加剧地质灾害的可能性大，危险性大，防治难度大

2.2 边坡工程勘察

边坡工程勘察是对边坡工程进行可行性研究、设计、施工等工程活动的基础。根据边坡工程被保护建筑的重要性等级、边坡高度及影响、不同设计阶段要求等因素，边坡工程勘察分为可行性研究阶段勘察、初步勘察、详细勘察与施工勘察，依次为方案比选、初步设计、施工图设计与变更设计提供依据。

2.2.1 边坡工程勘察基本要求

依据《建筑边坡工程技术规范》(GB 50330—2013) 的要求，边坡高度 30 m 以下的岩质边坡、边坡高度 15 m 以下的土质边坡的勘察应满足以下基本要求：

(1) 边坡工程勘察应根据边坡工程安全等级和工程地质环境复杂程度划分勘察等级，见表 2-6。

表 2-6 边坡工程勘察等级划分[19]

边坡工程安全等级	边坡地质环境复杂程度		
	复杂	中等复杂	简单
一级	一级	一级	二级
二级	一级	二级	三级
三级	二级	三级	三级

(2) 边坡工程勘察应首先充分收集拟建边坡地段的工程地质资料、气象与水文地质资料、工程建设资料，通过资料分析编制勘察工作大纲，明确勘察所采用的技术方案和主要技术手段，进而采用调查测绘、勘探、监测、试验等手段对拟建边坡地段进行综合勘察。

(3) 根据所收集的资料及勘察成果，应编制拟建边坡地段工程地质平面图、横断面图和纵断面图，完成边坡工程勘察报告。边坡工程勘察报告中应对边坡稳定性、边坡潜在变形类型及危害性进行评价，并提出合理的边坡工程设计和加固建议。

2.2.2 边坡勘察方法

边坡工程勘察应综合采用资料收集、地质条件调查测绘及工程勘探的方法进行[17, 20]。采用上述各方法进行边坡工程勘察的要求和做法简要介绍如下。

1. 资料收集

边坡工程勘察中需要收集的资料主要包括：

(1) 拟建边坡与邻近边坡的工程地质资料与图件，如地形地貌、主要地层分布、地质构造、地震区划等。

(2) 拟建边坡与邻近边坡的气象、水文资料，如降雨量及其随季节变化规律、水系分布与地表径流、河流水位与流量，地下水类型、埋藏深度、补给来源及变化规律等。

(3) 拟建边坡区域的工程活动资料，如边坡的变形类型、规模、危害情况及治理措施和效果，边坡工程影响范围内的建（构）筑物资料，拟建边坡支挡结构的性质、结构特点及总平面布置图等。

通过资料收集与分析，并结合现场踏勘，应编制边坡工程勘察工作大纲，以明确勘察任务与目的，指导勘察工作。边坡工程勘察工作大纲应包括边坡工程勘察的技术要求、技术方案与主要技术手段、勘察工作采用的仪器与设备、勘察工作流程与进度安排、勘察工作量与经费概算等。

2. 地质条件调查测绘

边坡工程地质条件调查测绘是为了从整体上掌握拟建边坡工程所在区域的地形地貌、地层岩土、地质构造、水文地质条件与不良地质作用，为拟定勘探方案提供依据，是边坡工程勘察的基本工作。

边坡工程地质条件调查测绘调查范围应综合考虑拟建边坡的影响范围、影响工程建设的不良地质作用分布范围等因素予以确定。通常，边坡工程地质条件调查测绘范围顺边坡走向应超过拟建边坡工程地段 100～200 m，横断面向上应达到稳定地层，向下应达到侵蚀基准面（河底或沟底）。

边坡工程地质条件调查测绘一般应包括以下内容：

(1) 调查边坡的地形地貌特征及其与不良地质作用的关系，主要调查边坡地形形态及其变化情况，地貌单元的发生、发展及其相互关系。

(2) 调查边坡的地层岩性，主要查明岩土类型、年代、性质、厚度、分布等，对岩层应鉴定其风化程度，对土层应查明新近沉积土与特殊土。

(3) 地质构造调查测绘，主要查明岩体结构类型，各构造形迹的分布、形态与规模，各类结构面（尤其是软弱结构面）的产状与性质，岩土接触面与软弱夹层特性，新构造运动的形迹及其与地震活动的关系，节理裂隙的产状、性质、宽度、成因及其充填胶结程度。

(4) 水文地质调查测绘，主要查明边坡工程区段内河流水位、流量、流速、洪水位标高及淹没情况，地下水类型、埋藏条件、补给来源、水力梯度、水位变化规律与变化幅度等。

(5) 不良地质作用，主要查明拟建边坡地段不良地质作用类型、形成条件、规模、性质、发育程度及其对边坡工程的影响。

3. 边坡工程勘探

边坡勘探的目的是为边坡工程设计、施工提供依据，是边坡工程勘察最主要的工作。边坡工程勘探应采用钻探、坑探、槽探相结合的综合勘探方法。复杂、重要的边坡工程可辅以洞探；岩溶发育地区的边坡工程除采用以上勘探方法外，尚应采用物探。

边坡勘探范围应包括坡面区域和坡面外围一定的区域，且应包括可能对建（构）筑物有潜在安全影响的区域：无外倾结构面控制的岩质边坡勘探范围到坡顶的水平距离不应小于边坡高度；外倾结构面控制的岩质边坡勘探范围应根据边坡岩性及潜在破坏模式确定；可能发生圆弧滑动破坏的土质边坡勘探范围到坡顶的水平距离不应小于 1.5 倍坡高；可能发生岩土界面滑动的土质边坡勘探范围应大于潜在滑坡的前后缘位置。

边坡工程勘探线应以垂直边坡走向布置为主，有滑坡时应沿滑坡主轴线布置一条勘探线，拟设置支挡结构的位置应布置平行和垂直的勘探线。详勘阶段勘探线间距根据边坡勘察等级宜取 20～40 m，且单独边坡段勘探线不应少于 2 条。详勘阶段勘探点间距根据边坡勘察等级宜取 15～25 m，且每条勘探线上勘探点不应少于 2 个。边坡工程初步勘察阶段勘探线、点间距可适当增加。

边坡工程勘探深度应穿过最下层潜在滑面进入稳定地层 2.0～5.0 m，控制性勘探孔取大值，一般性勘探孔取小值。边坡支挡结构位置处的控制性勘探孔深度应由支护结构形式确定：采用重力式挡墙、扶壁式挡墙与锚杆式挡墙支护时勘探深度可进入持力层不小于 2.0 m；采用悬臂桩支护时土质边坡中勘探深度不小于悬臂长度的 1.0 倍，岩质边坡中勘探深度不小于悬臂长度的 0.7 倍。

结合边坡工程勘探可进行静力触探等原位试验，确定边坡岩土体的部分力学参数。为进行边坡工程设计，对主要岩土层和软弱土层尚应采集岩土试样进行室内物理力学性质试验，主要项目应包括试样的物理性质、强度与变形指标。主要岩土层和软弱土层试样采集应满足以下要求：土体试样不应少于 6 组，现场直剪试验每组不应少于 3 个试样；岩体抗压强度不应少于 9 个试样，抗剪强度试验不应少于3 组；必要时尚应采集岩样进行变形指标试验。

除上述边坡工程调查测绘、勘探及岩土试验要求外，边坡工程勘察还应提供工程场地的水文地质参数、评价地下水的力学作用和物理化学作用、论证孔隙水变化规律及其对边坡压力状态的影响。对填土边坡，尚应进行料源勘察，查明边坡填料的岩土工程性质。

2.2.3 边坡工程勘察资料整理与分析

边坡工程勘察应编制边坡工程勘察报告，对原始资料进行整理、检查与分析，为边坡工程的设计与施工提供依据。边坡工程勘察报告应资料完整、数据无误、图表清晰、重点突出、结论有据、建议合理，有明确的工程针对性。边坡工程勘察报告应包括以下资料：

（1）边坡工程勘察的勘察目的、任务要求及所依据的技术标准；

（2）拟建边坡工程概况、自然环境与气象水文特征；

(3) 边坡工程勘察的技术方案、主要技术手段及勘察工作布置;

(4) 拟建边坡的地质条件，包括工程场地的地形地貌、地层岩性、地质构造、岩土工程性质等工程地质条件，以及地表水水位及流量、地下水类型、埋藏条件、水位变化规律及变化幅度等水文地质条件;

(5) 边坡工程岩土体的物理力学性质指标，岩土的强度参数、变形参数、承载力建议值等;

(6) 可能影响边坡工程稳定性的不良地质作用及其危害性评价;

(7) 边坡稳定性评价，即采用工程地质综合分析与力学计算方法评价拟建边坡工程的稳定性，划分出稳定边坡、基本稳定边坡、欠稳定边坡与不稳定边坡;

(8) 预测边坡工程施工与使用期间可能发生的工程问题，并提出监测和防治措施及建议;

(9) 边坡工程勘察附件，包括勘探点平面布置图、工程地质柱状图、边坡区工程地质平面图、边坡工程代表性断面图、边坡工程地段岩土试验资料等。

边坡工程勘察报告的文字、术语、代号、符号、数字、计量单位、标点等均应符合国家相关标准的规定。

2.3 滑坡勘察

若拟建边坡工程地段或其邻近地段存在对工程安全有影响的滑坡或潜在滑坡时，需在边坡工程勘察基础上展开专门的滑坡勘察，以查明滑坡或潜在滑坡的地质条件、规模、性质、成因、危害程度与发展趋势，为滑坡的防治提供依据。滑坡勘察的工作流程及方法与边坡工程勘察基本一致，但部分技术要求和技术手段仍具有其特殊性[25-27]。比如，滑坡勘察的阶段划分应根据滑坡规模、性质及其对拟建边坡工程的可能危害程度确定，若滑坡规模大、危害严重，即使初步设计阶段也应对滑坡进行详细勘察，避免施工图设计时由于滑坡问题否定边坡工程选址。

2.3.1 滑坡勘察基本要求

滑坡勘察除应满足 2.2.1 节所列的勘察要求外，尚应满足以下要求:

(1) 着重对滑坡要素、滑坡条件及滑坡作用因素等资料进行搜集，加强对滑坡标志的调查及识别;

(2) 滑坡勘察应注重对滑坡地段坡体的动态监测，采用信息法进行全过程勘察;

(3) 滑坡勘察应通过分析合理地判定滑坡带、面的分布特性。

2.3.2 滑坡勘察方法

滑坡勘察应综合采用资料搜集、地质条件调查测绘及工程勘探的方法进行。采用上述各方法进行滑坡勘察的要求和做法简要介绍如下。

1. 资料收集与勘察工作大纲编制

滑坡勘察中的资料收集除包括2.2.1节所要求的资料外，还应着重收集滑坡性质、规模、发生发展历史及危害程度等资料，并在此基础上编制滑坡勘察工作大纲。大纲内容应包括以下主要内容：

(1) 滑坡勘察目的及所依据的技术标准；

(2) 滑坡区概况，如环境条件、地形地貌、地质条件、滑坡性质、规模及危害情况等；

(3) 滑坡勘察的技术方案与主要技术手段；

(4) 滑坡勘察工作的人员、仪器、设备等；

(5) 滑坡勘察工作流程与进度安排；

(6) 滑坡勘察工作量与经费概算。

2. 滑坡的调查测绘

滑坡的调查测绘除包括2.2.2节所列的工作外，尚应包括以下内容：

(1) 调查滑坡区及其邻近地段的微地貌形态及其演变过程，明确各滑坡要素的形态特征及其演化过程，圈定滑坡周界；查明滑坡区内外建（构）筑物与植被等的变形特性及破坏过程；

(2) 调查滑坡形成历史及主要滑坡作用因素；

(3) 查明滑坡区地层岩性与地质构造等工程地质条件，及其与滑坡周界和滑动面的关系；

(4) 调查滑带水的变化规律与幅度，滑带水与地表水及地下水的关系；

(5) 调查当地滑坡防治措施及效果。

通过滑坡调查测绘，应能初步识别已有滑坡，圈定滑坡范围，确定滑坡的发育阶段，并对滑坡区的滑动条块进行划分。此外，应根据滑坡调查测绘成果对潜在滑坡进行判断，并提出相应的预防措施。

3. 滑坡勘探

滑坡勘探的目的是查明滑坡规模与范围、滑坡体的地层结构与岩土特性、滑动面（带）的层数、分布与形态，查清地下水的层数、分布、变化规律及相互间的水力联系，从而为滑坡防治提供设计依据。滑坡勘探应根据所要查明的问题选择合适的勘探方法，通常应综合采用物探、钻探、触探、坑探、槽探等勘探方法，且应设置一定数量的探井。

滑坡勘探的勘探线、勘探点应根据滑坡区工程地质条件、地下水情况及滑坡特性进行布置。勘探线应沿滑坡主轴和垂直主轴方向布置，且主轴两侧滑坡体外也应布置一定数量的勘探线。滑坡勘探应沿勘探线、滑坡体转折处及可能采取工程防治措施的地段布置勘探点，并在滑床转折处布置控制线勘探点。滑坡勘探点的间距不宜大于40 m，且滑坡主轴断面上勘探点数不应少于3个。

滑坡勘探深度应穿过最下层可能滑动面，深入稳定岩土层3.0～5.0 m，控制性勘探孔取大值，一般性勘探孔取小值；若滑坡的滑床为基岩，则钻入基岩的深度应不小于滑坡区最大孤石直径的 1.5 倍；在可能采取抗滑桩等工程防治措施的地段，勘探孔深度应按预计锚固深度确定，相应控制性钻孔进入滑床的深度宜大于滑体厚度的 1/2，且不小于 5.0 m。

为进行滑坡稳定性评价与滑坡防治工程设计，需结合滑坡勘探工作采集滑坡体、滑坡面（带）及稳定地层的岩土试样，并开展室内试验，确定滑坡地段岩土的物理力学特性。滑坡勘探岩土试样的取样要求应符合 2.2.1 节的要求。为查清滑坡地段地下水情况，应开展抽水试验、分层止水试验和连通试验，测定滑坡体内含水层的渗透系数、涌水量、水位动态、地下水流速、流向及相互水力间联系。

2.3.3 滑坡面的分析确定

滑动面的确定对滑坡稳定性分析和滑坡防治设计至关重要。滑坡勘察中应根据勘察成果资料，采用地质构造分析法、滑坡勘探法、变形监测法确定滑坡地段的滑坡面的位置和形态。

地质构造法是通过寻找滑动擦痕、泥化带、剪切面等地质现象确定滑坡面的位置。如在岩质滑坡地段，可通过寻找控制性结构面和非构造滑动特征确定滑动面位置；在滑面发育完善地段，可由岩土体的剪切面或挤压、张拉痕迹、泥化夹层、擦痕等直接确定滑动面；在滑面发育不明显地段，可通过调查软弱结构面或软弱夹泥层初步判定滑动面的可能位置。

滑坡勘探法主要包括物探、钻探、挖探等方法。物探是利用滑动面岩土体与其上下岩土体间的电性、磁性、波速等存在差异的特点确定滑动面，通常能够定性地判断滑坡地段的“趋势性滑动面”。钻探法可根据钻进情况对滑动面进行定性判定，如缩孔、塌孔、钻速增加、跳钻、卡钻等特殊钻进现象是滑动面的间接反映。挖探能够直观地揭示滑坡地段中滑坡面的位置。

变形监测法是根据钻孔深部位移监测成果，确定滑坡面的位置和滑动方向。对于活动滑坡，滑动面处岩土体的位移通常明显大于其下伏岩土体的位移，故而可通过分析钻孔的位移曲线变化规律确定滑动面的位置。采用变形监测法确定滑动面时需排除岩性差异产生的误差。

岩质滑坡地段的滑坡面应主要依据岩芯鉴定结果进行确定，主要依据如下：

(1) 黏质成分含量较高、含水率较高的软弱地层；

(2) 地层物质成分复杂，且有不同程度的挤压揉皱现象；

(3) 岩芯可见的局部或贯穿性滑裂面；

(4) 地层层序倒置时可能发生滑坡，但需排除倒转背斜和逆掩断层的作用。

2.3.4 滑坡勘察报告的资料整理与分析

滑坡勘察报告的内容与 2.2.3 节所列边坡工程勘察报告基本一致，主要包括以下资料：

(1) 滑坡勘察的勘察目的、任务要求及所依据的技术标准；

(2) 滑坡概况、环境条件与气象水文特征；

(3) 滑坡勘察的技术方案、主要技术手段及勘察工作布置;

(4) 滑坡地段的地质条件,包括地形地貌、地层岩性、地质构造、岩土工程性质等工程地质条件,降雨、地下水等水文地质条件,以及地震烈度、频度等特征;

(5) 滑坡地段岩土、水参数试验结果及工程设计建议值等;

(6) 滑坡特征,包括滑坡类型、规模、变形特征,滑坡条块、层级划分,滑坡要素及其特征,滑坡的主要作用因素及形成机理分析等;

(7) 滑坡的稳定性评价和发展趋势预测,并提出适当的工程防治措施;

(8) 滑坡勘察附件,包括地质平面图、勘探点平面布置图、滑坡主轴及辅助纵横断面图、工程地质柱状图、滑坡地段岩土及水试验资料等。

2.4 地震安全性评价

地震灾害往往对人民的生命、财产安全造成较大损失。为减轻和防御地震灾害,《工程场地地震安全性评价》(GB 17741—2005)规定下列建设工程必须进行地震安全性评价:国家重大建设工程;受地震破坏后可能引发水灾、火灾、爆炸、剧毒等严重次生灾害的建设工程;受地震破坏后可能引发放射性污染的核电站与核电设施建设工程;对各省、自治区、直辖市有重大价值或重大影响的建设工程。[28] 这里将依据相关法律、法规及技术标准的规定,简要介绍建设工程场地地震安全性评价的要求及方法,主要内容包括:

(1) 地震安全性评价的基本要求;

(2) 地震危险性的确定性分析与概率分析;

(3) 工程场地地震动参数的确定;

(4) 工程场地地震小区划。

2.4.1 地震安全性评价的基本要求

建设工程地震安全性评价的基本要求如下:

(1) 建设工程地震安全性评价应根据工程的重要性及地震破坏后可能引发的次生灾害严重性确定评估工作等级与工作内容,如表 2-7 所列;

表 2-7 地震安全性评价工作分级[28]

工作等级	工作内容	适用范围
Ⅰ级	地震危险性概率分析和确定性分析、能动断层鉴定、场地地震动参数确定、地震地质灾害评价	核电站等重大建设工程项目的主要工程
Ⅱ级	地震危险性概率分析、场地地震动参数确定、地震地质灾害评价	除Ⅰ级以外的重大建设工程项目的主要工程
Ⅲ级	地震危险性概率分析、区域性地震区划、地震小区划	城镇、大型厂矿企业、经济开发区、重要生命线工程等
Ⅳ级	地震危险性概率分析、地震动峰值加速度复核	地震区划分界线附近或地震研究程度较差地区的一般建设工程

(2) 收集区域及近场区地震活动性与地震构造资料，评价区域及近场区地震活动特征与地震构造环境，分析不同震级的地震构造条件；

(3) 开展工程场地地震工程地质条件勘测，测定场地岩土力学性能，查明场地内地震灾害类型，并评价其危害程度；

(4) 开展地震危险性的确定性分析和概率分析，编制区域性地震区划；

(5) 开展场地地震反应分析，确定场地地震动参数，并编制场地地震小区划。

2.4.2 地震危险性的确定性分析与概率分析

地震危险性的确定性分析应分别采用地震构造法和历史地震法确定工程场地的地震动参数，并取二者结果中的较大值作为地震危险性确定性分析的结果。地震构造法应根据活动断层的特征、最大历史地震、古地震等资料判定区域最大潜在地震，在考虑地震衰减关系不确定性的基础上计算得到工程场地的地震动参数，并取最大值作为地震构造法所确定的地震动参数。历史地震法是根据历史地震资料，通过计算或地震烈度转换确定工程场地的地震动参数，并取最大值作为历史地震法所确定的地震动参数[29]。

地震危险性的概率分析是在确定地震带和潜在震源区地震活动性参数的基础上，通过分析计算地震动参数的超越概率和地震动反应谱，明确各潜在震源区对工程场地地震危险性的作用，并得到不同年限不同超越概率的地震动参数。地震危险性概率分析需要确定的地震活动性参数应包括：地震带的震级上、下限；地震带的震级-频度关系；地震带的地震年平均发生率；地震带的本底地震震级及其年平均发生率；潜在震源区的震级上限；潜在震源区各震级的空间分布。

根据地震危险性分析结果，应编制区域性地震区划图，以等值线或分界线表述。地震区划图的概率水平应根据工程重要性及地震灾害可能诱发的次生灾害严重性确定。

2.4.3 工程场地地震动参数的确定

工程场地的地震动参数至少应包括地震动峰值、反应谱及强震持时。根据场地类型的不同，地震动参数应采用不同的确定方法：对于自由基岩场地，Ⅰ级地震安全性评价时其地震动参数应根据地震危险性的确定性分析和概率分析结果综合确定，Ⅱ、Ⅲ级地震安全性评价时其地震动参数应根据地震危险性的概率分析结果确定；对于土质场地，其地震动参数应结合工程场地工程地质条件，通过场地地震反应分析确定。

对于土质场地，当工程场地地表、土层界面及基岩表面均较平坦时，场地地震反应分析可采用一维分析；若地表、土层界面或基岩表面起伏较大，场地地震反应分析宜采用二维或三维分析。场地地震反应分析采用二维或三维分析时，应考虑边界效应的影响。

土质场地地震反应分析时，1 级评估工作的地震输入界面应采用钻探确定的基岩面或剪切波速不小于 700 m/s 的土层顶面；Ⅱ级评估工作的地震输入界面应采用钻探确定的基岩面，或剪切波速不小于 500 m/s 的土层顶面，或钻探深度超过 100 m且剪切波速明显增加的土层界面。

土质场地地震反应分析时所输入的地震波应按基岩地震动时程幅值的 50% 折减。基岩地震动时程应根据地震危险性分析结果，结合工程所在地区的强震记录合成得到。

2.4.4 工程场地地震小区划

场地地震小区划包括地震动小区划与地震地质灾害小区划，应分别根据地震动参数计算结果及地震地质灾害评价结果进行划分。

场地地震小区划应根据工程地质勘探成果选择代表性控制点，通过计算确定控制点上的地震动参数，并以此编制给定概率水平下工程场地地震动峰值和反应谱区划图。区划图宜采用等值线或分界线表述，相邻等值线的地震动峰值差不宜小于 20%，反应谱特征周期差不宜小于 0.05 s。

地震地质灾害小区划应根据工程场地地质条件，评价场地地震地质灾害类型、分布及其危害、活动断层地表错动特征及其对工程场地的影响，从而编制给定概率水平下的工程场地地震地质灾害小区划图。

第 3 章 既有深坑边坡的稳定性分析方法

3.1 概　述

既有深坑多为开采矿石遗留下来的深坑，具有坡度高、坡度大、岩土体组成复杂、不良地质现象发育等特点。通常，既有矿坑边坡由填土、残积土、风化岩和中风化岩组成。其浅层破坏多为填土、残积土及风化岩的圆弧或折线破坏，深层破坏则取决于岩体的结构类型。岩体结构的划分方法存在许多种，按《水利水电工程地质勘察规范》（GB 50487—2008）可将岩体分为块状结构、层状结构、镶嵌结构、碎裂结构及散体结构五类。块体结构及层状结构边坡主要发生的平面、楔体、倾倒和溃屈破坏，其稳定性主要取决于结构面的组合特性及抗剪强度；镶嵌结构及碎裂结构边坡主要发生局部塌方和整体滑塌，其稳定性主要取决于岩块间的镶嵌情况及咬合力；散体结构边坡的失稳破坏与土质边坡破坏模式类似，主要发生圆弧破坏和沿基岩面的折线破坏，前者的稳定性主要取决于岩体的抗剪强度，后者的稳定性则主要取决于岩、土分界面的强度及起伏形态[30]。因此，边坡稳定性分析应首先根据边坡的结构特征确定可能的破坏形式，再针对不同的破坏形式采用相应的分析方法。

目前，边坡稳定性分析的方法种类繁多，主要可分为定性、定性定量相结合、定量的方法，以及物理模拟试验和现场监测等方法。伴随着新的数学理论和计算机的发展，模糊数学、神经网络、可拓学、灰色理论、粗糙集等智能方法逐渐被运用到边坡工程领域中。图 3-1 汇总了工程中常用的边坡稳定性评价方法。

3.2 边（滑）坡物理力学参数的确定方法

岩土参数的分析和选定是边坡工程分析评价和设计的基础。评价是否符合实际，设计计算是否可靠，很大程度上取决于岩土参数选定的合理性。目前，边坡参数取值常用的方法包括规范与工程类比法、室内试验和原位实验、参数反演法。

- 边坡稳定性评价方法
  - 定性
    - 自然（成因）历史分析法（用于天然斜坡）
    - 工程类比法（可用于自然和人工边坡）
    - 岩体定性分级方法（规范）
  - 定量
    - 极限平衡法
      - Fellenius 法（圆弧）；Janbu 法（复合破坏、折线）；Bishop 法（圆弧）；
      - Spencer（复合破坏）；Morgenstein-Prince 法（复合破坏）；
      - 传递系数法（折线）；楔体极限平衡法（楔体破坏）；
      - Sarma 法（任意复杂形态）、改进 Sarma 法；Hovland 法（三维）；
      - Leshchinsky 法（三维）
    - 数值分析方法
      - 有限元；边界元；离散元；
      - 有限差分；不连续变形分析法
    - 可靠性分析
      - 基于圆弧条分法可靠性分析；基于改进 Sarma 法可靠性分析；
      - 基地有限元可靠性分析
  - 定性定量相结合
    - 边坡岩体分级（SMR）；中国边坡岩体分级（CSMR）；
    - 山区高等级公路边坡岩体分级（HSMR）；天山公路边坡岩体分级（TSMR）；
    - 边坡稳定概率分级（SSPC）；自然边坡分级（NSM）
  - 物理模拟试验：离心模拟试验；框架式模拟试验
  - 现场监测分析
    - 岩体形变监测分析；岩体应力监测分析；3S 监测分析；
    - 远程监测；监控分析
  - 图解法：赤平投影法；实体比例投影法；岩体结构分析；块体稳定性分析
  - 智能法
    - 模糊综合评判；灰色理论；可拓学；神经网络；专家系统；
    - 范例推理；粗糙集

图 3-1　边坡稳定性分析方法汇总

3.2.1　规范与工程类比法

当需要在缺少勘察资料的情况下进行边坡稳定性分析时，可结合工程经验参照相关规范进行参数选取，也可通过与邻近工程类比确定岩土体物理力学参数。若借鉴周边地层资料进行参数选取，应充分收集邻近场地的勘察资料，并考虑场地地层起伏、岩土层变异性等的影响。

1. 岩体物理力学参数的确定

对于建筑边坡，当缺少试验资料和当地经验时，边坡岩体的内摩擦角标准值可由岩块内摩擦角进行折减确定，折减系数按表 3-1 选取。当缺少当地经验时，边坡岩体等效内摩擦角标准值可根据岩体类别按表 3-2 确定。

表 3-1　边坡岩体内摩擦角折减系数[19]

边坡岩体完整程度	内摩擦角的折减系数
完整	0.95～0.90
较完整	0.90～0.85
较破碎	0.85～0.80

注：1. 全风化层可按成分相同的土层考虑；
2. 强风化基岩可根据地方经验适当折减。

表 3-2　边坡岩体等效内摩擦角标准值[19]

边坡岩体类型	Ⅰ	Ⅱ	Ⅲ	Ⅳ
等效内摩擦角 φ_e/(°)	＞72	72～62	62～52	52～42

注：1. 适用于高度不大于 30 m 的边坡；当高度大于 30 m 时，应做专门研究；
2. 边坡高度较大时宜取小值；边坡高度较小时宜取大值；当边坡岩体变化较大时，应按同等高度段分别取值；
3. 已考虑时间效应；对于Ⅱ～Ⅳ类岩质临时边坡可取上限值，Ⅰ类岩质临时边坡可根据岩体强度及完整程度取大于 72°的数值；
4. 适用于完整、较完整的岩体；破碎、较破碎的岩体可根据地方经验适当折减。

各类岩石边坡工程，物理力学参数还可参见《工程岩体分级标准》(GB 50218—94)的第 C.0.1 条，见表 3-3。

表 3-3　岩体物理力学参数[31]

岩体基本质量级别	重力密度 γ/(kN·m^{-3})	抗剪断峰值强度		变形模量 E/GPa	泊松比 ν
		内摩擦角 φ/(°)	黏聚力 c/MPa		
Ⅰ	＞26.5	＞60	＞2.1	＞33	＜0.2
Ⅱ		60～50	2.1～1.5	33～20	0.2～0.25
Ⅲ	26.5～24.5	50～39	1.5～0.7	20～6	0.25～0.3
Ⅳ	24.5～22.5	39～27	0.7～0.2	6～1.3	0.3～0.35
Ⅴ	＜22.5	＜27	＜0.2	＜1.3	＞0.35

2. 结构面物理力学参数的取值

建筑边坡工程中，岩体结构面的抗剪强度指标标准值应由试验确定；若无试验资料，则应综合考虑结构面类型和结构面结合程度参照表 3-4 和表 3-5 确定。

表 3-4　结构面抗剪强度指标标准值[19]

结构面类型		结构面结合程度	内摩擦角 φ/(°)	黏聚力 c/MPa
硬性结构面	1	结合好	＞35	＞0.13
	2	结合一般	35～27	0.13～0.09
	3	结合差	27～18	0.09～0.05
软弱结构面	4	结合很差	18～12	0.05～0.02
	5	结合极差（泥化层）	＜12	＜0.02

注：1. 除第 1 项和第 5 项外，结构面两壁岩性为极软岩、软岩时取低值；
2. 取值时应考虑结构面的贯通程度；
3. 结构面浸水时取较低值；
4. 临时性边坡可取高值；
5. 已考虑结构面的时间效应；
6. 未考虑结构面参数在施工期和运行期受其他因素影响发生的变化，当判定为不利因素时，可进行适当折减。

表 3-5 结构面的结合程度[19]

结合程度	结合状态	起伏粗糙程度	结构面张开度/mm	充填状况	岩体状况
结合良好	铁硅钙质胶结	起伏粗糙	≤3	胶结	硬岩或较软岩
结合一般	铁硅钙质胶结	起伏粗糙	3～5	胶结	硬岩或较软岩
	铁硅钙质胶结	起伏粗糙	≤3	胶结	软岩
	分离	起伏粗糙	≤3（无充填时）	无充填或岩块、岩屑充填	硬岩或较软岩
结合差	分离	起伏粗糙	≤3	干净无充填	软岩
	分离	平直光滑	≤3（无充填时）	无充填或岩块、岩屑充填	各种岩层
	分离	平直光滑		岩块、岩屑夹泥或附泥膜	各种岩层
结合很差	分离	平直光滑、略有起伏		泥质或泥夹岩屑充填	各种岩层
	分离	平直很光滑	≤3	无充填	各种岩层
结合极差	结合极差	—	—	泥化夹层	各种岩层

注：1. 起伏度：当 $RA \leqslant 1\%$，平直；当 $1\% < RA \leqslant 2\%$，略有起伏；当 $2\% < RA$ 时，起伏；其中$RA = A/L$，A 为连续结构面起伏幅度（cm），L 为连续结构面取样长度（cm），测量范围 L 一般为 1.0～3.0 m；
2. 粗糙度：很光滑，感觉非常细腻如镜面；光滑，感觉比较细腻，无颗粒感觉；较粗糙，可以感觉到一定的颗粒状；粗糙，明显感觉到颗粒状。

各类岩石边坡工程，结构面力学参数可参考《工程岩体分级标准》（GB 50218—94）的第 C.0.2 条，见表 3-6。

表 3-6 岩体结构面抗剪断峰值强度[31]

序号	两侧岩体的坚硬程度及结构面的结合程度	内摩擦角 φ/(°)	黏聚力 c/MPa
1	坚硬岩，结合好	>37	>0.22
2	坚硬～较坚硬岩，结合一般；较软岩，结合好	37～29	0.22～0.12
3	坚硬～较坚硬岩，结合差；较软岩～软岩，结合一般	29～19	0.12～0.08
4	较坚硬～较软岩，结合差～结合很差；软岩，结合差；软质岩的泥化面	19～13	0.08～0.05
5	较坚硬岩及全部软质岩，结合很差；软质岩泥化层本身	<13	<0.05

3.2.2 室内外试验方法

通过试验确定边坡岩土体的物理力学参数，对边坡稳定性的定量评价和加固设计至关重要。边坡设计中常用的参数有：重度、岩土体和控制性结构面抗剪强度、弹性模量和泊松比、岩土层与锚固体的黏结强度、地基承载力、基底摩擦系数、基床系数、水平向基床系数随深度增大的比例系数等，这些参数室内试验和原位试验方法见表 3-7。

表 3-7　岩土体物理力学参数及其试验方法

参数	试验名称	方法	试块组数
重度（岩石）	块体密度试验	量积法、水中称量法、蜡封法	6
重度（土）	密度试验	环刀法、蜡封法、灌水法、灌砂法	6
单轴抗压强度（岩石）	单轴抗压强度试验		3
抗剪强度（岩石）	三轴压缩强度试验、直剪试验、现场直接剪切试验	直剪试验可采用平推法	6 组以上
抗剪强度（土）	三轴压缩试验、十字板剪切试验		6 组以上
静弹模和泊松比（岩石）	单轴压缩变形试验	电阻应变片法、千分表法	6 组以上
压缩模量（土）	固结试验		6
动弹模和动泊松比	超声波、动三轴试验		3
岩土层与锚固体的黏结强度	抗拔试验		3
地基承载力	载荷试验、静力触探、圆锥动力触探、标准贯入、十字板剪切试验、旁压等原位试验		6

3.2.3　参数反演法

尽管通过室内试验与原位试验可获取岩土体的强度参数，但受试验条件与周期、边坡岩土体的空间变异性及不确定性等因素的限制，通过此方法获得的参数往往不具有代表性[32]。工程实践表明，边（滑）坡的滑动面岩土体组成较为复杂，由试验及经验法取得的参数就较难满足稳定性分析的要求，参数反演可满足这一要求。参数反演法是利用现场边（滑）坡的稳定和变形状态，通过一定的数学方法，反算岩土体的力学参数。常用的参数反演法有位移反分析法、安全系数法及滑动面法[33]。

1. 位移反分析法

位移反分析法是利用滑坡体运动的动力学原理，结合滑体起动、滑动及制动的机理，建立边坡上任意点的位移-时间关系式，以此揭示边坡上任意点位移与边坡几何、物理参数间关系的内在规律，进而反算滑体参数[34-37]。

2. 安全系数法

对于有滑动迹象、处于变形阶段的边坡，可采用定量的稳定性评价方法进行参数反演，求解滑带土的抗剪强度参数，并结合工程类比或试验资料确定滑带土的力学参数。采用安全系数法进行参数反算，首先要确定滑动面位置、滑体重度等参数，然后假设强度参数 c，φ 的可能取值，通过稳定性分析得到给定安全系数条件下的 c-φ 曲线，寻找另一条 c-φ 曲线，两曲线的交点即为所求。采用安全系数法进行参数反演时，常用的边坡稳定性分析方法有刚体极限平衡法[38, 39]、数值方法[40]和破坏概率法[41, 42]。参数反演时边坡的稳定系数可根据变形阶段，按表 3-8 进行取值。

表 3-8　参数反演中边坡稳定系数取值[43]

边坡状态	蠕动挤压阶段	初滑阶段
稳定系数	1.00～1.05	0.95～1.00

3. 滑动面法

对于简单均质边坡，当孔隙水压力、边坡形状及土体重度确定时，滑动面的形状取决于 c 与 $\tan\varphi$ 的比值[44, 45]。采用无量纲参数 λ 表示滑动面形状：

$$\lambda = \frac{c}{\gamma H \tan\varphi} \tag{3-1}$$

式中　γ ——土体重度；

H ——边坡已知滑动面两侧端点的垂直距离。

当边坡高度、岩土体重度确定时，λ 越大滑动面越深。通过测量两个滑动面的深度，可反推 λ 值，进而获得两条 c，φ 曲线，两曲线的交点即为所求的参数。

3.3　定性与半定量方法

由于边坡工程的复杂性，定性与半定量法在边坡稳定性分析中仍然应用广泛，有时甚至作为边坡稳定的主要判据。定性的边坡稳定性评价方法有自然（成因）历史分析法（用于天然斜坡）、工程类比法（可用于自然和人工边坡）和岩体定性分级方法（规范）。半定量的方法主要用于岩体边坡稳定性分析：边坡岩体分级（SMR）、中国边坡岩体分级（CSMR）、山区高等级公路边坡岩体分级（HSMR）、边坡稳定概率分级（SSPC）。

3.3.1　定性评价法

定性分析方法主要是通过工程地质勘察，对边坡稳定的影响因素、潜在破坏模式、失稳机制进行分析，并结合已变形地质体的成因及演化史，定性评价边坡的稳定性及其可能发展趋势。定性评价法的优点是能综合考虑边坡稳定性的影响因素，快速对边坡的稳定状况及其发展趋势做出评价[46]。

1. 自然（成因）历史分析法[47]

自然历史分析法也叫成因历史分析法，是在研究边坡所在区域的构造运动及地质演变历史的基础上，通过分析边坡发育的地质环境及历史、边坡稳定性的影响因素，追溯边坡演变的全过程，对边坡稳定性的总体状况、趋势和区域特征做出评价和预测，常用于天然斜坡的稳定性评价。

2. 工程类比法[48]

工程类比法是指将拟建边坡的岩性、结构、自然环境、变形主导因素及发育阶段等与已取得勘察资料、地质条件类似的边坡进行对比，从而评价拟建边坡的稳定性和发展趋势。工程类比法包括边坡稳定条件形态对比法和边坡失稳条件对比法。

1）边坡稳定条件形态对比法

稳定边坡形态一般具有如下规律性：

(1) 由于重力因素的影响，稳定的高边坡要比稳定的低边坡平缓；

(2) 人工边坡较自然斜坡可维持较陡的坡度；

(3) 研究表明，自然稳定斜坡的高度 H 与坡面投影长度 L 存在幂函数关系：

$$H = aL^{b} \tag{3-2}$$

式中，a，b 为与边坡类型有关的参数。

2）边坡失稳条件对比法

通过对拟建边坡进行长期观测，分析不利因素对边坡稳定性的影响程度，判断边坡稳定性。对边坡稳定性不利的因素有：

(1) 拟建边坡及邻近地段出现滑坡、崩塌、陷穴等不良地质现象；

(2) 岩质边坡中存在泥岩、页岩等软弱岩层或软硬交互的不利组合岩层；

(3) 边坡由特殊性土组成，如膨润土、冻土、黄土等；

(4) 控制性结构面与坡面倾向一致且角度小于坡角；与坡面倾向相反且倾角较大；

(5) 地层渗透差异性大，地下水在弱透水层、基岩面积累流动，在断层、节理裂隙中发育，形成渗流通道；

(6) 坡面上有渗水、水流冲刷坡脚、水位急剧升降引起岸坡内动水压力的强烈作用；

(7) 边坡处于强震区或附近存在爆破施工。

3. 岩体定性分级方法

1）建筑边坡工程规范岩质边坡岩体分级[19]

该分级方法按岩体完整程度（组数、平均间距、岩体结构类型、完整性系数、岩体体积结构面数）、结构面结合程度、结构面产状将边坡岩体分成四个级别，并提供了各级别直立边坡自稳能力。这一边坡岩体分级方法适用于建筑物及市政工程的边坡工程、岩石基坑工程，高度 30 m 以下的岩质边坡，不包括含有外倾软弱结构控制的边坡和崩塌型破坏的边坡。

2）水利水电工程边坡设计规范边坡岩体分级[49]

该分级按岩体结构（块状、层状、碎裂、散体）、岩石类型（岩浆岩、沉积岩和变质岩）、岩体特征（结构面发育情况、层状结构中层面与边坡产状组合关系、裂隙风化程度）将边坡分成四个级别，并提供了各级别边坡的破坏类型、破坏部位及稳定情况。该边坡岩体分级适用于大、中型水电水利工程枢纽主要建筑物边坡、近坝库岸边坡。

3.3.2 半定量评价方法

半定量评价方法多通过边坡岩体分级进行岩质边坡稳定性分析。岩体分级是根据岩石物理、力学特性、工程地质条件以及气候条件等影响岩体质量或稳定性的因素，将岩体按质量或稳定性分为若干级别，并据此对其进行初步评价，提出设计参数或治理建议。边坡岩体分级是在岩体分级的基础上引入边坡的要素，如坡高、几何形态、坡面与结构面组合关系等，对边坡岩体稳定性进行分级。

1. 边坡岩体分级 SMR 法[50-53]

边坡岩体分级 SMR（Slope Mass Rating）法是 Romana 等为考虑边坡破坏模式影响，在 RMR（Rock Mass Rating）分级法的基础上，引进结构面产状修正系数和边坡开挖方法调整系数提出的。该分级方法考虑因素全面，分级过程简单、方便，是目前应用较为广泛的边坡岩体分级方法之一[54-57]。

2. 岩质边坡破坏概率分级 SSPC 法[58, 59]

岩质边坡破坏概率分级 SSPC 法是 Hack 提出的边坡分级方法，该方法可根据野外调查资料和少量的室内、现场试验对边坡稳定性进行分级，并得到边坡破坏的概率等级。SSPC 按三步来判定边坡的稳定等级：首先根据现场调查确定暴露岩体 ERM 的力学条件；然后换算为参考岩体 RRM 力学性质；最后将参考岩体转换为边坡岩体 SRM，分析边坡的稳定性。

3. 边坡岩体分级 CSMR 法[60]

我国水利水电边坡研究小组基于边坡岩体分级 SMR 法，考虑结构面类型和坡高对边坡的影响，提出了中国边坡岩体分级 CSMR 法：

$$CSMR = \xi_C RMR + \lambda_C F_1 F_2 F_3 + F_4 \tag{3-3}$$

式中 ξ_C ——高度修正系数；

λ_C ——结构面条件系数，断层或夹泥层、层面或贯通裂隙、节理分别取 1.0，0.9～0.8，0.7；

F_1——坡面与结构面倾向关系调整值，取 0.15～1.00；

F_2——结构面倾角大小调整值，取 0.15～1.00；

F_3——坡面与结构面倾角关系调整值，取 0～60 分；

F_4——开挖方式调整值，取 8～15 分。

该法虽然考虑了边坡高度及控制性结构面的影响，但选取的指标和评分均沿袭 SMR 标准，是否完全适合我国水电边坡还有待进一步检验。

4. 西南山区公路边坡岩体分级 HSMR 法[61, 62]

成都理工大学的王哲、石豫川收集了西南多条山区公路岩质边坡资料，借鉴 CSMR 法，提出了适用于西南山区公路边坡的岩体分级 HSMR 法：

$$HSMR = \xi_H RMR + \eta \lambda_H F_1 F_2 F_3 + F_4 \tag{3-4}$$

式中　ξ_H，λ_H——高度修正系数和结构面条件系数；

η——岩性组合系数；

F_1，F_2，F_3，F_4 同式（3-3）。

与 CSMR 法相比，HSMR 法调整了结构面条件系数，重新拟合了高度修正系数，并引入岩性组合系数以考虑不同岩性组合对边坡稳定性的影响。按岩性组合情况，可将边坡分为软硬岩交替边坡、软硬岩等厚互层边坡、软硬岩等厚互层将边坡。HSMR 法是在统计分析的基础上提出的，在公路边坡中有一定的适用性及合理性，但也存在着以下不足：①分级系统借鉴的经验分级公式由水电边坡资料统计得来，未必适合公路岩质边坡；②选取的指标和评分标准沿袭 SMR 法。

3.4　刚体极限平衡法

刚体极限平衡法是工程实践中应用最早、也是目前使用最普遍的定量分析方法。该法将边坡稳定性问题当作刚体平衡问题来研究，分析中采用以下基本假定：

（1）将组成边坡的岩土体视为刚体，用理论力学原理分析其处于平衡状态时必须满足的条件。

（2）假设滑体处于极限平衡状态，即作用于滑面上的应力满足摩尔-库伦破坏准则。

（3）滑面可简化为圆弧面、平面或折面。对于结构面控制的岩质边坡，优势结构面及其组合构成了岩坡分离体和滑动边界。

稳定系数定义为滑坡体中滑动面上抗滑力与滑动力的比值：

$$K = \frac{R}{S} \tag{3-5}$$

式中　R——坡体岩土体提供的广义抗滑力，可以是抗剪强度、抗滑力、抗滑力矩等；

S——坡体岩土的广义滑动力，可以是剪应力、下滑力、滑动力矩等。

常见的岩质边坡可以归纳为四种基本破坏类型，即崩塌、滑移、倾倒、溃屈。

3.4.1　崩塌破坏稳定性分析

崩塌是山区公路、铁路常见的一种不良地质病害，指的是在硬质岩石裸露的陡峻坡体，大的岩块在岩性、地质结构面、气候、地下水、地震和暴雨等综合因素作用下，脱离母岩，突然而猛烈地由高处崩落的物理地质现象[63]。

1. 崩塌发生的基本条件[27]

（1）地貌条件：陡峻的斜坡地段，一般坡度大于 55°，高度大于 30 m，坡面多不平整，上陡下缓。

（2）岩性条件：坚硬岩层组成的高陡边坡，节理裂隙发育，岩土破碎。

（3）构造条件：岩层倾向山坡倾角大于 45°而小于自然坡度；岩层发育多组节理，其中一组节理倾向山坡，倾角为 25°～65°；两组与山坡走向斜交节理组成倾向坡脚的楔形体；节理面呈弯曲光滑面或山坡上方不远处有断层破碎带存在；岩浆岩侵入接触带附近的破碎带或变质岩中片理片麻构造发育的地段，风化后形成软弱结构面。

(4) 昼夜的温差、季节的变化促使岩石风化；地表水的冲刷、溶解和软化裂隙充填物形成软弱面；水引起的静、动水压力，地震和工程活动引起的荷载，开挖填方破坏山体的平衡，都将促使崩塌的发生。

2. 稳定性分析的基本假定

(1) 崩塌运动前，把崩塌视作整体；

(2) 将崩塌体的空间运动问题简化为平面问题；

(3) 崩塌体两侧与稳定岩体之间、各崩塌体之间均无摩擦作用。

3. 稳定性验算

1) 倾倒式崩塌

倾倒式崩塌的基本模式如图3-2所示。由图3-2 (a) 可以看出，不稳定体的上下、左右和稳定岩块体之间均有裂隙分开，一旦发生倾倒，不稳定体将绕点 A 发生转动。考虑各种附加力的最不利组合：上部裂隙充满裂隙水；Ⅶ度以上地震区，考虑水平地震力的作用。倾倒式崩塌稳定性分析的计算模式如图3-2 (b) 所示，崩塌体的抗倾覆稳定性系数 K 可按式(3-6)计算：

$$K = \frac{W \times a}{P_w \times h_0/3 + P_e \times h/2} = \frac{6aW}{10h_0^3 + 3P_e h} \tag{3-6}$$

式中 P_w——静水压力，kN；

h_0——水位高，暴雨时等于岩体高，m；

h——岩体高，m；

W——崩塌体重力，kN；

P_e——水平地震力，kN；

a——转点 A 至重力延长线的垂直距离，为崩塌体宽度的1/2，m。

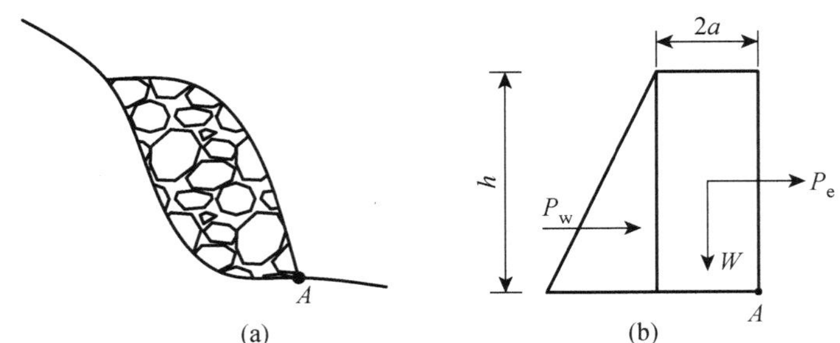

图3-2 倾倒式崩塌

2) 滑移式崩塌

滑移式崩塌有平面、弧形面、楔形双滑面滑动三种。这类崩塌可按抗滑移稳定性验算。

3) 鼓胀式崩塌

鼓胀式崩塌体下有较厚的软弱岩层，常为断层破碎带、风化破碎带及黄土。在水的作用下，这类软岩先行软化。当上部岩体传来的压应力大于软弱岩层的抗压强度时，则软弱岩层被挤出，即发生鼓胀。鼓胀式崩塌的稳定系数可按式（3-7）计算：

$$K = \frac{R_c}{W/A} \tag{3-7}$$

式中　W——上部岩体重力，kN；

A——上部岩体底面积，m^2；

R_c——下部软岩天然状态的抗压强度，kPa。

4）拉裂式崩塌

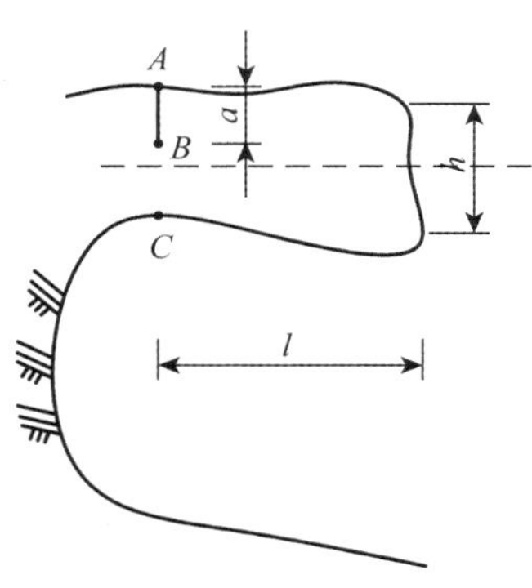

图 3-3　拉裂式崩塌

拉裂式崩塌的典型情况如图 3-3 所示。以悬臂梁形式突出的岩体，在 AC 面上承受最大的弯矩和剪力，层顶受拉，点 A 附近的拉应力最大。在重力、风化等因素的作用下，点 A 附近形成裂隙，随着时间推移，裂隙逐步扩大并向深部发展。当裂缝扩展到一定深度时，AC 面未裂开的区域难以抵抗悬出岩体的弯矩，悬出岩体就会发生崩塌。这类崩塌的关键是最大弯矩截面 AC 的岩体抗拉强度能否抵抗悬出岩体在该面上的最大拉应力。拉裂式崩塌的稳定性验算可用岩体抗拉强度与最大拉应力的比值表示。

假设截面 AC 上裂缝已扩展至点 B，裂缝深度为 a，则点 B 所受的拉应力为

$$\sigma_{B拉} = \frac{3l^2\gamma h}{(h-a)^2} \tag{3-8}$$

崩塌体的稳定性系数为

$$K = \frac{[\sigma_{拉}]}{[\sigma_{B拉}]} = \frac{(h-a)^2[\sigma_{拉}]}{3l^2 \times \gamma \times h} \tag{3-9}$$

式中　γ——岩体重度；

l——悬臂长度；

h——悬臂崩塌体高度。

5）错断式崩塌

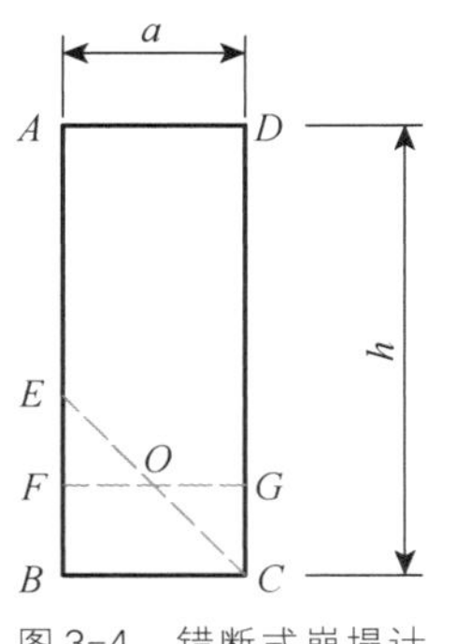

图 3-4　错断式崩塌计算简图

图 3-4 是错断式崩塌的计算简图。依据摩尔-库伦原理，若仅考虑岩体自重 W 作用，与垂直方向成 45° 夹角的 EC 面上将产生最大剪应力。假设 CD 高为 h，AD 宽为 a，岩体重度为 γ，岩体 $AECD$ 的质量为 $W = a(h-a/2)\gamma$，面 FOG 上的法向应力为 $(h-a/2)\gamma$，则面 EC 上的最大剪应力为 $\frac{1}{2}(h-a/2)\times\gamma$。岩体的稳定系数 K 可由岩石的允许抗剪强度与最大剪应力计算：

$$K = \frac{[\tau]}{[\tau_{max}]} = \frac{4[\tau]}{\gamma(2h-a)} \tag{3-10}$$

3.4.2　滑动破坏稳定性分析

1．圆弧或不规则滑动面

圆弧滑动和沿基岩面的折线破坏是散体结构边坡最为常见的破坏模式，

其破坏类似于土类破坏。初步分析中，有下列条件的均可判定为圆弧滑动[64]：

(1) 均匀松散介质、冲积层、大型岩层破碎带；

(2) 有三组或多组产状各异的软弱结构面存在；

(3) 强风化碎裂散体结构岩体。

若边坡上部为碎石土体、强风化岩，下部为中风化基岩，则较易发生沿基岩面的折线破坏。

条分法是最古老、应用最为广泛的运用于圆弧和折线类滑动破坏的方法之一。按假定条件和平衡关系的要求，条分法可分为非严格条分法和严格条分法。非严格条分法通常只要求条块或边坡整体满足力平衡或力矩平衡，如瑞典法、简化 Bishop 法、简化 Janbu 法、不平衡推力法等；而严格条分法则要满足全部力平衡条件，如 Morgenstern-Price 法、Spencer 法、Janbu 法、Correia 法等。表 3-9 对比了各种条分法的假设条件及平衡关系要求。

表 3-9　条分法比较

编号	名称	滑面类型	考虑条块间力	平衡关系	条块形状
1	瑞典条分法	圆弧	否	力矩平衡	垂直条块
2	太沙基法	圆弧	否	力矩平衡	垂直条块
3	简化 Bishop 法	圆弧	是	力矩平衡	垂直条块
4	Spencer 法	圆弧	是	力和力矩平衡	垂直条块
5	简化 Janbu 法	不规则	是	力平衡	垂直条块
6	Janbu 法	不规则	是	力和力矩平衡	垂直条块
7	Sarma 法	不规则	是	力和力矩平衡	非垂直条块
8	Morgenstern-Price 法	不规则	是	力和力矩平衡	垂直条块
9	陆军工程师团法	不规则	是	力平衡	垂直条块
10	不平衡推力法	不规则	是	力平衡	垂直条块
11	Correia 法	不规则	是	力和力矩平衡	垂直条块

条分法的基本假设不同，其计算精度和难易程度也不相同。工程实践中应根据边坡的实际情况，选择精度较高、计算简单的 2～3 种方法进行分析和对比，以确定边坡的稳定系数。研究表明，各严格条分法的计算精度较为接近，误差较小[65]；而非严格条分法中除简化 Bishop 法外，其余计算结果误差都较大，如瑞典条分法误差可达 20%以上。当滑面倾角变化较小时，不平衡推力法计算精度较高，当滑面倾角变化较大时，不平衡推力法计算精度较低。

近年来，工程实践发现边坡破坏具有显著的三维特性。为了能更准确地分析边坡的稳定性，部分研究人员围绕三维条分法展开研究，提出较为完善的三维极限平衡理论及其计算方法[66-74]。

2. 平面剪切破坏

块状结构平面破坏的边坡计算示意图如图 3-5 所示。平面剪切破坏的判别准则为：

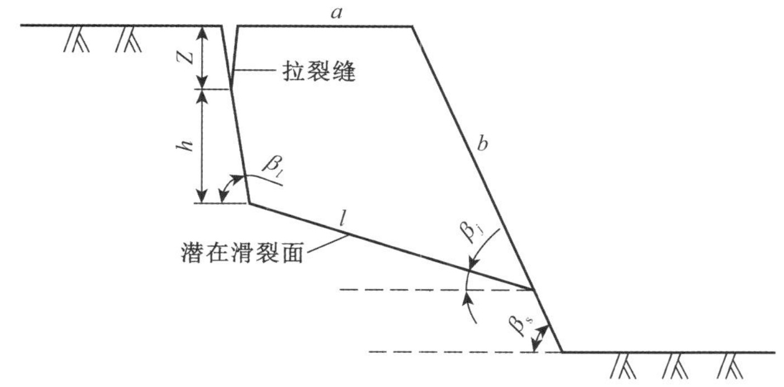

图 3-5　平面破坏示意图

(1) 坡面倾角 β_s、结构面倾角 β_j 同倾向;

(2) $\beta_s > \beta_j$;

(3) $\beta_j > \varphi$ (结构面内摩擦角);

(4) 两侧面脱开，即不计两侧面的阻力。

结构面上部滑体首先需拉断后缘岩体，才能沿结构面发生滑动。假设结构面与拉裂缝的几何参量都是在坡面走向方向上的投影，后缘裂缝深度为 z，裂缝底部延伸到结构面的长度为 h。按极限平衡法可建立边坡安全系数计算公式 (3-11):

$$F_s = \frac{\sigma_t h + c_j l + G\cos\beta_j \tan\varphi_j}{G\sin\beta_j} \tag{3-11}$$

式中　σ_t——岩石抗拉强度，kPa;

G——滑动体重力，kN，可由式 (3-12) 求得;

c_j——结构面黏聚力，kPa;

φ_j——结构面内摩擦角，(°);

β_j——结构面倾角，(°);

β_s——坡面倾角，(°);

l——结构面沿剖面方向长度，m。

$$G = \gamma \times \frac{2ab\sin\beta_l\sin(\beta_s - \beta_j) - b^2\sin\beta_j\sin\beta_l + a^2\sin(\beta_s - \beta_j)\sin(\beta_l - \beta_s)}{2\sin(\beta_l - \beta_j)} \tag{3-12}$$

式中　γ——岩体的重度，kN/m^3;

a——坡顶前缘到结构面在坡面出露点的距离，m;

b——坡顶前缘与拉裂缝的水平距离，m;

β_s，β_l——坡面倾角及拉裂缝倾角，(°)。

3. 楔体破坏

楔体破坏是常见的岩质边坡滑动破坏模式之一。当边坡岩体被两个控制性结构面切割时，如满足以下条件则可能发生楔体破坏[64]:

(1) 两结构面均与边坡面斜交，互为反倾向，若有第三个结构面存在，则该结构面应与坡面同倾向;

(2) 两结构面组合交线的倾向与边坡面倾向基本一致，组合交线的倾角需大于坡面的内摩擦角；

(3) 组合交线的倾角通常小于边坡面倾角。

楔体破坏有两种：①两结构面均为主滑面；②单主滑面破坏，控制性结构面一个为主滑动面，另一个起切割作用。对于前者，在不考虑上覆荷载和地下水压力情况下，安全系数可由式（3-13）得到[75]：

$$F_s=\frac{(c_1A_1+c_2A_2)\sin(\beta_1+\beta_2)+G\sin\beta_2\tan\varphi_1+G\sin\beta_1\tan\varphi_2}{G\sin\beta_3\sin(\beta_1+\beta_2)} \tag{3-13}$$

式中 c_1，c_2——两结构面的内黏聚力，kPa；

φ_1，φ_2——两结构面的内摩擦角，(°)；

A_1，A_2——两结构面的与滑动体的接触面积，m^2；

β_1，β_2——两结构面的倾角，(°)；

β_3——两结构面交线的倾角，(°)；

G——滑动体的重力，kN。

在双滑面的情况下，两结构面的抗剪强度（c_1，φ_1 与 c_2，φ_2）与结构面条件有关；β_3 可由 β_1，β_2 表示：

$$\tan\beta_3=\frac{1}{\sqrt{\cot^2\beta_1+\cot^2\beta_2}} \tag{3-14}$$

因而 β_3 不是独立变量。滑动体的重力 G 与岩体重度和体积有关，体积是若干个几何参数的函数，当破坏体为四面体时，只要已知四个面的倾向及倾角，且已知一条边长，则四面体唯一确定，图 3-6 为其体积计算示意图，假设上表面为水平面，则可得到体积关系式：

$$V=\frac{a^3}{6}\times\frac{\sin^2\alpha_{1-s}\sin^2\alpha_{s-2}}{\sin\alpha_{2-1}\left(\frac{\sin\alpha_{2-1}}{\tan\beta_1}+\frac{\sin\alpha_{1-s}}{\tan\beta_s}+\frac{\sin\alpha_{s-2}}{\tan\beta_2}\right)} \tag{3-15}$$

式中 α_1，α_2，α_s——两个结构面的倾向及坡面倾向；

α_{i-j}——第 i 平面及第 j 平面的倾向夹角，取正值；

β_s——坡面的倾角；

a——两结构面在上表面边缘切割的长度。

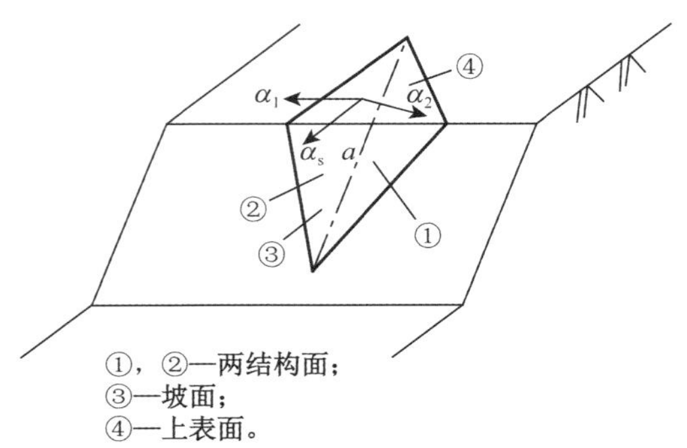

图 3-6 楔体体积计算示意图

由于大部分情况下滑动体并不是规则的四面体，除结构面外的两个面均可能存在凸出或凹陷等情况，因此滑动体体积同时还与边坡形态有关。

A_1 与 A_2 可由 α_1，α_2，α_s，β_1，β_2，β_s，a 等几何参量确定：

$$A_1 = \frac{a^2}{2} \times \frac{\sin^2 \alpha_{s-2} \sin \alpha_{1-s}}{\sin \beta_1 \sin \alpha_{2-1} \left(\frac{\sin \alpha_{2-1}}{\tan \beta_1} + \frac{\sin \alpha_{1-s}}{\tan \beta_s} + \frac{\sin \alpha_{s-2}}{\tan \beta_2} \right)} \tag{3-16}$$

$$A_2 = \frac{a^2}{2} \times \frac{\sin^2 \alpha_{1-s} \sin \alpha_{s-2}}{\sin \beta_2 \sin \alpha_{2-1} \left(\frac{\sin \alpha_{2-1}}{\tan \beta_1} + \frac{\sin \alpha_{1-s}}{\tan \beta_s} + \frac{\sin \alpha_{s-2}}{\tan \beta_2} \right)} \tag{3-17}$$

对于单主滑面，边坡安全系数可由式（3-18）得到：

$$F_s = \frac{\tau_1 A_1 + G\cos \beta_1 \tan \varphi_1}{G\sin \beta_1} \tag{3-18}$$

上式假设结构面①为主滑动面。

3.4.3　倾倒破坏性分析

倾倒破坏是由于结构面倾向和坡面倾向相反，岩柱在自身重力作用下拉断根部向坡面方向发生翻转的现象。倾倒破坏的判别准则如下：

（1）在边坡内至少有两组近似正交的结构弱面存在，且其中的一组陡倾角的弱面与边坡面反倾；

（2）该反倾向结构面的倾角为 50°～70°；

（3）该反倾结构面被与它近似于正交的弱面切割。

Hoek 在《岩石边坡工程》中详细介绍了 Goodman 和 Bray 提出的倾倒破坏极限平衡计算方法[76]。假设边坡被反倾结构面切割成 n 块宽度为 ΔL 的矩形，对于任一条块，作用其上的力将使条块处于以下几种状态（图 3-7）：①稳定；②滑动破坏；③倾倒破坏；④倾倒和滑动破坏同时发生。判别标准如下：

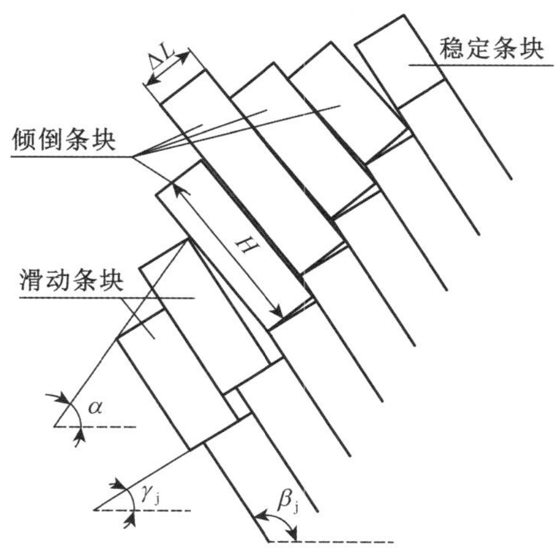

图 3-7　倾倒边坡的典型结构特征

(1) 当 $\frac{\Delta L}{H} > \tan\ \gamma_j$，且 $\varphi > \gamma_j$ 时，条块处于稳定状态；

(2) 当 $\frac{\Delta L}{H} > \tan\ \gamma_j$，且 $\varphi < \gamma_j$ 时，条块处于滑动状态；

(3) 当 $\frac{\Delta L}{H} < \tan\ \gamma_j$，且 $\varphi > \gamma_j$ 时，条块处于倾倒状态；

(4) 当 $\frac{\Delta L}{H} < \tan\ \gamma_j$，且 $\varphi < \gamma_j$ 时，条块处于倾倒和滑动状态。

以上判别标准中，H 为条块高度；ΔL 为条块宽度；γ_j 为顺倾向结构面倾角；φ 为顺倾向结构面内摩擦角。

发生倾倒破坏的边坡，为满足变形协调条件，条块的几何边界条件应做以下简化：

(1) 坡顶最后一个稳定块和第一个倾倒块之间存在一个拉裂缝；

(2) 倾倒区底滑面在两个条块的交界处存在一个台阶；

(3) 倾倒区相邻两个倾倒块的顶部为接触点，侧面无黏聚力，其法向力与切向力满足摩尔-库伦准则；

(4) 滑动区相邻两个滑动块的侧面和底面满足摩尔-库伦准则。

已知右侧作用力的合力 p_i^{r}，可根据力的平衡求得左侧合力，对条块左下端点求矩：

$$p_i^{\mathrm{l}} = \frac{p_i^{\mathrm{r}}(H_{i\mathrm{r}} - \Delta L \tan\ \varphi_j) + \frac{\Delta G_i}{2}(H_i \cos\ \beta_j - \Delta L_i \sin\ \beta_j)}{H_{i\mathrm{l}}} \quad (i = 1, 2, \cdots, n) \tag{3-19}$$

式中 p_i^{l}，p_i^{r} ——第 i 条块左侧和右侧界面上作用力的合力，kN；

ΔG_i ——条块重力，kN；

H_i，$H_{i\mathrm{l}}$，$H_{i\mathrm{r}}$—— 第 i 条块的高度、条块左右侧接触点与条块底面的距离，m；

ΔL ——条块宽度，m，假设各条块宽度相等；

β_j，φ_j ——反倾向结构面（侧面）的倾角和摩擦角，(°)；

n——条块数，可由坡高 h_s，β_j 及条块宽度 ΔL 决定：

$$n = \frac{h_s}{\Delta L \cos\ \beta_j} \tag{3-20}$$

式中，h_s 为坡高。

利用该平衡式，从最上部的条块算起，令 $p_i^{\mathrm{l}} = p_{i-1}^{\mathrm{r}}$，依次计算各条块左侧和右侧界面上作用力的合力，直至算到坡脚条块，并以该条块左侧作用力来判断边坡的稳定性。

上述理论公式成立的前提是反倾向结构面不存在黏聚力，条块底部被一组结构面切割，且底部结构面贯通。实际工程中反倾向结构可能仍存在黏聚力，底部不存在结构面或结构面没有完全贯通[77]，因此分析时还需考虑反倾向结构面的黏聚力、底部岩桥的抗拉强度及连通率等因素。郑颖人等[17]在《边坡与滑坡工程治理》中给出了改进的倾倒边坡稳定性计算方法，除考虑上述因素外，还采用安全系数替换坡脚条块所受外力来衡量边坡稳定性等。

3.5 数值分析方法

数值分析方法通过计算边坡内部的应力、应变来分析边坡变形及稳定问题，近年来在滑坡治理、边坡开挖及稳定性评价中应用较多。目前，常用数值分析方法有：有限单元法、边界元法、离散元法、不连续变形分析法（DDA）、快速拉格朗日分析法（FLAC）、流形元法、界面元方法，其中以有限单元法和 FLAC 法在边（滑）坡工程中运用最为广泛。

3.5.1 有限单元法基本原理

有限单元法是将计算对象离散成若干较小单元组成的连续体，依据最小势能原理、位移协调条件、边界条件、应力-应变关系等求解计算对象的位移场、应变场及应力场的数值计算方法。作为工程中常用的数值计算方法之一，有限单元法具有以下突出优点：①能够求解非线性问题；②便于处理非均质材料；③适应与复杂边界问题的计算；④能够用于应力变形、渗流、固结、流变、动力及热力学等不同性质耦合问题的求解[78]。

在边坡稳定性分析方面，有限单元法能够考虑边坡岩土体的非均质和不连续性，可以求解边坡位移场、应变场及应力场，避免了极限平衡分析法中将滑体视为刚体而过于简化的缺点。此外，有限元数值分析不但能够计算岩体的弹性变形状态，亦可计算岩体的破坏状态；不但可以考虑岩体中地应力或区域构造条件，亦可以考虑渗流、蠕变等的作用[79]。

有限元法的静力问题分析本质上是采用数值方法求解连续体的整体平衡方程：

$$[\boldsymbol{K}]\{u\}=\{F\} \tag{3-21}$$

式中，$[\boldsymbol{K}]$ 称为总刚度矩阵；$\{u\}$ 为连续体各单元的节点位移；$\{F\}$ 为作用在连续体节点上的外力。

采用有限单元法进行数值分析时，需要考虑两类关系：①岩土体的应力-应变关系，即本构关系；②应变-位移关系，即几何关系。若本构关系与几何关系均是线性的，则整体平衡方程中位移-荷载关系也是线性的，很容易由线性有限元法进行求解节点位移 $\{u\}$，继而利用几何关系和本构关系求解各单元的应变和应力。

然而，在边坡稳定性分析中，由于岩土体的应力-应变关系通常是非线性的。若边坡变形较大时（如滑坡问题），边坡岩土体可能会表现出显著的几何非线性。这就需要采用非线性有限元法进行边坡稳定分析。目前常采用迭代法、增量法或增量迭代法进行非线性问题的求解，其基本思路是采用线性问题的解答逼近真实非线性问题的解，这里不作详细介绍。

3.5.2 有限差分法基本原理

有限差分法的基本思想是将连续的求解域划分为差分网格，用有限的网格节点代替连续的求解域，然后用网格节点处函数值的差分对求解域的微分控制方程进行离散，建立以网格节点处函数值为变量的代数方程组（即有限差分方程组），从而把微分方程的求解问题转换成代数方程组的求解问题，属于数学上的近似求解。通过求解有限差分方程组可以得到各网格节点处变量的解，而后采用插值方法由该离散解得到整个求解域的近似解。有限差分法的计算循环如图3-8所示。

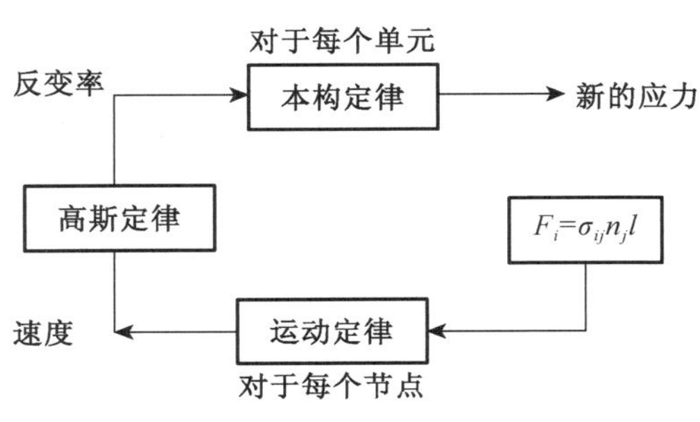

图3-8　有限差分法的计算循环

目前，工程中常用的有限差分法主要有快速拉格朗日数值差分方法（Fast Lagrangion Analysis of Continua，FLAC）[80]。该方法较有限元法能更好地考虑岩土体的不连续性和大变形特性，并且求解速度较快。

3.5.3 强度折减法基本原理

边坡稳定分析的强度折减法是通过不断降低岩土体的强度参数使边坡达到临界稳定状态，并确定边坡的潜在滑动面及稳定性安全系数。该方法定义强度折减系数为边坡岩土体所能提供的最大抗剪强度与外荷载所产生的剪应力之比，并假定极限状态下外荷载所产生的剪应力与边坡岩土体所发挥的最低抗剪强度相等。根据定义，若假定边坡内所有岩土体抗剪强度发挥程度相同，则强度折减系数与极限平衡法中所定义的稳定安全系数在概念上一致。

对于摩尔-库伦材料，折减后的强度参数可由式（3-22）确定

$$\left.\begin{aligned}\tan\varphi_i &= \tan\varphi/F_r\\ c_i &= c/F_r\end{aligned}\right\}\tag{3-22}$$

式中　c，φ——边坡岩土体的实际抗剪强度指标；

c_i，φ_i——折减后边坡岩土体所能发挥的抗剪强度指标；

F_r——强度折减系数。

计算中，假定不同的强度折减系数 F_r，根据折减后的强度参数进行边坡稳定性分析。不断提高 F_r 直至边坡达到临界破坏状态，此时的强度折减系数 F_r 即边坡稳定安全系数 F_s。

采用强度折减法进行边坡稳定计算的关键是要明确边坡达到临界破坏状态的判据，目前主要有：

（1）以数值计算收敛与否作为评价标准；

（2）以特征部位的位移拐点作为评价标准；

（3）以是否形成连续的贯通区作为评价标准。

第 4 章 既有深坑边坡-基础-结构共同作用抗震分析

4.1 边坡-基础-结构共同作用研究现状

吕西林等[81]通过群桩和箱型两种基础-单柱质量块体系-土振动台试验，研究结构-地基相互作用（SSI）对结构动力特性的影响。李培振[82]通过均匀土-箱基-单柱质量块体系和分层土-箱基-上部高层框架结构体系振动台试验，研究地基、基础、结构作为整体的地震动反应特性及规律。杨林德等[83]通过对地铁车站结构进行振动台模型试验，深入分析软土地铁结构动力反应的规律。陈跃庆等[84]通过结构-地基动力相互作用体系的振动台模型试验，研究不同土性地基条件对动力相互作用效果和规律的影响。任红梅[85]通过饱和砂土自由场、液化场地条件下桩-土-结构相互作用体系以及刚性地基框架结构的振动台试验，研究相互作用体系的地震反应规律。李培振等[86]通过可液化土-高层结构地震相互作用的振动台试验，对高层结构、砂土中孔隙水压力的动力响应规律以及桩身应力分布进行研究。

陈国兴等[87]通过两层土地基的五榀二跨十层框架结构共同作用的振动台试验，研究 SSI 效应对十层框架结构地震响应的影响。钱德玲等[88, 89]通过挤扩支盘桩-土-结构体系进行振动台模型试验，研究地震动激励下该体系的抗震性能以及支盘桩对结构体系的抗拉、抗压及抗扭曲的作用。尚守平等[90]通过软土-铰接桩体系隔震性能的振动台试验，研究此新型隔震体系对上部结构动力响应的影响。陈国兴等[91]研究可液化场地上三跨三层地铁车站结构大型振动台模型试验中存在的问题和解决方法。杨迎春等[92]通过三层土-挤扩支盘桩-双向单跨 12 层钢筋混凝土框架的振动台试验，研究共同作用下结构、基础和地基的动力特征规律。Maria 等[93]通过两组砂土地基、浅基础的振动台试验，研究了基础受力形式不同时砂土地基与基础的动力共同作用。

徐礼华等[94]通过模型试验研究上部结构-桩基础-地基体系的地震反应，并运用 ANSYS 软件进行模拟分析，计算相互作用体系在水平地震作用下的动力反应。贺雅敏等[95]对地基-基础-结构抗震共同作用的方法进行综述，提出了适合工程实际的计算模型，认为时程分析方法是更准确的方法。

地基-基础-结构共同作用研究表明：

(1) 共同作用会改变基底震动的频谱组成，使基底有效震动小于自由场地震动。地基土越软，基底有效地震动与自由场地震动差别越明显；地基土越硬，基底有效震动与自由场地震动越接近[84]。

（2）考虑 SSI 时体系的频率均小于不考虑 SSI 时结构的自振频率，阻尼比大于结构材料阻尼比[84]。

（3）地基土越硬，加速度反应的峰值放大系数越大。加速度响应的主要特征是：土较软时以基础转动引起的摆动分量和平动分量为主，土较硬时以结构弹塑性变形分量为主[84]。

（4）受上部结构振动反馈的影响，上部结构柱顶加速度响应主要由基础转动引起的摆动分量组成，平动分量次之，而弹性变形分量很小[81]。

（5）桩身应变幅值呈桩顶大、桩尖小的倒三角形分布；桩上接触压力幅值呈桩顶小、桩尖大的三角形分布[81]。

边坡和结构的动力特征包括加速度、速度、位移、动应力和动应变响应等。边坡的地震动力响应与边坡所遭受的地震动特性密切相关，地震动特性一般包括地震动强度、频谱特性和持时三个方面。工程实践中，由于土地资源的稀缺，越来越多的废弃矿坑被利用起来建设大型公共娱乐场所，边坡、基础、结构在地震作用下的共同作用及动力响应必将是面临的主要问题之一。鉴于现有研究成果多集中在地基-基础-结构共同作用、边坡在地震作用下的响应规律及失稳机理、边坡支挡结构的动力性能等方面，边坡地基与构筑物在地震作用下的共同作用及动力响应研究在国内外尚处于空白阶段，因此这方面的研究必将意义重大。

常规上部结构的振动台模型试验，通常地基作刚性处理，而实际情况并非如此。地基-基础-结构动力相互作用振动台模型试验，将结构模型置于近似天然的场地土中，研究地震作用下结构与地基之间的相互作用和在此边界条件下结构的动力响应，能更真实地反映结构的边界条件。

4.2 既有深坑-基础-结构共同作用的振动台模型试验

4.2.1 试验目的

本试验旨在通过振动台试验，研究地震工况下既有深坑-基础-结构共同作用下的边坡和建筑结构的动力特征。主要研究内容如下：

（1）既有深坑和建筑物的自振周期、振型和阻尼比等整体动力学特性指标，研究其在不同水准地震作用下的变化特点；

（2）研究不同水准地震作用下，深坑边坡在加固或无加固工况下不同部位的动力响应规律，根据地震作用下边坡破坏规律，对锚索加固效果进行分析研究；

（3）研究不同水准地震作用下，基础分别位于深坑底、坡面、坡顶的建筑物的动力响应规律，探明基础位置、地震动力特征等因素对结构及边坡动力响应的影响；

（4）研究不同水准地震作用下，基础坐落于深坑底、坡面、坡顶的多跨建筑物的动力响应规律，探明基础位置、地震动力特征等因素对结构及边坡动力响应的影响；

（5）研究地震作用下边坡锚索的受力机制；

(6) 研究地震作用下深坑-桩-结构的共同作用响应规律，分析结构形式、地震动力特征对自由场地的影响；

(7) 研究对边坡-桩-结构的共同动力响应变化规律，为既有深坑的治理和开发利用提供设计依据。

4.2.2 试验装置

本试验在同济大学土木工程防灾国家重点实验室振动台试验室进行，如图 4-1 所示。设备的台面尺寸为 4.0 m×4.0 m，最大承载模型重 25 t，起吊承载 15 t，振动方向 X，Y，Z 三向六自由度，台面最大加速度：X 向 1.2g，Y 向 0.8g，Z 向 0.7g，频率范围 0.1～50 Hz。

(a) 振动台

(b) 控制台

图 4-1　振动台试验室

4.2.3 模型的试验设计

1. 相似比设计

振动台模型试验设计必须满足模型缩尺动力相似条件。根据相似作用力的种类，可将相似原则分为弹性力相似、重力相似、弹性力-重力相似。本试验按照弹性力相似原则进行模型设计。

根据原型矿坑和振动台台面尺寸，并考虑试验室的起吊能力和振动台的承载能力，本试验几何、密度、时间相似比分别采用 1∶50，1∶1，1∶12。各物理量相似关系式和相似系数见表 4-1。

表 4-1　试验的动力相似关系

项目	物理量	关系式	试验	备注
			1/50 模型	
模型设计控制参数	长度 L	S_L	1/50	控制指标
	密度 ρ	S_ρ	1/1	控制指标
	时间 t	S_t	1/12	控制指标
材料特性	应变 ε	$S_\varepsilon = 1.0$	1.00	
	弹性模量 E	$S_E = S_\rho (S_L/S_t)^2$	1/17.36	

（续表）

	物理量	关系式	试验	备注
			1/50 模型	
材料特性	应力 σ	$S_\sigma = S_E$	1/17.36	
	泊松比 μ	$S_\mu = 1$	1.00	
	黏聚力	$S_c = S_\rho S_L$	1/50.00	
	内摩擦角	S_φ	1.00	
动力特性	质量 m	$S_m = S_\rho S_L^3$	1/125 000.00	
	刚度 k	$S_k = S_E S_L$	1/868.06	
	频率 f	$S_f = 1/S_t$	12	
	阻尼 c	$S_c = S_m/S_t$	1/10 416.67	
	速度 v	$S_v = S_L/S_t$	1/4.17	
	加速度 a	$S_a = S_L/S_t^2$	2.88	
荷载	集中力 P	$S_P = S_E S_L^2$	1/43 402.78	
	面荷载 q	$S_q = S_E$	1/17.36	

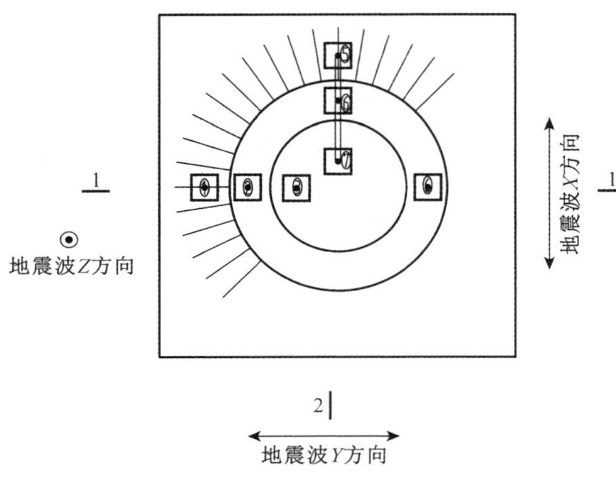

图 4-2　模型平面图

既有深坑原型的长宽为130 m，高 40 m，深坑上口半径 40 m，下口半径 25 m，深为 25 m；锚索长度为 20 m，倾角 25°。模型 X 方向，在深坑的坑底、侧壁及坑顶均布设框架结构，总高 20 m；Y 方向，在坑底、侧壁及坑顶均布设框架结构，高度分别是 45 m，25 m，20 m。振动台模型试验中框架结构采用单柱配质量块模拟，Y 向单柱通过连梁连接。振动台试验中模型的平面图和剖面布置如图4-2、图 4-3 所示，结构体系模型尺寸见表 4-2。

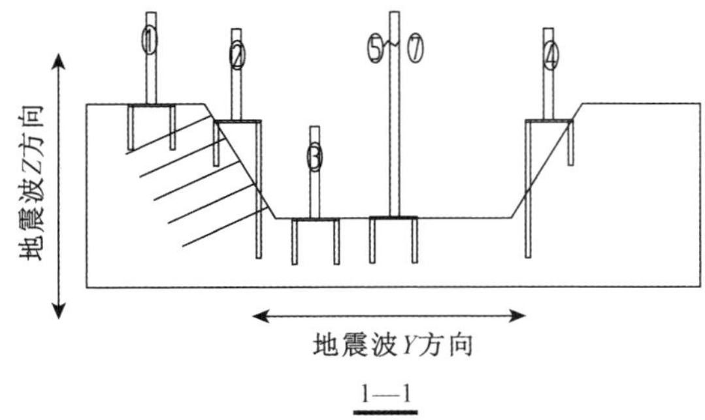

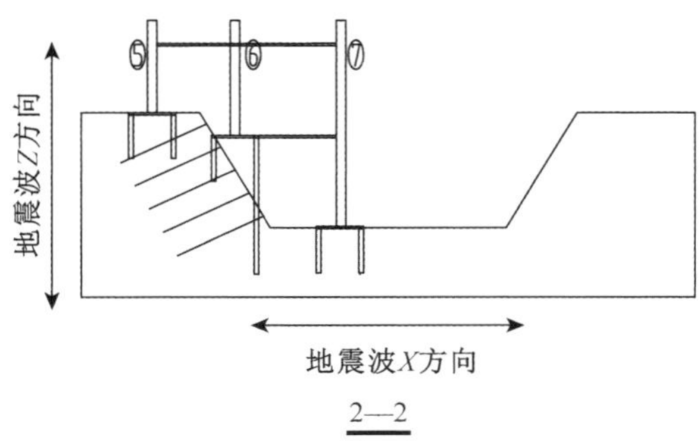

图 4-3　模型剖面图

表 4-2　结构模型尺寸

项目	尺寸/mm	长度/mm	根数
单柱	直径 30	400	5
		500	1
		900	1
底板	10×200×200	7 块	
桩	直径 20	200	22
		600	6
连梁	30×10	450	2
		350	1

2. 模型箱设计

边坡作为一种半无限体，理论上是没有边界的，但在振动台试验中，只能将模型土盛在有限尺寸的容器内。这样边界上的波动反射以及体系振动形态的变化将会给试验结果带来一定的误差，即所谓“模型箱效应”。

常用的模型箱有层状剪切盒、刚性模型箱加内衬、柔性模型箱。层状剪切盒采用 H 型钢焊成框架水平层状叠合而成，层间设置滚珠，这类模型箱只能进行单向振动试验，且自重较大，占用振动台的承载能力。普通刚性箱是由高强度角钢、钢板等构件焊接而成，在垂直振动方向的侧壁上加内衬，这类模型箱容易受内衬材料和布置方式的影响。柔性模型箱（图 4-4）对土体的剪切变形约束作用较小，模型箱阻尼也不会对模型动力反应产生不良影响，模拟效果较好。从边界反射条件和箱体自重来看，柔性模型箱最好，适宜于土质地基材料模型试验。但模拟岩石的工业建筑材料通常需要较长的固结和养护时间，需要先浇筑、养护，然后再吊上振动台。这就要求模型箱具有较大的强度和刚度，因此刚性模型箱加内衬则是较好的选择。

图 4-4

图 4-5

图 4-4　柔性模型箱
图 4-5　刚性模型箱+内衬

本试验采用方形模型箱，模型箱尺寸为 2.8 m×2.8 m×0.9 m（均为内壁尺寸）。模型箱框架采用钢板与工字钢制成，如图 4-5 所示。模型箱底部槽钢设螺栓孔，可以与振动台相连接固定；箱体侧壁内衬 150 mm 的聚苯乙烯泡沫塑料板，板面粘贴光滑的聚氯乙烯薄膜；箱底铺 50 mm 厚环氧树脂黏结碎石。

3. 模型材料

本试验边坡-基础-结构体系研究的重点是地震作用下，结构位于边坡不同部位的动力响应特性，及边坡-基础-结构的共同作用，试验中结构体系处于弹性阶段，结构体系应满足弹性模量相似要求，可采用有机玻璃材料模拟。为研究地震作用下边坡的破坏形式、机理，以及锚索加固边坡的抗震性能，因此边坡模型材料应满足原型物理、力学性质的相似比要求，可采用工业建筑材料模拟边坡。

通过查阅文献和室内配比试验，地基模型材料按碳酸钙：石英砂：石膏：甘油：水＝50：50：5.5：8：6 的配比制备；灌注桩和结构采用有机玻璃，锚索采用螺纹铁丝。地基及结构原型和模型的物理力学参数见表 4-3—表 4-5，结构配重见图 4-6。

表 4-3 地基原型和模型材料参数

岩土层		原型（强风化安山质凝灰岩）	模型材料
重度 $\gamma/(\mathrm{kN\cdot m^{-3}})$		20	20
弹性模量/MPa		158	9.10
泊松比		0.34	0.34
动弹性模量/MPa		1 838	105.87
动泊松比		0.39	0.39
抗剪强度	18	0.36	8
	35	35	44
基底摩擦系数		0.4	0.4
地基承载力特征值 f/kPa		220	12.67
岩土体与锚固体黏结强度特征值 f_{rb}/kPa		100	2
灌注桩极限摩阻力 q_{sik}/kPa		115	2.3

表 4-4 结构原型和模型材料参数

结构	原型（C30）	模型材料（有机玻璃）
重度 $\gamma/(\mathrm{kN\cdot m^{-3}})$	25.0	12（配重见图 4-6）
弹性模量/GPa	30	1.728
泊松比	0.3	0.3

表 4-5 锚索原型和模型材料参数

结构	原型（钢绞线）	模型材料（铁丝）
弹性模量/GPa	195	6.24
泊松比	0.3	0.3

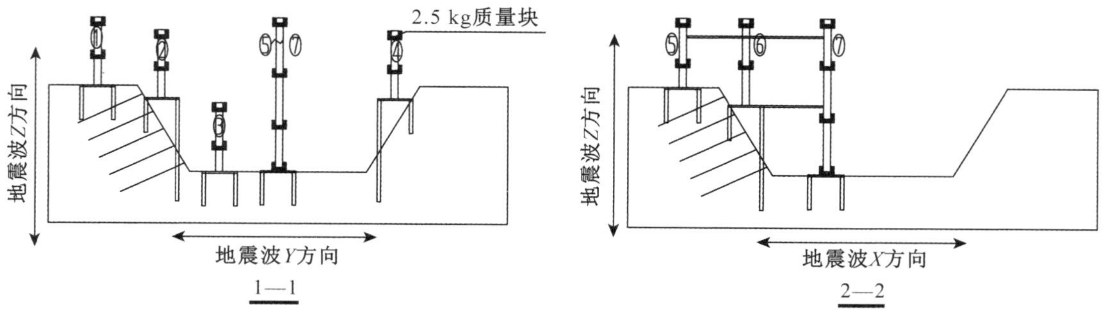

图 4-6　配重布置图

4. 传感器布置

振动台试验所采用的传感器包括加速度计、位移计、应变计、土压力计等，传感器的型号和参数见表 4-6。

表 4-6　振动台试验传感器型号及参数

传感器名称	型号	主要技术参数
加速度计	压电式加速度传感器 DL-105，JF106，CA-YD-127	量程为 ± 250 g，频率范围为 0.2～300 Hz，灵敏度为 20 mV/g，最大横向灵敏度<5%
位移计	ASM 拉线式位移计	频响范围：0～100 Hz，量程为 ± 350 mm
应变计	日本 WFLA-6-11-3LT	栅长 3 mm×6 mm，阻值 120 Ω
土压力计	日本 KDE-200KPA	量程为 200 kPa，额定输出约 0.3 mV/V，输出阻抗 350 Ω，全桥桥接

模型试验中，各类传感器的布置原则如下：

(1) 加速度传感器：沿振动方向地基对称的位置选取两点，分别埋置加速度传感器以量测地震激励下加速度反应，以研究地基、结构的共同作用；边坡坡顶、坡中、坡脚及结构的不同高度处布置测点，研究结构和边坡沿高度方向的地震响应差异。

(2) 位移传感器：边坡加固区和非加固区主震方向的坡脚、坡中和坡顶及结构不同高度处布置，研究试验中边坡或结构不同位置处的位移响应。

(3) 应变片：在桩及锚杆上布置应变片，分别研究桩土共同作用下桩的应力变化规律和锚杆的轴力变化与预应力损失规律。

(4) 压力传感器：在地基不同埋深处布置压力传感器，研究地震作用下岩土压力变化规律。

按照以上原则，边坡-地基-结构振动台试验中传感器具体布置见表 4-7 与图 4-7。

表 4-7　传感器数量

水平加速度计	*X* 方向	$X_1 \sim X_{16}$	结构 7 个 + 边坡 7 个 + 模型箱 2 个
	Y 方向	$Y_1 \sim Y_{16}$	结构 9 个 + 边坡 7 个
竖向加速度计	*Z* 方向	$Z_1 \sim Z_{12}$	结构 7 个 + 边坡 5 个

（续表）

位移计	X 方向	$x_1 \sim x_3$	结构 3 个
	Y 方向	$y_1 \sim y_4$	结构 4 个
	Z 方向	$z_1 \sim z_6$	斜坡结构 3 个 + 坡顶 2 个 + 坡底 1 个
应变计	16 个	$S_1 \sim S_{16}$	结构 7 个 + 锚杆 9 个
岩压力计	4 个	$R_1 \sim R_4$	边坡 4 个

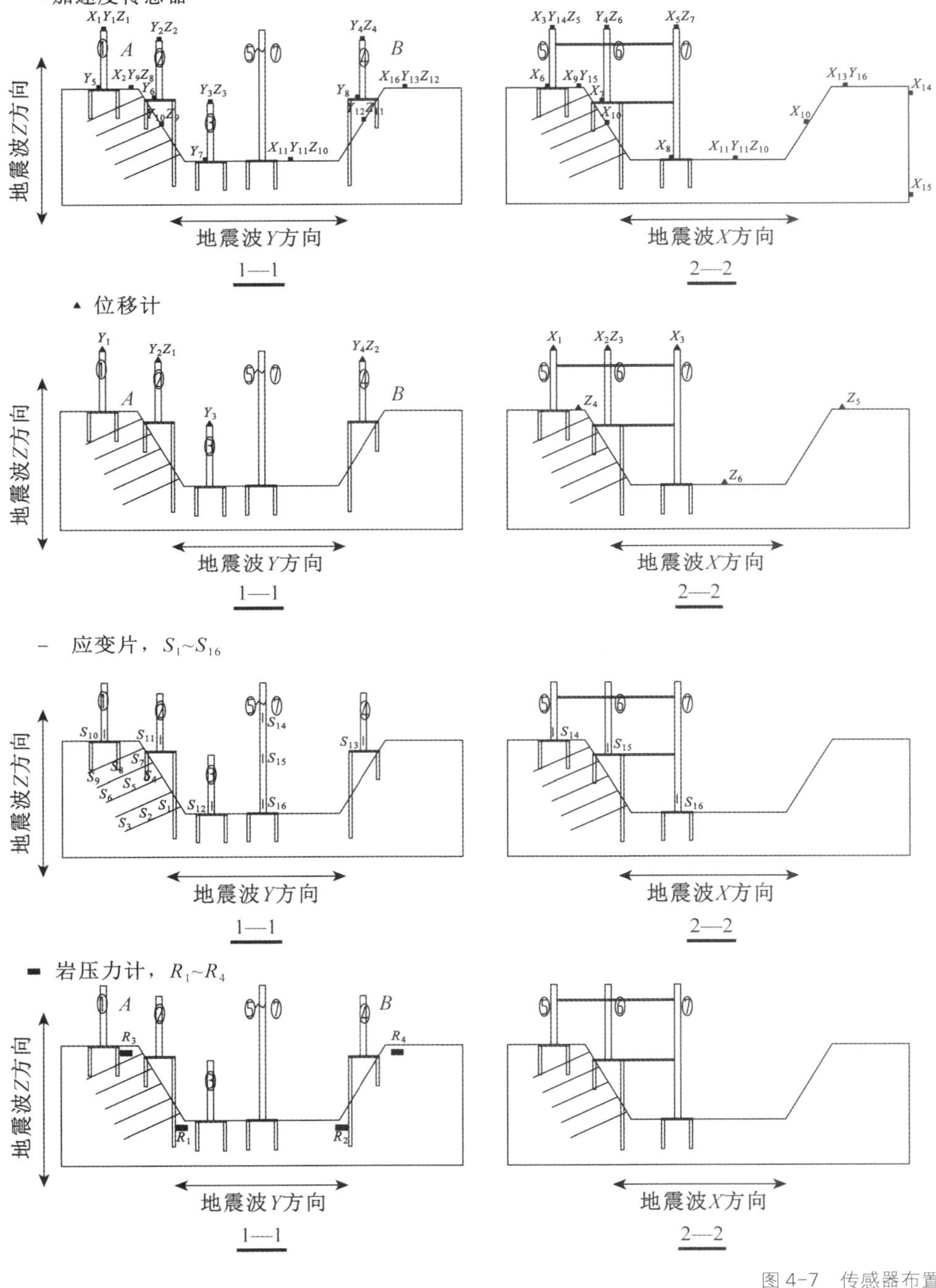

图 4-7　传感器布置图

4.2.4 输入波和加载工况

试验选用地震波形有 El Centro 波（EL）、南京牛首山文化旅游区一期工程场地内的人工合成大震波（NJ）。El Centro 波持续时间为 54 s，离散加速度时间间隔为 0.02 s，其 *N-S* 分量、*E-W* 分量和 *U-D* 分量加速度峰值分别为 341.7 cm/s^2、210.1 cm/s^2 和 206.3 cm/s^2。试验中 *X*，*Y* 方向输入采用 *E-W* 分量，*Z* 方向输入采用 *U-D* 分量，其时程曲线和傅氏谱如图 4-8 所示。

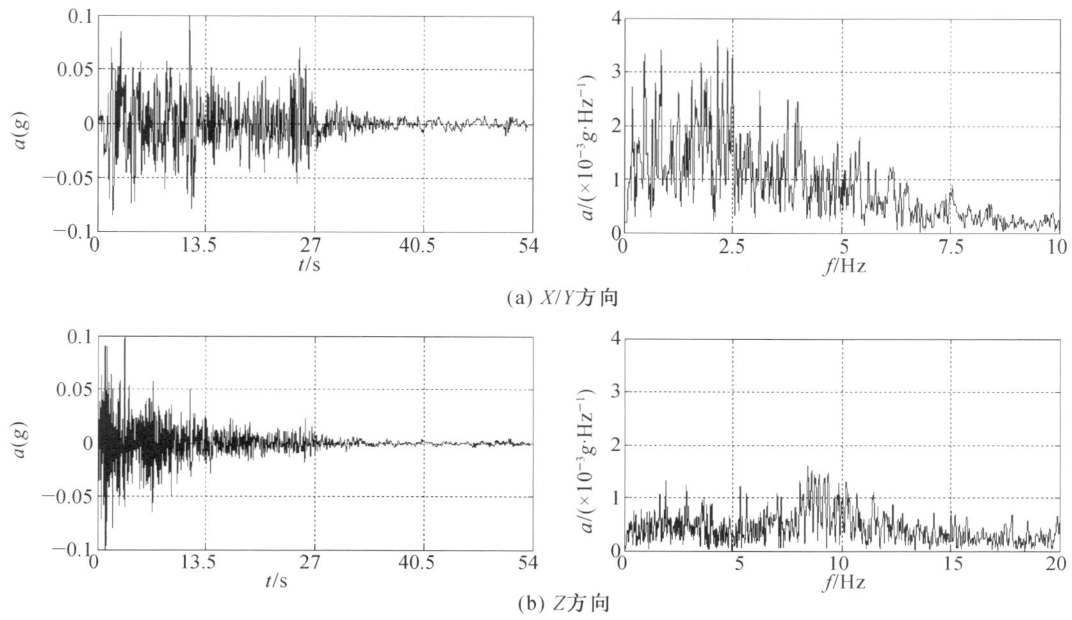

图 4-8　El Centro 波时程及其傅氏谱

南京波是根据南京牛首山现场波速测试、动三轴试验以及工程场地土的静、动力学参数，通过土层地震反应及地震动效应模拟而合成的地震波。南京波强震部分持时 30 s 左右，离散加速度时间间隔为 0.02 s。大震状态，50 年超越概率为 2%，输入最大加速度值为 134 cm/s^2；中震状态，50 年超越概率为 10%，输入最大加速度值为 74 cm/s^2；小震状态，50 年超越概率为 63%，输入最大加速度值为 23 cm/s^2。试验中采用大震波形，其时程曲线和傅氏谱如图 4-9 所示。

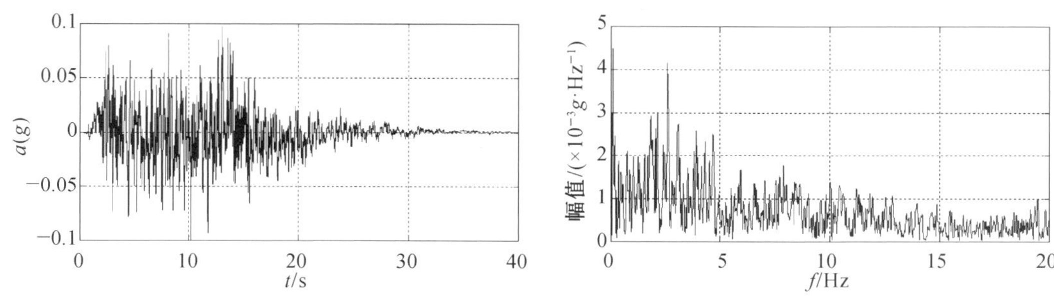

图 4-9　人工合成地震波（大震波形）

试验中，台面输入加速度峰值分级加载，按相似关系调整加速度峰值和时间间隔。边坡-基础-结构振动台试验采用加载工况见表 4-8。若加载完毕边坡尚未破坏，则按照表 4-9 继续进行试验，直至地基破坏。

表 4-8 试验加载工况（一）

序号	工况	原型加速度（g）			模型加速度（g）			备注
		X	Y	Z	X	Y	Z	
1	WN1				0.05	0.05	0.05	白噪声
2，3	EL1，NJ1	0.035			0.100 8			七度多遇
4，5	EL2，NJ2		0.035			0.100 8		七度多遇
6	EL3	0.035		0.021	0.100 8		0.060 48	七度多遇
7	WN2				0.05	0.05	0.05	白噪声
8，9	EL4，NJ3	0.07			0.201 6			八度多遇
10，11	EL5，NJ4		0.07			0.201 6		八度多遇
12	EL6	0.07		0.042	0.201 6		0.120 96	八度多遇
13	WN3				0.05	0.05	0.05	白噪声
14，15	EL7，NJ5	0.1			0.288			七度基本
16，17	EL8，NJ6		0.1			0.288		七度基本
18	EL9	0.1		0.06	0.288		0.172 8	七度基本
19	WN4				0.05	0.05	0.05	白噪声
20，21	EL10，NJ7	0.2			0.576			八度基本
22，23	EL11，NJ8		0.2			0.576		八度基本
24	EL12		0.2	0.12		0.576	0.345 6	八度基本
25	WN5				0.05	0.05	0.05	白噪声
26，27	EL13，NJ9	0.3			0.864			八度基本
28，29	EL14，NJ10		0.3			0.864		八度基本
30	EL15		0.3	0.18		0.864	0.518 4	八度基本
31	WN6		—		0.05	0.05	0.05	白噪声
32，33	EL16，NJ11	0.4			1.152			八度罕遇
34，35	EL17，NJ12		0.4			1.152		八度罕遇
36	EL18		0.4	0.24	1.152		0.691 2	八度罕遇
37	WN7		—		0.05	0.05	0.05	白噪声

表 4-9 试验加载工况（二）

序号	工况	原型加速度（g）			模型加速度（g）			备注
		X	Y	Z	X	Y	Z	
38，39	EL19，NJ13	0.6			1.728			
40	EL20		0.6			1.728		
41	EL21		0.6	0.36	1.728		1.036 8	
42	WN8				0.05	0.05	0.05	白噪声
43，44	EL22，NJ14	1			2.88			
45	WN9				0.05	0.05	0.05	白噪声

4.2.5 模型施工

1. 前期准备

(1) 先将模型箱放置在可以起吊的位置，铺设材料堆场并准备搅拌作业场地，然后准备好地基材料和搅拌机，见图 4-10。

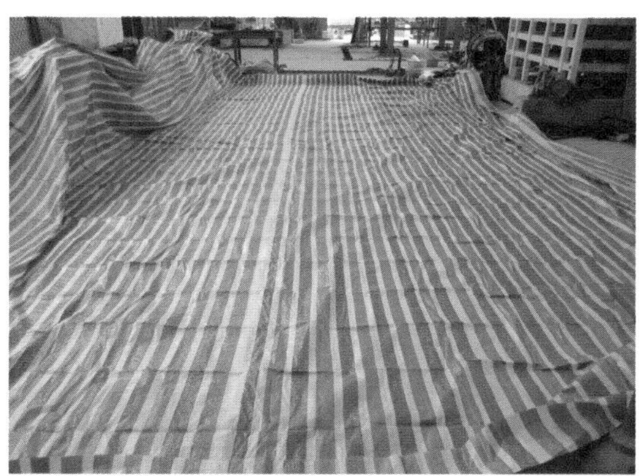

图 4-10 铺设场地、备料及机械

(2) 压力传感器及带应变片的螺纹杆将埋入浇筑地基中，应事先标定压力传感器，并在螺纹杆上贴好应变片，见图 4-11。

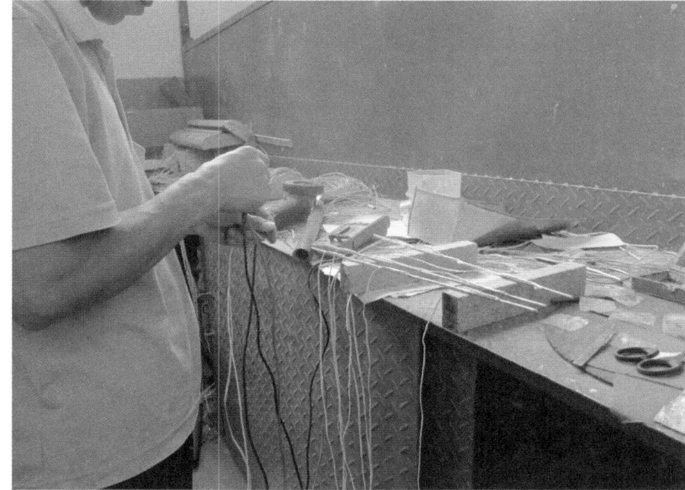

图 4-11 标定压力传感器、螺纹杆贴应变片

(3) 为减小边界效应和模型与箱壁内侧的摩擦力，在模型箱内壁贴好聚苯乙烯泡沫板和聚氯乙烯薄膜；为增大地基模型与箱底的摩擦，在箱底依次施工环氧树脂涂层、3 cm 的碎石、2 cm 的水泥砂浆；为在地基模型浇筑完后，及时将有机玻璃结构桩基压入地基，预先制备好上部有机玻璃结构，见图 4-12。

(4) 为浇筑既有深坑边坡，预先制作倒锥台形模板，外圈模板为 40 块泡沫组合而成，泡沫板之间的缝隙可作为螺纹杆平面定位用；为埋设螺纹杆，预先制备三角形压板，以保证铁丝埋设的深度和角度，见图 4-13。

图 4-12　模型箱内衬、铺底、预制有机玻璃结构

图 4-13　深坑模板、螺纹杆压板

2. 边坡地基制备

(1) 按碳酸钙：石英砂：石膏：甘油：水＝50：50：5.5：8：6 的配比称量材料。先将碳酸钙、石英砂、石膏混合搅拌均匀，然后将甘油和水倒入搅拌机，搅拌均匀。

(2) 地基总高 80 cm，分 10 层填筑，每层 8 cm。每层地基土按表 4-10 进料摊铺完成，人工压实两遍，按压实后填土高度控制压实度。第一层与第三层地基制备见图 4-14 与图 4-15。

(3) 埋设传感器及锚杆，见图 4-16 与图 4-17。

(4) 按步骤 (1) ～ (3) 完成地基模型的制备、传感器及各层锚杆的埋设，见图 4-18。

表 4-10　每层填料量

层数	理论填料量/kg	层数	理论填料量/kg
第一层	984.0	第六层	826.5
第二层	984.0	第七层	797
第三层	984.0	第八层	771.8
第四层	984.0	第九层	737.9
第五层	858.5	第十层	701.5

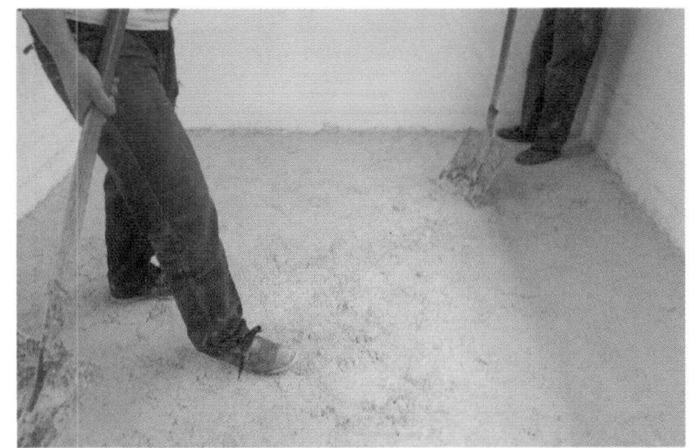

图 4-14　第一层填料压实

图 4-15　第三层填料压实

图 4-16　埋设传感器

图 4-17　开槽埋设锚杆

图 4-18　上部地基边界压实及地基模型

3. 结构模型安装

待边坡模型养护 2～3 d 有一定强度后，钻孔安装结构模型，安装步骤如下：

(1) 安装坡顶结构模型：按设计桩长在地基模型中钻孔，并灌入石膏浆液，而后压入结构模型，见图 4-19。

图 4-19　钻孔安装坡顶结构模型

(2) 吊出地基边坡支模，采用步骤 (1) 所述方法安装坡面及坡底的结构模型，见图 4-20。

图 4-20　起吊地基边坡支模及结构模型安装

4. 安装锚头和锁定锚杆

地基模型强度达到要求后，开槽挖出螺纹铁丝，依次安装木块（锚礅）、钢垫板和螺帽，用拉力计施加预应力 20 N，锁定螺纹杆，见图 4-21。安装完成后，配备地基材料，将坡面重新压平，见图 4-22。

图 4-21　槽施加预应力

图 4-22　安装锚墩、坡面恢复

5. 安装质量块及传感器

按图纸要求安装质量块，要求位置准确、牢固，与有机玻璃之间不发生相对运动；而后各单柱下段贴应变片，见图 4-23。最后，架设位移传感器、加速度传感器，见图 4-24。

至此，既有深坑-基础-结构共同作用振动台试验模型施作完成，见图 4-25。

图 4-23　安装质量块、贴应变片

图 4-24　安装传感器

图 4-25　既有深坑-基础-结构共同作用振动台试验模型

4.3　既有深坑-基础-结构共同作用振动台试验结果分析

根据振动台模型试验，首先分析既有深坑-基础-结构在地震作用下的破坏模式，然后对模型的动力特性参数、边坡和结构加速度、位移分布规律，边坡岩压力、锚杆轴力、结构应变响应规律等进行分析。

4.3.1　试验现象分析

既有深坑-基础-结构共同作用振动台试验中，主要试验现象有：

(1) 振动台试验中非加固区坡顶首先产生裂缝，裂缝以平行坑边为主，较大的裂缝有三条，一条平行于坡面走向，两条垂直于坡面走向，见图 4-26。

(2) 深坑周边以震陷为主，坡顶边缘一圈整体鼓胀；未加固区坡面鼓胀明显，临近鼓胀区域有一长 50 cm、宽 7～8 mm 的裂纹，见图 4-27。

(3) 1 号、3 号与 7 号结构无倾覆和上抬现象，2 号结构桩顶倾覆 3～5 cm [图 4-28 (a)]，4 号结构桩顶倾覆 1.8～2 cm，5 号结构上抬 1.5～2 cm [图 4-28 (b)]，6 号结构上抬 1～1.5 cm。

(4) 振动过程中，模型箱外侧钻孔区域有出水，坑内未见水渗出。

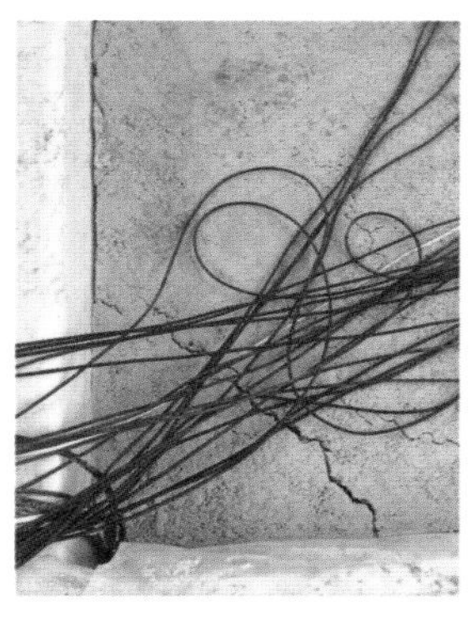
(a) 平行坑边主要裂缝

(b) 垂直坑边主要裂缝

(c) 平行坑边的次要裂缝

图 4-26　裂纹开展情况

(a) 未加固区域坡面隆起现象

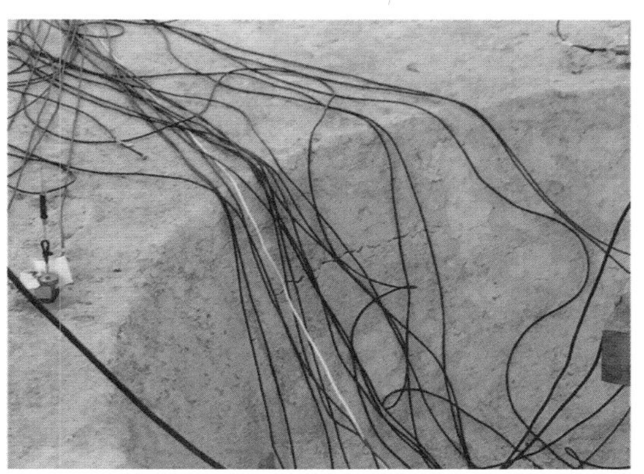
(b) 坡面裂缝

图 4-27　坡面鼓胀和开裂情况

(a) 2号结构发生倾覆现象

(b) 5号结构面发生上抬现象

图 4-28　结构倾覆和上抬现象

(5) 整个地基与模型箱体脱开，未加固区域脱开 1.5～2 cm，加固区域脱开 1 cm。

根据既有深坑-基础-结构共同作用振动台试验可知：

(1) 坡体的破坏先后顺序为：坡顶后缘拉裂—坡顶整体下沉—坡面鼓胀、开裂。

(2) 根据边坡构筑物的位移情况，坡顶和坡底的构筑物安全性高于坡面构筑物，可能是因为坡面隆起变形较大；多跨构筑物的变形小于单体构筑物，可能是因为多跨构筑物的整体刚度和稳定性高于单体。

4.3.2 模型自振频率及阻尼比

振动台试验中，模型的自重频率及阻尼比可通过分析台面输入加速度和模型输出加速度予以确定。以 X_1 测点为例，首先根据台面输入功率函数及模型输出功率函数求取传递函数，即

$$T_{xy}(f) = \frac{P_{xy}(f)}{P_{xx}(f)} \tag{4-1}$$

式中 $P_{xx}(f)$——台面实测加速度激励 x (t) 的自功率谱密度函数；

$P_{xy}(f)$——模型材料上某点实测加速度激励 y (t) 与台面激励 x (t) 的互谱功率函数。

其次，绘制传递函数的幅频图（图 4-29），最大峰值 M 所对应的频率 f_0 即为自振频率。最后，利用半功率带宽法求模型阻尼比，即由幅频图确定幅值 0.707M 所对应的频率分别为 f_1 和 f_2，则阻尼比 ξ 可由式（4-2）求得：

$$\xi = \frac{f_2 - f_1}{f_2 + f_1} \tag{4-2}$$

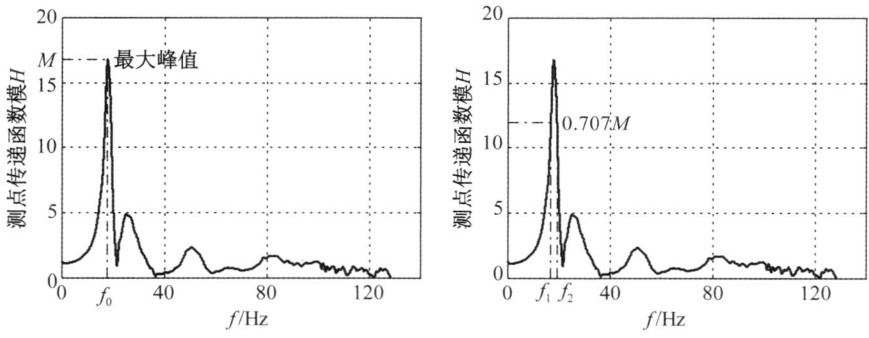

图 4-29 X_1 测点加速度传递函数幅频图

表 4-11 和图 4-30 为结构、边坡及模型箱的典型自振频率及阻尼比。由图 4-30 幅频图可知，试验过程中结构均处于弹性阶段，除 WN6 和 WN7 工况外，结构在一阶峰值处取得最大峰值，自振频率基本上在 17 Hz 左右，且随着激振次数的增加略有减小，而阻尼比在 WN6 工况后明显增大。

表 4-11　模型动力特性参数试验结果

工况	a_{max}	结构（有机玻璃）		深坑		模型箱	
		X_1		X_{13}		X_{14}	
		自振频率/Hz	阻尼比	自振频率/Hz	阻尼比	自振频率/Hz	阻尼比
1	0.05g	17.84	0.067	41.83	0.234	83.06	0.100
7	0.05g	17.70	0.065	40.02	0.209	23.78	0.083
13	0.05g	17.64	0.064	21.68	0.102	22.12	0.100
19	0.05g	17.65	0.053	21.42	0.101	21.87	0.105
25	0.05g	17.32	0.067	14.26	0.298	69.68	0.233
31	0.05g	16.94	0.149	13.94	0.359	82.22	0.204
37	0.05g	17.25	0.197	9.97	0.557	80.87	0.158
42	0.05g	17.13	0.154	6.49	0.440	104.59	0.095
45	0.05g	14.97	0.158	5.30	0.472	102.44	0.021

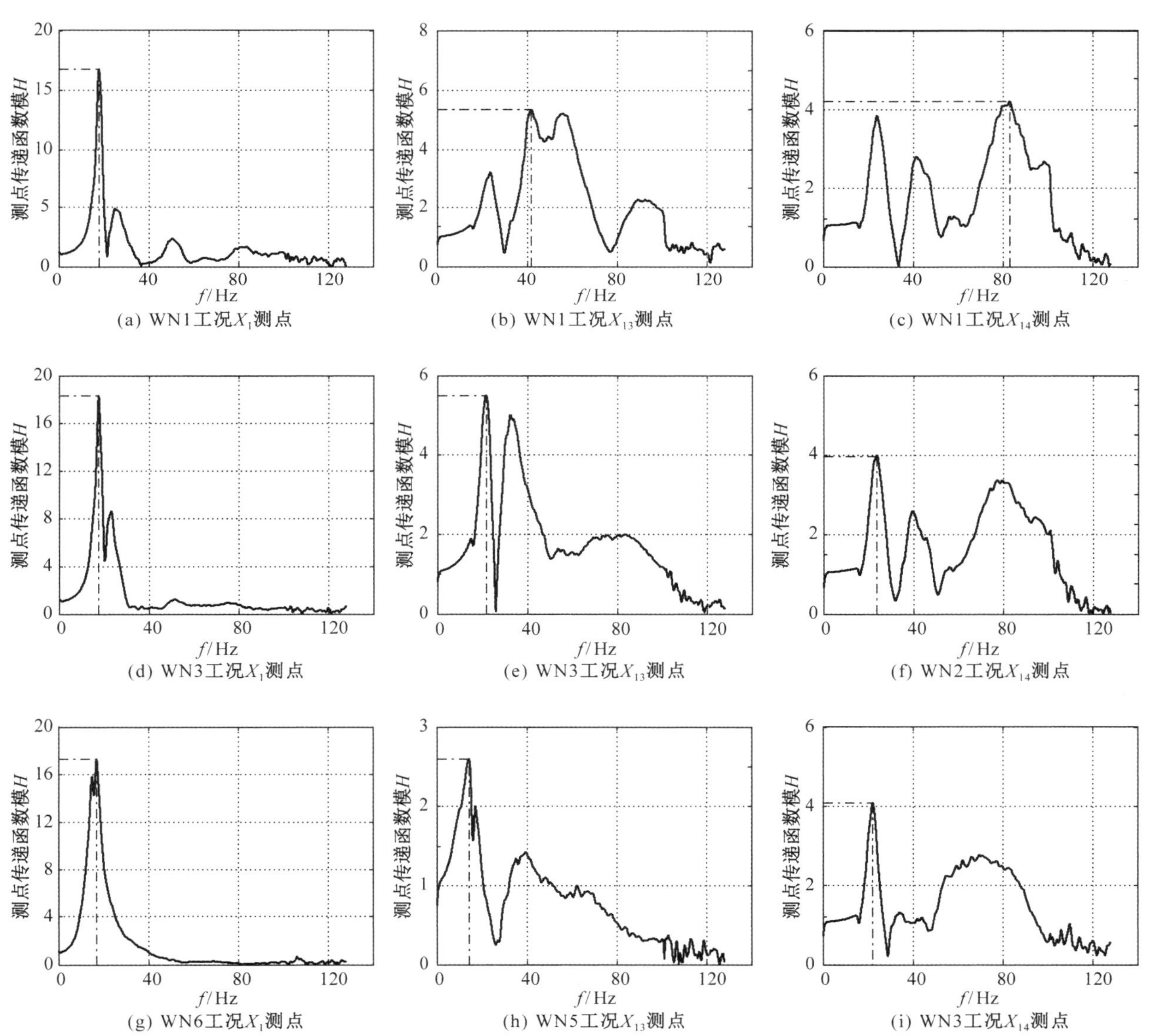

(a) WN1工况X_1测点　(b) WN1工况X_{13}测点　(c) WN1工况X_{14}测点

(d) WN3工况X_1测点　(e) WN3工况X_{13}测点　(f) WN2工况X_{14}测点

(g) WN6工况X_1测点　(h) WN5工况X_{13}测点　(i) WN3工况X_{14}测点

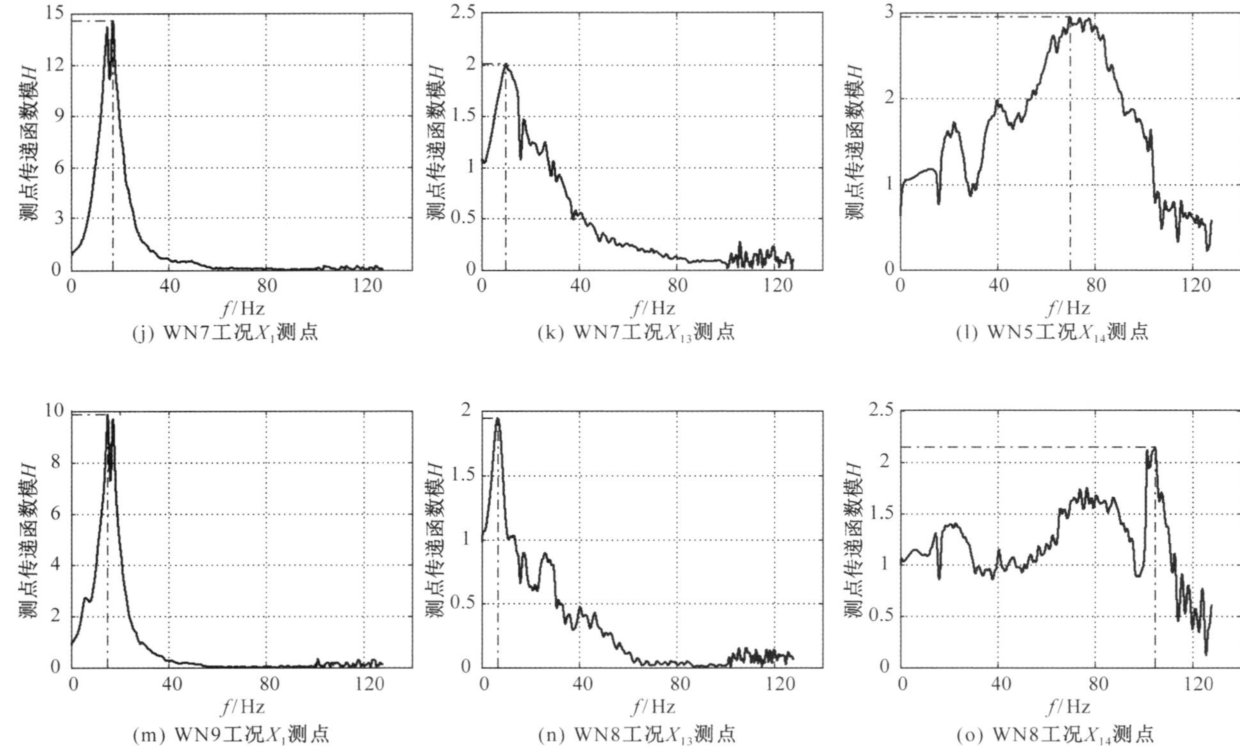

图 4-30　白噪声激励下 X 方向加速度传递函数幅频图

模型地基在弹性阶段有比较明显的 4 个波峰，后逐渐转为 2 个，破坏后仅有 1 个波峰，自振频率随激振次数的增加而减小，阻尼比在 WN5 工况后显著增大。试验结果表明，地基材料弹性阶段的自振频率约为 40 Hz，阻尼比约为 0.2；经历 8 度罕遇地震（WN7）后，自振频率约为 10 Hz，阻尼比约为 0.56。

模型箱在试验中有 3 个波峰，推测模型箱振型受到地基材料的影响，后期地基与模型箱完全脱开，此时所测定的模型箱频率为其自振频率，约为 100 Hz。

根据相似理论，原型和模型的阻尼比相等，自振频率满足式（4-3），即

$$S_{\mathrm{f}} = 1/S_{\mathrm{t}} \tag{4-3}$$

因此，由模型试验结果可得，原型强风化岩在未经地震作用时自振频率约为 3.3 Hz，阻尼比约为 0.2，8 度罕遇地震后自振频率约为 0.83 Hz，阻尼比约为 0.56。

4.3.3　模型加速度响应分析

振动台试验中模型的加速度响应可由加速度放大系数（$PGAA$）表征，即各测点动力响应加速度峰值与台面实测加速度峰值的比值。为便于表述，规定：X 向单向激振时，$PGAA_{X/X}$ 为测点 X 向加速度响应峰值与台面 X 向响应峰值的比值，$PGAA_{Y/X}$ 为测点 Y 向加速度响应峰值与台面 X 向响应峰值的比值，$PGAA_{Z/X}$ 为测点 Z 向加速度响应峰值与台面 X 向响应峰值的比值；Y 向单向激振时，$PGAA_{Y/Y}$ 为测点 Y 向加

速度响应峰值与台面 Y 向响应峰值的比值，$PGAA_{X/Y}$ 为测点 X 向加速度响应峰值与台面 Y 向响应峰值的比值，$PGAA_{Z/Y}$ 为测点 Z 向加速度响应峰值与台面 Y 向响应峰值的比值；XZ 或 YZ 双向激振时，$PGAA_{Z/Z}$ 为测点 Z 向加速度响应峰值与台面 Z 向响应峰值实测值的比值。

1. 模型边坡加速度响应规律

EL1 工况下，台面和坡顶 Y_{15} 及 X_{13} 测点的时程曲线和傅氏谱形状见图 4-31。由图可知，台面的卓越频率是 17 Hz，坡顶 X_{13} 测点的卓越频率为25～30 Hz和40～45 Hz，二阶卓越频率与边坡材料的自振频率相近。可见，输入地震波经过模型介质传播后，其频谱特性发生改变：地震波经历模型材料后，卓越频率有所增大；在模型自振频率附近，其频谱成分变化的幅度最为显著。

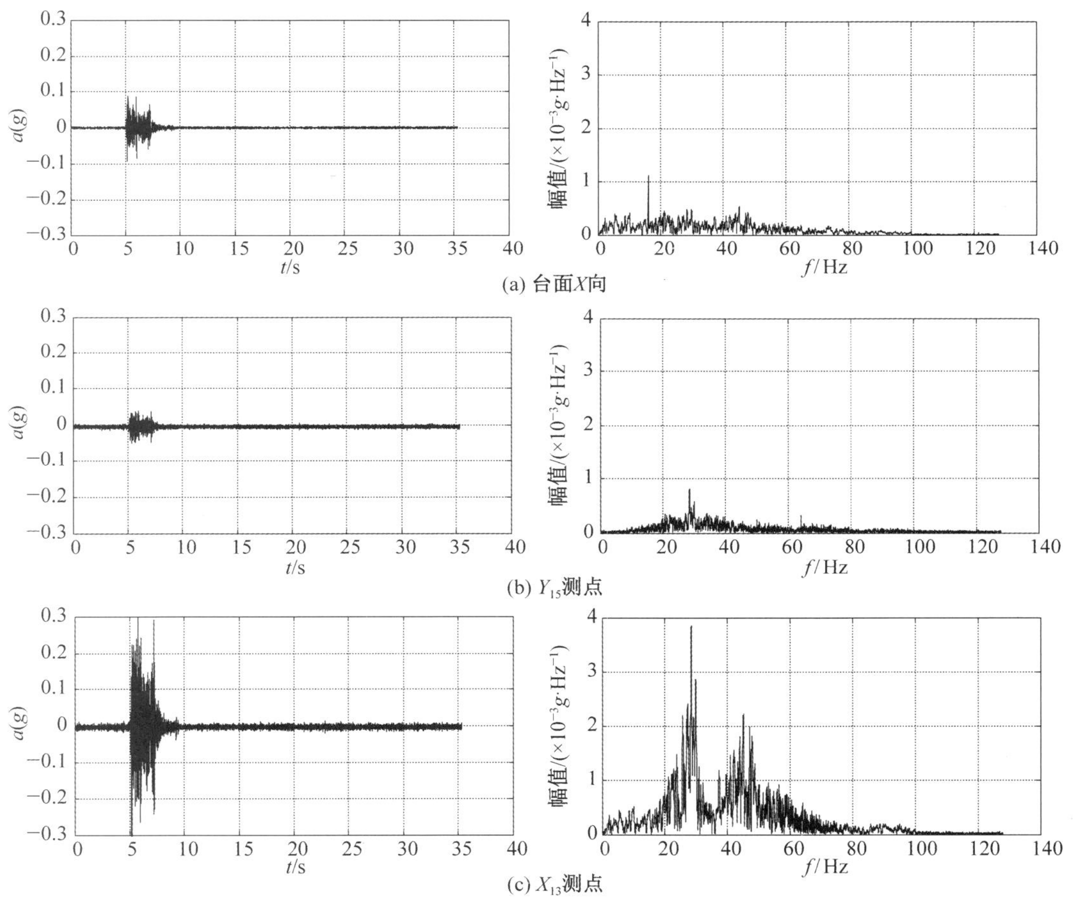

图 4-31 EL1 工况加速度时程曲线和傅氏谱

边坡不同位置处各测点的加速度峰值放大系数 $PGAA_{X/X}$ 与 $PGAA_{Y/Y}$ 见图 4-32。由图可知，振动台试验中边坡最大加速度峰值放大系数呈以下特征：

(1) 台面加速度 $<0.6g$ 时，NJ 波激励下，边坡各测点 $PGAA$ 呈坡顶>坡中>坡底的规律，说明该阶段岩土体对地震动激励具有明显的放大效应；

（2）台面输入加速度＞0.6g时，边坡各测点$PGAA$呈坡中＞坡底＞坡顶的规律，可能原因是地基材料发生塑性变形，滤波效应增强导致坡顶动力响应减弱，而坡中因发生较大的隆起变形使得动力响应增强。EL 波激励作用下边坡不同位置处$PGAA$的变化规律近似。

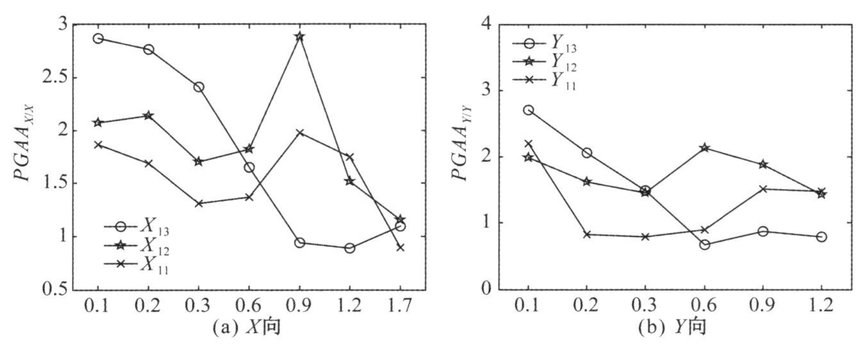

图 4-32　NJ 波激励下边坡不同位置处 $PGAA$ 曲线

图 4-33 对比了 EL 波及 NJ 波输入激励作用下边坡上各测点的加速度响应差异。由图可知，在 EL 波的激励作用下，坡面加速度放大倍数比 NJ 波大。

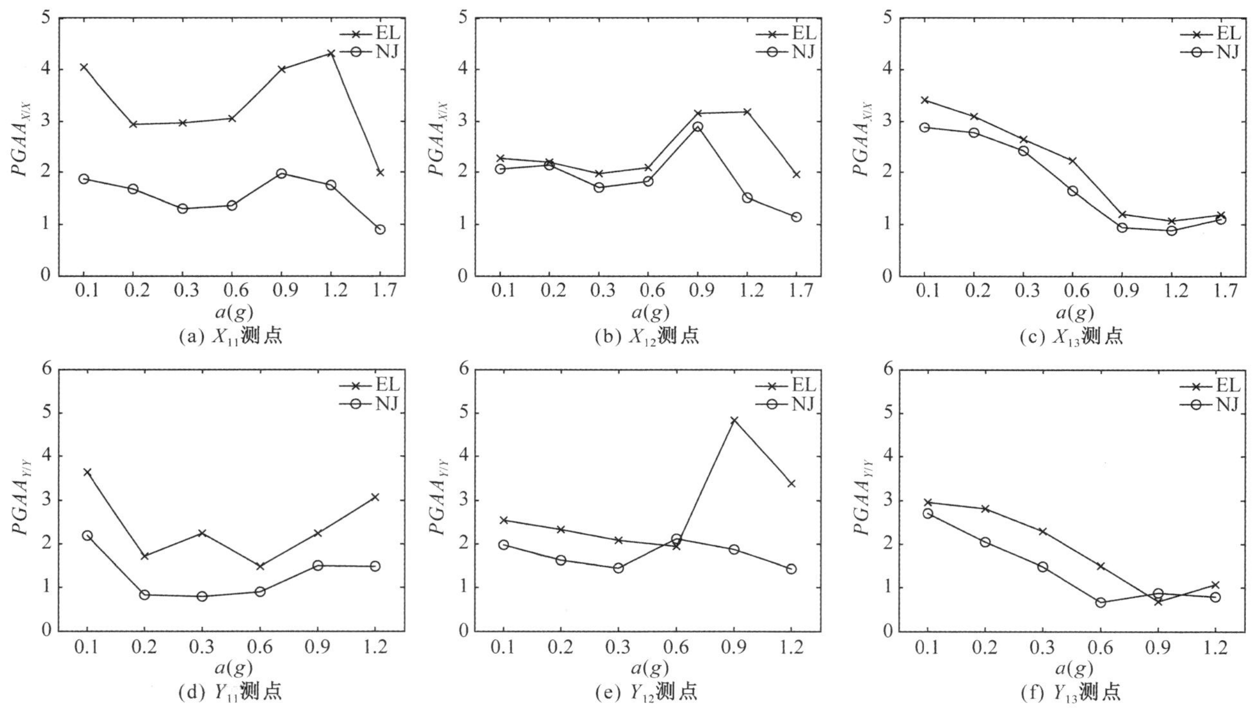

图 4-33　激振波类型对边坡 $PGAA$ 的影响

2. 结构加速度响应

振动台试验中，不同地震波激励输入下结构的加速度响应由 Y_1，Y_2，Y_4 和 X_3，X_4，X_5 测点量测，各测点的加速度峰值放大系数见图 4-34。由图可知，EL 波作用下，结构的加速度放大倍数比 NJ 波激励作用下大，其原因在于 EL 波低频成分较 NJ 波丰富，更易引起低频材料的动力响应。由此可见，在不同地震波作用下，加速度响应有着明显的差异，其原因在于各种地震波的频谱特性存在较大的差异。

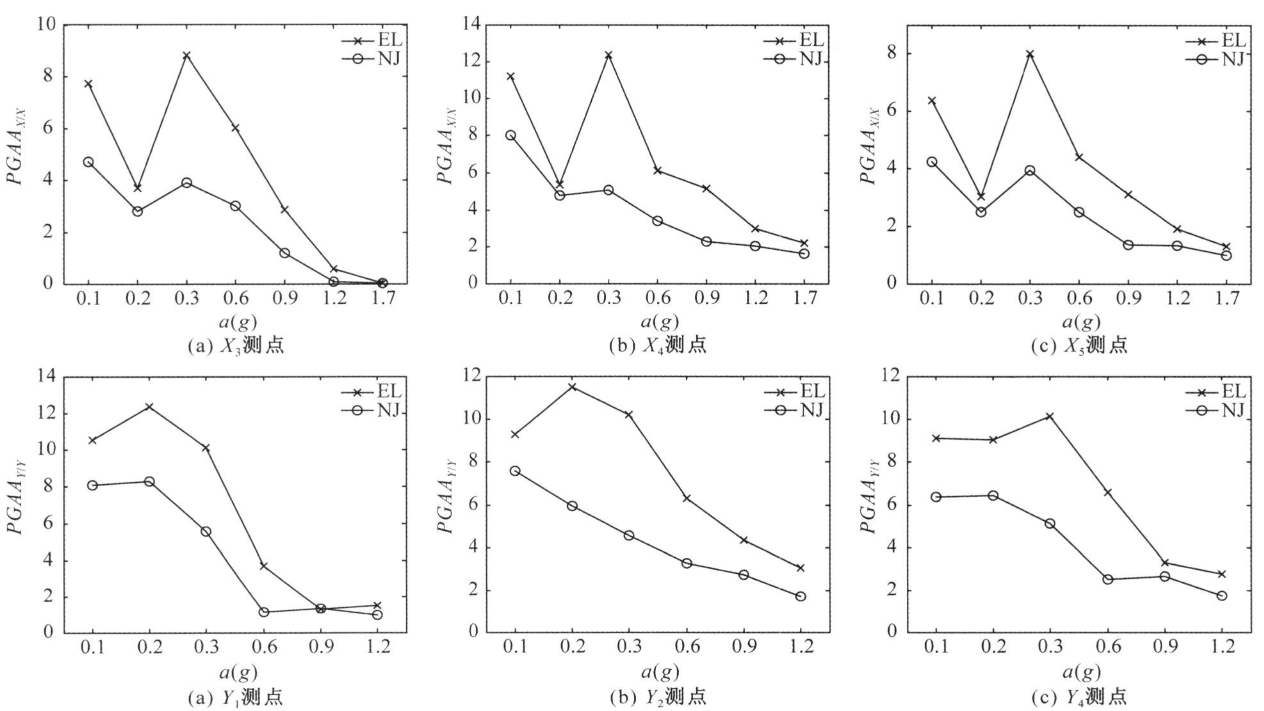

图 4-34　激振波类型对结构 *PGAA* 的影响

3. 激励波方向对模型加速度响应影响分析

EL 波输入激励下，坑底 X_{11}，Y_{11}，Z_{10} 测点的加速度放大系数 *PGAA* 见图 4-35。由图可知：X 向激振下，X 向 *PGAA* 最大，Z 向次之，Y 向最小；Y 向激振下，Y，Z 向 *PGAA* 较大，X 向最小；XZ 向激振下，Z 向最大，X 向次之，Y 向最小；YZ 向激振下，Z 向最大，Y 向次之，X 向最小。NJ 波输入激励下，各测点的加速度放大系数变化规律相似。

EL 波输入激励下，结构上 X_3，Y_{14}，Z_5 测点的加速度放大系数见图 4-36。由图可知：X 向激振下，X 向 *PGAA* 最大，Z 向次之，Y 向最小；Y 向激振下，Y 向 *PGAA* 最大，X，Z 向放大系数接近；XZ 向激振下各测点加速度响应规律与 X 向激振相似；YZ 向激振下，Y 向 *PGAA* 最大，Z 向次之，X 向最小。此外，图 4-36（a）与（c）中，EL18～EL22 工况下结构各测点的 *PGAA* 都不到 0.01。

比较坑底及结构各测点的加速度响应可知：坑底与结构上各测点在激振方向上的 *PGAA* 最大；X 方向激励下，坑底与结构 Y 向的 *PGAA* 最小。此外，坑底处 Z 方向的响应普遍比结构顶处的响应要强烈，见图 4-37。这说明地震波竖直方向的响应受到自重的影响，且结构和坡底竖直方向的响应主要受 Z 方向激振的影响。

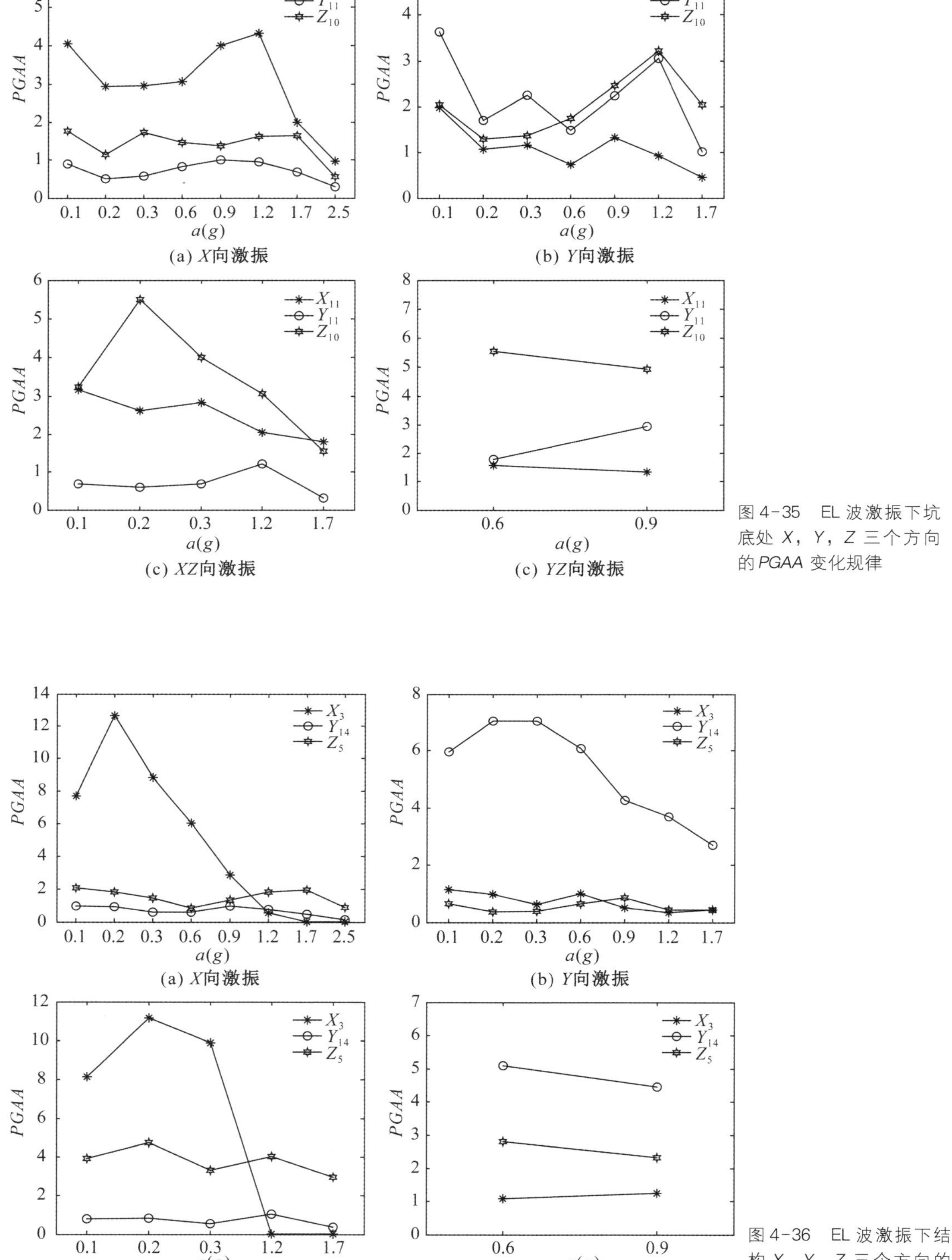

图 4-35　EL 波激振下坑底处 X，Y，Z 三个方向的 PGAA 变化规律

图 4-36　EL 波激振下结构 X，Y，Z 三个方向的 PGAA 变化规律

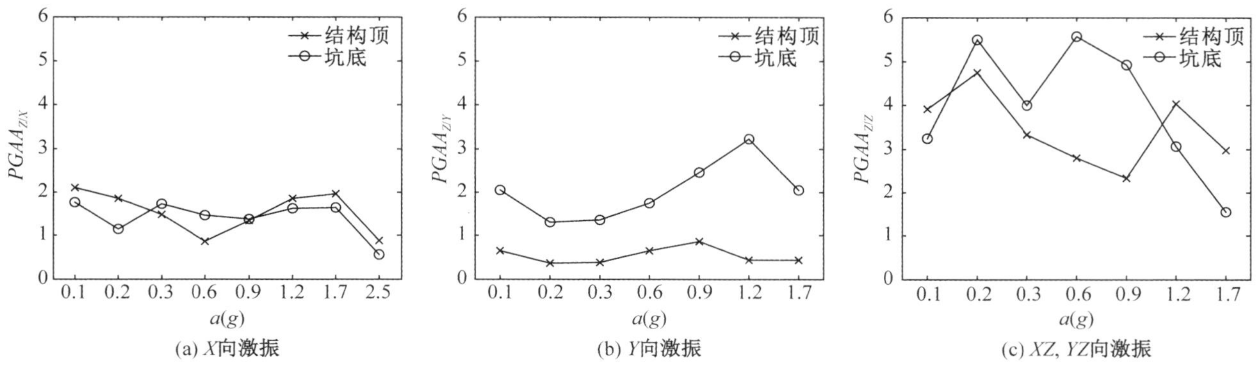

(a) X向激振　(b) Y向激振　(c) XZ, YZ向激振

图 4-37　EL 波不同方向激振下 Z 方向的 $PGAA$ 变化规律

4. 结构加速度响应规律

振动台试验中 X 方向上布置多层多跨结构（⑤♯～⑦♯），各跨基础分别坐落在坡顶、坡中、坡脚；Y 方向上布置单体结构，基础分别坐落在坡顶（①♯）、坡中（②♯、④♯）和坡脚（③♯）。

图 4-38 与表 4-12 为多跨结构在 EL 波 X 向激振作用下的动力响应。由图、表可知，EL 波和 NJ 波激励下，⑤♯，⑥♯，⑦♯的加速度响应总体上差异性不大，⑦♯结构的加速度响应相对较小。这可能是由于三个结构采用连梁连接，整体性较好，故而动力响应相近。

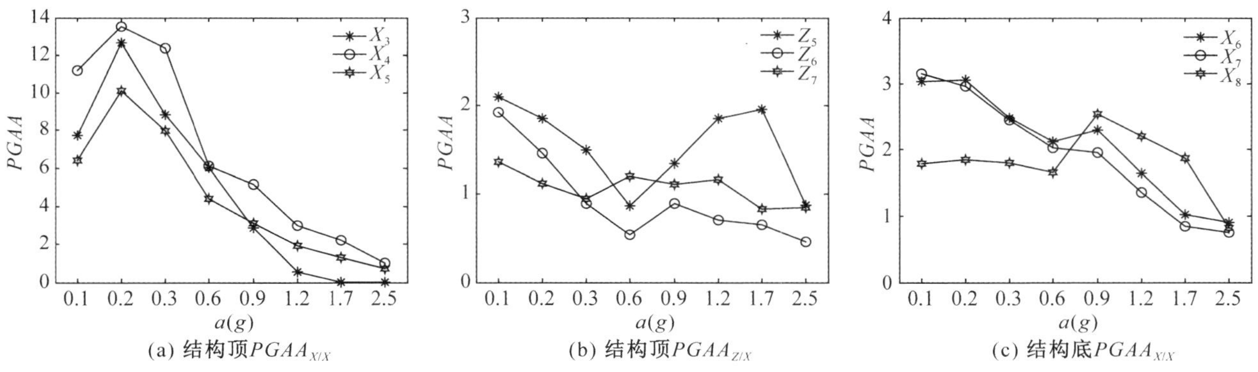

(a) 结构顶$PGAA_{X/X}$　(b) 结构顶$PGAA_{Z/X}$　(c) 结构底$PGAA_{X/X}$

图 4-38　EL 波 X 方向激振下多跨结构的 $PGAA$ 变化规律

表 4-12　多跨结构动力响应比较

波型	结构顶 $PGAA_{X/X}$	结构顶 $PGAA_{Z/X}$	结构底 $PGAA_{X/X}$
EL	⑥♯>⑤♯>⑦♯	0.6g 以前⑤♯>⑥♯>⑦♯ 0.6g 以后⑦♯>⑤♯>⑥♯	0.6g 以前，⑤♯>⑥♯>⑦♯ 0.6g 以后，⑤♯>⑦♯>⑥♯
NJ	0.6g 以前，⑥♯>⑤♯>⑦♯ 0.6g 以后，⑥♯>⑦♯>⑤♯	规律性不强	1.2g 以前，⑤♯>⑥♯>⑦♯ 1.2g 以后，规律性不强

图 4-39 与表 4-13 为单跨结构在 EL 波 Y 向激振作用下的动力响应。由图 4-39、表 4-13 可知，台面输入激励<0.6g 时，结构①♯，②♯，③♯的加速度响应规律性较好，均为①♯>②♯>③♯，说明地震作用下坡顶结构物的加速度响

应>坡中结构物>坡底结构物；台面输入激励>0.6g 时，不同位置处的结构加速度响应大小规律不明显。结构的动力响应与边坡较为相似，主要原因在于振动台试验中结构处于弹性阶段，边坡的动力响应通过基础传递给结构。

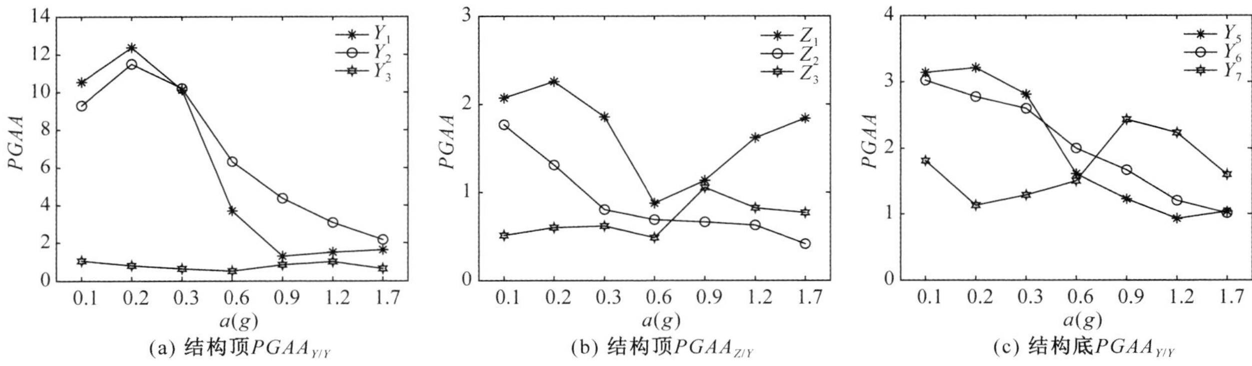

图 4-39 EL 波 Y 方向激振下单跨结构的 $PGAA$ 变化规律

表 4-13 单跨结构动力响应比较

波型	结构顶 $PGAA_{Y/Y}$	结构顶 $PGAA_{Z/Y}$	结构底 $PGAA_{Y/Y}$
EL	0.6g 以前，①#>②#>③# 0.6g 以后，②#>①#>③#	0.6g 以前，①#>②#>③# 0.6g 以后，①#>③#>②#	0.6g 以前，①#>②#>③# 0.6g 以后，③#>②#>①#
NJ	0.6g 以前，①#>②#>③# 0.6g 以后，②#>①#>③#	0.6g 以前，①#>②#>③# 0.6g 以后，①#>③#>②#	0.6g 以前，①#>②#>③# 0.6g 以后，规律性不强

图 4-40 为 EL 波激振下结构顶和基础面的 $PGAA$ 变化规律。由图可知，EL 波激振作用下，结构顶的 $PGAA$ 普遍大于基础面，即结构高处的加速度响应大于基础面，这主要是由于柱顶的动力响应由基础转动、平动及柱的动力响应共同产生。

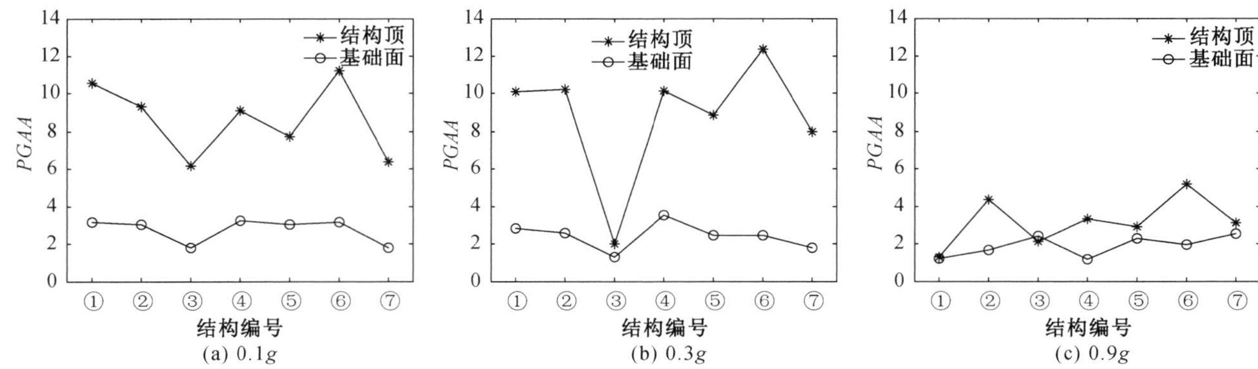

图 4-40 EL 波激振下结构顶和基础面的 $PGAA$ 变化规律

5. 边坡-结构共同作用分析

桩土相互作用（Soil-structure Interaction，SSI）对地基动力响应的影响可采用系数 η 表征，定义为：

$$\eta = (a_{BA}/a_{SA}) \times 100\% \tag{4-4}$$

式中 a_{BA} ——远于结构基础处自由基面的加速度峰值；

a_{SA} ——近于结构基础处自由基面的加速度峰值；

η——衡量 SSI 效应对基底输入地震动影响的指标。

不同工况下结构区和非结构区坡顶自由面加速度峰值放大系数 *PGAA* 见图 4-41—图 4-43。由图可知，台面输入激振<0.6g 时，X 方向激励下，多跨结构区（X_9）放大系数普遍低于非结构区（X_{13}）；Y，XZ/YZ 方向激励下，Y 轴线处的单跨结构区（Y_9）放大系数普遍高于非结构区（Y_{13}）。

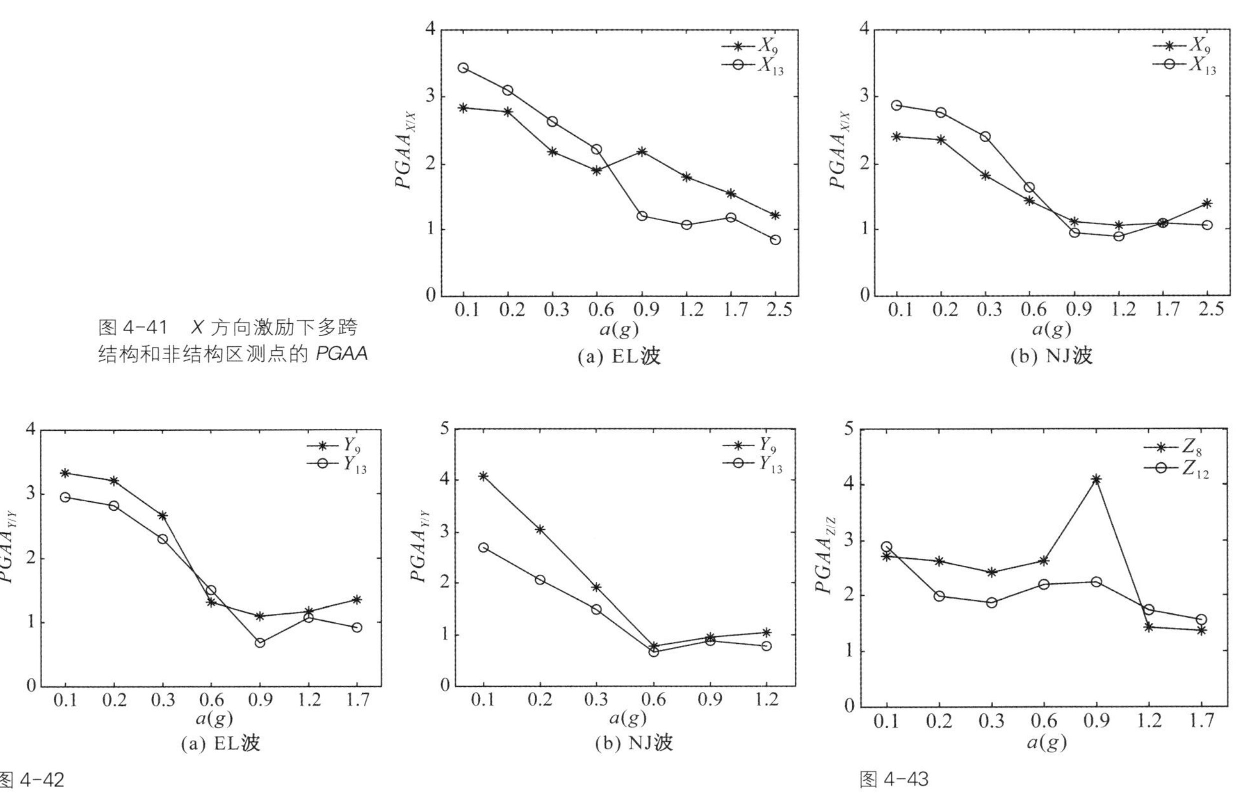

图 4-41 *X* 方向激励下多跨结构和非结构区测点的 *PGAA*

图 4-42

图 4-43

图 4-42 *Y* 方向激励下单体结构和非结构区测点的 *PGAA*

图 4-43 *XZ*，*YZ* 方向激励下单体结构和非结构区测点的 $PGAA_{Z/Z}$

表 4-14 为坡顶不同位置处的共同作用系数。由表可知，多跨结构的共同作用影响系数均小于自由地面，而单体结构的共同作用影响系数均大于自由地面。这说明受结构-边坡共同作用影响，整体稳定性好、刚度大的结构对周边地基的动力响应存在正效应，整体性差、刚度小的结构对周边地基的动力响应存在负效应。

表 4-14　共同作用系数 η

激励波振幅	多跨结构坡顶		单跨结构坡顶	
	$\eta = PGA_{X9} / PGA_{X13}$		$\eta = PGA_{Y9} / PGA_{Y13}$	
	EL 波	NJ 波	EL 波	NJ 波
0.1g	82.5%	83.8%	112.3%	151.1%
0.2g	89.6%	85.2%	113.6%	148.2%
0.3g	82.8%	75.7%	115.8%	129.2%
0.6g	85.8%	87.9%	87.3%	117.2%

6. 锚索加固对边坡动力响应的影响

不同工况下边坡锚固区和非锚固区坡面的加速度峰值放大系数 $PGAA$ 见图 4-44、图 4-45。由图 4-44 可知，台面输入激振＜0.6g 时，锚固区坡面的水平动力响应大于非锚固区；台面输入激振＞0.6g 时，锚固区坡面的水平动力响应小于非锚固区。这可能是由于锚索施工时边坡模型材料受到了扰动，振动台试验前期加固效果不明显，后期锚索才发挥作用。由图 4-45 可知，锚索对坡体竖向方向的动力约束效果并不明显。

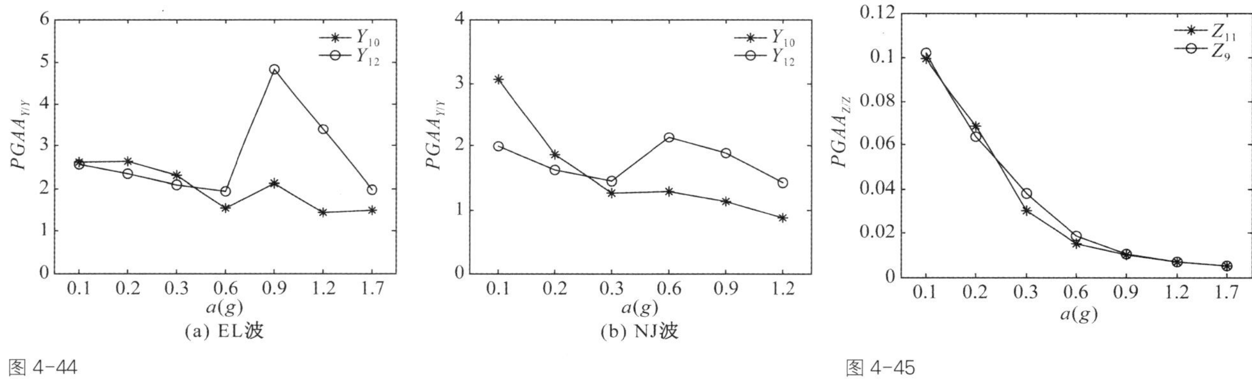

图 4-44

图 4-45

图 4-44　Y 方向激振下坡面响应

图 4-45　EL 波 XZ，YZ 方向激振下坡面响应

4.3.4　边坡岩土体应力分析

图 4-46 为 EL 波 Y 向激振下边坡动压力峰值测量结果。由图可知：

(1) 台面输入激励＜0.3g 时，锚固区岩压力峰值较非锚固区小，随着输入激振幅值的增加，锚固区受锚杆束缚作用影响导致岩压力急剧上升，非锚固区因边坡岩体振松，岩压力增幅不大 [图 4-46 (a)]；

(2) 受结构-边坡共同作用的影响，单跨结构附近的岩压力较非结构区域稍大 [图 4-46 (b)]；

(3) 台面输入激励较小时，坡底的岩压力较坡顶稍大，而台面输入激励较大时，坡底岩压力随着输入激励的增加显著增大，但坡顶动岩压力增幅较小 [图 4-46 (c)]；

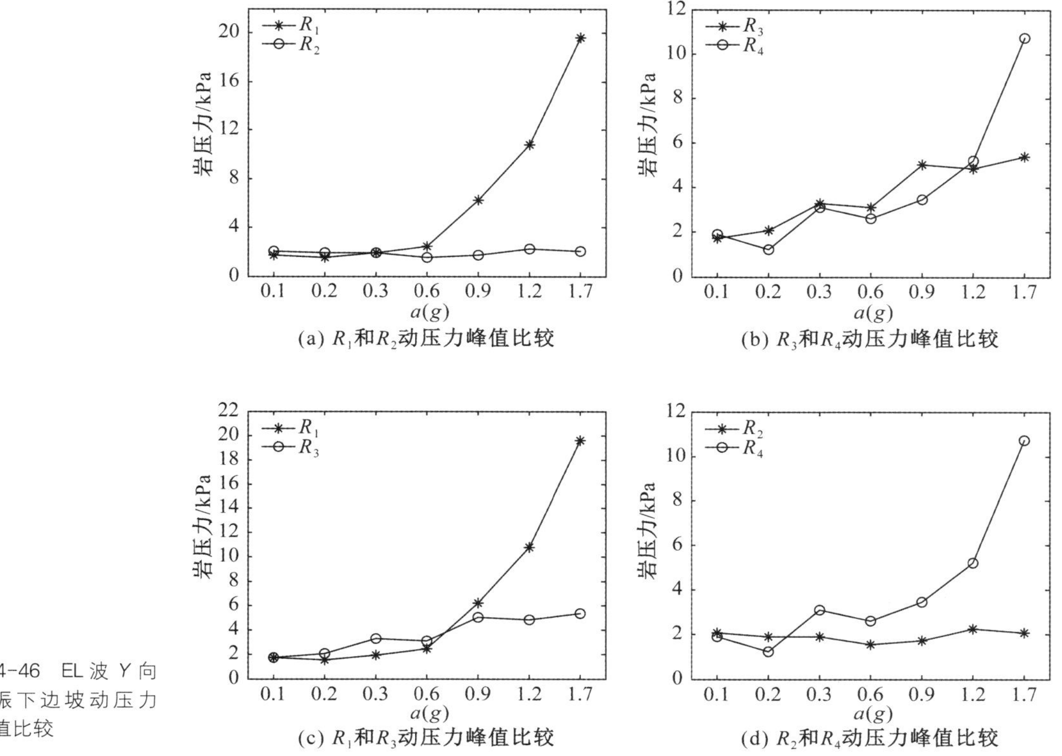

(a) R_1和R_2动压力峰值比较 (b) R_3和R_4动压力峰值比较

(c) R_1和R_3动压力峰值比较 (d) R_2和R_4动压力峰值比较

图4-46 EL波 Y 向激振下边坡动压力峰值比较

（4）当无加固和共同作用时，坡顶坡顶岩压力明显大于坡脚，坡顶的放大效应较为明显［图4-46（d）］。

4.3.5 位移响应分析

图4-47为EL2工况下台面 Y 向加速度与位移、$y_1 \sim y_4$ 测点位移时程曲线和傅氏谱。由图4-47可知，在地震波激振作用下，台面及 $y_1 \sim y_4$ 测点的位移均在5 s左右达到峰值，表明动位移数据的有效性；在地震波激振作用下，台面与不同位置处结构位移时程曲线相似，但位移峰值存在一定差异；EL波激振作用下，台面与结构的卓越频率均为1 Hz左右。其他工况下各测点的动位移时程曲线和傅氏谱变化规律相同。

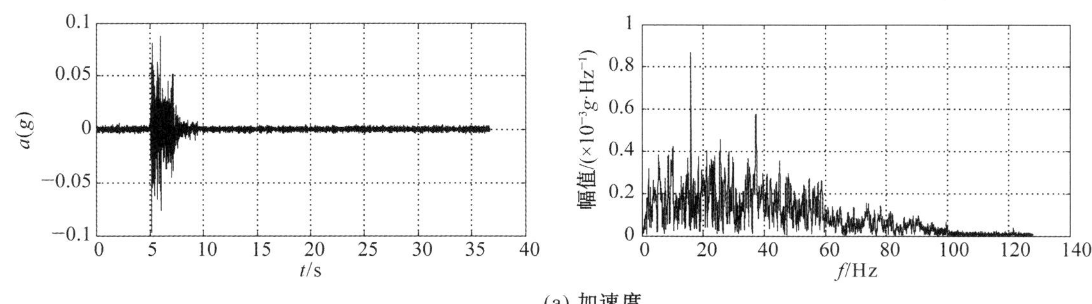

(a) 加速度

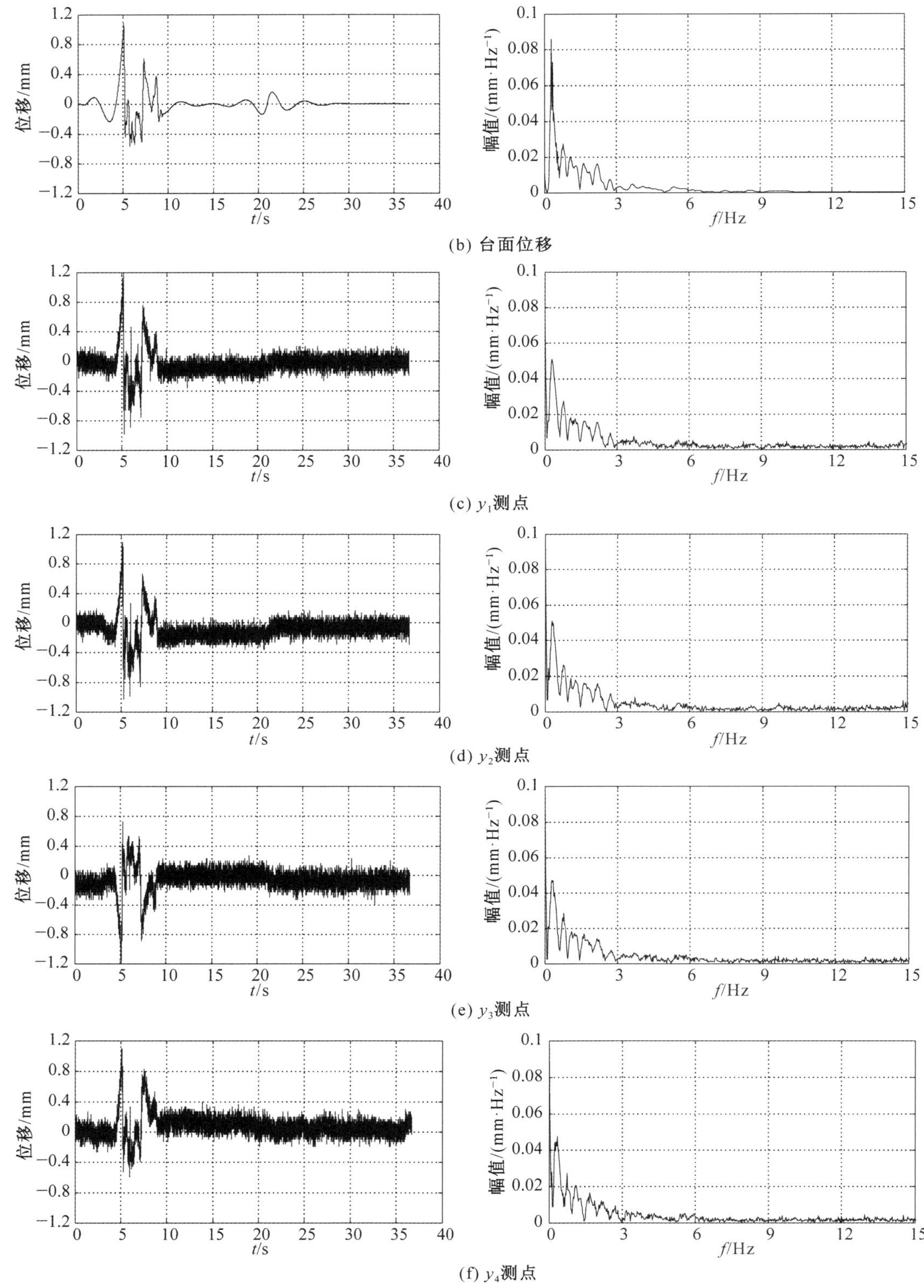

(b) 台面位移

(c) y_1测点

(d) y_2测点

(e) y_3测点

(f) y_4测点

图 4-47 EL2 工况下加速度与位移时程曲线和傅氏谱

图 4-48 为 EL 波 Y 向激励下各单体结构顶部的动位移峰值及永久位移随振幅的变化曲线。由图可知，动位移峰值：坡中结构＞坡顶结构＞坑底结构；永久位移：坑底结构＞坡中结构＞坡顶结构。

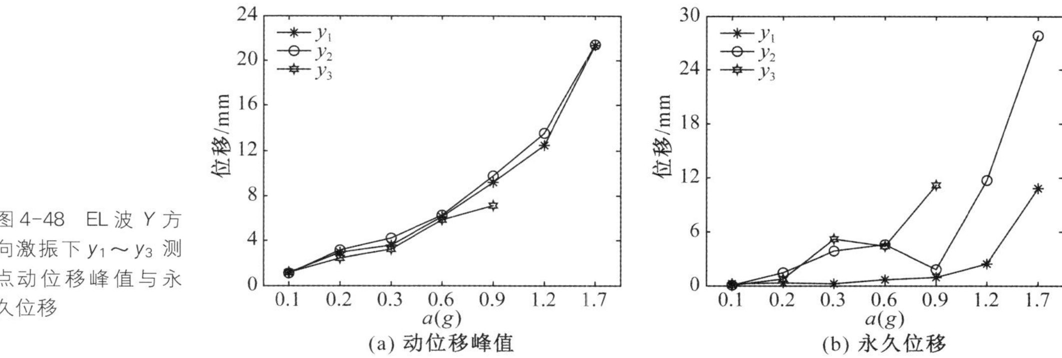

(a) 动位移峰值　(b) 永久位移

图 4-48　EL 波 Y 方向激振下 $y_1 \sim y_3$ 测点动位移峰值与永久位移

图 4-49 对比了单跨和多跨结构的动位移峰值。由图可知，台面输入激励＜0.6g 时，相同位置处单跨和多跨结构的峰值位移相差不大；台面输入激励＞0.6g 时，单跨结构动位移峰值比多跨结构大 16.6%～20.3%。这说明小震时结构形式对其动位移影响不大，大震时多跨结构较单跨结构有利于动位移控制。

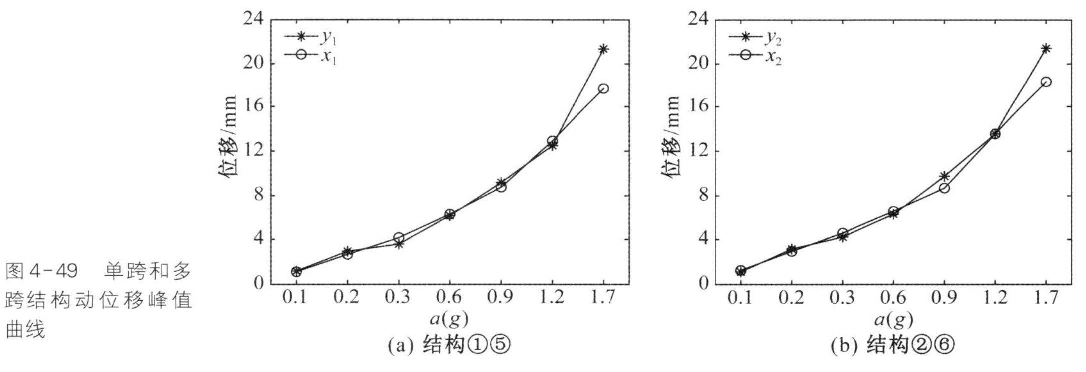

(a) 结构①⑤　(b) 结构②⑥

图 4-49　单跨和多跨结构动位移峰值曲线

图 4-50 对比了结构区（z_4）和自由区（z_5）地面的竖向动峰值位移和永久位移。由图可知，结构区（z_4）地面的动位移峰值与永久位移较自由地面小，尤其是大震条件下的永久位移。这说明结构-地基的共同作用对降低地基动位移与永久位移有利。

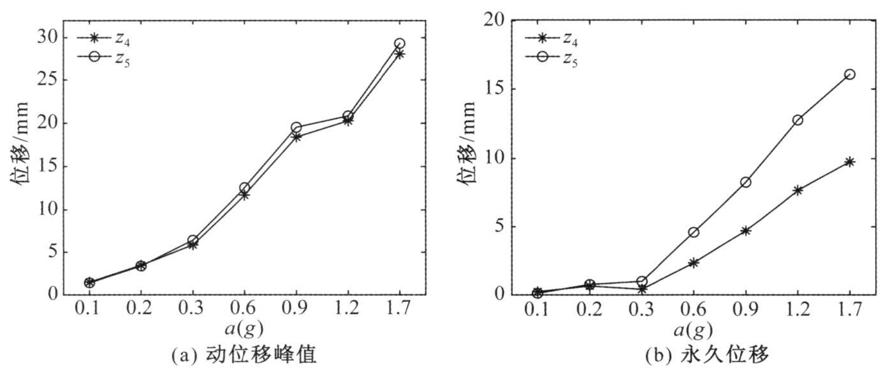

(a) 动位移峰值　(b) 永久位移

图 4-50　共同作用下动位移曲线

图 4-51 为 EL 和 NJ 波激励下 x_1 和 y_1 测点的动位移峰值和永久位移。由图可知，输入激励振幅相同时，NJ 波引起的动位移原大于 EL 波。这是因为两种地震波的频谱特性存在较大的差异，NJ 波对边坡位移放大作用更大。但是，输入波类型对测点永久位移影响较小，见图 4-52。

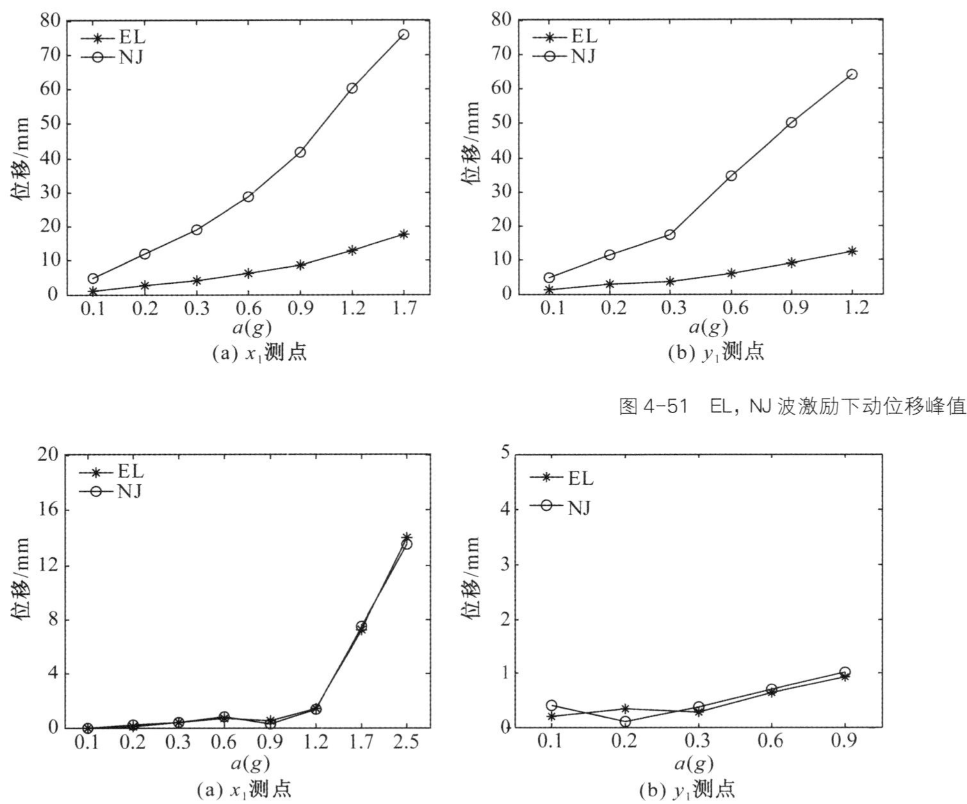

图 4-51　EL，NJ 波激励下动位移峰值

图 4-52　EL，NJ 波激励下永久位移

4.3.6　锚杆动力响应分析

图 4-53 为 EL5 工况下 s_1～s_9 测点的应变时程曲线和傅氏谱，其中 s_3，s_5，s_6，s_8 监测点数据失效。由图可知，在地震波的激振作用下，锚杆应变在 5 s 左右达到应变峰值，说明应变监测数据的有效性；锚杆的应变卓越频率在 1 Hz 以内。其他工况下各测点的应变时程曲线和傅氏谱变化规律相同。

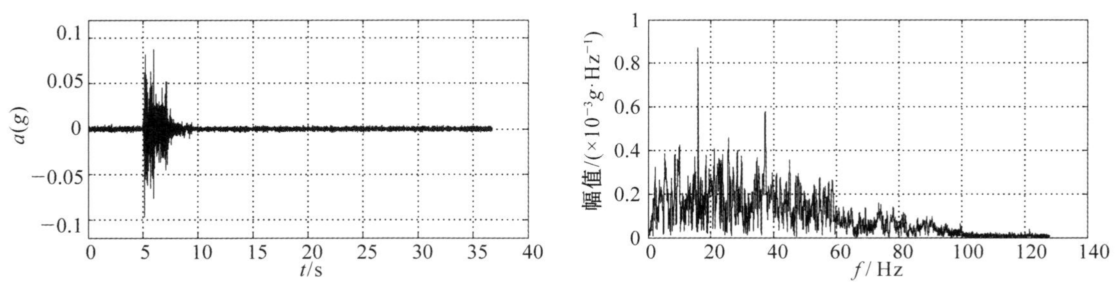

(a) 台面

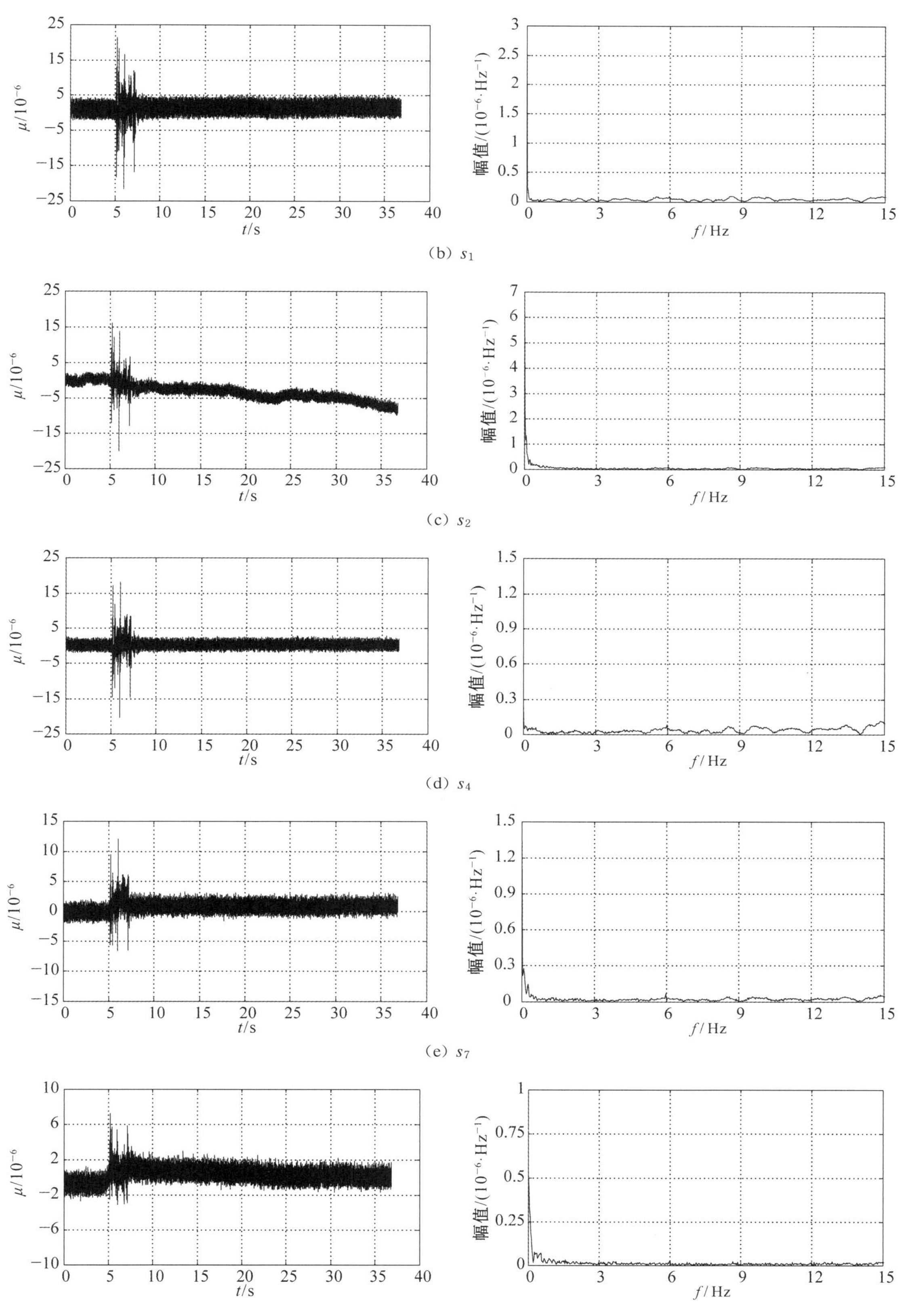

(f) s_9

图 4-53 EL5 工况 s_1～s_9 应变时程曲线和傅氏谱

表 4-15 为加速度峰值为 0.2g 时锚索轴力达到峰值的时间。由表可知，$t(s_1)\geqslant t(s_2)$，$t(s_7)>t(s_9)$，$t(s_1)<t(s_7)\leqslant t(s_4)$，这说明底层锚索轴力较中部和上部锚索先达到动峰值，与静力状态下锚索受力有所不同。

表 4-15　0.2g 激励下应变峰值对应时间

监测点		s_1	s_2	s_4	s_7	s_9
峰值对应时间/s	NJ4	5.652 3	5.390 6	5.656 3	5.656 3	5.418
	EL5	5.191 4	5.191 4	6.023 4	6.007 8	5.222 7

图 4-54 为同根锚杆不同位置处的动轴力峰值。由图可知，$s_1>s_2$，$s_7>s_9$，即锚杆浅部的动力峰值较深部大，这表明地震作用下，边坡锚杆的轴力自浅层向深部逐渐减小。

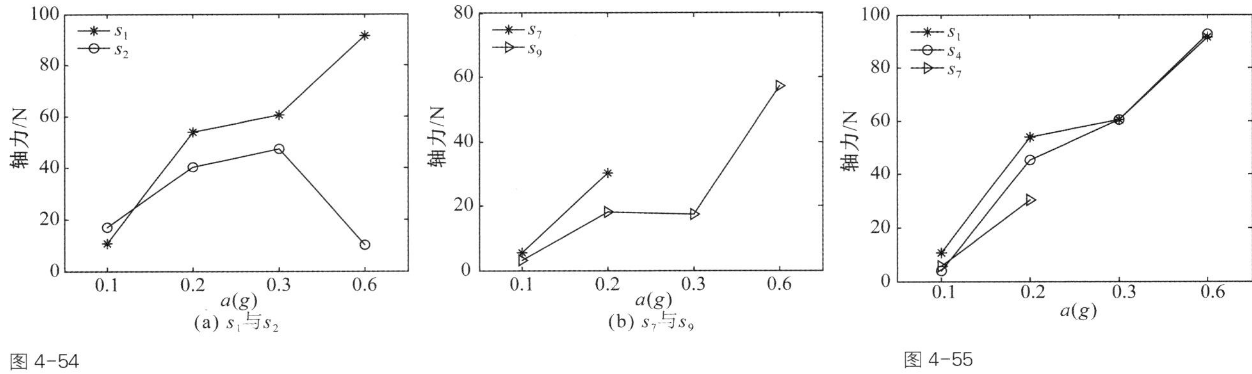

图 4-54　EL 波激励下锚索不同位置处动轴力峰值

图 4-55　不同位置处锚杆动轴力峰值

图 4-55 为不同位置处锚杆的动轴力峰值。由图可知，锚杆动轴力峰值 $s_1>s_4>s_7$，即：地震波激励下，底层锚杆的动轴力峰值最大，坡顶锚杆的动轴力峰值最小，坡中锚杆的动轴力峰值居中。因此，地震作用下锚杆轴力设计时，不同位置的锚杆应分别设计。

4.3.7　结构内力响应分析

图 4-56 为 EL2 工况下结构 $s_{10}\sim s_{13}$ 测点的应变时程曲线和傅氏谱。由图可知，各监测点在 5 s 左右达到应变峰值，说明数据的有效性；结构各测点的应变卓越频率在1Hz以内。其他工况下结构各应变测点的应变时程曲线和傅氏谱变化规律相同。

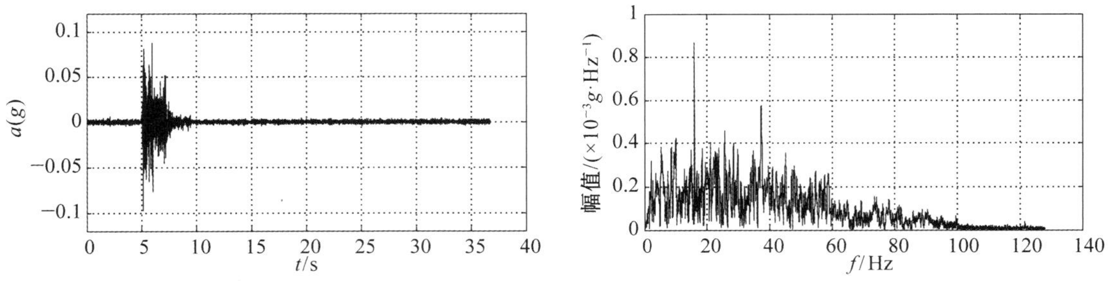

(a) 台面加速度

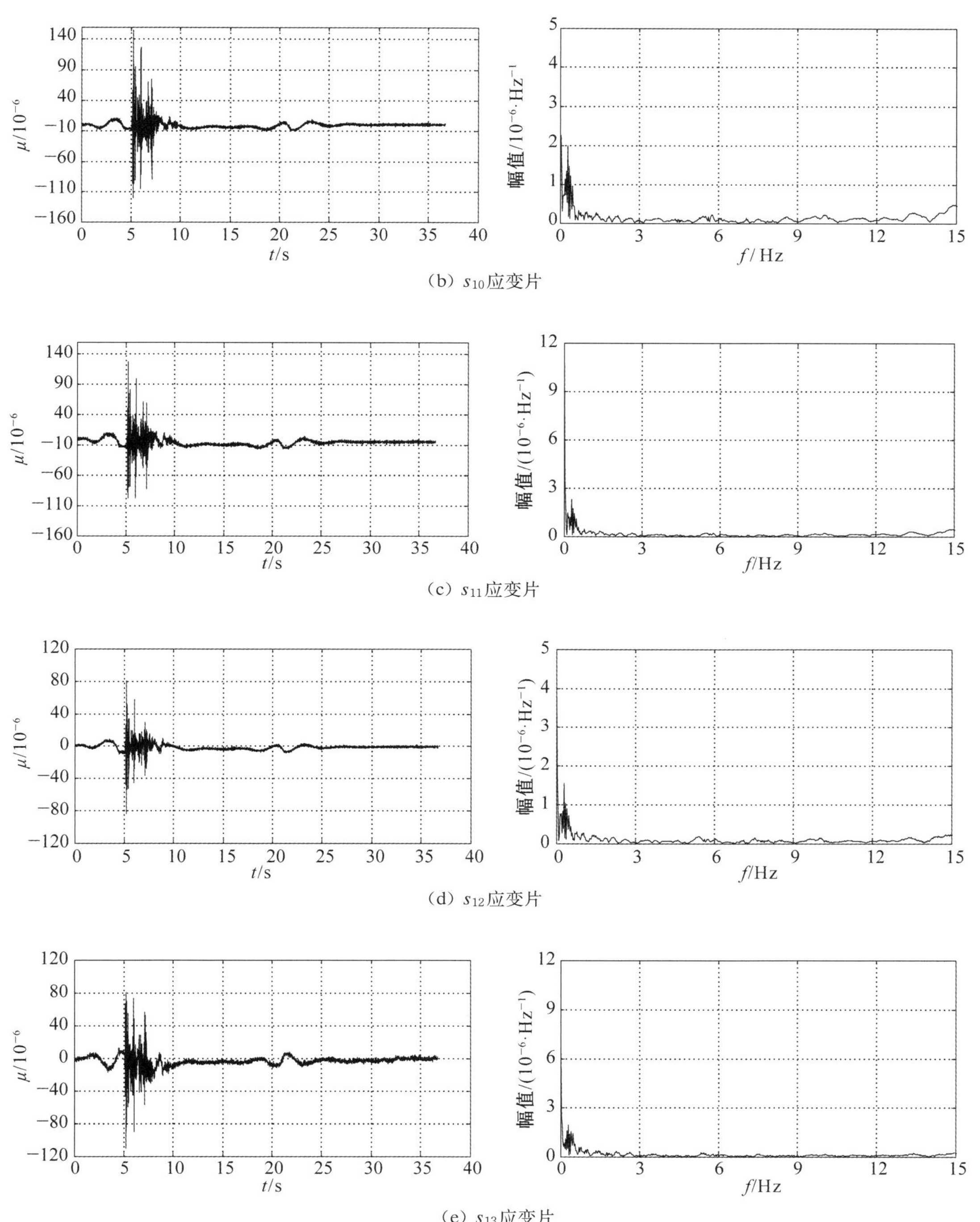

(b) s_{10}应变片

(c) s_{11}应变片

(d) s_{12}应变片

(e) s_{13}应变片

图 4-56　EL2 工况 s_{10}～s_{13} 应变时程曲线和傅氏谱

图 4-57 为 EL 波及 NJ 波 Y 向激振作用下各单跨结构柱底的动应变峰值。由图可知，地震作用下，结构柱底的动应变峰值 $s_{10}>s_{11}>s_{12}$，这说明单跨结构的柱底动应力峰值与基础位置有关，基础位置越高，柱底的动应变越大。

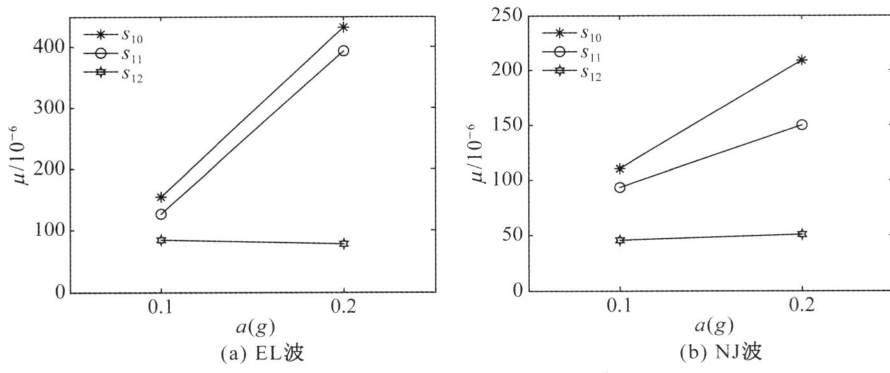

图 4-57 边坡不同位置处结构的动应变峰值

图 4-58 为边坡相同高程处单跨结构与多跨结构柱底的动应变峰值。由图可知，单跨结构柱底动应变较多跨结构的柱底动应变小。

图 4-59 为 EL 波和 NJ 波激振下结构的动应变峰值。由图可知，EL 波激振引起的结构柱子动应变始终较 NJ 波大，这是因为 EL 波对低频材料的动力放大效应较 NJ 波显著。因此，工程设计中应根据地震波进行结构内力的设计计算。

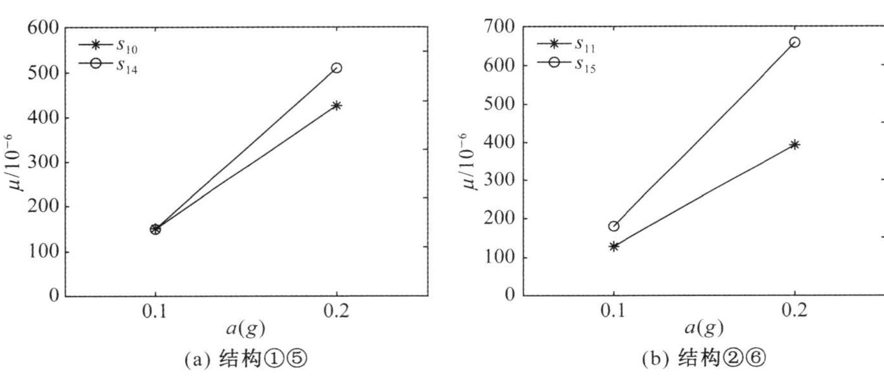

图 4-58 单跨和多跨结构柱底动应变峰值

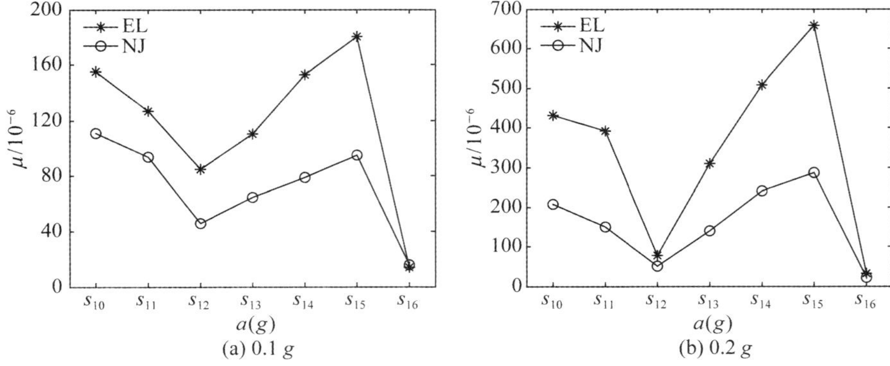

图 4-59 EL 波、NJ 波激励下的结构动应变峰值曲线

4.4 小　结

本章通过既有深坑-基础-结构共同作用的振动台试验，研究了位于边坡不同高度处的单跨与多跨结构在地震作用下的动力响应规律、边坡不同位置的动力响应特性及边坡-基础-结构的共同作用特性，主要结论包括：

1. 边坡、结构的加速度响应规律

(1) 边坡模型的自振频率随激振次数和幅度的增加而减小，阻尼比有增大的趋势；结构模型自振频率略有减小，阻尼比略有增大，在整个激振过程中处于弹性阶段；模型箱因受边坡模型材料的影响，激振过程中规律不明显。由模型推算原型边坡初始自振频率为 3.3 Hz 左右，阻尼比约为 0.2；8 度罕遇地震后自振频率为 0.83 Hz左右，阻尼比约为 0.56。

(2) 边坡动力响应与材料所处的状态、变形及高程均有关系。在弹性阶段，坡面加速度峰值放大系数（*PGAA*）随测点位置的增高而增大；但边坡进入塑性阶段后，坡顶由于材料的滤波效应而表现为动力响应减弱，坡中则由于发生较大的隆起变形而动力响应显著。

(3) 模型的动力响应跟激励波的类型和方向有关。不同地震波的频谱特性存在较大的差异，边坡和结构模型在不同类型波的激励下响应差异较大。水平方向激振下，水平方向的边坡、结构响应最为强烈，竖向次之，另一个水平方向最弱；水平和竖向同时激振下，竖向的边坡、结构响应最为强烈，水平向次之，另一个水平方向最弱。

(4) 以边坡为基础的单支点和多支点结构的动力响应的研究表明，单支点结构受支点位置、边坡材料性状的影响显著；多支点结构对支点位置不敏感。

(5) 边坡、结构共同作用的研究表明：由于边坡、结构的共同作用，结构的动力响应反作用于地基，造成对地基的影响。整体稳定性较好、刚度较大的多跨结构对周边地基存在正的影响，地基动力响应减弱 10.4%～24.3%；而整体稳定性较差、刚度较小的结构对周边地基则存在负的影响，地基动力响应放大 12.3%～51.1%。

(6) 锚索对结构和边坡的动力影响研究表明：锚索对结构、坡面的水平向和竖向的动力响应限制规律均不显著，可能原因是锚索施工时岩土体受到了扰动，加固区的岩土体较无加固区的力学性能反而差。

2. 边坡、结构的位移及结构内力的响应规律

(1) 基础位于边坡不同位置的单体结构动位移和内力情况均不相同，可能受坡体材料性状、高程等的影响，影响情况如何应进一步进行研究。

(2) 低强度地震激励下，单跨和多跨结构对位移控制的能力相差不大，但高强度地震激励下，多跨结构较单跨结构对位移控制的能力强得多；单跨结构柱子内力较多跨小，主要原因是单跨较多跨结构的变形大，部分内力得到释放。

(3) 由于锚索施工过程对坡面扰动的影响，加固区结构的动位移较无加固区大，水平动位移峰值大 4.6%～46.1%，水平永久位移大 2.2%～37.2%。结构柱子内力也有相同的规律，加固区结构柱子内力较无加固区柱子内力峰值大 15.1%～26.6%。

(4) 结构与地基产生了共同作用，多跨结构地基较自由区场地的动峰值位移稍小 2.5%～8.8%，永久位移小 13.6%～62.1%，说明整体性好、刚度大的结构对地基有正面影响，地基动位移有所减小。

(5) 由于地震波的频谱特性存在差异，不同激励波对模型动位移峰值、结构柱子内力的响应作用是不同的，但永久位移不受激励波动力特征的影响。

3. 边坡的动压力响应规律

锚索的束缚作用、边坡与结构的共同作用、坡顶放大效应共同影响着动岩压力。小振幅激励下，岩土层振密，由于锚索的摩擦阻力的作用，导致锚索区不如无锚索区容易压密，因而动岩压力峰值较小；大振幅激励下，锚索限制水平方向运动的作用显著，导致锚索区域动岩压力峰值急剧增大。坡顶的共同作用较为显著，稳定性差的单体结构对地基有负面影响，导致结构周边场地动岩压力峰值较自由区大。坡顶的放大效应导致动岩压力峰值较坡脚大。

4. 锚索动轴力响应规律

对锚索动轴力峰值的分析表明：锚索深部动轴力峰值较浅部先行到达，底层锚索较中部和上部锚索动轴力峰值先行到达。浅部的动力峰值较深部大，表明地震作用下，坡体发生变形，预先导致浅层锚固体受到张拉作用，张拉力向深部逐渐减小。坡面不同高程锚索的动轴力峰值有所不同，锚索轴力设计时，应对不同高程锚索进行区分设计。

第 5 章　既有深坑开发利用的岩土工程治理设计

5.1 治理方法概述

边坡工程设计是边坡工程治理的重要阶段，在该阶段主要是确定边坡工程治理方案、措施以及投资预算。对需要加固的边坡，一方面要加强监测，同时还应根据边坡场地工程地质条件、水文条件、场地地震效应、岩土体性质、环境因素等进行综合治理，以使边坡稳定性满足设计要求。综合治理包括坡体支挡、坡面防护以及排水。坡体支挡的方式有重力式挡墙、扶壁式挡墙、桩板式支护、岩石喷锚支护、框架梁锚杆（索）支护等，坡面护坡的形式有植被防护、骨架植被防护、圬工防护与石笼防护等，排水分为地表排水和地下排水，包括截、排水沟和盲沟等形式。

5.1.1 边坡工程设计的一般原则[19]

边坡设计需要解决的根本问题是在边坡稳定与经济投入之间选择一种合理的平衡，力求以最经济的途径使边坡满足稳定性、变形及可靠性要求。

1. 极限状态设计原则

(1) 承载能力极限状态：支护结构达到最大承载能力、锚固系统失效、发生不适于继续承载的变形和坡体失稳。

(2) 正常使用极限状态：支护结构和边坡达到支护结构或邻近建（构）物的正常使用所规定的变形限制或达到耐久性的某项规定限制。

2. 荷载效应原则

在边坡稳定性分析与推力计算中涉及的主要荷载有：边坡岩土体自重，边坡上各种建筑物产生的荷载，施工荷载，地下水产生的静、动水压力，地震荷载，以及一些特殊荷载，如冻融作用、风荷载、雪荷载、温度作用等。

根据结构设计原理，荷载可分为[96]：

(1) 永久荷载，包括岩土体自重、结构自重引起的附加荷载、土压力、预应力等。

(2) 可变荷载，包括施工荷载、静/动水压力、地震荷载、风荷载、雪荷载、温度作用等。

(3) 偶然荷载，包括爆炸力、撞击力等。

各种荷载的取值应根据不同极限状态的设计要求取不同的代表值：

(1) 对永久荷载应采用标准值作为代表值。

(2) 对可变荷载应根据设计要求采用标准值、组合值、频遇值或准永久值作为代表值。

(3) 对偶然荷载应按建筑结构使用的特点确定其代表值。

采用的作用效应组合与相应的抗力限值应符合下列规定：

(1) 按地基承载力确定支护结构或构件的基础底面积及埋深或按单桩承载力确定桩数时，传至基础或桩上的作用效应应采用荷载效应标准组合；相应的抗力应采用地基承载力特征值或单桩承载力特征值。

(2) 计算边坡与支护结构的稳定性时，应采用荷载效应基本组合，但其分项系数均为 1.0。

(3) 计算锚杆面积、锚杆杆体与砂浆的锚固长度、锚杆锚固体与岩土层的锚固长度时，传至锚杆的作用效应应采用荷载效应标准组合。

(4) 在确定支护结构截面、基础高度、计算基础或支护结构内力，确定配筋和验算材料强度时，应采用荷载效应基本组合，并应满足式 (5-1) 的要求：

$$\gamma_0 S \leqslant R \tag{5-1}$$

式中 S——基本组合的效应设计值；

R——结构构件抗力的设计值；

γ_0——支护结构重要性系数，对安全等级为一级的边坡不应低于 1.1，二、三级边坡不应低于 1.0。

(5) 计算锚杆变形、地基沉降、支护结构变形时，荷载效应组合应采用正常使用极限状态的准永久组合，不计入风荷载和地震作用，相应的限值应为支护结构、锚杆或地基的变形允许值。

(6) 支护结构抗裂计算时，荷载效应组合应采用正常使用极限状态的标准组合，并考虑长期作用影响。

(7) 抗震设计的地震作用效应和荷载效应组合应按国家现行有关标准执行。

3. 考虑地震作用的原则

(1) 边坡工程抗震设防烈度应根据中国地震动参数区划图确定本地区地震基本烈度，且不应低于边坡塌滑区内建筑物的设防烈度。

(2) 抗震设防的边坡工程，其地震作用计算应按国家现行有关标准执行；抗震设防烈度为 6 度的地区，边坡工程支护结构可不进行地震作用计算，但应采取抗震构造措施，抗震设防烈度 6 度以上的地区，边坡工程支护结构应进行地震作用计算，临时性边坡可不作抗震计算。

(3) 支护结构和锚杆外锚头等，应按抗震设防烈度要求采取相应的抗震构造措施。

（4）抗震设防区，支护结构或构件承载能力应采用地震作用效应和荷载效应基本组合进行验算。

4. 支护结构计算和验算的内容

（1）支护结构及其基础的抗压、抗弯、抗剪、局部抗压承载力计算；支护结构基础的地基承载力计算。

（2）锚杆锚固体的抗拔承载力及锚杆杆体抗拉承载力的计算。

（3）支护结构稳定性验算。

（4）地下水发育边坡的地下水控制计算。

（5）对变形有较高要求的边坡工程还应结合当地经验进行变形验算。

5.1.2 边坡工程设计的基本要求

（1）边坡工程设计时应取得下列资料：

① 工程用地红线图，建筑平面布置总图以及相邻建筑物的平、立、剖面和基础图等；

② 场地和边坡的工程地质和水文地质勘察资料；

③ 边坡环境资料；

④ 施工技术、设备性能、施工经验和施工条件等资料；

⑤ 条件类同边坡工程的经验。

（2）一级边坡工程应采用动态设计法。应提出对施工方案的特殊要求和监测要求，应掌握施工现场的地质状况、施工情况和变形、应力监测的反馈信息，必要时对原设计做校核、修改和补充。二级边坡工程宜采用动态设计法。

（3）建筑边坡工程的设计使用年限不应低于被保护的建（构）筑物设计使用年限。

（4）规模大、破坏后果很严重、难以处理的滑坡、危岩、泥石流及断层破碎带地区，不应修筑建筑边坡。

（5）山区地区工程建设时宜根据地质、地形条件及工程要求，因地制宜设置边坡，避免形成深挖高填的边坡工程。对稳定性较差且坡高较大的边坡宜采用后仰放坡或分阶放坡。分阶放坡时水平台阶应有足够宽度，否则应考虑上阶边坡对下阶边坡的荷载影响。

（6）当边坡坡体内洞室密集而对边坡产生不利影响时，应根据洞室大小、深度因素进行稳定性分析，采取相应的加强措施。

（7）存在临空外倾结构面的岩质边坡，支护结构基础必须置于外倾结构面以下稳定的地层内。

（8）边坡工程的平面布置、竖向及立面设计应考虑对周边环境的影响，做到美化环境，体现生态保护要求。边坡坡面和坡脚应采取有效的保护措施，坡顶应设护栏。

（9）当施工期边坡变形较大且大于规范、设计允许值时，应采取包括边坡施工期临时加固措施的支护方案。

(10) 对已出现明显变形、发生安全事故及使用条件发生改变的边坡工程，其鉴定和加固应按现行国家标准《建筑边坡工程鉴定与加固技术规范》(GB 50843—2013) 的有关规定执行。

(11) 建筑边坡工程的混凝土结构耐久性设计应符合现行《混凝土结构设计规范》(GB 50010—2010) 的规定。

5.1.3 常用防治措施及使用范围

建筑边坡支护结构形式应考虑场地地质和环境条件、边坡高度、侧压力大小和特点、对边坡变形控制的难易程度以及边坡安全等级等因素，可按表 5-1 选定。

表 5-1 边坡支护结构常用的形式[19]

支护结构	边坡环境条件	边坡高度 H/m	边坡工程安全等级	备注
重力式挡墙	场地允许，坡顶无重要建（构）筑物	土质边坡，$H\leqslant 10$ 岩质边坡，$H\leqslant 12$	一、二、三级	变形较大，土方开挖后边坡稳定较差时不应采用
悬臂式挡墙、扶壁式挡墙	填方区	悬臂式挡墙，$H\leqslant 6$ 扶壁式挡墙，$H\leqslant 10$	一、二、三级	适用于土质边坡
桩板式挡墙		悬臂式挡墙，$H\leqslant 15$ 锚拉式，$H\leqslant 25$	一、二、三级	桩嵌固段土质较差时不宜采用，挡墙变形要求较高时宜采用锚拉式板桩挡墙
板肋式或格构式锚杆挡墙		土质边坡，$H\leqslant 15$ 岩质边坡，$H\leqslant 30$	一、二、三级	边坡高度较大或稳定性较差时宜采用逆作法施工。对挡墙变形有较高要求的边坡，宜采用预应力锚杆
排桩式锚杆挡墙	坡顶建（构）筑需要保护，场地狭窄	土质边坡，$H\leqslant 15$ 岩质边坡，$H\leqslant 30$	一、二、三级	有利于对边坡变形控制。适用于稳定性较差的土质边坡、有外倾软弱结构面的岩质边坡、垂直开挖施工尚不能保证稳定的边坡
岩石锚喷支护		Ⅰ类岩质边坡，$H\leqslant 30$	一、二、三级	适用于岩质边坡
		Ⅱ类岩质边坡，$H\leqslant 30$	二、三级	
		Ⅲ类岩质边坡，$H\leqslant 15$	二、三级	
坡率法	坡顶无重要建（构）筑物，场地有放坡条件	土质边坡，$H\leqslant 10$ 岩质边坡，$H\leqslant 25$	一、二、三级	不良地质段，地下水发育区、软塑及流塑状土时不应采用
加筋土技术：加筋土挡土墙	填方区	$H\leqslant 20$	一、二、三级	墙面直立，高度超过 12 m 需要分台阶修筑
加筋土技术：土钉墙	原位边坡加固	$H\leqslant 15$	二、三级	边坡坡度一般为 1∶0.36～1∶0。对变形有严格要求的边坡工程不宜采用
注浆法		$H\leqslant 15$	一、二、三级	提高岩土的抗剪强度和边坡整体稳定性，解决岩层的渗水、涌水问题。使用时与其他加固措施联合使用

需要注意的是，下列边坡工程的设计及施工应进行专门论证：

(1) 岩质边坡超过 30 m、土质边坡超过 15 m 的建筑边坡工程和岩石基坑边坡工程；

(2) 地质和环境条件复杂、稳定性极差的一级边坡；

(3) 边坡滑塌区有重要建（构）筑物、稳定性较差的边坡工程；

(4) 采用新结构、新技术的一、二级边坡工程。

5.2 边坡加固设计方法

5.2.1 坡率法

1. 坡率法设计一般原则

在边坡设计中，通过控制边坡的高度和坡度而无须对边坡进行整体加固就能使边坡达到自身稳定的边坡设计方法，称之为坡率法。坡率法是通过控制边坡的高度和坡度，以使边坡潜在滑动面处的抗滑力和下滑力的比值能满足设计要求。坡率法是一种比较经济、施工方便的人工边坡处理方法。当工程场地有条件放坡，且无不良地质作用时宜优先采用坡率法。坡率法适用于岩层、塑性黏土和良好的砂性土中，并要求地下水位较低，放坡开挖有足够的场地。

下列边坡不应单独采用坡率法，应与其他边坡支护方法联合使用[19]：

(1) 放坡开挖对拟建或相邻建（构）筑物有不利影响的边坡；

(2) 地下水发育的边坡；

(3) 软弱土层等稳定性差的边坡；

(4) 坡体内有外倾软弱结构面或深层滑动面的边坡；

(5) 单独采用坡率法不能有效改善整体稳定性的边坡；

(6) 地质条件复杂的一级边坡。

坡率法设计的内容包括确定边坡的形状、坡度、设计坡面防护和验算边坡稳定性。在进行设计之前必须查明边坡的工程地质条件，包括边坡岩土体性质、结构面性质和产状、岩土风化或密实程度、水文条件、当地地质条件相似的自然稳定山坡或人工边坡。

边坡的整个高度可按统一坡率进行放坡，也可根据岩土的变化情况选择不同的坡率。高度较大的边坡应分级开挖放坡，分级台阶的宽度不小于 1 m，分级放坡时应验算边坡整体的和各级的稳定性。采用坡率法时应进行边坡环境整治，因势利导保持水系畅通。在边坡的坡顶、坡面、坡脚和平台处均应设置排水系统，在坡顶外围设置截、排洪沟。对坡体内的水，可在坡面设置深层排水管、钻孔排水等方式。在削坡施工之前，应清理坡面的不稳定岩块，临时边坡可采用喷混凝土护面，永久边坡可采用锚喷、浆砌片石或格构进行护面。

2. 填方边坡设计原则[17]

填方边坡在道路工程、场区不平整的建筑工程中较为普遍。填方边坡坡度与填料类型、坡高以及工程地质条件有关。道路工程中，若填料满足要求、坡高不超过限制，坡率可参考相关经验。建筑工程中，填方边坡应通过稳定性计算确定边坡坡率。

1）土质填方边坡

在公路工程中，当地质条件良好，边坡高度不大于 20 m 时，土质填料边坡坡率可参见表 5-2。

表 5-2　公路路堤边坡坡率

填料类别	边坡坡率	
	上部高度（$H \leqslant 8$ m）	下部高度（$H \leqslant 12$ m）
细粒土	1∶1.5	1∶1.75
粗粒土	1∶1.5	1∶1.75
巨粒土	1∶1.3	1∶1.5

对边坡高度大于 20 m 的路堤，边坡形式宜采用阶梯形，并应进行稳定性计算。浸水路堤在设计水位以下的边坡坡率不宜陡于 1∶1.75。

2）石质填方边坡

当沿线有大量天然石料或开挖坡体所得的废石时，可用来填筑边坡。填石边坡应由不易风化的较大石块（大于 25 cm）砌筑，采用码砌时，边坡坡度可参考表 5-3。如采用易风化的岩石填筑边坡时，边坡坡率按风化后的土质边坡设计。

表 5-3　填石路堤边坡坡率

填石料种类	边坡坡率	
	上部高度（$H \leqslant 8$ m）	下部高度（$H \leqslant 12$ m）
硬质岩石	1∶1.1	1∶1.3
中硬岩石	1∶1.3	1∶1.5
软质岩石	1∶1.5	1∶1.75

3）砌石路基边坡

三、四级公路可采用砌石路基。砌石应选用当地不易风化的片、块石砌筑，内侧填石。岩石风化严重或软质岩石路段不宜采用砌石路基。砌石顶宽不应小于 0.8 m，基底面应向内倾斜，砌石高度不宜超过 15 m。砌石内、外坡率不宜陡于表 5-4 的规定值。

表 5-4　公路砌石边坡坡率

序号	砌石高度/m	内坡坡率	外坡坡率
1	$\leqslant 5$	1∶0.3	1∶0.5
2	$\leqslant 10$	1∶0.5	1∶0.67
3	$\leqslant 15$	1∶0.6	1∶0.75

3. 挖方边坡设计原则[17]

挖方边坡包括建筑挖方边坡、公路和铁路挖方边坡。挖方边坡的坡率跟坡高、坡体岩土体性质、地质构造特征、风化及破碎程度、水文条件等因素有关。

1）土质挖方边坡

公路工程中，土质路堑边坡形式和坡率应根据工程地质与水文地质条件、边坡高度、排水防护措施、施工方法等，并结合自然稳定边坡、人工边坡的调查及力学分析综合确定。边坡高度不大于 20 m 时，边坡坡率不宜陡于表 5-5 所列。路堑边坡高度大于 20 m 时，边坡的形式和坡率应由边坡稳定性计算确定。

表 5-5　公路土质路堑边坡坡率

土的类别		边坡坡率	备注
黏土、粉质黏土、塑性指数大于 3 的粉土		1∶1	不包含黄土、红黏土、高液限土、膨胀土等特殊土挖方边坡坡度
中密以上的中砂、粗砂、砾砂		1∶1.5	
卵石土、碎石土、圆砾土、角砾土	胶结和密实	1∶0.75	
	中密	1∶1	

建筑工程中，土质边坡坡率允许值应根据经验，按工程类比的原则，并结合已有稳定边坡的坡率值分析确定。当无经验，且土质均匀良好、地下水贫乏、无不良地质现象和地质环境条件简单时，可按表 5-6 确定。

表 5-6　建筑土质边坡坡率允许值

边坡土体类别	状态	坡率允许值（高宽比）	
		坡高小于 5 m	坡高 5～10 m
碎石土	密实 中密 稍密	1∶0.35～1∶0.50 1∶0.50～1∶0.75 1∶0.75～1∶1.00	1∶0.50～1∶0.75 1∶0.75～1∶1.00 1∶1.00～1∶1.25
黏性土	坚硬 硬塑	1∶0.75～1∶1.00 1∶1.00～1∶1.25	1∶1.00～1∶1.25 1∶1.25～1∶1.50

注：1. 表中碎石土的充填物为坚硬或硬塑状态的黏性土；
　　2. 对于砂土或充填物为砂土的碎石土，其边坡坡率允许值应按自然休止角确定。

2）岩质挖方边坡

公路工程中，岩质路堑边坡形式和坡率应根据工程地质与水文地质条件、边坡高度、排水防护措施、施工方法等，并结合自然稳定边坡、人工边坡的调查综合确定，必要时可采用稳定分析方法予以验算。边坡高度不大于 30 m 时，无外倾软弱结构面的边坡坡率可按表 5-6 确定。对有外倾结构面的岩质边坡、坡顶边缘附近有较大荷载的边坡、坡高超过表 5-7 范围的边坡等，边坡坡率应通过稳定性计算确定。

建筑工程中，在边坡保持整体稳定的条件下，岩质边坡开挖的坡率允许值应根据实际经验，按工程类比的原则并结合已有稳定边坡的坡率值分析确定。对无外倾软弱结构面的边坡可按表 5-8 确定。

表 5-7　公路岩质路堑边坡坡率

边坡岩体类型	风化程度	边坡坡率	
		H＜15 m	15 m≤H≤30 m
Ⅰ类	未风化、微风化	1∶0.1～1∶0.3	1∶0.1～1∶0.3
	弱风化	1∶0.1～1∶0.3	1∶0.3～1∶0.5
Ⅱ类	未风化、微风化	1∶0.1～1∶0.3	1∶0.3～1∶0.5
	弱风化	1∶0.3～1∶0.5	1∶0.5～1∶0.75
Ⅲ类	未风化、微风化	1∶0.3～1∶0.5	—
	弱风化	1∶0.5～1∶0.75	—
Ⅳ类	弱风化	1∶0.5～1∶1	—
	强风化	1∶0.75～1∶1	—

注：1. 有可靠的资料和经验时，可不受本表限制；
2. Ⅳ类强风化包括各类风化程度的极软岩。

表 5-8　建筑岩质边坡坡率允许值

边坡岩体类型	风化程度	坡率允许值（高宽比）		
		H＜8 m	8 m≤H＜15 m	15 m≤H＜25 m
Ⅰ类	微风化	1∶0.00～1∶0.10	1∶0.10～1∶0.15	1∶0.15～1∶0.25
	中等风化	1∶0.10～1∶0.15	1∶0.15～1∶0.25	1∶0.25～1∶0.35
Ⅱ类	微风化	1∶0.10～1∶0.15	1∶0.15～1∶0.25	1∶0.25～1∶0.35
	中等风化	1∶0.15～1∶0.25	1∶0.25～1∶0.35	1∶0.35～1∶0.50
Ⅲ类	微风化	1∶0.25～1∶0.35	1∶0.35～1∶0.50	—
	中等风化	1∶0.35～1∶0.50	1∶0.50～1∶0.75	—
Ⅳ类	中等风化	1∶0.50～1∶0.75	1∶0.75～1∶1.00	—
	强风化	1∶0.75～1∶1.0	—	—

注：1. 表中 H 为边坡高度；
2. Ⅳ类强风化包括各类风化程度的极软岩。

5.2.2　锚杆边坡加固设计

锚杆边坡加固是深部稳定岩土体作为固定端，利用锚杆稳固滑体的边坡加固方法，杆体可采用普通钢筋、高强螺纹钢或高强钢绞线。为充分发挥杆体的强度，通常对锚杆施加预应力，调整被加固体的应力状态，使被加固体稳定，并主动控制被加固体的变形。作为主动防护措施，预应力锚杆能与岩土体共同作用，具有自重小、施工便捷、随机补强等优势，是边坡工程中高效、经济和常用的加固技术之一。一般来说，杆体采用普通钢筋、高强螺纹钢称之为锚杆，采用钢绞线称之为锚索。

1. 概述

常见的锚杆结构如图 5-1 所示，可分为外锚头、自由段和锚固段。外锚头是将锚杆固定于外锚结构物上的构件，也是预应力张拉部件，承受不稳定坡体的荷载。自由段是指将锚头处的拉力传至锚固段的区域，主要位于穿过不稳定坡体中。对于预应力锚杆（索），自由段可根据工程条件作黏结处理或无黏结处理。锚固段是指采用水泥浆体将锚杆与稳定土层黏结的区域，可将自由段传递的拉力传至稳定土层深部。

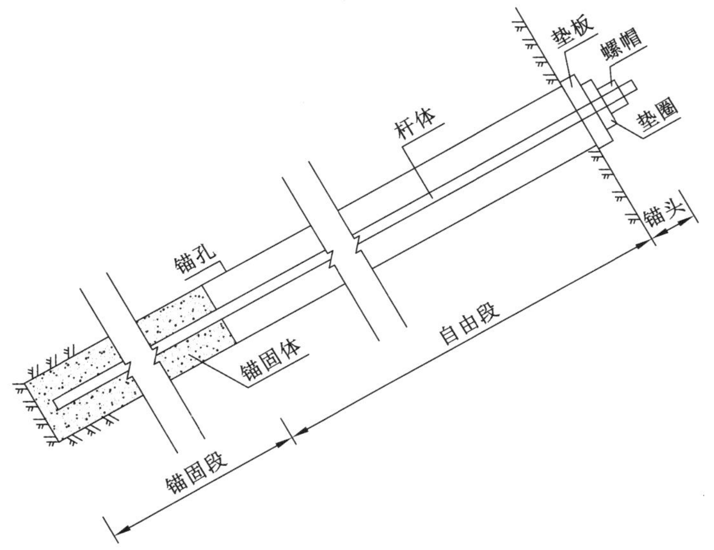

图 5-1　锚杆结构示意图

1）锚杆边坡加固机理

根据是否施加预应力，可将锚杆分为非预应力锚杆与预应力锚杆。而非预应力锚杆则主要使被锚固地层产生压应力或对被加固岩土体进行加筋，只有当岩土体表层发生变位时才能发挥其力学作用。而预应力锚杆通过施加预应力能改善岩土体的应力状态，提高边坡整体抗滑力，增强边坡稳定性。相比而言，预应力锚杆主动式加固对边坡变形控制更有利，在工程实践中得到了广泛应用[97-99]。

通过对预应力锚杆和岩土体相互作用的研究分析，常用的预应力锚杆加固理论如表 5-9 所列。

表 5-9　预应力锚杆加固理论

悬吊作用理论	通过锚索将软弱、松动、不稳定的岩土体悬吊在深层稳定的岩土体上，以防止其离层滑脱，起悬吊作用的锚索主要提供足够的拉力，用以克服滑落岩土体的重力或下滑力，维持工程稳定，在地下结构锚固工程中表现较为突出
组合梁作用理论	对于水平成层岩体，在没有锚索锚固时，层理面是分离的，呈薄层重合梁状态工作，在荷载作用下单个梁将产生各自的弯曲变形，上下缘分别处于受压和受拉状态；当有锚杆张拉时，各层板相互挤压，增大了层面间的摩擦，内应力和挠度大为减小，增强了组合梁的抗弯强度，可以承受剪力，呈整体性的组合梁状态工作。锚索提供的锚固力越大，各岩土层间的摩擦阻力越大，组合梁整体化程度越高，其强度也越大
挤压加固作用理论	对有节理、裂缝等力学不连续面的地层打进锚索，使已破碎的地层具有整体性或近似整体性，这样的效能称为增强效能。此时，锚索需要按一定的几何图形（如梅花形、矩形、菱形等）和间距布置。事实上，就是本身整体性较好的围岩，由于锚索的张拉作用，也可成为有整体性的准塑性构造体，岩体特性得以增强和改善
内压理论	主要用于研究松软岩层中的隧道稳定性，与锚索所受张力相当的力呈内压状态作用于隧道壁，在内压作用下隧道壁呈三轴应力状态，壁面承受切向应力的能力增大，使围岩呈很好的稳定状态。锚索的张力则是靠联系杆或喷射混凝土传递给壁面形成内压，该效果是增强作用的一部分
岩壳效应	近年来采用无黏结钢绞线作为锚固体，创生出压力集中型锚索。压力集中型锚索是在孔底有一个承载体，当锚索进行预应力张拉后在边坡表面和岩体内部形成一个双向压缩区。压力集中型群锚锚索预应力张拉后在边坡体表面形成一个双向受压“岩壳”，由于“岩壳”的形成，自然提高了边坡外部岩体的强度。此时可仿效地下工程锚固支护的做法来加固边坡。①采用短而密的压力集中型预应力锚索，张拉后形成一定厚度的“岩壳”。②采用较长的压力集中型锚索把“岩壳”锚固在边坡深部稳定的岩体中

（续表）

支撑作用	锚索能限制、约束围岩土体变形，并向围岩体施加压力，从而使处于二维应力状态的地层外表面岩土体保持三维应力状态，在圆形洞室中形成承载环，在拱形洞室中形成承载拱，因而能制止岩土体强度的恶化
销钉作用	锚索穿过滑动面时，所表现出的阻滑抗剪作用

2）锚杆主要分类

根据锚固段的受力状态及工作原理的差异，锚杆大致分为拉力型、压力型、拉力分散型、压力分散型、拉压分散型。

拉力型锚杆主要依靠锚固段提供抗拔力，临近张拉段处的锚固段应力集中现象显著，往往导致浆体拉裂，有效锚固段后移，且整个锚固段长度范围内的抗剪强度无法充分运用。

压力型锚杆通过杆体将拉力荷载直接传至锚固段末端的承载体上，再由锚固段浆体传至稳定岩土体中，锚杆受力状态较拉力型锚杆有所改善，但锚固段末端仍发生应力集中。

拉力分散型锚杆是在锚固段逐步剥除锚杆（索）防护套管，使拉力分散传递至锚固体，改善锚杆传力机制[100]。

压力分散型锚杆是在锚固段按一定间距布置承载体，将自由段传递的拉力转换成作用于各承载体上的压力，既能降低各承载体的受力，又能使锚固段上的黏结摩阻力分布均匀，从而改善锚固体和周围稳定岩土体受力模式，充分发挥其抗压和抗剪能力[100]。图 5-2 为某压力分散型锚索详图。

拉压分散型锚杆是拉力分散型和压力分散型的“结合体”，既逐段剥除无黏结锚杆使之形成拉力锚固段，又在相应的部位设置承载体使之形成压力锚固段，从而达到充分利用整个内锚固段承载力的目的。

工程实践表明，压力分散型和拉压分散型锚杆的受力模式较为合理；而从工艺角度考虑，压力分散型的操作性更强，具有更强的工程适应性。

2. 锚杆设计与计算

1）锚杆设计的基本原则[19]

锚杆设计使用年限应与所服务的建筑物设计使用年限相同，其防腐等级也应达到相应的要求。永久性锚杆的锚固段不应设置在：未经处理的有机质土，淤泥质土；液限 $w_L>50\%$ 的土层；松散的砂土或碎石土。对于边坡变形控制要求严格、边坡在施工期稳定性很差、高度较大的土质边坡采用锚杆支护、高度较大且存在外倾软弱结构面的岩质边坡采用锚杆支护、滑坡整治采用锚杆支护时，宜采用预应力锚杆。对于采用新工艺、新材料或新技术的锚杆，无锚固工程经验的岩土层内的锚，一级边坡工程的锚杆应进行基本试验。锚固的型式应根据锚杆锚固段所处部位的岩土层类型、工程特征、锚杆承载力大小、锚杆材料和长度、施工工艺等条件，按表 5-10 进行选择。

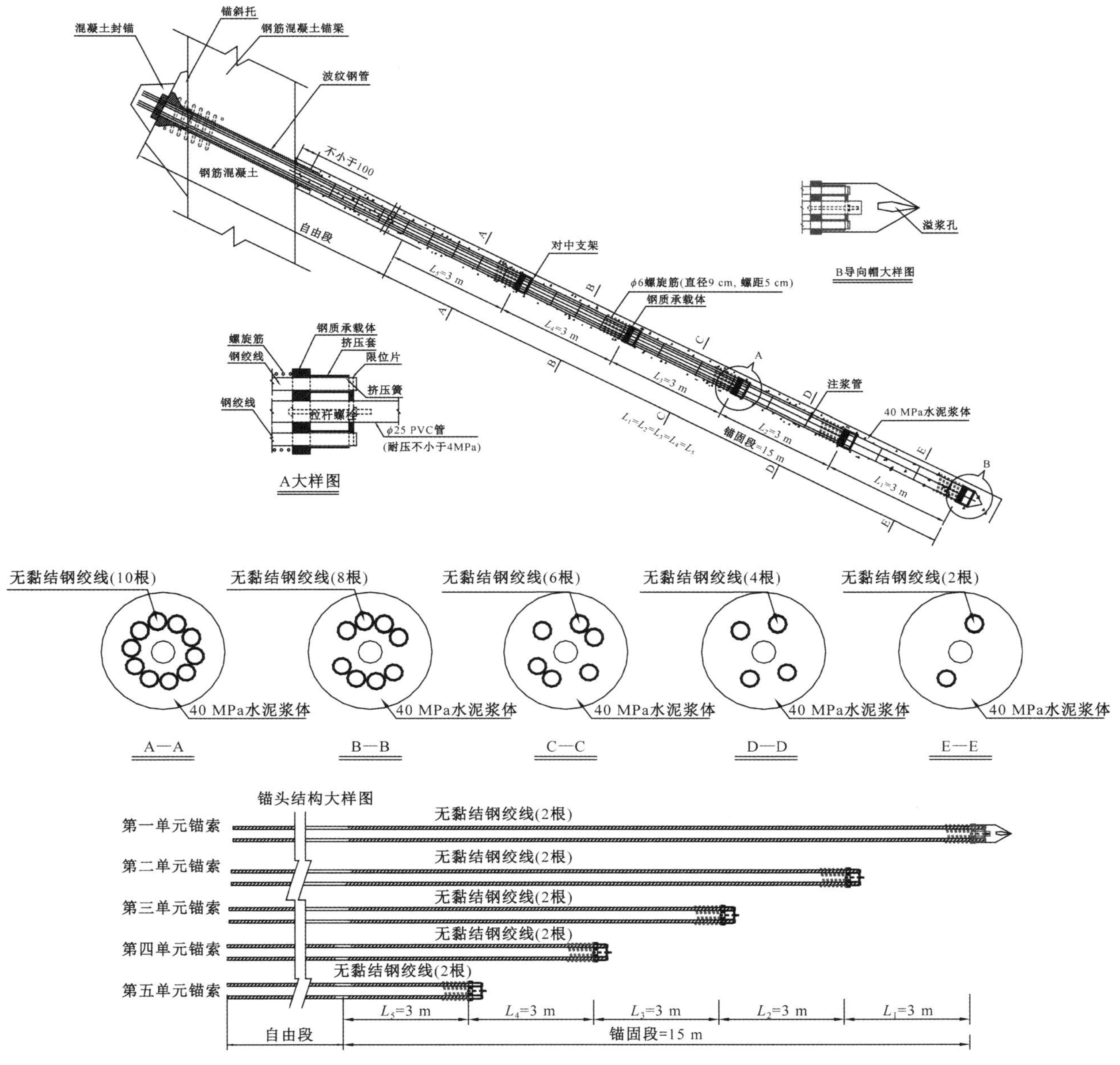

图 5-2　10 束压力分散型锚索详图

表 5-10　建筑边坡工程锚杆选型

类型	材料	锚杆轴向拉力标准值 N_{ak}/kN	长度/m	应力状态	备注
土层锚杆	普通螺纹钢筋	<300	<16	非预应力	超长锚杆施工安装难度大
	钢绞线、高强钢丝	300～800	>10	预应力	锚杆超长时施工方便
	预应力螺纹钢筋（直径18～25 mm）	300～800	>10	预应力	防腐性能好，施工安装方便
	无黏结钢绞线	300～800	>10	预应力	压力型、压力分散型锚杆

（续表）

类型	材料	锚杆轴向拉力标准值 N_{ak}/kN	长度/m	应力状态	备注
岩层锚杆	普通螺纹钢筋	<300	<16	非预应力	锚杆超长时，施工安装难度大
	钢绞线、高强钢丝	300～3 000	>10	预应力	锚杆超长时施工方便
	预应力螺纹钢筋（直径18～25 mm）	300～1 100	>10	预应力或非预应力	防腐性能好，施工安装方便
	无黏结钢绞线	300～3 000	>10	预应力	压力型、压力分散型锚杆

2）锚杆布置形式

采用锚杆进行边坡加固时，应针对不同的失稳模式确定锚杆布置形式，以保证边坡加固措施的合理性与经济性。当边坡失稳模式为滑动破坏时，应将预应力锚杆布置在潜在滑动体的下、中部；当边坡失稳模式为倾倒破坏时，应将预应力锚杆布置在潜在倾倒体的中、上部；当存在软岩层或风化带，可能导致边坡变形破坏时，预应力锚杆穿过软岩层或风化带安设，并采用混凝土锚礅封闭。

锚杆倾角（相对水平面）影响着其受力状况及长度，对工程造价及施工难度影响显著，是确定锚杆布置形式的重要方面。尽管在对边坡滑坡简化基础上可以计算确定最优锚固角，但实际工程中锚固角的确定往往要综合考虑滑面形状、工程地质条件、施工条件等因素的影响。在大量工程实践基础上，各行业规范给出了锚杆倾角的建议值，见表 5-11。

表 5-11　锚杆倾角建议值

序号	规范名称	锚杆倾角建议值
1	《建筑边坡工程技术规范》(GB 50330—2013)	宜为 10°～35°，并应避免对相邻构筑物产生不利影响
2	《水利水电工程边坡设计规范》(SL 386—2007)	仰角或俯角宜大于 10°
3	《岩土锚杆与喷射混凝土支护工程技术规范》(GB 50086—2015)	宜避开 −10°～+10°
4	《岩土锚杆（索）技术规程》(CECS22：2005)	宜避开 −10°～+10°
5	《滑坡防治工程设计与施工技术规范》(DZ/T 0219—2006)	自由注浆锚索倾角应大于 11°，否则应增设止浆环进行压力注浆

锚杆间距是锚杆布置形式的关键之一，锚杆间距过大，不能形成有效的锚固挤压带，达不到预定的加固效果；间距过小，会因群锚效应的影响而降低单根锚索的抗滑力，造成浪费。间距是锚杆布置的关键，合适的间距可使锚杆加固力在边坡滑面上形成均匀的、较厚的挤压带，同时避免群锚效应的产生，从而达到较为理想的加固效果。

滑坡设计相应规范即《滑坡防治工程设计与施工技术规范》（DZ/T 0219—2006）的 8.2.7 条规定：“锚索间距宜大于 4 m。若锚索间距小于 4 m，应进行群锚效应分析。”最小间距建议按式（5-2）、式（5-3）确定：

$$D = 1.5\sqrt{L \times d/2} \tag{5-2}$$

$$D = \ln(T^2 \times L/\rho) \tag{5-3}$$

式中 d——锚杆钻孔孔径，m；

ρ——修正系数，$kN^2 \cdot m$，取 10^5。

各规范给出的锚杆间距建议值见表 5-12。

表 5-12 锚杆间距建议值

序号	规范名称	锚杆间距建议值
1	《水利水电工程边坡设计规范》(SL 386—2007)	平行布置时锚杆间距为 4～10 m，最小间距是 4 m
2	《岩土锚杆与喷射混凝土支护工程技术规范》(GB 50086—2015)	锚杆间距不宜大于锚杆长度的 1/2；Ⅳ、Ⅴ级围岩中的锚杆间距宜为 0.5～1.0 m，并不得大于 1.25 m
3	《岩土锚杆（索）技术规程》(CECS22：2005)	锚杆的间距除必须满足锚杆的受力要求外，尚宜大于 1.5 m
4	《滑坡防治工程设计与施工技术规范》(DZ/T 0219—2006)	预应力锚索的布置间距宜为 4～10 m

3）锚杆钢筋截面积计算

采用锚杆（索）进行边坡加固时，钢筋截面积可由式（5-4）确定：

$$A_s = \frac{K_1 T}{f_y} \tag{5-4}$$

式中 A_s——锚杆钢筋截面积，mm^2；

T——锚杆设计锚固力，N；

f_y——（预应力）钢筋抗力强度设计值，N/mm^2；

K_1——锚杆杆体设计安全系数，反映锚杆材料强度利用水平，其建议值见表 5-13。

表 5-13 锚杆材料强度利用系数 $1/K_1$ 建议值

序号	规范名称	$1/K_1 = T/A_s f_{ptk}$
1	《公路路基设计规范》(JTG D30—2015)	0.556～0.625（临时锚杆） 0.5～0.556（永久锚杆）
2	《建筑边坡工程技术规范》(GB 50330—2013)	0.481～0.619（临时锚杆） 0.394～0.481（永久锚杆）
3	《水利水电工程边坡设计规范》(SL 386—2007)	0.55～0.65
4	《岩土锚杆与喷射混凝土支护工程技术规范》(GB 50086—2015)	0.625（临时锚杆） 0.556（永久锚杆）
5	《岩土锚杆（索）技术规程》(CECS22：2005)	0.625（临时锚杆） 0.556（永久锚杆）

注：《建筑边坡工程技术规范》(GB 50330—2013) 中已经没有设计值的概念，仅有轴向拉力标准值的概念。参考 2002 版，设计值为标准值的 1.3 倍。同时，建筑边坡规范取的是杆体材料强度设计值，需要进行换算，极限标准值和设计值之间的比值为 1.367～1.569，本表采用 1.5 的系数进行换算得到利用系数。

4）锚固段与自由段设计

锚固段的长度应由杆体与锚固体之间的黏结强度、锚固体与孔壁的抗剪强度计算确定，并取大值。各种规范的计算系数取值有些差异，但计算原理和公式基本相同。

由杆体与锚固体之间的黏结强度确定的锚固段长度 l_{sa} 计算公式如下：

$$l_{sa}=\frac{K_2 T}{\xi n\pi d\tau_s} \tag{5-5}$$

由锚固体与孔壁之间的抗剪强度确定的锚固段长度 l_{sa} 计算公式如下：

$$l_{sa}=\frac{K_2 T}{\pi D\tau_q} \tag{5-6}$$

式中　K_2——锚固体抗拔安全系数；

T——锚杆轴向拉力值，kN；

d——单根杆筋直径，mm；

D——锚固段钻孔直径，mm；

τ_s——杆体与锚固体之间的黏结强度，kPa，优先通过实验确定；

τ_q——锚固体与孔壁之间的黏结强度，kPa，优先通过实验确定；

ξ——杆体与锚固体黏结强度降低系数，公路、建筑边坡规范取值0.7～0.85，水电边坡、锚杆喷射混凝土规范、岩土锚杆（索）技术规程取值0.6～0.85。

绝大多数规范采用的 T 均为锚杆轴向拉力设计值，《建筑边坡工程技术规范》（GB 50330—2013）采用的 T 为锚杆轴向拉力标准值；τ_s 和 τ_q 有两种取值，一种为标准值，一种为设计值，详见表5-14。

表5-14　杆体与锚固体、锚固体与孔壁之间黏结强度取值

序号	规范名称	T	τ_s	τ_q
1	《公路路基设计规范》（JTG D30—2015）[101]	设计值	设计值	设计值
2	《建筑边坡工程技术规范》（GB 50330—2013）[19]	标准值	设计值	标准值
3	《铁路路基支挡结构设计规范》（TB 10025—2006）[102]	设计值	设计值	设计值
4	《水利水电工程边坡设计规范》（SL 386—2007）[49]	设计值	设计值	设计值
5	《岩土锚杆与喷射混凝土支护工程技术规范》（GB 50086—2015）[103]	设计值	设计值	标准值
6	《岩土锚杆（索）技术规程》（CECS22：2005）[104]	设计值	标准值	标准值

注：1. 锚杆轴向拉力标准值和设计值之间的荷载分项系数取1.3；

2. 杆体与锚固体、锚固体与孔壁之间的黏结强度设计值和标准值没有统一的分项系数。

采用锚杆（索）进行边坡加固时，锚固段是平衡不稳定坡体受力的关键，对于边坡加固效果具有决定性作用。锚固段除设计长度应满足式（5-5）与式（5-6）的要求外，尚应满足表 5-15 的构造要求；锚杆自由段应满足表 5-16 的构造要求。

表 5-15　边坡锚杆加固锚固段构造要求

序号	规范名称	锚固长度构造要求
1	《公路路基设计规范》（JTG D30—2015）	锚杆锚固段长度不应小于 3 m，也不宜大于 10 m
2	《建筑边坡工程技术规范》（GB 50330—2013）	土层锚杆的锚固段长度不应小于 4 m，并不宜大于 10.0 m；岩石锚杆的锚固段长度不应小于 3.0 m，不宜大于 45*D* 和 6.5 m；预应力锚索不宜大于 55*D* 和 8.0 m
3	《水利水电工程边坡设计规范》（SL 386—2007）	预应力锚杆锚固段长度大于 10 m 时，宜采取改善锚固段岩体质量、改变锚头结构或扩大锚固段直径等技术措施，提高黏结式锚固段的锚固力
4	《岩土锚杆与喷射混凝土支护工程技术规范》（GB 50086—2015）	压力分散型或拉力分散型锚杆的单元锚杆锚固长度不宜小于 15 倍锚杆钻孔直径
5	《岩土锚杆（索）技术规程》（CECS22：2005）	岩石锚杆锚固长度宜为 3～8 m；土层锚杆锚固长度宜为 6～12 m；荷载分散型锚杆的锚固长度可根据需要确定

表 5-16　锚杆自由段构造要求

序号	规范名称	自由段位置构造要求	自由段长度构造要求
1	《公路路基设计规范》（JTG D30—2015）	自由段伸入滑动面或潜在滑动面的长度不小于 1.0 m	不得小于 5 m
2	《建筑边坡工程技术规范》（GB 50330—2013）	锚杆自由段应超过潜在滑裂面 1.5 m	不应小于 5 m
4	《水利水电工程边坡设计规范》（SL 386—2007）	锚杆应锚固在潜在滑动面1.5 m 以外的稳定岩土体内	不宜小于 5 m
5	《岩土锚杆与喷射混凝土支护工程技术规范》（GB 50086—2015）	锚杆的自由段长度应穿过潜在滑裂面不少于 1.5 m	不宜小于 5 m
6	《岩土锚杆（索）技术规程》（CECS22：2005）		不应小于 5.0 m，且能保证锚杆与锚固结构体系的整体稳定性

5）外锚头设计

锚具是预应力锚索的重要组成部分，需要选择质量可靠的定型配套产品，常用的外锚头有 XM、QM 和 OVM 锚具。外锚头的传力结构多采用现浇、预制的钢筋混凝土和金属结构台座，台座常为四棱台形。当岩体质量较好时，可采用单独的锚墩设计，见图 5-3。当岩体结构较为破碎时，可将锚墩连接起来，设计成沿坡面的地梁，地梁间距通常取决于锚杆间距。为增加整体刚度，减小变形，也可以将地梁横向连接起来，形成框架梁，并在框架梁交点处设置预应力锚杆，见图 5-4。

锚索锚墩大样图
1—1
2—2
锚索
4Φ20
Φ12@80
Φ20
6Φ25
Φ12@160
3×150
5×180
500
1 000

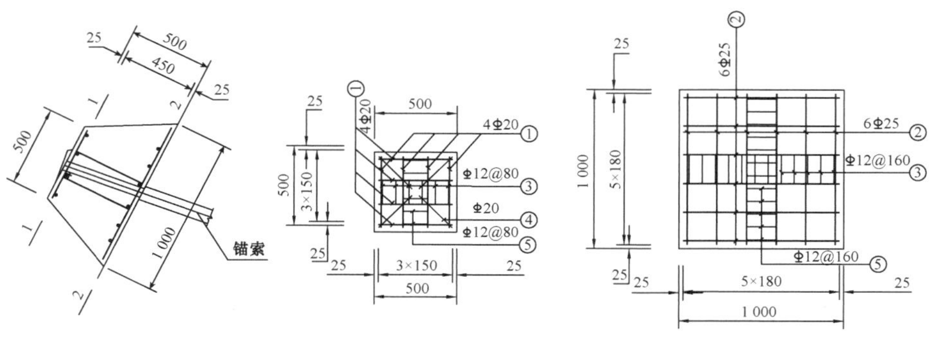

图 5-3　南京牛首山佛顶宫边坡锚墩结构图（单位：mm）

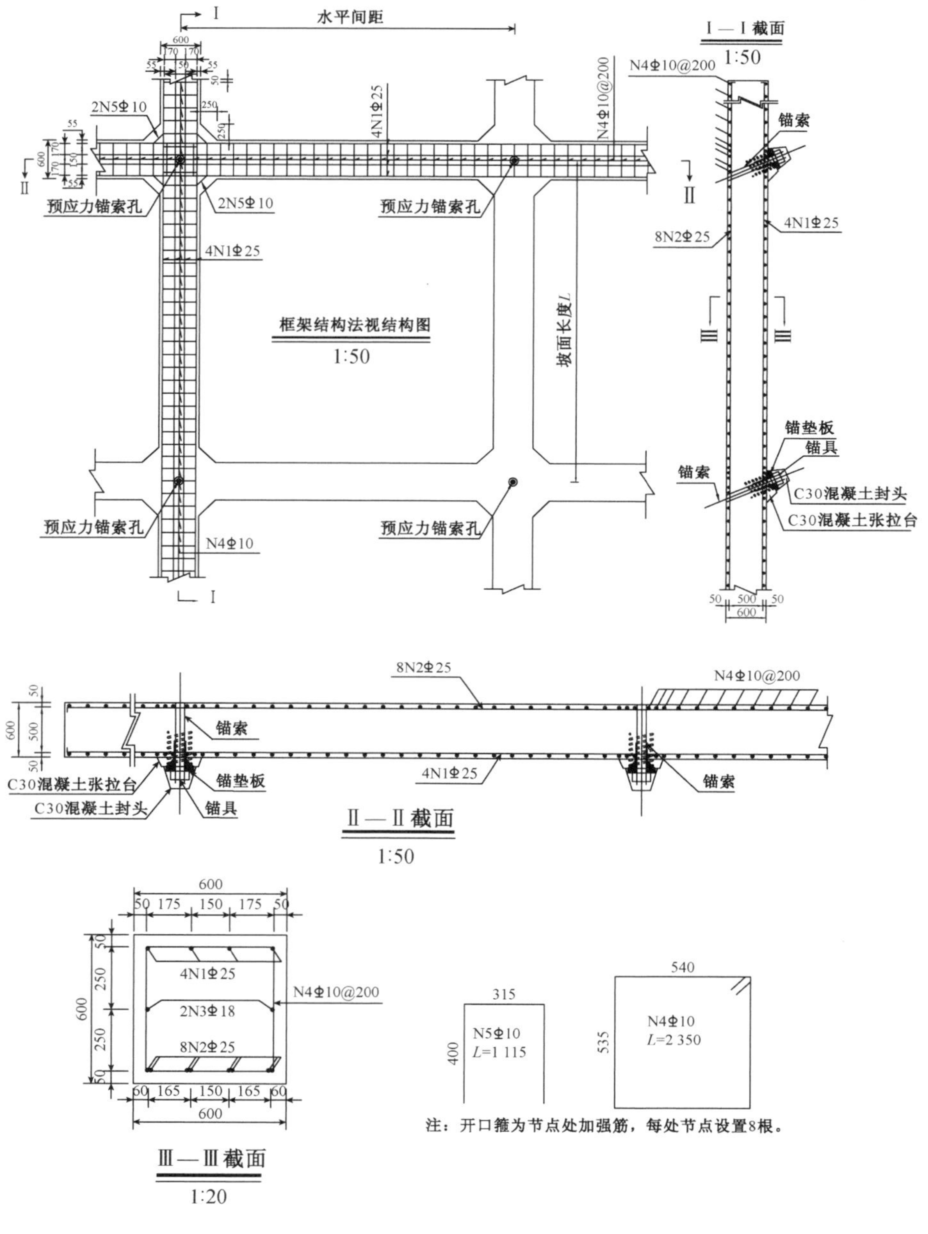

水平间距
框架结构法视结构图
1:50
坡面长度L
预应力锚索孔
2N5Φ10
4N1Φ25
N4Φ10
N4Φ10@200
Ⅰ—Ⅰ截面
1:50
锚索
8N2Φ25
锚垫板
锚具
C30混凝土封头
C30混凝土张拉台
Ⅱ—Ⅱ截面
1:50
Ⅲ—Ⅲ截面
1:20
2N3Φ18
N5Φ10
L=1 115
N4Φ10
L=2 350
注：开口箍为节点处加强筋，每处节点设置8根。

图 5-4　牛首山佛顶宫边坡框架梁结构图（单位：mm）

6）锚固力锁定值的确定

预应力锚杆的锚固力锁定值是锚杆张拉完毕，千斤顶油压回零、工具锚已退下时的应力值。锚固力锁定值的确定主要取决于边坡变形控制要求和场区地质条件。实际工程中，位移控制要求严格的边坡通常按设计值锁定；允许发生变形或变形不可避免的边坡，可低于设计值锁定，以避免坡体滑动而导致锚杆破坏。预应力锚杆锚固力锁定值的相关要求见表 5-17。

表 5-17　预应力锚杆锚固力锁定值要求

序号	规范名称	预应力锚杆锚固力锁定值要求
1	《建筑边坡工程技术规范》（GB 50330—2013）	对容许地层及被锚固结构产生一定变形的工程，预应力锚杆的锁定值宜为设计锚固力的 0.75～0.90 倍
2	《水利水电工程边坡设计规范》（SL 386—2007）	单根预应力锚杆的锁定锚固力应根据相关建筑物位移控制要求和边坡地质条件确定
3	《岩土锚杆与喷射混凝土支护工程技术规范》（GB 50086—2015）《岩土锚杆与喷射混凝土支护工程技术规范》（GB 50086—2015）	永久性锚杆的拉力锁定值不小于拉力设计值，临时性锚杆可等于或小于拉力设计值
4	《岩土锚杆（索）技术规程》（CECS22：2005）	位移控制要求较低的工程，锚杆的锁定拉力值宜为拉力设计值的 0.75～0.90 倍
5	《滑坡防治工程设计与施工技术规范》（DZ/T 0219—2006）	当滑坡体结构完整性较好时，锁定锚固力可达设计锚固力的 100%。当滑坡体蠕滑明显、预应力锚索与抗滑桩联合使用时，锁定锚固力为设计锚固力的 50%～80%

3. 锚杆防腐设计

腐蚀破坏是边坡锚杆加固失效的主要原因之一。因此，应从锚索施工工艺、锚索体结构形式、防腐材料等方面进行防腐，解决锚索破坏失效和锚固耐久性的问题。

锚杆的防腐保护等级和措施，应根据锚杆的设计使用年限和所处地层有无腐蚀性确定。地层监测中出现以下情况时，应判定该地层具有腐蚀性：①pH 小于 4.5；②电阻率小于 2 000 Ω·cm；③出现硫化物；④出现杂散电流，或出现对水泥浆体和混凝土的化学腐蚀。腐蚀环境中的永久性锚杆应采用Ⅰ级双层防腐保护构造；腐蚀环境中的临时性锚杆和非腐蚀环境中的永久锚杆可采用Ⅱ级简单防腐保护构造。

当对锚杆进行Ⅰ级防护时，锚固段除锈后可采用诸如水泥浆的波纹管或涂刷环氧树脂进行防护，自由段除锈后可采用注满油脂的护管、无黏结钢绞线、有外套保护的无黏结钢绞线进行防护，锚头应装设防护罩，防护罩内应充满防腐油脂。

当对锚杆进行Ⅱ级防护时，锚固段除锈后可直接由水泥砂浆密封防腐，自由段除锈后可采用注入油脂的护管或无黏结钢绞线进行防护，锚头可采用涂刷防腐油脂进行防护。

5.2.3　抗滑桩设计

抗滑桩是通过桩身将上部承受的坡体推力传给桩下部的稳定岩土体，依靠桩下部岩土体的抗力达到平衡滑坡推力、稳定边坡的目的。

1. 抗滑桩分类

(1) 按抗滑桩材质分类：木桩、钢桩、钢筋混凝土桩和组合桩；

(2) 按桩身截面分类：原型桩、管桩、方形桩和矩形桩；

(3) 按抗滑桩成桩方法分类：打入桩、静压桩、机械成孔和人工挖孔桩；

(4) 按抗滑桩结构型式分类：单桩、排桩和群桩；

(5) 按桩头约束条件分类：悬臂桩、锚索桩（单锚和多锚）；

(6) 按桩身刚度与桩周岩土强度对比及桩身变形分类：刚性桩和弹性桩。

2. 抗滑桩设计荷载

抗滑桩设计时，需要考虑的荷载主要包括滑坡推力、桩前滑体抗力和锚固段地层的反力。

1）滑坡推力

滑坡推力是滑坡任意断面处滑体的不平衡推力，通常可由不平衡推力传递系数法计算，方向假定与断面处滑面切向相平行。作用于抗滑桩上的滑坡推力应按照设计桩间距，利用设计抗滑桩处的滑坡推力曲线确定。

滑坡推力在抗滑桩上的分布和作用点位置与滑坡的类型、部位、地层性质、厚度等因素有关，难以准确确定。实际工程中，为便于设计计算，通常假设滑坡推力呈三角形、矩形或梯形分布。

2）桩前滑体抗力

滑动面以上桩前的滑体抗力，可根据桩前滑体极限平衡时的滑坡推力曲线或桩前被动土压力确定，设计时选用小值。当桩前滑体可能滑动时，不应计及桩前滑体抗力。

3）锚固段地层反力

抗滑桩滑动面以下锚固段受稳定岩土体地基反力的作用，地基反力可用弹性地基梁法计算，并不得超过锚固段地基的容许承载能力。抗滑桩所受地基反力可按式（5-7)、式（5-8）计算：

$$p = k\Delta \tag{5-7}$$

$$K = ah^n \tag{5-8}$$

式中 p——抗滑桩所受地基反力，kPa；

K——地基土抗力系数；

Δ——滑坡面以下桩的位移，m；

a，n——计算系数；

h——滑坡面以下任意点到滑坡面的竖向距离，m。

根据计算系数 a，n 的不同，形成不同的计算方法：$n=1$，$a=m$ 时，称为“m”法，适用于砂土、碎石土或风化破碎软岩地层；$n=0$，$a=K$ 时，称为“K”法，适用于较完整的岩层、未扰动的硬黏土和半岩质地层。实际工程中，抗滑桩锚固段地基抗力系数选取可参考的建议值见表 5-18、表 5-19。

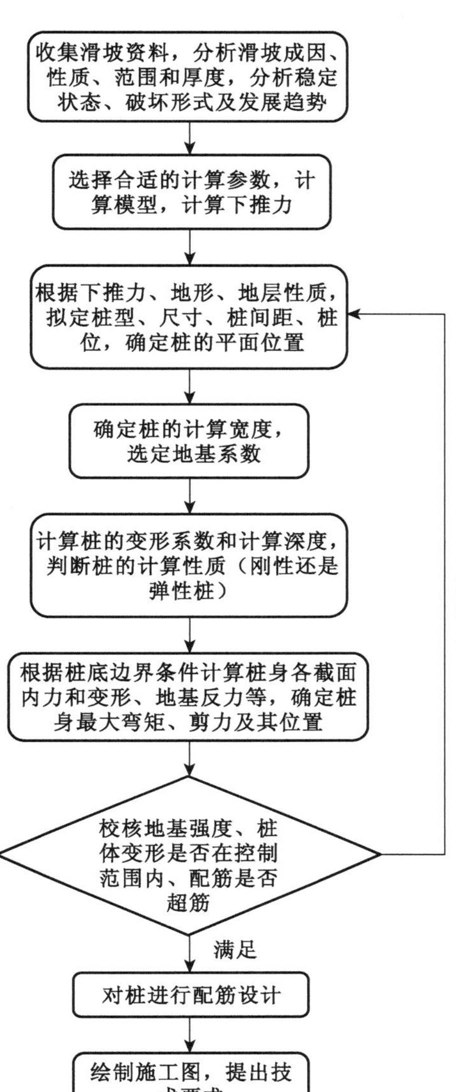

图 5-5　抗滑桩边坡加固设计流程

表 5-18　较完整岩层的水平地基系数[104]

序号	抗压强度/MPa	K/(MN·m^{-3})	序号	抗压强度/MPa	K/(MN·m^{-3})
1	10	60～160	5	40	360～480
2	15	150～200	6	50	480～640
3	20	180～240	7	60	720～960
4	30	240～320	8	80	900～2 000

表 5-19　非岩地基的地基系数[104]

序号	土的名称	M/(MN·m^{-4})
1	$0.75<I_L<1.0$ 的软塑黏土及粉质黏土；淤泥	0.5～1.4
2	$0.5<I_L<0.75$ 的软塑粉质黏土及黏土	1～2.8
3	硬塑粉质黏土及黏土；细砂和中砂	2～4.2
4	坚硬的粉质黏土及黏土；粗砂	3～7
5	砂砾；碎石土、卵石土	5～14
6	密实的大漂石	40～84

3. 抗滑桩设计与计算

采用抗滑桩边坡加固，既要保证边坡具有足够的稳定性，又要求抗滑桩具有足够的强度和稳定性。为此，需进行抗滑桩平面布置、锚固长度设计、桩身内力及配筋计算等。实际工程中，抗滑桩边坡加固可按图 5-5 所示流程进行设计。

1）抗滑桩平面布置

抗滑桩平面布置应根据边坡地层性质、推力大小、滑体厚度、滑动面坡度、施工条件、可能的锚固深度及锚固段地质条件等因素综合确定。一般而言，抗滑桩应布置在潜在滑坡或滑坡前缘滑体较薄、锚固条件较好处，并应垂直于主滑方向成排布置。对于大型滑坡或多级滑坡，采用单排抗滑桩难以平衡滑坡推力时，可考虑布置两排或多排抗滑桩分级治理，或在抗滑段集中布置 2～3 排、平面上呈品字形或梅花形的抗滑桩/抗滑排架进行治理。如非必要，不宜在主滑段或牵引段布置抗滑桩。

实际工程中，抗滑桩桩间距通常为 5～10 m。当抗滑桩集中布置成 2～3 排排桩或排架时，排间距可采用桩截面宽度的 2～3 倍。

2）锚固长度设计

锚固长度是抗滑桩平衡滑坡推力的前提和基础。锚固长度不足，抗滑桩不足以抵抗滑体推力，容易引起桩的失效；而锚固过深则造成工程浪费，并增加了施工难度。抗滑桩设计中，桩的锚固长度应满足滑面以下桩对地层的侧向压应力不得大于该地层的容许侧向抗压强度，桩基底的压应力不得大于地基的容许承载力。当桩的位移需要控制时，应考虑最大位移不大于容许值。

(1) 当锚固段地层为土层或风化成土、砂砾状岩层时，桩身对地层的侧压力 σ 应符合下列条件：

① 当地面无横坡或横坡较小时，

$$\sigma_{max} \leqslant \frac{4}{\cos\varphi}[(\gamma_1 h_1 + \gamma_2 y)\tan\varphi + c] \tag{5-9}$$

式中 σ_{max}——桩身对地层的侧压应力，kPa；

γ_1——滑面以上地层岩（土）的重度，kN/m^3；

γ_2——滑面以下地层岩（土）的重度，kN/m^3；

φ——滑面以下岩土体内摩擦角，(°)；

c——滑面以下岩土体内黏聚力，kPa；

h_1——桩处滑动面至地面的距离，m；

y——桩处滑动面至锚固段上计算点的距离，m。

② 当地面横坡 i 较大且 $i \leqslant \varphi_0$ 时，

$$\sigma_{max} \leqslant 4(\gamma_1 h_1 + \gamma_2 y)\frac{\cos^2 i\sqrt{\cos^2 i - \cos^2\varphi_0}}{\cos^2\varphi_0} \tag{5-10}$$

式中 φ_0——滑面以下岩土体的综合内摩擦角，(°)。

(2) 当锚固段地层为比较完整的岩质、半岩质地层时，桩身对围岩的侧向压应力 σ 应符合下列条件：

$$\sigma_{max} \leqslant K_H \eta R \tag{5-11}$$

式中 σ_{max}——桩身对围岩的侧压应力，kPa；

K_H——折减系数，根据岩石的完整程度、层理或片状、层间胶结物及胶结程度、节理裂隙的密度和充填物，可采用 0.5～1.0；

η——折减系数，根据岩层的裂隙、风化及软化程度，取 0.3～0.45；

R——围岩岩石单轴抗压极限强度，kPa。

3. 桩身内力及配筋计算[105]

抗滑桩内力计算应分段进行，滑裂面以上可按悬臂梁或简支梁计算，滑裂面以下应根据抗滑桩变形特性或“刚性”进行计算。按桩身变形情况抗滑桩可分为刚性桩和弹性桩，前者发生转动和位移，但桩轴线不发生变形；后者桩轴线随桩周土发生变形。

抗滑桩设计中，桩的“刚性”判别如下：

① 采用 K 法计算时，$\beta h_2 \leqslant 1.0$ 时，为刚性桩；反之为弹性桩；

② 采用 m 法计算时，$\alpha h_2 \leqslant 2.5$ 时，为刚性桩；反之为弹性桩。

其中，h_2 为滑面以下的桩体长度（m）；β，α 为桩的变形系数（m^{-1}），计算如下：

$$\beta = \left(\frac{KB_p}{4EI}\right)^{1/4} \tag{5-12}$$

$$\alpha = \left(\frac{mB_p}{EI}\right)^{1/5} \tag{5-13}$$

式中　K——K 法的侧向地基系数，kN/m^3；

B_p——桩的计算宽度，对矩形桩 $B_p = b + 1$，对圆形桩 $B_p = 0.9d + 1$，b 与 d 是桩径，均需大于 1 m；

m——m 法的地基反力系数，kN/m^4；

EI——桩的抗弯刚度，$kN \cdot m^2$。

判别抗滑桩的“刚性”后即可对其内力进行计算。刚性桩锚固段内力计算步骤如下：

(1) 取滑面以上的锚固段桩身为隔离体，将滑面以上桩身所受外力作为外荷载，计算滑面处桩截面的弯矩和剪力；

(2) 根据锚固段隔离体平衡求解滑面下桩周土的抗力；

(3) 计算桩的内力。

弹性桩锚固段内力计算步骤如下：

(1) 根据滑面以上桩体受力平衡关系求解滑面处桩体内力，并将其作为边界条件；

(2) 可根据桩周土体的性质确定弹性抗力系数，建立挠曲微分方程式，通过数学求解可得滑面以下桩段任意截面的变位和内力计算的一般表达式；

(3) 最后根据桩底边界条件计算出滑面处的位移和转角，再计算出桩身任意深度处的变位和内力。

抗滑桩配筋计算应在内力计算基础上进行，并应符合《混凝土结构设计规范》(GB 50010—2010) 相关规定，这里不再赘述。

5.2.4　悬臂式挡墙

悬臂式挡土墙为现浇钢筋混凝土挡土结构，由立壁、前趾板、后踵板组成(图 5-6)，适用于地基承载力较低、高度不超过 6 m 的填方边坡工程。

1. 悬臂式挡墙设计

悬臂式挡墙设计内容主要包括土压力计算、墙身尺寸计算、稳定性和基底应力验算，以及墙身配筋计算和裂缝宽度验算等。

1) 土压力计算

悬臂式挡土墙墙后主动土压力宜按第二破裂面法进行计算。当不能形成第二破裂面时，可用墙踵下缘与墙顶内缘连线或通过墙踵的竖向面作为假想墙背计算，取其中不利状态的土压力作为设计控制值[19]。

主动土压力可由力多边形计算[106]，如图 5-7 所示。图中 h_c 拉应力引起的墙背土体裂缝深度按式 (5-14) 计算：

$$h_c = \frac{2C}{\gamma}\tan\left(45^\circ + \frac{\varphi}{2}\right) \tag{5-14}$$

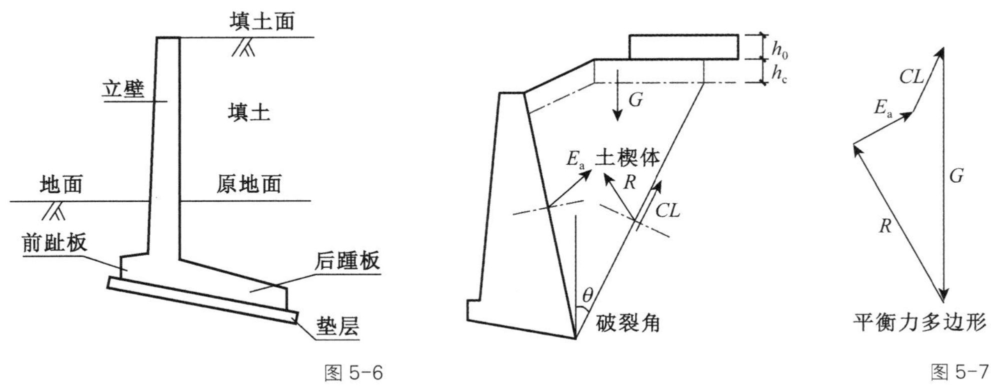

图 5-6　　图 5-7

图 5-6　悬臂式挡土墙
图 5-7　土压力计算简图

悬臂式挡墙墙前被动土压力采用朗肯土压力理论计算：

$$E_p = \frac{1}{2}\gamma h^2 K_p + 2c \cdot h \cdot \sqrt{K_p} \tag{5-15}$$

式中　E_p——挡土墙上作用的被动土压力，kN，作用于墙底以上 $h/3$ 处；

γ——墙前土容重，kN/m^3；

h——墙前土高度，m；

K_p ——被动土压力系数。

2）墙身构造要求

（1）墙身高度大于 4 m 时，宜在立壁板前设置加劲肋；

（2）为便于施工，立壁的背坡一般为竖直，胸坡应根据强度和刚度确定，一般为 1∶0.02～1∶0.05；墙顶宽度不应小于 0.2 m；

（3）墙踵板长度由全墙的抗滑稳定性验算确定，通常为墙高的 1/12～1/10，厚度不应小于 0.3 m；

（4）墙趾板的长度根据全墙的倾覆稳定、基底应力和偏心距等条件确定，墙趾板顶面一般设置向下倾斜，墙趾端最小厚度为 30 cm；

（5）每分段的长度宜为 10～15 m。

3）稳定性验算

（1）抗滑移稳定性[19]。

$$K_c = \frac{[N + (E_x - E'_p)\tan\alpha_0]\mu + E'_p}{E_x - N\tan\alpha_0} \geqslant 1.3 \tag{5-16}$$

式中　N——基底所受合力的竖向分力，kN，浸水挡墙应计浸水部分的浮力；

E_x——挡墙墙后主动土压力的水平分量，kN；

E'_p——挡墙墙前被动土压力的水平分量的 0.3 倍，kN，当为浸水挡土墙时，$E'_p = 0$；

μ——基底与地基间的摩擦系数；

α_0——基底倾斜角，(°)；

地震工况下悬臂式挡墙抗滑移稳定性安全系数应大于 1.1。

(2) 抗倾覆稳定性[19]。

$$K_0 = \frac{GZ_G + E_y Z_x + E'_p Z_p}{E_x Z_y} \geqslant 1.6 \tag{5-17}$$

式中 G——作用于基底以上的重力，kN，浸水挡土墙的浸水部分应计入浮力；

Z_G——墙身重力、基础重力、基础上填土的重力及作用于墙顶的其他荷载的竖向力合力重心到墙趾的距离，m；

Z_x——墙后主动土压力的竖向分量到墙趾的距离，m；

Z_y——墙后主动土压力的水平分量到墙趾的距离，m；

Z_p——墙前被动土压力的水平分量到墙趾的距离，m。

地震工况下悬臂式挡墙抗倾覆稳定性安全系数应大于 1.3。

(3) 整体稳定性[101]。

设置于不良土质地基、覆盖土层下的倾斜基岩地基及斜坡上的挡土墙，应对挡土墙地基及填土的整体稳定性进行验算。

(4) 基底应力验算[101]。

悬臂式挡墙基底合力的偏心距 e_0 可如下计算：

$$e_0 = \frac{M_d}{N_d} \tag{5-18}$$

式中 N_d——作用于基底上的垂直力组合设计值，kN；

M_d——作用于基底形心的弯矩组合设计值，kN·m。

基底合力的偏心距 e_0，对土质地基不应大于 $B/6$；对岩石地基不应大于 $B/4$。基底压应力 σ 应按式 (5-19) 计算：

$$\left.\begin{aligned} &|e_0 \leqslant B/6| \text{时}, \sigma_{1,2} = \frac{N_d}{A}\left(1 \pm \frac{6e_0}{B}\right) \leqslant [\sigma_0] \\ &|e_0 > B/6| \text{时}, \sigma_1 = \frac{2N_d}{3(B/2 - e_0)} \leqslant [\sigma_0] \end{aligned}\right\} \tag{5-19}$$

式中 σ_1——挡土墙趾部的压应力，kPa；

σ_2——挡土墙踵部的压应力，kPa；

B——基底宽度，m，倾斜基底为其斜宽；

A——基础底面每延米的面积，m^2，矩形基础为基础宽度 $B \times 1$；

$[\sigma_0]$——基底容许承载力，kPa。

2. 悬臂式挡墙内力计算[106]

悬臂式挡墙的立板、墙踵板和墙趾板等结构可取单位宽度按悬挑梁结构进行计算。内力计算时不考虑假想墙背与立壁板之间土的摩擦作用。

1）立壁板

悬臂式挡墙立壁板内力计算模式如图 5-8 所示，由图可得立壁板的内力：

(1) 剪力：水平土压力分布图形中阴影的面积，kN；

(2) 弯矩：水平土压力分布图形中阴影的面积对计算 h_i 点的面积矩，kN/m。

2）墙趾板

悬臂式挡墙墙趾板内力计算模式如图 5-9 所示，由图可得墙趾板的内力计算方法如下：

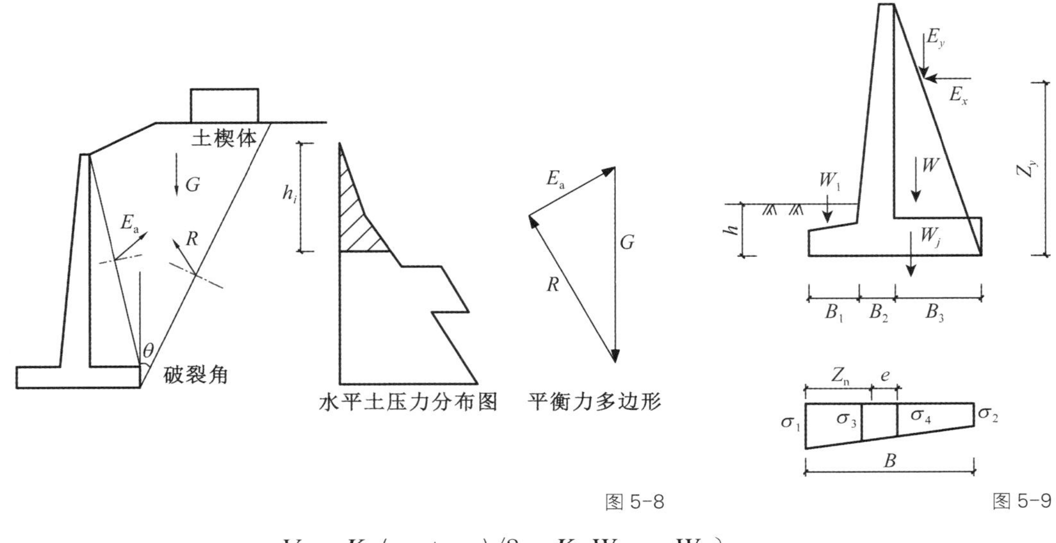

图 5-8　　图 5-9

图 5-8　立壁板内力计算简图

图 5-9　墙趾板内力计算简图

$$\left.\begin{aligned} V &= K_1(\sigma_1+\sigma_3)/2 - K_1 W_{B1} - W_1 \\ M &= K_1(M_1 - M_2) \end{aligned}\right\} \tag{5-20}$$

式中　V——悬臂式挡土墙墙趾根部的剪力设计值，kN；

σ_1——悬臂式挡土墙墙趾下缘的压应力，kPa；

σ_3——悬臂式挡土墙墙趾根部的压应力，kPa；

W_{B1}——悬臂式挡土墙墙趾的自重重力，kN；

W_1——悬臂式挡土墙墙趾上的覆土自重重力，kN；

K_1——分项系数，一般取 1.2。

M——悬臂式挡土墙墙趾根部的弯矩设计值，kN·m；

M_1——σ_1 与 σ_3 所形成的图形面积对墙趾根部的面积矩，kN·m；

M_2——墙趾自重重力、墙趾上覆土自重重力对墙趾根部弯矩，kN·m。

3）墙踵板

悬臂式挡墙墙踵板的计算模式与墙趾板相同，其内力计算方法如下：

$$\left.\begin{aligned} V &= K_1(\sigma_2+\sigma_4)/2 - W_{B3} - W - E_y \\ M &= K_1(M_1 - M_2) \end{aligned}\right\} \tag{5-21}$$

式中　V——悬臂式挡土墙墙踵根部的剪力设计值，kN；

K_1——分项系数，一般取 1.2；

σ_2——悬臂式挡土墙墙踵下缘的压应力，kPa，计算同地基应力计算；

σ_4——悬臂式挡土墙墙踵根部的压应力，kPa，计算同地基应力计算；

W_{B3}——悬臂式挡土墙墙踵的自重重力，kN；

W——假想墙背与立壁板之间土的自重重力，kN；

E_y——作用悬臂式挡土墙假想墙背上的土压力的竖向分力，kN；

M——悬臂式挡土墙墙踵根部的弯矩设计值，kN·m；

M_1——σ_2 与 σ_4 所形成的图形面积对墙踵根部的面积矩，kN·m；

M_2——墙踵自重重力、墙踵上覆土自重重力及土压力的竖向分力对墙踵根部弯矩，kN·m。

5.2.5 扶壁式挡墙

扶壁式挡土墙为现浇钢筋混凝土挡土结构，由立壁、墙趾板、墙踵板及扶壁组成（图 5-10），适用于地基承载力较低、高度不超过 10 m 的填方边坡工程。

1. 扶壁式挡墙设计

扶壁式挡墙设计内容主要包括土压力计算、墙身尺寸计算、稳定性和基底应力验算，以及墙身配筋计算和裂缝宽度验算等。其中，土压力计算及稳定性验算与悬臂式挡墙相同，这里不再赘述。扶壁式挡墙墙身构造有以下要求：

（1）墙顶宽度不宜小于 0.3 m；底板厚度不应小于 0.3 m；

（2）每一分段宜设置 3 个或 3 个以上扶壁；

（3）两扶壁之间的距离宜为挡墙高度的 1/3～1/2；扶壁的厚度宜为扶壁间距的 1/8～1/6，且不宜小于 300 mm；立壁在扶壁处的外伸长度，宜根据外伸悬臂固端弯矩与中间跨固端弯矩相等的原则确定，可取两扶壁净距的 0.35 倍；

（4）每分段的长度宜为 10～15 m。

2. 扶壁式挡墙内力计算[106]

对于扶壁式挡墙的墙面板、墙趾板、墙踵板、扶壁进行内力计算时，可对挡墙进行简化：

（1）取肋中至肋中或跨中至跨中为一个计算单元；

（2）趾板和肋分别按矩形和变截面 T 形悬臂梁计算。

内力计算时不考虑假想墙背与立壁板之间土的摩擦作用。其中墙趾板内力计算与悬臂式挡墙相同。

1）墙面板

扶壁式挡墙的墙面板在进行内力计算时，作用于墙面板的水平土压力可按式（5-22）计算：

$$\sigma_{pi} = \sigma_{h0} + \frac{\sigma_{Hi}}{2} \tag{5-22}$$

式中 σ_{pi}——面板上 i 计算点处的水平土压力，kPa；

σ_{Hi}——墙背土体在面板上 i 计算点处的水平土压力，kPa；

σ_{h0}——地面超载在面板上 i 计算点处的水平土压力，kPa，无地面超载时取 0。

(1) 墙面板水平弯矩计算模式如图 5-11 所示，计算可得墙面板水平弯矩如下：

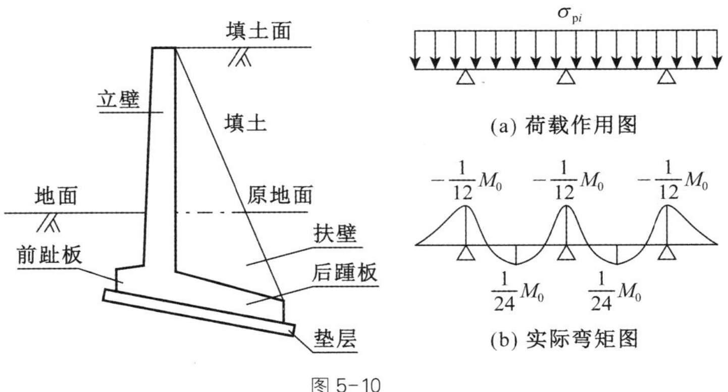

图 5-10

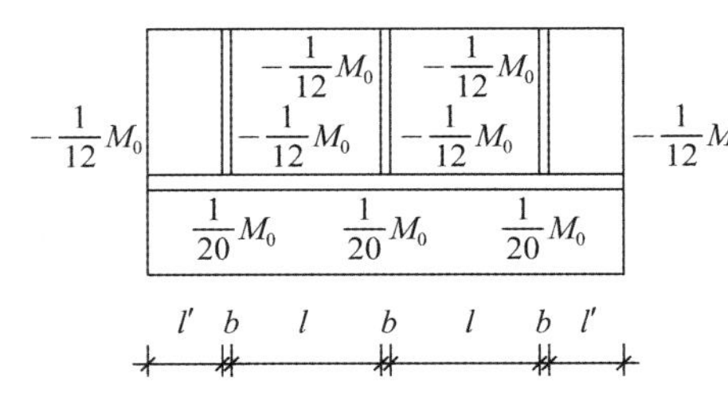

图 5-11

图 5-10　扶壁式挡土墙

图 5-11　墙面板的水平弯矩系数图

$$\left.\begin{aligned}&\text{墙肋处水平负弯矩：}M=-\frac{1}{12}K_1\sigma_{pi}l^2\\&\text{跨中水平正弯矩：}M=\frac{1}{20}K_1\sigma_{pi}l^2\end{aligned}\right\}\tag{5-23}$$

式中　M——面板上 i 计算点处的水平弯矩（肋支点或跨中），kN · m；

σ_{pi}——面板上 i 计算点处的水平土压力，kPa；

l——面板上 i 计算点处的水平净跨长（两肋之间的净跨长），m；

K_1——土压力荷载分项系数，一般为 1.2。

(2) 墙面板垂直弯矩计算模式如图 5-12 所示，计算可得墙面板垂直弯矩如下：

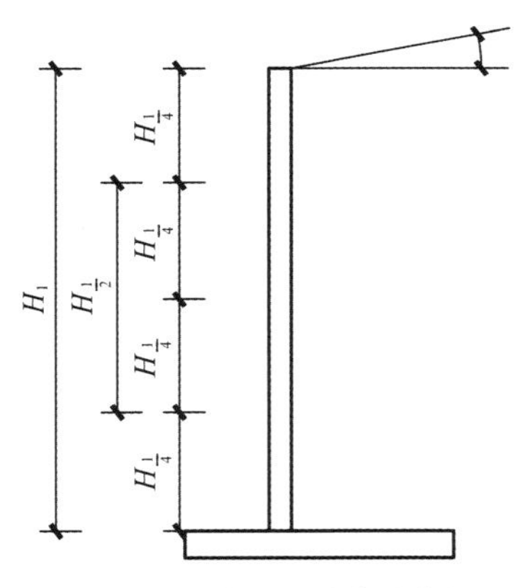

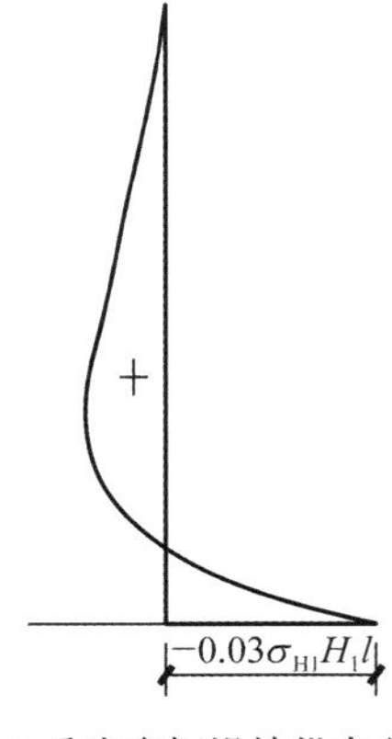

图 5-12　墙面板上的垂直弯矩

$$\left.\begin{aligned}&\text{最大负弯矩：}M=-0.03K_1(\sigma_{h0}+\sigma_{H1})H_1l\\&\text{最大正弯矩：}M=[0.03K_1(\sigma_{h0}+\sigma_{H1})H_1l]/4\end{aligned}\right\}\tag{5-24}$$

式中　M——面板上 i 计算点处的水平弯矩（肋支点或跨中），kN · m；

σ_{H1}——无地面超载时在面板底部产生的水平土压力，kPa；

σ_{h0}——地面超载在面板底部的产生的水平土压力，kPa；

H_1——面板顶部到面板根部的距离，m；

l——面板的水平净跨长（两肋之间的净距离），m；

K_1——土压力荷载分项系数，一般为 1.2。

2）墙踵板

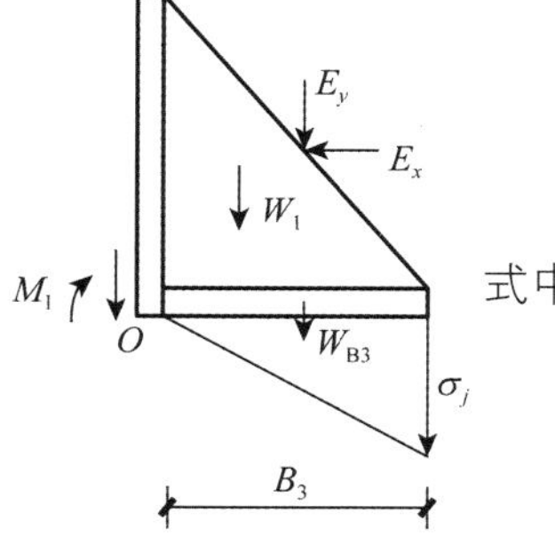

图 5-13　墙踵竖向压应力分布

（1）墙踵板法向应力计算模式见图 5-13，最大值 σ_j 在墙踵的边缘处取得：

$$\sigma_j = \frac{E_y + W_1 + W_{B3}}{B_3} + 2.4\frac{M_1}{B_3^2} - \sigma_2 \tag{5-25}$$

式中　σ_j——墙踵边缘处作用的竖向压应力，kPa；

E_y——作用假想墙背上的土压力的竖向分力，kN；

W_1——假想墙背与面板之间的土体重量，kN；

W_{B3}——墙踵板的重量，kN；

B_3——墙踵板的宽度，m；

M_1——墙趾板根部的横向弯矩，kN·m；

σ_2——墙踵边缘处的地基反力，kPa。

（2）墙踵板纵向弯矩按连续梁计算，最大弯矩为：

$$\left.\begin{aligned} &\text{墙肋处水平负弯矩：} M = -\frac{1}{12}K_1\sigma_j l^2 \\ &\text{跨中水平正弯矩：} M = \frac{1}{20}K_1\sigma_j l^2 \end{aligned}\right\} \tag{5-26}$$

式中　M——踵板上的纵向弯矩（肋支点或跨中），kN·m；

σ_j——踵板边缘处的竖向压应，kPa；

l——踵板的水平净跨长（两肋之间的净距离），m；

K_1——土压力荷载分项系数，一般为 1.2。

3）扶壁板

对扶壁板进行内力计算时，假定肋为变截面、变翼缘的 T 形悬臂梁；肋、墙面板的自重及土压力的垂直分量忽略不计。由此，扶壁板内力计算仅需考虑水平土压力作用，其分布模式如图 5-14 所示。

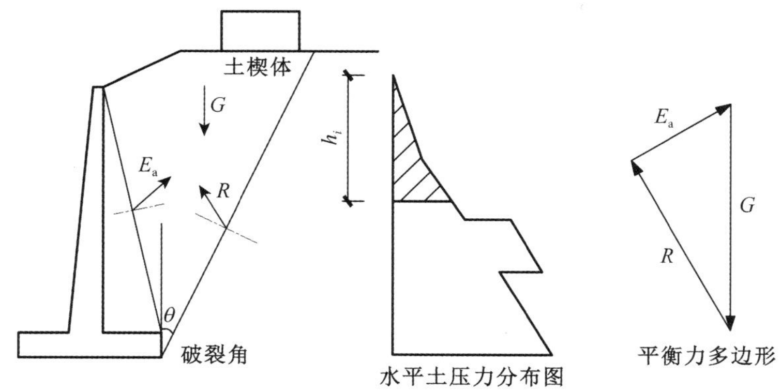

图 5-14　土压力计算简图及土压力分布图

根据计算得到水平土压力的分布，就可计算得到扶壁板内力：

$$\left.\begin{aligned} &\text{剪力：} V_i = K_1 A_{pi} S_w \\ &\text{弯矩：} M_i = K_1 A_{px} h_{si} S_w \end{aligned}\right\} \tag{5-27}$$

式中　V_i——距肋顶点距离为 h_i 处的剪力，kN；

A_{pi}——距肋顶点距离为 h_i 处以上水平分布土压力的面积（单位宽度），m^2；

S_w——肋之间的距离，m，中间跨 $S_w=l+b$，悬臂（边）跨 $S_w=0.9l+b$；

K_1——土压力荷载分项系数，一般为 1.2；

l——两肋之间的净距离，m；

b——肋的厚度，m；

M_i——距肋顶点距离为 h_i 处计算点的弯矩，kN·m；

h_{si}——计算点以上水平分布土压力中心到肋弯矩计算点的距离，m。

5.3　边坡排水设计

水通常是滑坡发生的重要诱因，因此防水和排水是边（滑）坡工程的主要设计内容，也是边（滑）坡加固治理最为有效和经济的手段。排水工程设计应在总体方案的基础上，结合工程地质条件、地下水和降雨条件、本地区的生态环境等，通过水文、水力学计算，综合采取地表和地下排水措施。地表排水措施包括截水沟、排水沟、跌水和急流槽等；地下排水措施包括渗流沟、盲沟、排水洞、集水井、仰斜式排水孔等。

5.3.1　水文计算

水文计算是指通过分析降雨强度、集水面积及形状、坡体排水长度和坡度、坡面植被覆盖及土体入渗条件等因素，通过计算确定边坡排水的设计径流量。这里以《公路排水设计规范》(JTJ 018—2012) 为例简要介绍边坡排水设计径流量的计算。

图 5-15 为边坡排水设计径流量计算流程框图。按图 5-15 所示流程，确定相关参数后可按式（5-28）计算确定边坡排水设计径流量：

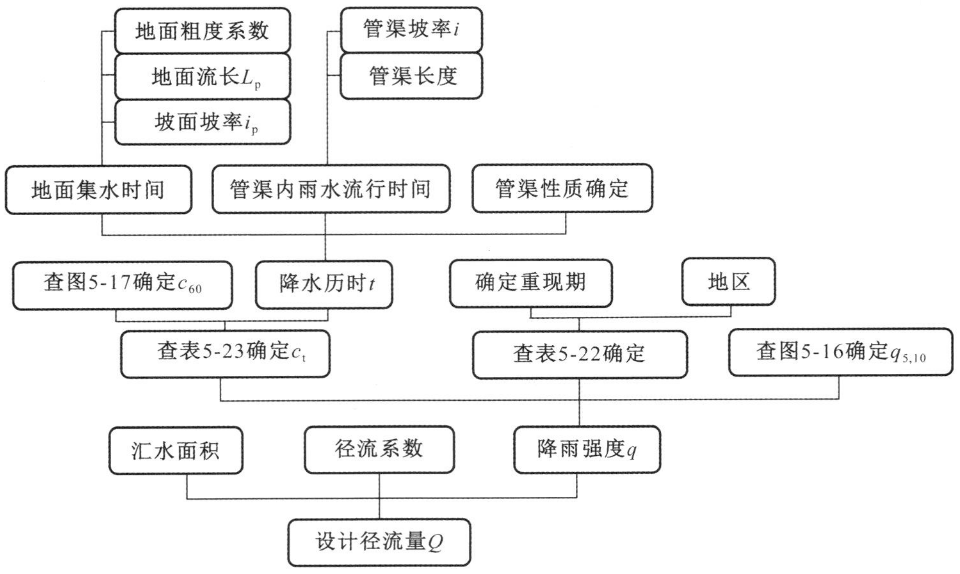

图 5-15　边坡排水设计径流量计算流程[107]

$$Q = 16.67 q_{p,t} \times \psi \times F \tag{5-28}$$

式中　Q——设计地表水流量，m^3/s；

ψ——径流系数，取值参见表 5-20，当汇水区域内有多种类型的地表时，应分别为每种类型选取径流系数后，按相应的面积大小取加权平均值；

表 5-20　径流系数

地表种类	径流系数 ψ	地表种类	径流系数 ψ
沥青混凝土路面	0.95	陡峻的山地	0.75～0.90
水泥混凝土路面	0.90	起伏的山地	0.60～0.80
透水性沥青路面	0.60～0.80	起伏的草地	0.40～0.65
粒料路面	0.40～0.60	平坦的耕地	0.45～0.60
粗粒土坡面和路肩	0.10～0.30	落叶林地	0.35～0.60
细粒土坡面和路肩	0.40～0.65	针叶林地	0.25～0.50
硬质岩石坡面	0.70～0.85	水田、水面	0.70～0.80
软质岩石坡面	0.50～0.75		

F——汇水面积，km^2，取水平投影面积；

$q_{p,t}$——设计重现期和降雨历时内的平均降雨强度，mm/min；宜利用气象站观测资料统计分析确定：

$$q_{p,t} = \frac{c + d\lg p}{(t + b)^n} \tag{5-29}$$

其中　p——重现期，年，按表 5-21 确定；

b，n，c，d——回归系数；

t——降雨历时，min。

表 5-21　设计降雨的重现期 p　　单位：年

公路等级	路面和路肩表面排水	路界内坡面排水
高速公路和一级公路	5	15
二级及二级以下公路	3	10

当地缺乏自记雨量计资料时，可利用标准降雨强度等值线图和有关转换系数计算确定：

$$q_{p,t} = c_p c_t q_{5,10} \tag{5-30}$$

式中　$q_{5,10}$——5 年重现期和 10 min 降雨历时的标准降雨强度（mm/min），按公路所在地区，由图 5-16 查取；

c_p——重现期转换系数，为设计降雨重现期降雨强度 q_p 与标准重现期降雨强度 q_5 的比值（q_p/q_5），按公路所在地区由表 5-22 查取；

c_t——降雨历时转换系数，为降雨历时 t 的降雨强度 q_t 与 10 min 降雨历时的降雨强度 q_{10} 的比值（q_t/q_{10}），按公路所在地区的 60 min 转换系数 c_{60}，由表 5-23 取，c_{60} 可由图 5-17 查取。

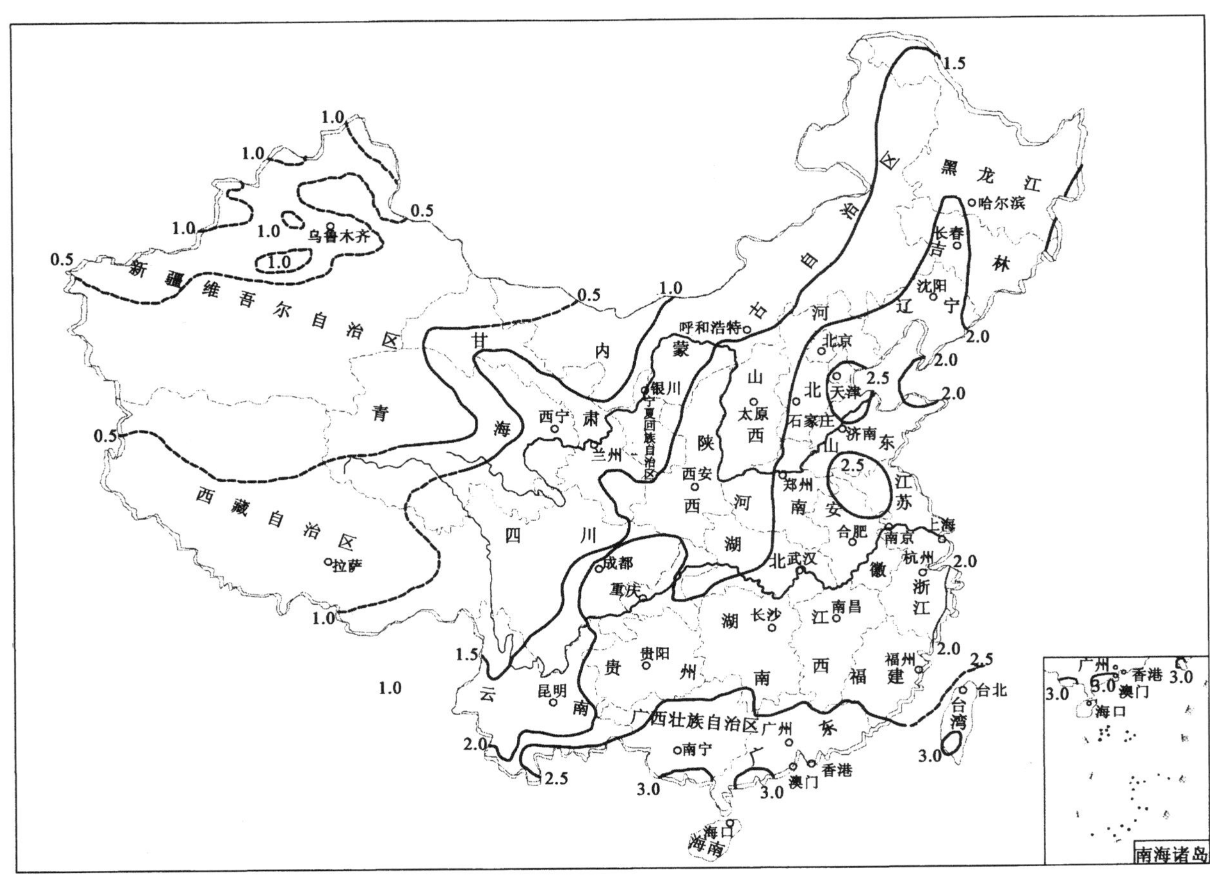

图 5-16　中国 5 年一遇 10 min 降雨强度（$q_{5,10}$）等值线图

表 5-22　重现期转换系数 c_p

地　区		重现期 p/年			
		3	5	10	15
海南、广东、广西、云南、贵州、四川东、湖南、湖北、福建、江西、安徽、江苏、浙江、上海、台湾		0.86	1	1.17	1.27
黑龙江、吉林、辽宁、北京、天津、河北、山西、河南、山东、四川、西藏		0.83	1.00	1.22	1.36
内蒙古、陕西、甘肃、宁夏、青海、新疆	非干旱区	0.76	1.00	1.34	1.54
	干旱区	0.71	1.00	1.44	1.72

注：干旱区相当于 5 年一遇 10 min 降雨强度小于 0.5 mm/min 的地区。

表 5-23　降雨历时转换系数 c_t

c_{60}	降雨历时 t/min										
	3	5	10	15	20	30	40	50	60	90	120
0.30	1.40	1.25	1.00	0.77	0.64	0.50	0.40	0.34	0.30	0.22	0.18
0.35	1.40	1.25	1.00	0.80	0.68	0.55	0.45	0.39	0.35	0.26	0.21
0.40	1.40	1.25	1.00	0.82	0.72	0.59	0.50	0.44	0.40	0.30	0.25
0.45	1.40	1.25	1.00	0.84	0.76	0.63	0.55	0.50	0.45	0.34	0.29
0.50	1.40	1.25	1.00	0.87	0.80	0.68	0.60	0.55	0.50	0.39	0.33

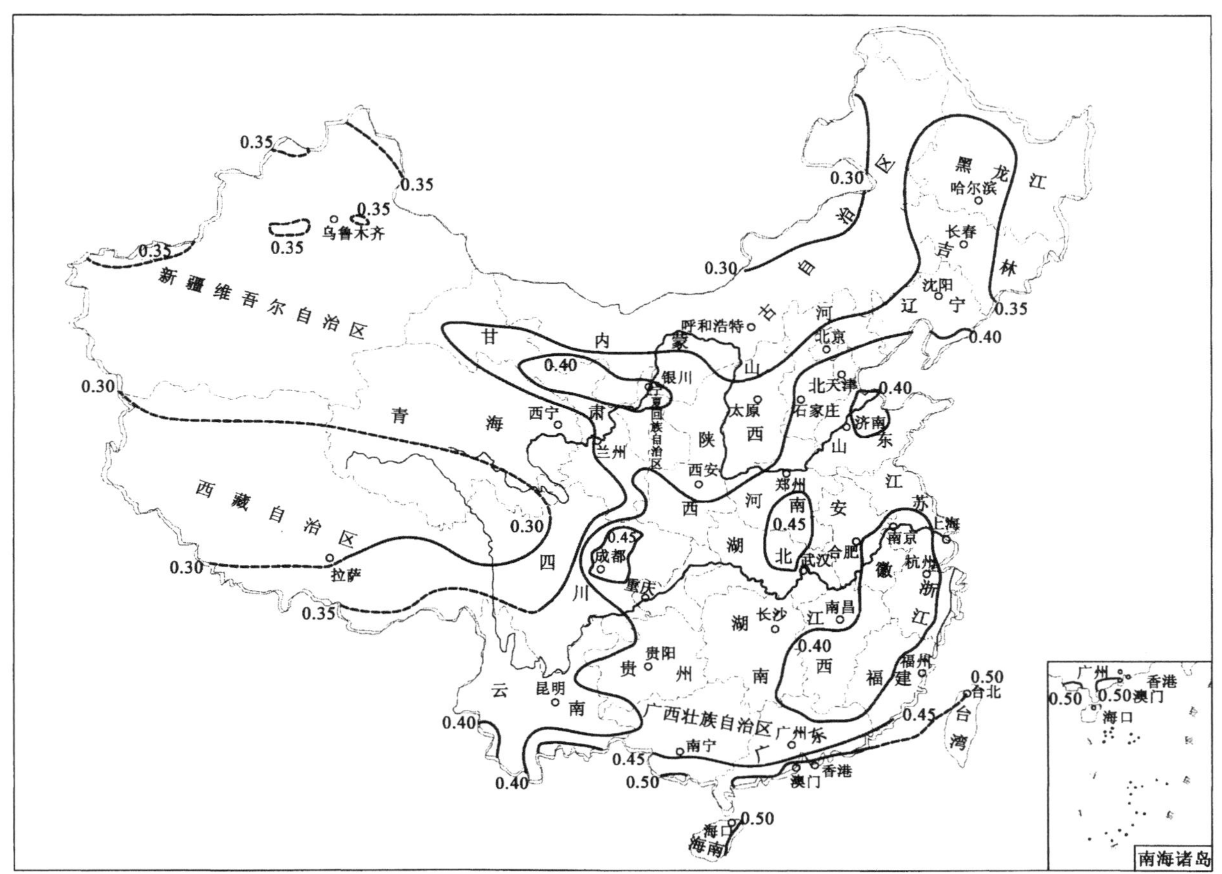

图 5-17　中国 60 min 降雨强度转换系数（c_{60}）等值线图（单位：mm/min）

降水历时 t 可按式（5-31）计算：

$$t = t_1 + mt_2 \tag{5-31}$$

式中　t_1——坡面汇流历时，min，单向三车道及以下的路面汇流历时可取 5 min，单向三车道以上的路面的汇流历时可按式（5-32）计算：

$$t_1 = 1.445\left(\frac{sL_p}{\sqrt{i_p}}\right)^{0.467} \quad (L_p \leqslant 370\ \text{m}) \tag{5-32}$$

其中　L_p——坡面流长度，m；

i_p——坡面流坡度；

s——地表粗度系数，按地表情况查表 5-24 确定。

表 5-24　地表粗度系数 s

地表状况	粗度系数 s	地表状况	粗度系数 s
沥青路面、水泥混凝土路面	0.013	牧草地、草地	0.40
光滑的不透水地面	0.02	落叶树林	0.60
光滑的压实土地面	0.10	针叶树林	0.80
稀疏草地、耕地	0.20		

m——折减系数，暗管折减系数 $m = 2.0$，明渠折减系数 $m = 1.2$，在陡坡地区，暗管折减系数 $m = 1.2 \sim 2.0$，经济条件较好、安全性要求较高地区的排水管渠 m 可取 1.0；

t_2——管渠内雨水流行时间，min，可由式（5-33）计算确定：

$$t_2 = \sum_{i=1}^{j} \left(\frac{l_i}{60 v_i} \right) \tag{5-33}$$

其中 i，j——分段序号和分段数；

l_i——第 i 段的长度，m；

v_i——第 i 段沟管的平均流速，m/s。

5.3.2 排水管沟水力学计算

排水管沟的泄水能力 Q_c（m^3/s）可按式（5-34）计算：

$$Q_c = vA \tag{5-34}$$

式中 A——过水断面面积，m^2，可参考《公路排水设计规范》（JTG/T D33—2012）附录 B 确定；

v——沟或管内的平均流速，m/s，可按式（5-35）计算：

$$v = \frac{1}{n} R^{2/3} I^{1/2} \tag{5-35}$$

其中 n——沟壁或管壁的粗糙系数，可按表 5-25 查取；

R——水力半径，m，可参考《公路排水设计规范》（JTG/T D33—2012）附录 B 确定；

I——水力坡度，无旁侧入流的明沟，水力坡度可采用沟的底坡；有旁侧人流的明沟，水力坡度可采用沟段的平均水面坡降。

表 5-25　沟壁或管壁的粗糙系数 n

沟或管类别	n	沟或管类别	n
塑料管（聚氯乙烯）	0.010	土质明沟	0.022
石棉水泥管	0.012	带杂草土质明沟	0.027
水泥混凝土管	0.013	砂砾质明沟	0.025
陶土管	0.013	岩石质明沟	0.035
铸铁管	0.015	植草皮明沟（流速 0.6 m/s）	0.050～0.090
波纹管	0.027	植草皮明沟（流速 1.8 m/s）	0.035～0.050
沥青路面（光滑）	0.013	浆砌片石明沟	0.025
沥青路面（粗糙）	0.016	干砌片石明沟	0.032
水泥混凝土路面（镘抹面）	0.014	水泥混凝土明沟（镘抹面）	0.015
水泥混凝土路面（拉毛）	0.016	水泥混凝土明沟（预制）	0.012

边坡排水设计时，沟、管的设计流速应符合以下规定：

(1) 明沟的最小允许流速为 0.4 m/s，暗沟和管的最小允许流速为 0.75 m/s。

(2) 管的最大允许流速为：金属管 10 m/s；非金属管 5 m/s。

(3) 明沟的最大允许流速，可根据沟壁材料和水深修正系数确定，见表 5-26 与表 5-27。

表 5-26　明沟的最大允许流速　　单位：m/s

明沟类别	亚砂土	亚黏土	干砌片石	浆砌片石	黏土	草皮护面	水泥混凝土
允许最大流速	0.8	1.0	2.0	3.0	1.2	1.6	4.0

表 5-27　最大允许流速的水深修正系数

水深 h/m	≤0.4	$0.4<h\leq1.0$	$1.0<h<2.0$	$h\geq2.0$
修正系数	0.85	1.00	1.25	1.40

5.3.3　坡面排水[101, 107]

1. 坡面排水一般规定

(1) 应综合采取防、排、截的措施，必要时设置急流槽或跌水，并做好与周边排水系统的衔接。

(2) 地表排水设施布设应充分利用地形和天然水系，做好进出口位置的选择和处理；避免出现堵塞、溢流、渗漏、淤积、冲刷等现象，危害路基、路面和毗邻地带。

(3) 坡面排水系统与加固护坡工程联合采用，避免坡体冲刷导致边坡失稳。

(4) 沟顶应高出沟内设计水面 0.2 m。

(5) 边沟、截水沟、排水沟、急流槽等的横断面尺寸应根据设计流量、沟底纵坡、沟壁材料、出水口间距，按本书 5.3.2 节规定计算确定。

(6) 沟壁材料的抗冲刷能力应与沟内水流速度相适应。

(7) 设在土质、软质岩、全风化及强风化硬质岩石地段的边沟、截水沟、排水沟，应采取防渗措施。

(8) 地表排水设施所用材料的强度应不低于表 5-28 的要求。

表 5-28　各种排水构造物的材料强度要求

材料类型	最低强度要求	使用场合
砖	MU10	检查井
片石	MU30	沟底和沟壁铺砌
水泥砂浆	M10（寒冷地区）或 M7.5（其他地区）	浆砌、抹面
水泥混凝土	C25（寒冷地区）或 C20（其他地区）	混凝土构件
	C15	混凝土基础

2. 截水沟

边坡坡体较高、地表径流量大时，应设置拦截地表径流的截水沟，减少坡面冲刷。按边坡排水设计要求，截水沟可采用梯形或矩形形式，布置于坡顶或边坡平台处。坡顶截水沟一般设置在路堑坡顶 5 m 以外用来拦截来自坡顶上方的地表径流，并宜结合地形进行布设。平台截水沟设置在边坡平台上，主要用来汇集和排走各级坡面上的水。填方地段斜坡上方的路堤截水沟距路堤坡脚的距离应不小于 2 m。某工程截水沟断面图如图 5-18 所示。

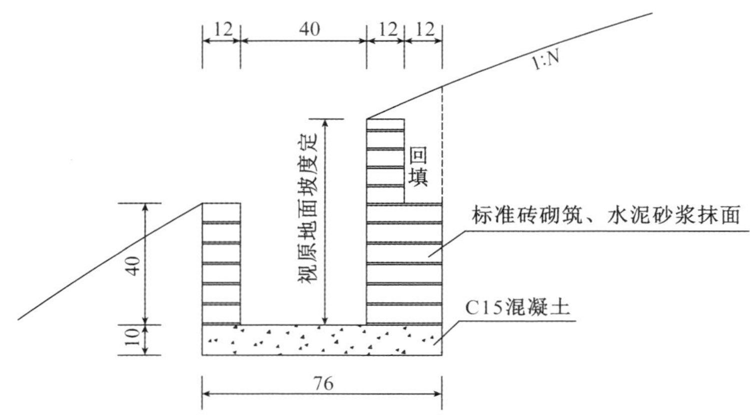

图 5-18　某工程截水沟断面图（单位：cm）

截水沟长度超过 500 m 时，宜在中间适宜位置处增设泄水口，通过急流槽（管）分流引排，泄水口间距以 200～500 m 为宜。截水沟沟底纵坡一般不宜小于 0.3%，以保证排出地面水，避免水流停滞。

对于不良地质地段的截水沟，必要时应采取防渗加固措施，防止地表水渗入坡体，引起滑坍。截水沟的平面布置应结合地势等高线沿边坡走向进行布置，间距应结合汇水面积及截水沟的尺寸综合考虑，一般间距 30～50 m。

截水沟的水流应排至场界以外，不宜引入边沟。截水沟出水口处应与其他排水设施平顺衔接，同时采取有效的防渗加固措施（如用浆砌片石混凝土板加固等），必要时可设跌水或急流槽，以免水在边坡上任意自流，造成冲刷。

3. 边沟

挖方、低路堤及路面低于其外侧地面的填方路段，应在边坡坡脚外设置边沟汇集和排泄降落在坡面和路面上的表面水。

边沟横断面形式应根据排水需要以及对路侧安全与环境景观的协调等选定，可采用三角形、浅碟形、梯形或矩形等形式。高速公路、一级公路挖方路段的矩形边沟，在不设护栏的地段，应设置带泄水孔的钢筋混凝土盖板或钢筋加强的复合材料盖板。

边沟的纵坡坡度应结合路线纵坡、地形、土质、出水口位置等情况选定，宜与路线纵坡坡度一致，且不宜小于 0.3%，困难情况下，不应小于 0.1%。当路线纵坡坡度小于沟底最小不淤积纵坡坡度时，边沟宜采用沟底最小不淤积纵坡坡度，并缩短边沟出水口的间距。

边沟出水口的间距，应结合地形、地质条件以及桥涵和天然沟渠位置，经水力计算确定。梯形、矩形边沟不宜超过 500 m，多雨地区不宜超过 300 m；三角形和碟形边沟不宜超过 200 m。

某工程边沟断面图如图 5-19 所示。

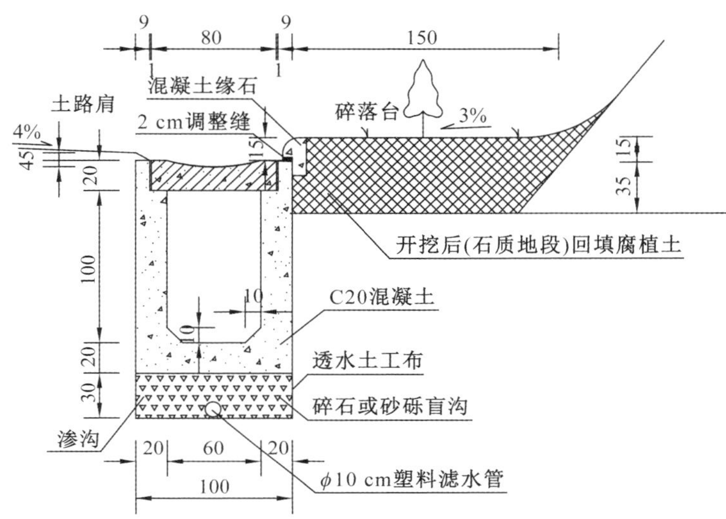

图 5-19　某工程边沟断面图（单位：cm）

4. 排水沟

排水沟往往用于收集和排除截水沟、边沟及场区内洼地中的水。排水沟断面形式应结合地形、地质条件确定，沟底纵坡不宜小于 0.3%，且其他排水设施连接应顺畅。易受水流冲刷的排水沟应视实际情况采取防护、加固措施。某工程排水沟断面示意图如图 5-20 所示。

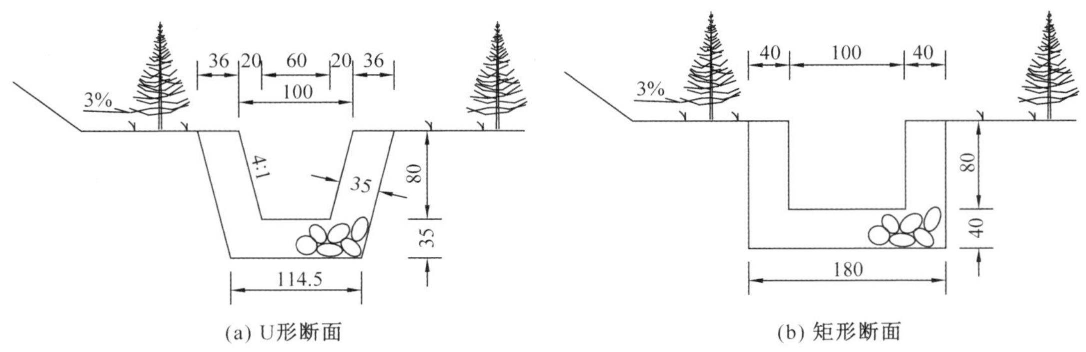

图 5-20　某工程排水沟断面示意图（单位：cm）

5. 急流槽

在路堤和路堑坡面或者坡面平台上向下竖向集中排水时，宜设置急流槽；边沟、截水沟、排水沟通过坡度大于 10%、水头高差大于 1.0 m 的陡坡地段或特殊陡坎地段时，可设置急流槽减小纵坡。急流槽底的纵坡应与地形相结合，进水口与沟渠泄水口之间宜采用喇叭口形式连接，并作铺砌处理，出水口处应设消能设施。急流槽底面宜设置防滑平台或凸棒。

急流槽可采用矩形断面等形式，槽深不应小于 0.2 m，槽底宽度不应小于 0.25 m。采用浆砌片石时，矩形断面槽底厚度不应小于 0.2 m，槽壁厚度不应小于 0.3 m。图 5-21 为某工程急流槽设计。

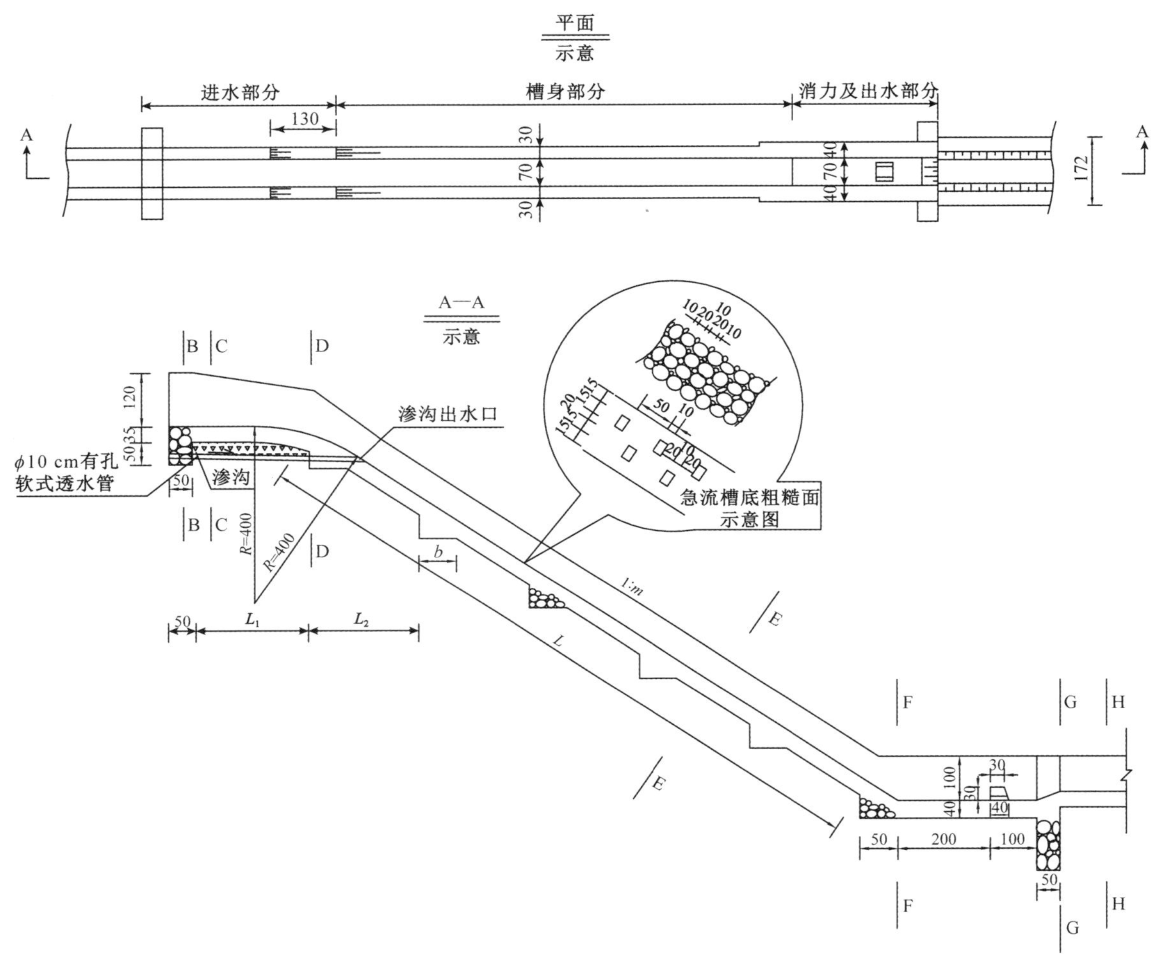

图 5-21　某工程急流槽设计（单位：cm）

6. 跌水

陡坡或沟谷地段的排水沟，宜设置跌水等消能结构物，避免其出口下游的桥涵、自然水道或农田受到冲刷。跌水槽横断面可采用矩形断面，断面尺寸要求与急流槽相同。对不设消力池的跌水，台阶高度与长度之比应与原地面坡度相吻合，且台阶高度不宜大于 0.6 m；带消力池的跌水的高度与长度之比也应结合原地面的坡度确定，单级跌水墙的高度不宜小于 1.0 m，消力槛高度不宜小于 0.5 m，消力槛与跌水墙的距离不宜小于 5 m。图 5-22 某工程跌水及消能井设计。

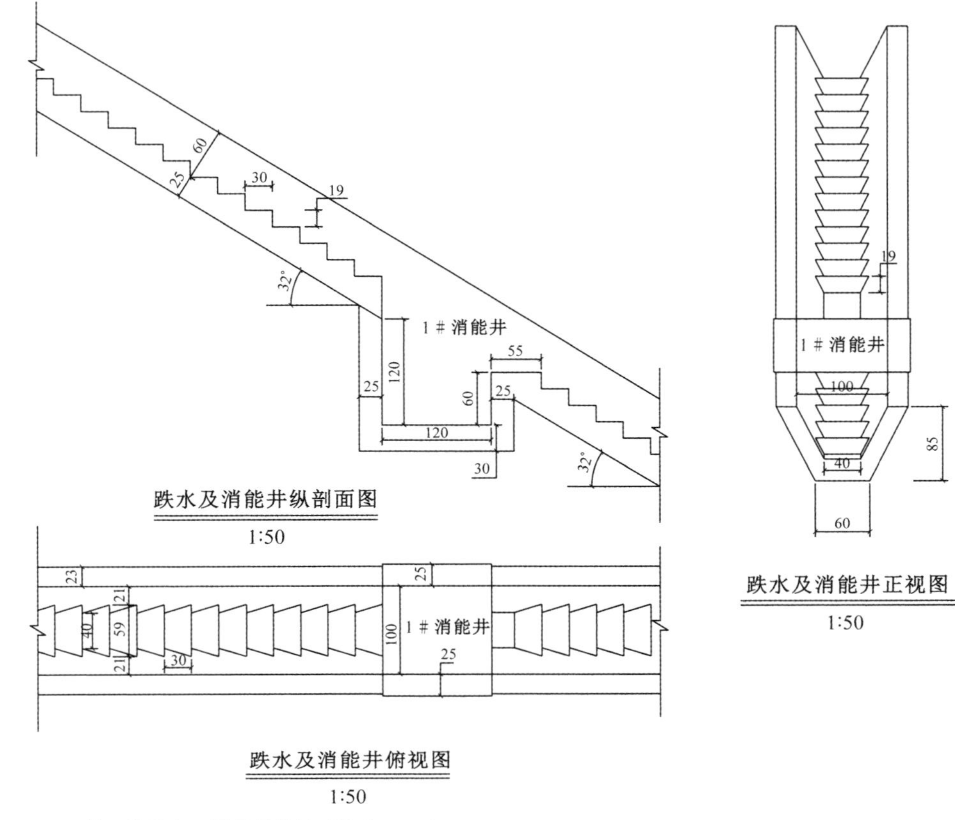

图 5-22　某工程跌水及消能井设计（单位：cm）

5.3.4　地下排水[101, 107]

1. 一般规定

地下排水设施的选取应综合考虑地下水类型、含水层埋藏深度、地层渗透性、地下水对环境的影响等因素，并应与地表排水设施协调。地下排水应符合以下规定:

(1) 有地下水出露的挖方路基、斜坡路堤、路基填挖交替地段，当地下水埋藏浅或无固定含水层时，宜采用渗沟。

(2) 赋存有地下水的坡面，当坡体土质潮湿、无集中的地下水流但危及路基安全时，宜设置边坡渗沟或支撑渗沟。

(3) 当地下水埋藏深或为固定含水层时，可采用渗水隧洞、渗井。渗井宜用于地下含水层较多、路基水量不大，且渗沟难以布置的地段。

(4) 路基基底范围有泉水外涌时，宜设置暗沟将水引排至路堤坡脚外或路堑边沟内。

(5) 当坡面有集中地下水时，可设置仰斜式排水孔。

2. 渗沟

地下水出露的挖方路基、斜坡路堤、路基填挖交界结合部以及地下水位埋深小于 0.5 m 的低路堤等路段，应设置排水渗沟。按作用的不同，渗沟可分为支撑渗沟、边坡渗沟及截水渗沟三种。

渗沟内应采用洁净的透水性粒料充填，粒料中粒径小于 2.36 mm 的细粒料含量不得大于 5%，回填料外围应设置反滤层。渗沟位于路基范围外时，透水性回填料顶部应覆盖厚度不小于 0.15 m 的不透水填料。

支撑渗沟的横向间距应根据土质情况和渗水量确定，宜为 6～8 m，沟深不宜小于 1.5 m，沟宽不宜小于 1.5 m。边坡渗沟应垂直嵌入坡体内，根据边坡情况可按条带形、分岔形或拱形布设，间距宜为 6～10 m，渗沟宽度宜为 1.2～1.5 m。

截水渗沟宜埋入隔水层不小于 0.5 m；支撑渗沟与边坡渗沟基底宜位于含水层以下坚实土层，呈阶梯状。支撑渗沟与边坡渗沟基础宜采用浆砌片石，沟顶可采用干砌片石铺砌。

某工程支撑渗沟设计如图 5-23 所示。

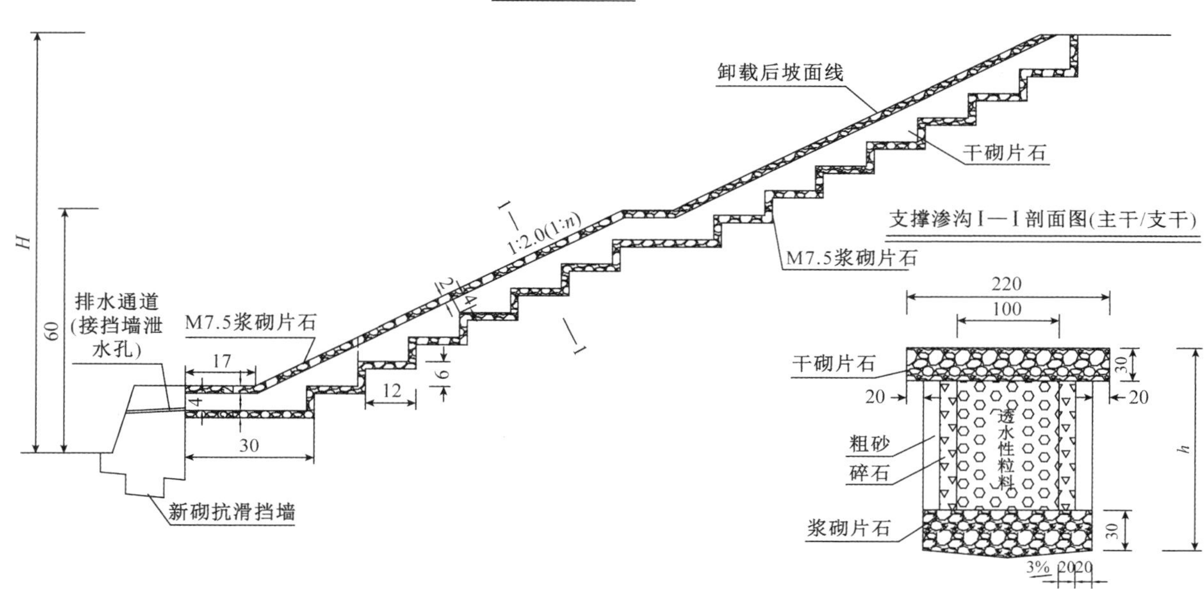

图 5-23　某工程支撑渗沟设计（单位：cm）

3. 暗沟、暗管

暗沟、暗管可用于排除泉水或集中的地下水流，其尺寸应根据泉水流量计算确定。暗沟（管）底的纵坡不宜小于 1.0%，出水口处应加大纵坡，并应高出地表排水沟常水位 0.2 m 以上。暗沟宜采用矩形断面，井壁和沟底、沟壁宜采用浆砌片石或水泥混凝土预制块砌筑，沟顶应设置混凝土或石盖板，盖板顶面上的填土厚度不应小于 0.5 m。某工程暗沟、暗管设计如图 5-24 所示。

4. 仰斜式排水孔

仰斜式排水孔可用于引排边坡内的地下水。仰斜式排水孔仰角不宜小于 6°，长度应伸至地下水富集部位或潜在滑动面，并宜根据边坡渗水情况成群分布。排水孔钻孔直径宜为 75～150 mm，孔内应设置透水管。透水管直径宜为 50～100 mm，可选用软式透水管或带孔的 PVC、PP、PE 塑料管等。透水管应外包土工布作为反滤层。某工程仰斜式排水孔设计如图 5-25 所示。

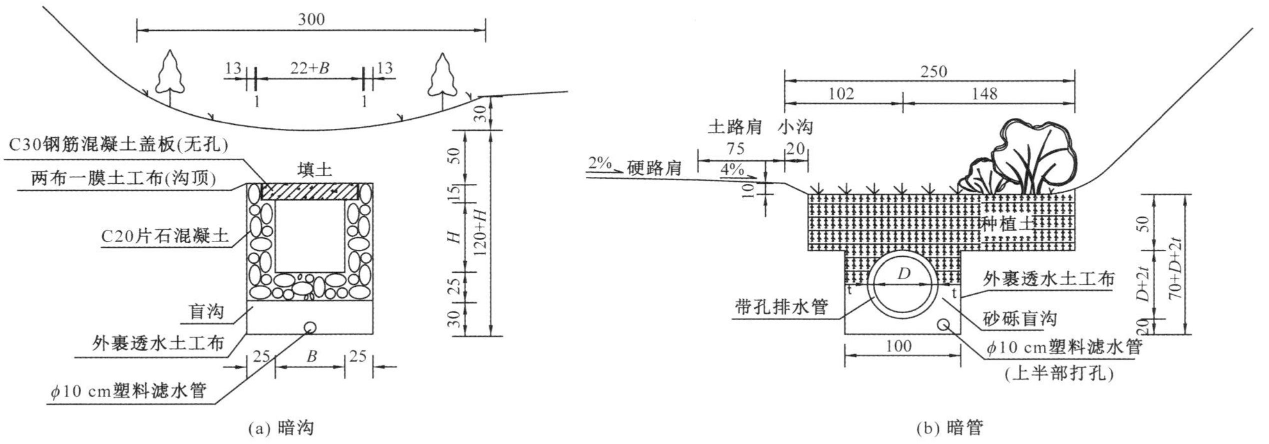

图 5-24 某工程暗沟、暗管设计（单位：cm）

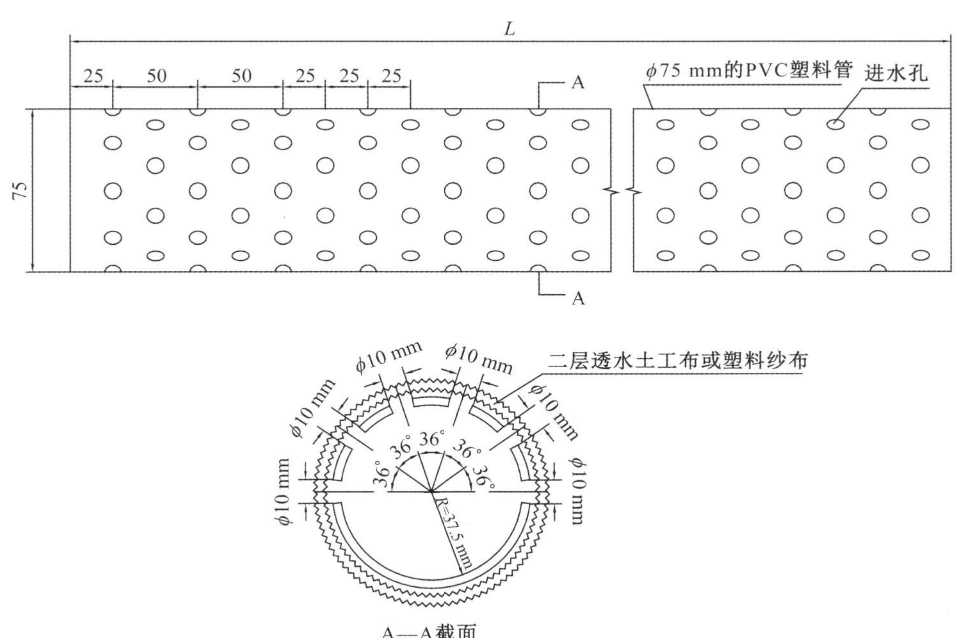

图 5-25 某工程仰斜式排水孔设计（单位：km）

5. 渗水隧洞

渗水隧洞的设计应符合以下规定：

(1) 隧洞的埋设深度应根据主要含水层的埋藏深度确定，并应设置在稳定地层内，顶部应在滑动面（带）以下不小于 0.5 m 处。

(2) 滑动面以上含水层内的地下水，宜通过渗水隧洞顶的渗井或渗管等引入隧洞。渗水隧洞以下存在承压含水层时，宜在洞底部设置渗水孔。

(3) 隧洞横断面净高不宜小于 1.8 m，净宽不宜小于 1.0 m。

(4) 隧洞平面轴线宜顺直，洞底纵坡应不小于 0.5%，不同纵坡段可采用台阶跌水或折线坡等的形式连接。

(5) 隧洞结构设计应符合现行《公路隧道设计规范》(JTG D70—2004) 有关规定。

某工程渗水隧洞设计如图 5-26 所示。

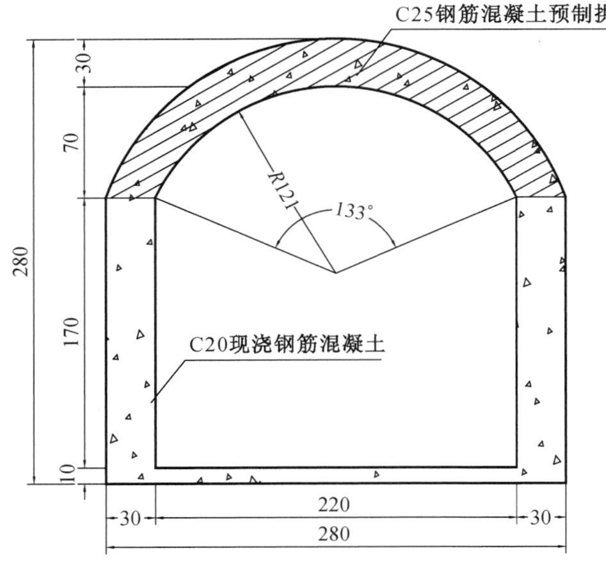

图 5-26　某工程渗水隧洞设计（单位：cm）

6. 检查井

暗沟（管）、渗沟及渗水隧洞的平面转弯、纵坡变坡点等处及直线段每隔一定间距，应设置检查井。检查井的设置应符合以下规定：

(1) 渗沟检查井间距不宜大于 30 m，渗水隧洞检查井的间距不宜大于 100 m。

(2) 检查井直径应满足疏通与设置检查梯的需要，且不宜小于 1 m。检查梯应采取防腐蚀措施或采用耐腐蚀的复合材料。检查井应设井盖，当深度大于 20 m 时，应增设护栏等安全设备。

某工程暗沟、暗管检查井设计如图 5-27 所示。

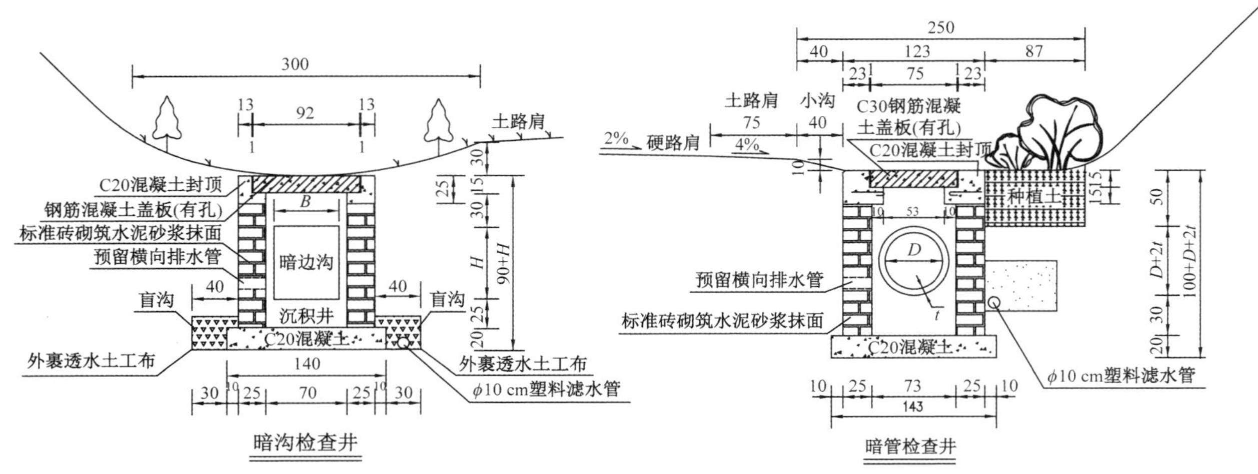

图 5-27　某工程暗沟、暗管检查井设计（单位：cm）

第 6 章　既有深坑开发利用的边坡工程施工技术

6.1 概　述

边坡工程施工主要包括土石方工程（包括爆破、挖方与填方）施工、边坡支护结构施工、坡面防护工程施工等。边坡工程爆破施工、挖方施工及支护结构施工对边坡工程的安全与稳定起到至关重要的作用。为保证边坡工程施工的安全顺利实施，爆破施工、挖方施工及支护结构施工应满足相关技术要求。如：边坡工程应根据安全等级、边坡环境、工程地质和水文地质、支护结构类型和变形控制要求等条件编制施工方案，采取合理、可行、有效的措施保证施工安全；对土石方开挖后不稳定或欠稳定的边坡，应根据边坡的地质特征和可能发生的破坏模式等情况，采取自上而下、分段跳槽、及时支护的逆作法或部分逆作法施工；未经设计许可严禁大开挖、爆破作业；不应在边坡潜在塌滑区超量堆载等。

边坡工程施工中，仅按照规范要求施工有时也难以保证施工安全，这一方面是因为初步设计阶段边坡工程勘察所提供的地质资料与实际地质资料可能存在区别，另一方面是因为边坡工程施工中边坡工况不断改变，可能与设计工况不符。因此，为预防边坡工程施工事故，应做好以下两方面的工作：一是在边坡工程施工中开展施工勘察，编录和完善场地地质资料，必要时修正设计方案，确保设计方案的合理性；二是通过监测边坡和支护结构的变形，及时发现问题，并采取合理的处理措施，以避免施工事故的发生。上述预防边坡工程施工事故的方法即边坡工程信息化施工技术。近年来，边坡工程信息化施工在预防施工事故、保证边坡工程安全施工和运用中起到了积极作用，在边坡工程中得到越来越多的应用。《建筑边坡工程技术规范》（GB 50330—2013）的规定，一级边坡工程应采取信息化施工。因此，岩土工程技术人员应当重视掌握信息化施工技术及其在边坡工程施工中的应用。

6.2 爆破与挖方

爆破与挖方是边坡开挖的主要施工方法。挖方适用于土方、软岩及强风化岩石的开挖，挖方施工无需风、水、电等辅助设施，场地布置简单，工程场地开阔时施工进度快，但该方法不适于坚硬岩石的开挖。当岩质边坡不能直接采用挖方进行开挖施工时，则应采用爆破开挖。

采用爆破或挖方进行边坡开挖时，均应按照相关法律、法规及规范的要求，制定合理的施工方案，保障施工安全，满足施工质量验收标准。这里结合《建筑边坡工程技术规范》（GB 50330—2013）和《土方与爆破工程施工及验收规范》（GB 50201—2012）简要介绍爆破施工和挖方施工的技术要点。

6.2.1 爆破施工

1. 爆破施工一般规定[19, 108, 109]

边坡工程施工中，若场地地质条件复杂、边坡稳定性差或爆破对坡顶建（构）筑物震害较严重，则不应采用爆破施工进行边坡开挖。若经论证可以采用爆破法进行边坡开挖时，爆破施工应符合下列规定：

（1）爆破施工前应在确保周边建（构）筑物与管线安全的基础上编制爆破施工专项方案，方案应按规定进行安全评估，并报送所在地公安部门批准后，方可进行爆破作业。

（2）爆破施工应符合边坡工程施工组织设计：当边坡开挖采用逆作法时，爆破应配合边坡台阶施工；当爆破危害较大时，应采取控制爆破措施；支护结构坡面爆破宜采用光面爆破法；爆破坡面均宜预留部分岩层采用人工挖掘修整。

（3）岩质边坡爆破开挖施工时，应采取避免边坡及邻近建（构）筑物震害的工程措施，在爆破危险区应采取安全保护措施。

（4）爆破影响区有建（构）筑物时，爆破前应对建（构）筑物现状进行勘察记录，并布设监测点，且爆破产生的地面质点震动加速度应符合表 6-1 的要求；边坡稳定性较差或爆破影响范围内坡顶有重要建筑物时，爆破震动效应应通过爆破震动效应监测或试爆试验确定。

（5）爆破作业应按爆破设计进行装药，当需调整时，应征得现场技术负责人员同意并做好变更记录；装药和填塞过程中应保护好爆破网线；当发生装药阻塞时，严禁使用金属杆捣捅药包；爆破前应进行网线检查，确认无误后方可起爆。

表 6-1 爆破安全允许震动速度

保护对象类别	安全允许震动速度/(cm·s^{-1})		
	<10 Hz	10～50 Hz	50～100 Hz
土坯房、毛石房屋	0.5～1.0	0.7～1.2	1.1～1.5
一般砖房、非抗震的大型砌块建筑	2.0～2.5	2.3～2.8	2.7～3.0
混凝土结构房屋	3.0～4.0	3.5～4.5	4.2～5.0

2. 起爆方法[110, 111]

爆破施工中所采用的炸药敏感性较低，在起爆炸药所产生的强力冲击下才能爆炸，工程中经常采用的起爆方法有导火索起爆法、导爆索起爆法与塑料导爆管非电起爆法。

导火索起爆法可采用火雷管或电雷管起爆炸药，若爆破区域杂散电流大于 30 mA，不宜采用电雷管起爆。当采用电雷管起爆时，起爆前应检测电爆网路的总电阻值，总电阻值符合设计要求方可连接起爆装置；起爆后应立即切断电源，并将主线短路；使用瞬发电雷管起爆时，应在切断电源 5 min 后方可进入现场检查，使用延期电雷管起爆时，应在切断电源后再保持短路 15 min 后方可进入现场检查。

导爆索起爆法可采用棉线导爆索或塑料导爆索，二者的索芯均为高级烈性炸药，仅包缠结构不同。采用导爆索起爆时，平行铺设的导爆索间距不得小于 200 mm；导爆索应采用双发雷管起爆，雷管距导爆索末端不应小于 150 mm。

塑料导爆管非电起爆法采用塑料导爆管起爆炸药。塑料导爆管是由高压乙烯制成，内部装填混合炸药，经雷管、导爆索、击发枪等激发后可在管内形成爆轰波，爆轰波在管内稳定传播至雷管，使雷管激发而起爆炸药。塑料导爆管的抗杂电、抗火、抗水、抗冲击性能良好，且成本较低，近年来在爆破施工中得到了普遍应用。采用塑料导爆管非电起爆时，导爆管起爆网路和起爆顺序应严格按设计连接。采用导爆索激发导爆管网路时，应采用直角连接；采用雷管激发导爆管网路时，宜采用反向连接；导爆管网路的起始端距雷管不得小于 150 mm。

3. 爆破技术及施工要点[110, 111]

既有深坑开发中边坡爆破开挖可分为一般爆破和控制爆破。一般爆破常采用浅孔爆破、深孔爆破等爆破技术；控制爆破常采用光面爆破、预裂爆破等爆破技术。既有深孔边坡的爆破开挖中，需根据场地工程地质条件、边坡稳定性状况、场地周边环境条件，按相关规范、规程要求进行爆破设计，编制爆破施工方案，并严格按照方案进行爆破施工。

1）浅孔爆破

浅孔爆破通常是指孔径不大于 50 mm、孔深不大于 5 m 的爆破方法，适用于爆破厚度 5 m 以内的边坡爆破开挖、大块岩石的二次破碎、危岩处理爆破等，是边坡工程的主要爆破方法之一。

浅孔爆破施工应控制以下主要技术参数：最小抵抗线 W、炮孔孔径 d、炮孔深度、炮孔间距 a、炮孔排距 b、单位炸药消耗量 q、用药量 Q 等。

浅孔爆破的炮孔主要使用手持式凿岩机开凿。钻孔作业前应检查孔区内有无盲炮，确认作业环境安全后方可进行钻孔作业。浅孔爆破装药前应对工作面进行清理，如清查炮孔数目、孔位、孔深，检查炮孔有无塌孔，清除炮孔内的积水、泥渣等。浅孔爆破作业应按爆破设计进行炸药装填、堵塞及起爆网络连线，保证装药、堵塞及连线质量。爆破作业时要在爆破影响区周边设置警戒，起爆时应设置预备信号、起爆信号与解除信号。

2）深孔爆破

深孔爆破通常是指孔径大于 50 mm、孔深大于 5 m 的爆破方法，适用于爆破规模比较大的爆破开挖，在露天采矿、山区场地平整、道路路堑及边坡工程中应用广泛。

深孔爆破一般应在边坡台阶上进行钻孔作业，台阶高度应根据地质条件、开挖条件、机械设备等因素确定，宜为 8～15 m。深孔爆破施工应控制以下技术参数：台阶高度 H、炮孔孔径 d、炮孔超深 H_c、最小抵抗线 W、孔距 a、排距 b、填塞长度 L_1、单位炸药消耗量 q、用药量 Q、装药长度 L_2 等。

深孔爆破的炮孔需采用大型潜孔凿岩机、穿孔机或空压机成孔，根据钻孔形式分垂直钻孔和倾斜钻孔。垂直钻孔适用于各种地质条件，操作简单，但爆破后大块率较高，台阶稳定性差；倾斜钻孔适用于软质岩层、抵抗线上下分布均匀、爆破后块度均匀，但钻孔技术操作复杂，装药时易堵孔。深孔爆破的炮孔可单排或多排布设，多排布孔爆破时相邻炮孔宜交错排列。

深孔爆破施工对钻孔、装药、填塞等操作技术要求严格，每步施工完成均需验收合格方可继续施工。钻孔验收应符合以下标准：孔深允许误差 ±0.2 m，间排距允许误差 ±0.2 m，偏斜度允许误差 2%，若钻孔验收不合格应及时处理，验收合格后方可装药。装药前应测定第一排钻孔的最小抵抗线，在反坡部位或大裂隙部位应考虑调整用药量；对抵抗线过大的部位应进行处理，以满足爆破要求。装药时若发生堵塞，应停止装药并及时疏通；若已装入雷管或起爆药包，不得强行疏通，应在保护好雷管或起爆药包的基础上采取其他补救措施。装药完成后应进行检查验收，验收合格后方可进行填塞作业。

深孔爆破应对爆破影响区内的设备进行转移，爆破作业时要在爆破影响区周边设置警戒，起爆时应设置预备信号、起爆信号与解除信号。爆破完成应对爆破效果进行检查，处理完盲炮、残炮等不良现象后方可解除警戒。

3）光面爆破

光面爆破是通过控制爆破的作用范围和方向，沿设计轮廓线崩落岩体，获得光滑平整的岩面，从而达到控制岩体开挖轮廓目的的爆破技术。光面爆破能得到符合设计要求的周边轮廓线，可以有效减小超挖、欠挖，减小工程造价；爆破后岩面光滑平整，对保留岩体扰动小，能保持围岩的整体性和稳定性，有利于保证施工安全。

光面爆破施工应控制以下爆破设计参数：不耦合系数 K、炮孔间距 a、最小抵抗线 W、炮孔临近系数 m、线装药密度 q_g、炮孔装药量 Q_g、起爆间隔时间 t 等。不耦合系数 K 应使炮孔压力大于岩体动抗拉强度但低于其动抗压强度；炮孔临近系数 m 宜为 0.8～1.0，避免爆破后岩壁欠挖或超挖；起爆间隔时间 t 越小，岩面越平整，相邻炮孔的起爆间隔时间不应大于 100 ms。

光面爆破施工对钻孔、装药等技术要求严格。炮孔应以 4%～5% 的斜率倾向断面外，炮孔方向倾斜不得超过设计方向的 1°；炮孔深度误差不得超过 2% 的设计深度，孔底应尽可能位于相同断面上；炮孔孔位偏差不应大于 3 cm，且不得有偏向开挖轮廓线内的误差。光面爆破应严格控制线装药密度，使炮孔全长范围内爆炸压力均匀，避免炮孔局部爆破威力过大或不足，影响爆破质量；另外，光面爆破的装药结构不宜过于复杂，以免增加装药难度。

光面爆破宜与主体爆破分段延时起爆，滞后时间宜为 50～100 ms；光面爆破也可对主体爆破后的预留光爆层独立起爆。

4）预裂爆破

预裂爆破与光面爆破同属于周边爆破，是控制设计轮廓线的爆破技术。但光面爆破是在完成主体爆破后再沿设计轮廓线进行爆破，形成设计轮廓，而预裂爆破是在主体爆破前沿设计轮廓线钻孔爆破，形成设计轮廓的裂缝。

与光面爆破施工相似，预裂爆破应控制以下爆破技术参数：不耦合系数 K、炮孔间距 a、最小抵抗线 W、炮孔临近系数 m、线装药密度 q_g、炮孔装药量 Q_g 等。炮孔倾斜角度应与设计边坡坡度相同，炮孔底部高程应相同，且应低于主体爆破炮孔底部高程。预裂炮孔应距主体爆破炮孔一定距离，该距离由主体炮孔直径及用药量确定；预裂炮孔的布孔界限宜超出主体爆破区 5～10 m。

预裂爆破钻孔施工应根据炮孔直径和孔深选择机具，当孔径小于 50 mm、孔深小于 5 m 时，宜采用风钻；当孔径大于 50 mm 时，宜采用潜孔钻机。钻孔施工质量必须严格控制，允许倾斜误差不应大于 1°。为保证爆破效果，预裂爆破应采用不耦合装药结构，并尽可能保证药包位于炮孔中心。装药完成后，孔口不装药段应采用干砂等松散材料填塞密实，以免爆炸气体冲出影响爆破效果。

预裂爆破通常采用导爆索起爆。当预裂爆破规模较小，应同时起爆；若预裂爆破规模较大，宜沿轮廓线分区、分段起爆，以减轻爆破的震动效应。预裂爆破宜先于主体爆破进行，若预裂爆破与主体爆破同时进行，预裂爆破应超前主体爆破起爆，超前时间不宜小于 75 ms。

6.2.2 挖方施工

1. 挖方施工一般规定[108]

土质边坡、软岩或强风化岩石边坡可直接采用机械或人工进行开挖，挖方施工应符合以下规定：

(1) 挖方施工前应充分掌握施工场地工程地质与水文地质条件、施工测量控制点、场地影响范围内原有建（构）筑物与地下管线、施工图等资料，并对场地及其周边可能发生的地质灾害进行危险性评估，必要时进行工程处理。

(2) 挖方施工前应编制挖方施工专项方案、排水与地下水控制方案。

(3) 挖方施工前应完成排水设施施工，排水系统应包括永久性截水沟、临时性截水沟、永久性排水沟与临时性排水沟；截水沟应设置在坡顶，距边坡上缘不宜小于 3 m；排水沟应设置在坡脚适当位置，沟底宜低于开挖面 300～500 mm。

(4) 挖方前应采取明排、降水、截水、回灌等措施控制地下水，地下水宜低于开挖面以下 500 mm；地下水控制施工时应尽可能减小建（构）筑物、管线等周边环境的影响。

(5) 挖方施工应按设计要求自上而下分层、分段开挖，严禁超挖；当设计要求配合支护措施进行边坡开挖时，应在上一层支护结构施工完成并达到设计强度后方可进行下一层挖方施工，施工中应注意对支护结构进行保护。

(6) 挖方施工应注意控制边坡坡度符合设计要求，若开挖过程中发现工程地质条件与设计阶段资料不符，应通知设计单位调整坡率或采取加固措施，保证边坡稳定。

(7) 挖方施工中弃土、弃渣的堆填不应影响边坡稳定性，挖方上侧不宜堆土，确实需要堆填时应由设计方确定堆土安全距离；挖方下侧堆土时，其高程应低于相邻挖方场地设计标高，堆土坡率不宜大于 1：1.5，且应保持排水通畅。

(8) 滑坡地段挖方施工应遵循先治理后开挖的施工顺序，施工期间严禁在滑坡体上堆载；施工中应做好边坡位移监测工作，当出现位移突变或滑坡迹象时应立即停止施工；滑坡地段挖方施工不宜在雨期进行。

2. 挖方施工方法[17]

根据边坡高度、坡段长度及现场施工条件，边坡挖方施工可采用横向开挖法、纵向开挖法、混合开挖法等开挖方法。横向开挖法适用于坡段较短的边坡开挖，纵向开挖法适用于坡段较长的边坡开挖，混合开挖法适用于坡段和挖深都很大的边坡开挖。

1）横向开挖法

对于坡段较短、挖深较浅的边坡，可采用单层横向全断面开挖法，即从坡段的一端或两端按断面全宽一次性开挖至设计标高，而后向纵深开挖，开挖土方向两侧运送。单层横向全断面开挖法可采用人工挖土或机械进行挖土作业。

对于坡段较短、挖深较深的边坡，可采用多层横向全断面开挖法，即从坡段的一端或两端按断面分层开挖到设计标高，并逐渐向纵深开挖。多层横向全宽开挖法宜采用挖掘机配合自卸汽车施工，每层台阶高度宜为 3.0～4.0 m。若采用人工挖土，每层台阶高度宜为 1.5～2.0 m。

2）纵向开挖法

当坡段较长采用纵向开挖进行挖方施工时，可选择分层纵挖法、通道纵挖法或分段纵挖法。分层纵挖法是沿断面全宽，以较小深度的纵向分层进行开挖作业，适用于较长坡段的开挖。若坡段长度不大于 100 m、开挖深度不大于 3.0 m、坡面较陡时，宜采用推土机作业；若坡面较缓，则表层土宜横向铲土，下层土宜纵向推运。

通道纵挖法是先沿边坡走向开挖通道，而后利用该通道作为运土路线及临时排水通道将通道逐步拓宽。上层通道拓宽至设计边坡后，再开挖下层通道，直至纵向开挖至设计标高。通道开挖法适用于坡段较长、挖深较大、两端地面纵坡较小的边坡开挖。

分段纵挖法是沿边坡走向选择适宜处横向开挖至设计边坡，将边坡分成数段，而后再对各段进行纵向开挖。分段开挖法适用于坡段和弃土运距过大的边坡开挖或一侧堑壁较薄的傍山路堑开挖。

3）混合开挖法

混合开挖法是综合采用横向开挖法与通道纵挖法的边坡开挖方法，即先沿边坡走向开挖纵向通道，而后沿该通道选择多个适宜位置进行横向开挖。

3. 挖方施工要点

为保证边坡挖方施工质量，施工作业应注意以下几点：

(1) 挖方施工中应经常放线检查路堑宽度、边坡坡度。

(2) 边坡严禁超挖，当采用机械开挖时，坡面应预留 30 cm 采用人工开挖，使边坡保持平顺；坡脚应严格控制设计标高，预留 70～100 cm 采用人工开挖至设计标高。

(3) 挖方施工中应及时清除坡面松动土体和浮石，但应避免对永久坡面的扰动，若已造成坡面扰动，应按照设计要求进行处理。

6.3 支护结构施工

当边坡工程的场地存在不良地质作用或边坡难以满足稳定性要求时，应采取合理的支护措施进行治理，以提高边坡稳定性、防治边坡滑坡、降低边坡工程对周边建（构）筑物的影响。工程中常见的边坡支护措施包括锚索（杆）支护、抗滑桩、挡墙支护等。

下面将结合相关规范要求简要介绍锚索支护、抗滑桩等支护措施的施工要点[103，112]。

6.3.1 锚索支护施工

锚索支护施工主要包括前期准备、锚孔施工与清孔、锚索制作与安装、锚孔注浆、锚索张拉与封锚等工序，下面分别介绍各工序的施工要求。

1. 准备工作

边坡工程采用锚索支护时，施工前应做好以下准备工作：

(1) 应充分掌握锚索施工区建（构）筑物基础、地下管线等的资料，判断锚杆施工的不利影响，并制定相应的保护措施。

(2) 应根据锚索支护设计要求编制施工组织设计，并检验锚索的制作工艺和注浆工艺；如采用预应力锚索支护，尚应检验张拉锁定工艺、标定张拉设备。

(3) 应检查原材料的品种、质量和规格型号，及相应的检验报告。

(4) 预应力锚索施工宜先布设动态监测系统，采用信息化施工。

2. 锚孔施工与清孔

锚孔施工与清孔应满足以下要求：

(1) 锚孔施工中钻孔定位偏差不宜大于 20 mm，偏斜度不应大于 2%，钻孔深度应超过锚索设计长度且不小于 0.5 m。

(2) 若地层不稳定或地层扰动导致水土流失可能危及邻近建（构）筑物或公共设施的安全时，钻孔时应采用套管护壁或干钻。

(3) 钻孔达到设计深度后，应及时清除孔内的岩渣和粉尘，增加锚固效果；锚孔宜采用高压气流清孔，以减小地层的扰动。

3. 锚索制作与安装

锚索制作与安装应满足以下要求：

(1) 锚索制作应在专用车间或工作台上进行，并采取适当的防雨、防污染及防磨损措施。

(2) 锚索制作中，钢绞线下料长度应满足锚索设计长度及张拉工艺要求；设计长度相同的锚索，其钢绞线下料长度误差不应大于±10 mm。

(3) 钢绞线下料时应采用切割机切割，不应使用电弧或乙炔焰切割。

(4) 锚索制作中，钢绞线应排列顺直，并根据设计结构进行编制，要设计要求绑扎架线环、紧箍环、导向壳及注浆管；自由段锚索钢绞线应在采取防腐措施后套上塑料管进行保护，并在底部进行封堵。

(5) 锚索运输中各支点间距不宜大于 2.0 m，应控制锚索弯曲半径，不应使锚索结构受损。

(6) 锚索安装时应缓慢连续均匀入孔，一次放索到位，避免安装过程中反复拖曳索体。

(7) 锚索安装后应检查其是否下到设计位置。若达到设计位置，应采取有效措施将其固定，防止锚索滑落；否则，应拔出锚索，重新清孔、安装。

4. 锚孔注浆

锚孔注浆施工应满足以下要求：

(1) 锚孔注浆前应清孔干净，排干孔内积水。

(2) 锚孔应采用水泥砂浆注浆，水泥应采用普通硅酸盐水泥，水泥强度等级不应低于 42.5；砂子直径不宜大于 2.5 mm，细度模数不宜大于 2.0，含泥量应小于 1%；浆液掺合料不应对锚索有腐蚀性，氯离子含量不应超过水泥的 0.2%。

(3) 浆液配合比应根据试验确定，浆体试件抗压强度不应低于 35 MPa。

(4) 向水平孔或下倾孔注浆时，出浆口应距孔底 100～300 mm，自下而上连续注浆；向上仰孔注浆时，孔口应采取密封措施。

(5) 有黏结锚索孔应分锚固段与张拉段两次注浆，锚固段可边注浆边拔注浆管；无黏结锚索孔锚固段与张拉段可全孔一次注浆，双层防护的无黏结锚索孔防护套管内外应一次性同时注浆。

(6) 孔口溢出浆液或排气管停止排气并满足注浆要求时，可停止注浆。

(7) 锚孔注浆应检验浆体试块强度，强度检验应每 30 根锚索不少于一组，每组试块不少于 6 块。

5. 锚索张拉与封锚

当采用预应力锚索支护时，宜在锚固体强度大于 20 MPa 并达到设计强度的 80%后进行锚索张拉，而后方可进行封锚。锚索张拉应满足以下要求：

(1) 承压板应安装平整、牢固，承压面应与锚孔轴线垂直，承压板底部混凝土应填充密实，并满足局部抗压承载力要求。

(2) 锚索正式张拉前应以 0.1～0.2 倍锚索轴向拉力值对锚索进行 1～2 次预张拉，使锚索各部位紧密接触，并保证索体平直。

(3) 锚索张拉应按设计要求分级循环张拉，每级拉力增量为 0.2～0.25 倍的预应力设计值，最大张拉应力宜为 1.05～1.10 倍的预应力设计值，超张拉力应满足预应力保留值要求，且不得大于设计允许值。

(4) 锚索张拉完成后，应根据设计要求进行锁定：对地层及被锚固结构位移控制要求较高的工程，预应力锚索的锁定值宜为设计预应力；对容许地层及被锚固结构发生一定变形的工程，预应力锚索的锁定值宜为设计预应力的 0.75～0.90 倍。

(5) 锚索张拉完毕 48 h 内，若锁定力低于设计张拉力的 10%，应进行补张拉。

锚索张拉完成后，应按以下要求进行封锚施工：

(1) 封锚前，应将锚索的承压板、钢绞线及其周围清理干净。

(2) 锚索封锚应符合设计要求，封锚混凝土强度等级不应低于 C20，保护层厚度不应小于 10 cm。

(3) 采用金属、塑料防护罩进行封锚时应采取锚头防腐措施。

6.3.2 抗滑桩施工

抗滑桩施工主要包括前期准备、桩孔开挖与支护、抗滑桩桩体施工，下面分别介绍各工序的施工要求。

1. 准备工作

采用抗滑桩防治边坡滑坡时，施工前应做好以下准备工作：

(1) 抗滑桩施工前应整平孔口地面，设置地表截、排水及防渗设施，雨季施工时尚应采取防雨措施、做好锁口，并在孔口地面加筑适当高度的围埂预防地面径流。

(2) 根据设计要求编制施工组织设计，并备好各工序所需机具、器材和井下排水、照明、通风设施。

(3) 布设滑坡动态监测系统，采取信息化施工。

(4) 按设计要求进行施工放样，测定各抗滑桩的桩位，并根据抗滑桩及护壁尺寸测定桩孔位置与形状；抗滑桩桩位测定误差应不大于 ± 100 mm，抗滑桩的长边应与主滑方向平行，短边应与主滑方向垂直。

2. 桩孔开挖与支护

抗滑桩桩孔开挖与支护应满足以下要求：

(1) 抗滑桩应沿滑坡主轴从两端隔桩开挖桩孔，桩身强度不低于 75% 设计强度后方可开挖临桩。

(2) 土层中抗滑桩桩孔可采用人工开挖，孤石、基岩或坚硬土层需采用爆破开挖时，宜采用迟发电雷管引爆。

(3) 抗滑桩桩孔应分节开挖至设计标高，每节高度宜为 0.6～2.0 m，且不得在土石层界面处和滑动面处分节。

(4) 每节桩孔开挖后应及时施工锁口与护壁，护壁施工前应清除孔壁上的松动石块、浮土；在围岩松软、破碎、有水和有滑动面的节段，护壁宜设泄水孔，并在护壁内顺滑动方向设置临时横撑加强支护。

(5) 待上节护壁混凝土终凝后方可进行下节桩孔开挖，待混凝土强度能保持护壁结构不变形后方可拆除护壁混凝土模板。

(6) 桩孔开挖过程中，应根据开挖情况编录岩性资料，当实际情况与设计资料不符时，应报设计单位处理。

(7) 滑坡范围内严禁堆放挖孔弃土。

3. 抗滑桩桩体施工

抗滑桩桩体施工应满足以下要求：

(1) 抗滑桩桩孔开挖至设计标高后、桩体施工前，应检查桩孔断面净空、清洗混凝土护壁，并进行孔底清理，保证孔底平整，无松渣、泥污等软弱层。

(2) 抗滑桩桩体钢筋笼应在孔外制作，逐节吊装下放至设计标高，误差不得超过±50 mm；钢筋笼制作时应采用焊接连接，接头必须错开，且应避开土石分界和滑坡面（带）所在位置。

(3) 桩身混凝土应连续浇筑，避免形成施工缝；若因停水、停电等特殊情况而不得不中途停止浇筑时，应采取插入钢筋、凿毛表面等措施进行补救。

(4) 混凝土浇筑应充分振捣，保证浇筑质量；若地下水发育，应采取水下混凝土浇筑法浇筑。

6.3.3 其他

1. 锚喷支护

锚喷支护是利用锚杆、喷射混凝土及围岩共同作用稳定围岩的边坡支护结构，通常可用于永久性或临时性岩质边坡的整体稳定支护和局部不稳定岩块的加固。

当岩质边坡采用锚喷支护时，锚杆应按本书6.3.1节的相关要求施工，喷射混凝土施工应满足以下要求：

(1) Ⅲ类岩质边坡锚喷支护应逆作施工，Ⅱ类岩质边坡锚喷支护可部分采取逆作施工。

(2) 混凝土喷射前应进行坡面处理，清除坡面松散层和不稳定岩块，凹处应填筑稳定，保证坡面平缓、顺直。

(3) 混凝土配合比应根据现场配合比试验确定，施工中混凝土应随拌随用，避免混凝土发生初凝，影响施工质量。

(4) 混凝土应均匀喷射，保证混凝土喷层的密实度及厚度满足要求。

2. 重力式挡土墙

重力式挡土墙是利用墙体自重抵抗墙背岩土体压力的挡土结构，可采用浆砌块石、条石、毛石混凝土砌筑，或采用素混凝土整体浇筑。当土质边坡高度大于10 m或岩质边坡高度大于12 m、边坡对变形控制要求严格、开挖土石方可能危及边坡稳定或危及邻近建（构）筑物时，不宜采用重力式挡土墙进行边坡支护。

当采用重力式挡土墙进行边坡支护时，应满足以下要求：

（1）重力式挡土墙施工前应设置好排水系统，以保持边坡和基坑坡面干燥，防止基坑内积水。

（2）重力式挡土墙应分段、跳槽施工，挡土墙的分段应与伸缩缝、沉降缝设置相一致：砌筑式挡墙的伸缩缝间距宜为 20～25 m，混凝土挡墙的伸缩缝间距宜为 10～15 m，挡土墙高度突变处及其与其他建（构）筑物连接处应设置伸缩缝，地基岩土特性变化处应设置沉降缝。

（3）伸缩缝与沉降缝的缝宽宜为 20～30 mm，缝内应填塞防水材料，填塞深度不应小于 150 mm。

（4）对砌筑式挡土墙，块石、条石厚度不应小于 200 mm，砌筑前块石、条石表面应处理平整，并清洗干净。

（5）重力式挡土墙应分层错缝砌筑，墙体中不得出现垂直通缝；砌块间应采用砂浆充分填塞，墙面应采用 M7.5 砂浆勾缝。

（6）重力式挡土墙砌筑所采用的砂浆宜采用机械拌合。

（7）重力式挡土墙砌体或混凝土强度达到设计强度 75%以上后方可进行墙后土体回填；墙后填土应根据设计要求进行选料并分层夯实，回填密实度应符合设计要求；若墙后地面横坡坡度大于 1∶6，墙后土体回填前应对地面进行粗糙处理。

3. 桩板式挡墙

桩板式挡墙是由抗滑桩、挡土板、横梁等组成的边坡支护结构，适用于土石方开挖可能危及邻近建（构）筑物或环境安全的挖方边坡和填方边坡的支挡以及工程滑坡治理。根据结构形式的不同，桩板式挡墙可分为悬臂式桩板挡墙和锚拉式桩板挡墙，前者挡墙高度不宜超过 12 m，后者挡墙高度不宜超过 25 m，桩间距不宜小于 2 倍桩径或桩截面短边尺寸。

悬臂式桩板挡墙应先施工抗滑桩，后施工挡板；锚拉式桩板挡墙应先施工抗滑桩，再采用逆作法施工锚杆（索）和挡土板。抗滑桩和锚杆（索）的施工应分别符合本书 6.3.2 节和 6.3.1 节的要求。挡土板可采用现浇板或预制板，沿边坡纵向每隔 20～25 m 应设置伸缩缝。当挡土板采用预制板时，应按设计要求进行板体吊装，吊装中应至少设置 2 个吊点，保证板体平稳不倾斜。挡土板安装应符合设计要求，保证板间安装缝不超过 10 mm，否则应采用砂浆等材料进行填塞。

桩板式挡墙施工完成后方可进行墙后土体回填，回填土选料应符合设计要求，并分层夯实至设计所要求的密实度。若抗滑桩和挡土板设计时未考虑大型碾压机械的荷载，桩板后至少 2 m 范围内不得使用大型碾压机械进行填土压实作业。

若桩板式挡墙用于工程滑坡治理，施工中尚应符合以下要求：

（1）桩板式挡墙用于工程滑坡治理时应采用信息化施工。

（2）桩板式挡墙施工前应做好排水措施，施工中应控制施工用水，且不宜在雨期施工。

（3）桩板式挡墙施工组织设计应有利于施工期滑坡的防治：自上而下、分段跳槽式施工，严禁从长大断面开挖。

（4）滑坡区不得堆放施工弃土，避免诱发坡体滑动或新滑坡。

6.4 信息化施工

6.4.1 信息化施工的思路与流程

信息化施工是综合利用勘察、计算、监测和施工工艺等手段，对施工中获取的边坡地质条件等信息进行反馈分析，并据此进行边坡设计修正、指导施工的先进施工技术。

边坡工程信息化施工的工作流程如图 6-1 所示，具体做法如下：在边坡工程勘察的基础上进行方案比选，完成初步设计，并以此制订施工方案；边坡工程施工中监测边坡变形，并结合施工情况编录工程地质资料，以此判断边坡稳定性、边坡设计和施工方案的合理性，如有必要，对边坡设计参数和施工措施进行调整。

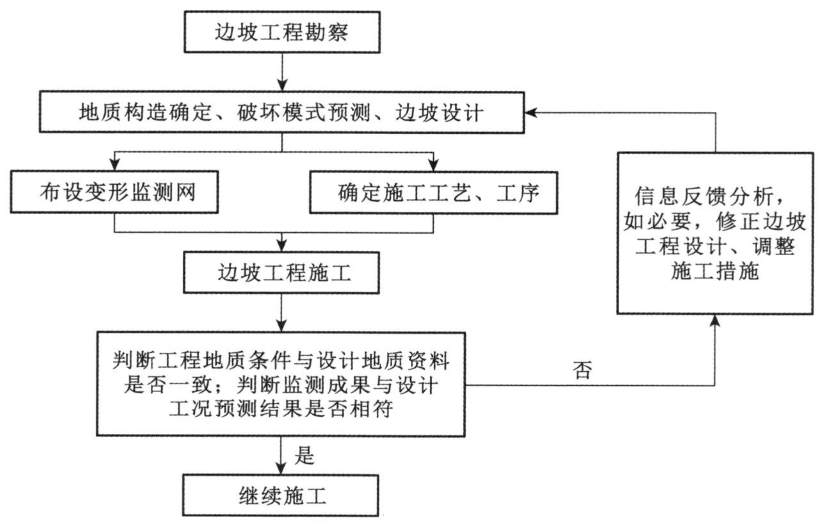

图 6-1　边坡工程信息化施工流程

6.4.2 信息化施工的工作要点

边坡工程信息化施工的关键是做好信息采集、信息反馈与分析、设计修正与指导施工三方面的工作。下面分别对这些工作的内容和要求进行介绍。

1. 信息采集

信息采集是边坡工程信息化施工的基础。边坡工程中，信息采集主要在边坡工程勘察阶段与施工阶段进行。勘察阶段的信息采集主要是指边坡工程详勘工作，为边坡工程设计和施工方案编制提供依据；施工阶段的信息采集主要包括施工勘察和现场监测两方面，为优化边坡工程设计和施工方案提供依据。

勘察阶段的信息采集，即边坡工程详勘，应符合本书第 2 章边坡工程勘察的要求，为边坡工程的设计和施工提供完善的地质及环境资料，确定影响边坡稳定性地质特征和边坡破坏模式，了解边坡工程需要保护的建（构）筑物、管线等的情况及保护要求。

施工阶段通过施工勘察采集信息主要是在边坡工程施工中进一步对地层分布、岩土结构特征及地下水条件等信息进行全面勘察，并根据勘察结果对原地质资料进行更新，分析其对边坡稳定性的影响，为边坡工程动态设计提供依据。

施工阶段通过现场监测进行采集信息，一方面能够为判断边坡稳定性、检验边坡工程设计和施工方案的合理性提供依据，另一方面能够为风险预测、设计方案修正和施工方案调整提供数据支持。为进行现场监测，需根据边坡设计要求及邻近建（构）筑物、管线等的保护要求，制订合理的监测方案，在边坡支护结构、邻近建（构）筑物和管线中布设仪器监测系统。边坡工程中通常需要布设的监测系统有：边坡位移地表监测系统、边坡位移地下监测系统、支护结构内力与变形监测系统，如边坡工程采用爆破施工，还应布设爆破震动监测系统。边坡工程施工中，除应对边坡岩土体变形、支护结构内力与变形、邻近建（构）筑物变形等进行仪器监测外，还应安排人员定期进行边坡安全的现场巡查，以了解全坡面的施工勘察情况、变形情况、动态设计与施工的反馈情况。

2. 信息分析与反馈

边坡工程信息化施工中，对于施工阶段采集到的信息，应及时进行初步整理分析，并据此对边坡工程施工进行风险评估和失控预测分析，若分析发现潜在危险，应及时向设计、施工、监理和业主反馈。边坡工程信息化施工中出现以下情况时需进行反馈：

（1）施工勘察揭示的实际地质情况与边坡工程详勘结果有较大差异；

（2）支护结构、邻近建（构）筑物变形较大，监测值达到预警值；

（3）边坡变形较大、变形速率过快等影响边坡稳定性。

若边坡工程施工中出现险情，施工单位应依据应急预案进行应急处理。当边坡变形过大、变形过快、周边出现显著沉降开裂等险情时，应暂停施工作业，并采取以下应急处理措施：

（1）被动区临时压重；

（2）主动区严格按照设计要求的顺序进行卸土减载；

（3）做好临时排水，并做护坡处理；

（4）临时加固支护结构；

（5）加强险情段监测工作。

边坡工程施工出现险情后，施工单位应做好边坡支护结构及边坡环境异常情况的收集、整理和汇编工作，并会同有关单位开展勘察及设计资料复审工作，查清险情原因，制订施工抢险方案，并展开边坡工程抢险工作。

3. 设计修正与指导施工

依据施工反馈信息，设计单位应对可能出现的开挖不利工况对边坡及其支护结构的强度、变形和稳定性进行验算。如有必要，设计单位应对设计方案进行复核、优化或调整，对施工方案和工艺提出必要的要求；如边坡工程施工中存在潜在危险或发生险情时，设计单位应提出合理的处理措施。

边坡工程信息化施工中，施工单位应按反馈设计要求调整施工方案和施工工艺、采取相应的处理措施。

第 7 章　既有深坑开发利用的边坡防护和绿化设计

7.1 概　述

边坡工程建设中，除采用预应力锚索、抗滑桩、重力式挡墙等措施进行边坡加固外，还应采取合理的边坡护坡措施。这是因为边坡工程挖、填方作业不仅会改变地层的地层结构、受力条件，影响其稳定性，还会破坏原有植被，形成大量次生裸地、裸坡，导致生态的失衡。对于边坡工程形成的裸地、裸坡，若不及时采取防护，往往会诱发坡体风化、剥蚀、水土流失等次生危害，严重时甚至诱发泥石流、滑坡、山洪等灾害，影响工程的长期安全使用，造成巨大经济损失和不良社会影响。因此，边坡工程建设中必须及时采取措施进行坡体防护，减小或避免次生灾害的发生。

早期，边坡工程中多采用浆砌片石、混凝土或水泥砂浆护坡等圬工护坡措施减小大气因素对坡面的影响，达到坡面防护的目的。尽管采用圬工护坡能够有效防止边坡冲刷、风化等不利影响，但也会造成植被永久性破坏、生态环境难以恢复等问题。近年来，随着经济水平的提高，国家和人民越来越重视环境的保护与可持续发展，要求工程建设不仅能满足功能需求，还要满足环境保护的要求。为此，边坡工程建设中不断研究和推广生态护坡技术，以期达到边坡防护和绿化的双重目的。目前应用较多的生态护坡技术主要有植被护坡技术、骨架植被护坡技术。

既有深坑开发中，边坡往往已遭受自然条件或人类活动的扰动，极易发生坡体变形、坡面风化、雨水冲刷，甚至发生滑坡、泥石流等严重灾害。因此，既有深坑开发时，必须做好边坡防护工作，根据工程建设目的和使用要求，结合工程水文地质条件，综合对比各边坡防护技术的可行性、经济效益和环境效益，选择合适的护坡方案，既实现边坡防护的功能要求，又满足植被恢复、边坡绿化、生态重建的环境保护要求。

7.2 边坡植被防护技术

7.2.1 植物护坡的机理

边坡植被防护技术是以边坡防护及生态恢复为目的，充分利用植物的水土保持及绿化功能的边坡防护技术。作为生态防护措施，植被护坡综合利用了岩土工程、植物学、生态学、土壤学等学科的工程技术。经多年的实践，植被护坡在公路、铁路、河道等工程中得到广泛应用，并取得了良好的经济效益和环境效益[113, 114]。

植被之所以能用于边坡的生态防护，关键在于其所具有的水土保持作用，具体表现为调节降水功能和固土功能。大量研究表明，植物冠层、茎叶及枯枝落叶层能够有效截留并暂时贮存降雨，之后再蒸发或落到坡面。受植被截留作用的影响，降雨落至坡面的动能大幅度降低，降雨对边坡土体的溅蚀作用被显著削弱。植被枯枝落叶层具有较大的涵水能力，减少降雨对边坡土体的入渗，避免或减轻土体孔隙水压力引起的土体强度降低；植被枯枝落叶层还能够有效阻滞地表径流，降低径流引起的土体冲刷[113-115]。

植物对土体的加固主要通过根土相互作用实现。植物生长过程中，其根系在土壤中延伸、穿插网络，并借助分泌物黏结并改良土体，对岩土体起到加筋、锚固作用，对防止边坡风化剥蚀、增强边坡抗冲刷能力、预防泥石流及滑坡等灾害方面均有积极作用[116, 117]。研究表明，土壤浅层盘根错节的植物浅细根系（如草根等）能直接网络土体，在边坡浅层风化层形成三维加筋体，增强边坡抗冲刷能力；灌木类植物根系能穿过边坡浅层风化层，在地下 0.75～1.5 m 的范围内加强土体；乔木类植物的根系能深入到更深的岩土层中，对深层岩土体起到锚固作用，增强土体的强度。

7.2.2 植被护坡的选型

经多年的工程实践，目前形成的边坡植物护坡技术主要有铺草皮、植生袋、三维植被网、液压喷播、植被混凝土等护坡技术。实际工程中，应综合考虑边坡防护要求、工程水文地质条件等因素，选择合理的植物护坡技术。表 7-1 为上述典型植物护坡技术的使用条件。

表 7-1　典型植物护坡技术的适用条件[17]

适用条件		护坡技术			
		铺草皮	三维植被网	液压喷播	植被混凝土
适用地区		各地区均使用，但干旱、半干旱地区需持续供水			
边坡条件	类型	土质边坡、强风化岩质边坡	土质边坡、强风化岩质边坡	土质边坡、土石混合路堤	岩质边坡、混凝土边坡
	坡率	≤1∶1.0 局部≤1∶0.75	1∶1.5 ≥1∶1.0 时慎用	1∶1.5～1∶2.0	适于陡边坡
	坡高	≤10 m	≤10 m	≤10 m	适于高边坡
	稳定性	边坡自稳	边坡自稳	边坡自稳	边坡自稳
施工季节		春、秋季为宜	春、秋季为宜 避开暴雨季节	春、秋季为宜 避开暴雨季节	春秋为宜

植被护坡选型时，除需要确定护坡技术外，还应综合考虑工程所在地气候条件、土壤条件等因素，因地制宜地选择植物类型。根据气候区划及植物环境抗性，国内学者总结了我国不同气候带常用的护坡植物物种，如表 7-2 所列。

除考虑气候条件及土壤条件外，护坡植物选型时尚应考虑生物多样性及景观多样性的要求，在满足护坡要求的前提下合理进行不同乔、灌、藤、草结合的植物群落搭配，充分发挥植物垂直空间的绿化作用。从生物多样性及景观多样性的角度，常见的护坡植物如表 7-3 所列。

表 7-2　不同气候带适用护坡植物物种[114]

气候带	护坡植物物种
热带、亚热带	狗牙根、结缕草、竹节草、假俭草、巴哈雀稗、白三叶、夹竹桃
温暖潮湿带	狗牙根、弯叶画眉草、结缕草、假俭草、银合欢、紫荆
南过渡带	高羊茅、狗牙根、马唐、多年生黑麦草、白三叶、苜蓿
云贵高原	结缕草、多年生黑麦草、高羊茅、异地早熟禾、白三叶、紫叶小檗、小叶女贞
北过渡带	结缕草、高羊茅、异穗苔草、白三叶、野牛草、紫穗槐、连翘
寒冷干旱带	无芒雀麦、扁穗冰草、老芒麦、紫花苜蓿、柠条、柽柳、沙棘
寒冷潮湿带	紫羊茅、早地早熟禾、梯牧草、白三叶、连翘、胡枝子、葛藤
寒冷半干旱带	高羊茅、白三叶、小冠花、无芒雀麦、扁穗冰草、紫花苜蓿、胡枝子、枸杞
青藏高原带	高羊茅、老芒麦、垂穗披碱草、多年生黑麦草

表 7-3　常见护坡植物种类[114]

植物种类	护坡植物物种
小乔木	刺槐、臭椿、山桃、山杏、火炬树、银合欢
灌木	锦鸡儿、柠条、胡枝子、紫穗槐、沙地柏、绣线菊、黄刺玫、胡颓子、丁香、连翘、黄栌、荆条、枸杞、酸枣、柽柳、杞柳、木槿、杜鹃花、四季桂、夹竹桃、毛条、沙棘、沙柳、黄柳
藤本植物	野葛、中国地锦、金银花、凌霄、常春藤、山荞麦、杠柳
草本植物	多年生黑麦草、无芒雀麦、苇状羊茅、碱茅、香根草、紫花苜蓿、小冠花、野牛草、结缕草、二月兰、鸢尾草

7.2.3　植被护坡的施工

1. 铺草皮

铺草皮植物护坡技术是将人工培育或自然生长的草坪，按照设计方法铲起，并运至需要防护的坡面重新铺植，是坡面迅速形成植被的边坡防护及绿化技术。采用铺草皮法进行植被护坡时，应按以下工序施工：平整坡面—准备草皮—铺草皮—前期养护。

(1) 平整坡面：即清除坡面石块及其他杂物，并根据需要增施有机肥改良贫瘠土壤，耙平坡面形成利于草皮生长的土壤层。铺草皮前应轻振坡面 1～2 次，压实松软土层，并洒水润湿，保持土壤湿润而不潮湿。

(2) 准备草皮：即起草皮。起草皮前一天需浇水，以便于起卷作业，并保证草皮卷中水分充足，不易破损，防止草皮运输过程中水分散失。通常，草皮厚度宜为 2～3 cm，并切成 30 cm×30 cm 的方块或 30 cm×200 cm 的长方形。

(3) 铺草皮：即将准备好的草皮顺次铺植在坡面上，可根据需要选择满铺、间铺或条铺。若草皮运输时失水干缩明显，为防止草皮遇水膨胀引起边缘膨胀，草皮块间应保留 5 mm 的间隙，并填入细土；若草皮随起随铺，铺植时草皮块可紧密相接。铺草皮时应避免过分伸展或撕裂草皮。草皮铺植完成后应把草皮全面拍一遍，使草皮与皮面密贴。

(4) 前期养护：即为保证铺植草皮的正常生长，根据需要采取洒水、追肥、病虫防治等措施进行草皮的养护管理。草皮铺植完成后至其适应坡面环境期间，应每天洒水，保持土壤湿润，直至出苗呈坪。当草苗发生病虫灾害时，应及时喷洒杀虫剂防治，也可采用药物方法结合生物方法综合防治。

2. 三维植被网

三维植被网是以热塑性树脂为原料，经挤压、拉伸等工序形成的三维网垫结构，其下部基础层具有良好的贴附性能，能适应坡面变化；上部网包层具有固土、消能、加筋与保温等功能，能促进植被的生长。采用三维植被网技术进行边坡防护，主要施工工序：施工准备—铺网—覆土—播种—养护管理。

(1) 施工准备：三维植被网护坡的施工准备工作主要包括平整坡面以保证三维网与坡面紧密接触、改良客土为植物生长提供基质、开挖沟槽以固定三维网、布设排水系统以改善植被生长环境等。

(2) 铺网：三维植被网应顺坡铺设，铺设时应尽量保证三维网与坡面贴附密实，防止悬空与褶皱。三维网裁剪长度应超过坡面 130 cm，上部固定与坡顶沟槽；三维网沿宽度方向应搭接约 10 cm。三维网固定应采用 U 形钉或聚乙烯钉，钉长 20～45 cm，间距 90～150 cm；沟槽内三维网宜先按 75 cm 间距设定固定，而后填土压实。

(3) 覆土：三维网铺设完成后，采用肥沃壤土或改良客土分层填至网包层不外露，每层填土均应洒水浸润。

(4) 播种：三维植被网护坡时，应根据土壤条件及气候条件选择两种以上抗逆性好的草种播种。播种方法可采用人工撒播或液压喷播。人工撒播后应撒 5～10 cm厚细土覆盖。雨季施工时，播种完成应加盖无纺布、稻草或秸秆编织席，以免草种被雨水冲失，保证草种发芽率。

(5) 前期养护：三维植被网边坡防护技术的前期围护工作主要有洒水、病虫害防治及补播。洒水时应控制喷头移动速度及其与坡面间距，避免形成坡面径流。洒水养护期通常不少于 45 d。草种发芽后，应对稀疏无草区进行补播。

3. 液压喷播

液压喷播边坡防护是利用高压喷射设备将含草种的黏性混合料喷附至坡面形成植被的植被护坡技术，混合料通常由草种、木纤维、保水剂、黏合剂、肥料、染色剂等与水混合而成。液压喷播植被护坡主要施工工序：平整坡面—排水设施施工—喷播施工—盖无纺布—前期养护。

(1) 平整坡面：即采用人工或机械整平坡面，清除所有的碎石、碎泥块、植物、垃圾等。必要时应回填 50～75 cm 厚的改良客土，并洒水润湿至坡面自然沉降稳定。

（2）排水设施施工：即合理布设排水系统，以改善边坡植被的生长环境。对于长大边坡，坡顶、坡脚及平台处均应设置排水沟，必要时宜每 40～50 m 设置坡面排水沟。

（3）喷播施工：按设计比例配合草种、木纤维、保水剂、黏合剂、肥料、染色剂与水的混合料，并借由高压喷播机均匀喷射于坡面。

（4）盖无纺布：雨季施工时，播种完成应加盖无纺布、稻草或秸秆编织席，以免草种被雨水冲失，保证草种发芽率。

（5）前期养护：与三维网植被网相同，液压喷播植被防护的前期养护也要求做好洒水、病虫害防治及补播等工作。

4. 植被混凝土

植被混凝土是以水泥、绿色添加剂、绿化基层、混合草种、植生土、水等组成的喷射混合料进行边坡植被防护的技术，适用于大于 60°的高陡岩石边坡及混凝土边坡。植被混凝土具有一定的强度和整体性能，还是植物生长的良好基材，能够达到边坡浅层防护、修复坡面营养基质、营造植被生长环境、促进植被生长的多重功效。植被混凝土边坡护坡主要施工工序：平整坡面—铁丝网铺设与锚固—植被混凝土喷植—前期养护。

（1）平整坡面：即清除坡面上妨碍施工的障碍物，清理危岩、填补陷坑。

（2）铁丝网铺设与锚固：铺设铁丝网是为了形成加筋植被混凝土，增强护坡强度。铁丝网应自上而下铺设，网间上下应搭接不小于 5 cm，左右可不搭接但应绑扎牢固。铁丝网铺设应张紧，距坡面应保持 7 cm，否则应设置垫块。铁丝网铺设时一般采用 ϕ20 mm 锚杆按 1.5 m×1.5 m 交叉锚固，锚杆长度宜为 30～80 cm，边坡岩石风化严重时取大值。

（3）植被混凝土喷植：喷植施工前，应先按设计比例配合水泥、绿色添加剂、有机质、混合草种、植生土、水的混合料，植被混凝土典型配合比例见表 7-4。植被混凝土拌和好后，采用混凝土喷射机喷植。喷射时喷头距坡面 1 m 左右，喷射压力不小于 0.1 MPa；喷射自上而下进行，先喷凹陷部分，再喷凸出部分。植被混凝土喷射应分层进行，先喷基层混凝土，厚约 8 cm；再喷面层混凝土，厚约 2 cm。面层混凝土与基层混凝土喷植时间间隔一般应控制在 3～4 h，不宜超过 8 h，并采取措施保证层间黏结。

表 7-4　植被混凝土典型配合比例　　单位：kg

配合比	植生土	水泥	有机质	绿色添加剂	混合草种
基层混凝土	100	10	5	5	—
面层混凝土	100	6.5	5	5	0.08

（4）前期养护：植被混凝土的前期养护主要是进行喷水养护及病虫害防治。喷水养护室应采用喷雾喷头移动喷洒，严禁采用高压水头直接喷灌。植被混凝土喷

水养护期一般以植被覆盖地面为限，约 50 d。

7.3 骨架植被护坡技术

边坡的骨架植被防护技术是采用浆砌片石或钢筋混凝土等形成坡面框架，结合植被防护（铺草皮、三维植被网、液压喷播等）而形成的护坡技术。常用的骨架植被防护技术主要有浆砌石骨架植被护坡、钢筋混凝土框架植被护坡、混凝土预制空心砖植被护坡、工程格栅式框格植被护坡以及预应力锚索框架地梁植被护坡等，各框架植被护坡技术适用条件见表 7-5。

表 7-5 常用骨架植被护坡技术适用条件

适用条件		护坡技术			
		浆砌石骨架植被护坡	钢筋混凝土框架植被护坡	混凝土预制空心砖植被护坡	预应力锚索框架地梁植被护坡
边坡条件	类型	土质边坡、土石边坡	土质、土石混合、岩质边坡	土质边坡、土石混合边坡	松散岩石边坡
	坡率	1∶1.5～1∶0.75，≥1∶1 时慎用	1∶1～1∶0.5	≤1∶1	≥1∶0.5
	坡高	每级不超过 10 m	高陡岩坡、贫瘠土坡	每级不超过 10 m	不受限制
	稳定性	深层稳定	浅层稳定性差	稳定	稳定性差

下面简要介绍浆砌片石框架植被护坡及钢筋混凝土框架植被护坡的施工要点。

7.3.1 浆砌石骨架植被护坡施工

浆砌石骨架植被护坡技术采用浆砌石形成坡面骨架，在骨架内栽植灌草形成的工程、植被综合护坡体系。浆砌石骨架植被护坡施工工序：平整坡面—施工浆砌石骨架—回填客土—灌草栽植—前期养护，各工序具体施工要求如下。

(1) 平整坡面：即按设计要求清除坡面危石、松土、填补凹坑等。

(2) 施工浆砌石骨架：浆砌石骨架砌筑前，应按设计要求进行骨架放样，开挖骨架沟槽，槽深应不小于 8 cm，以保证骨架稳定；采用 M10 水泥砂浆自下而上砌筑片石，应先砌筑骨架衔接处，后砌筑其他部位片石，两骨架衔接处应高度相同；浆砌石骨架应与坡面密贴，骨架流水面应与植被表面平顺。

(3) 回填客土：浆砌石骨架砌筑完成后应回填改良客土并适当压实，回填客土应与骨架及坡面密贴，表层土宜用潮湿的黏土回填。

(4) 灌草栽植与前期养护：采用浆砌石骨架植被护坡时，灌草栽植及前期养护要求与相应的植被护坡要求相同。

7.3.2 钢筋混凝土框架植被护坡施工

钢筋混凝土框架植被防护是利用锚杆固定现浇钢筋混凝土形成框架，在框架内回填客土并栽植灌、草形成边坡防护体系。该骨架植被护坡技术联合使用钢筋混凝土框架与锚杆对边坡的加固作用，适用于造价高、浅层稳定性差、绿化难度大的高陡边坡和贫瘠土坡的防护。钢筋混凝土框架植被护坡施工工序：平整坡面—锚杆施工—钢筋混凝土框架梁施工—边坡植被恢复，各工序具体施工要求如下：

(1) 平整坡面：即按设计要求清理边坡，清楚危岩、松土、填补凹坑等。

(2) 锚杆施工：锚杆施工应按孔位测量放线—钻机就位—调整角度—钻孔—清孔—安装锚杆—注浆的流程施工，具体要求与本书 7.3.1 节锚索支护施工要求一致。

(3) 钢筋混凝土框架梁施工：钢筋混凝土框架梁施工包括施工准备、测量放样、基础开挖、钢筋绑扎、立模板、混凝土浇筑等流程。

· 施工准备阶段主要是保证施工场地三通一平。

· 测量放样主要是进行边坡各断面复测，保证边坡坡率符合设计要求，最后测放框架纵、横梁位置及施工范围。测量放样时应考虑框架梁尺寸及模板厚度。

· 基础开挖即按测量放样结果准确开挖单根梁的轮廓，开挖完成清楚基础底部浮渣，保证基础密实度，再铺砂浆垫层。

· 钢筋绑扎应符合设计和规范要求，保证施工质量，并做好记录；绑扎完成应及时安装就位，安装时应设垫块，并和锚固于坡面的短钢筋连接牢固，确保钢筋混凝土保护层厚度。

· 立模板应符合设计和规范要求，模板拼装应平整、密实、净空尺寸准确，模板底部应与基础紧密接触，防止跑浆、胀模；模板施工完成应检查立模质量，并做好检验记录。

· 混凝土浇筑前应检查钢筋及立模施工质量，合格后方可浇筑混凝土；框架混凝土浇筑应连续作业，边浇筑边振捣；纵梁混凝土应不间断浇筑，若因故间断时，应对接缝进行处理；混凝土浇筑完成应按设计要求进行养护，养护时间不得小于 7 d。

· 钢筋混凝土框架施工应先施工纵梁，并于节点处预留横梁钢筋，纵梁形成后再施工横梁。

(4) 边坡植被恢复：钢筋混凝土框架施工完成后，应及时进行边坡植被恢复。植被恢复施工包括平整坡面、回填客土、栽植灌草及前期养护等工序，各工序施工要求与浆砌石骨架植被护坡要求相同。

采用钢筋混凝土框架植被护坡时，若框架内客土固定难度较大，可根据工程情况与其他工程防护措施结合使用，如空心六角砖植草护坡、固定土工格室植草护坡、土工格栅加筋固土植草护坡等。

第 8 章　边（滑）坡工程监测与检测技术

8.1 边（滑）坡工程监测

工程实践表明，动态监测是边（滑）坡工程施工及运营中必不可少的手段。对于边（滑）坡工程，动态监测的主要作用包括：①作为勘察手段，为边（滑）坡工程提供设计、施工资料；②边（滑）坡工程施工期间的动态监测，有助于保障施工安全；③根据动态监测资料，有助于做好滑坡预报、预警工作，及时进行防治，防止造成灾害。

目前，动态监测被工程界广泛应用于评判边（滑）坡稳定性评价的手段之一。如美国的 Mill Creek 滑坡监测系统、加州旧金山湾地区区域滑坡灾害预报、三峡库区的重大滑坡（如新滩滑坡、宝塔滑坡等）监测预报、福宁高速公路八尺门滑坡监测预报、湖南西部五强溪水电站的左岸船闸边坡监测等项目。

按监测对象的不同，滑坡监测可分为位移监测、物理场监测、地下水监测和外部诱发因素监测（图 8-1）[118]。较为常规的监测内容有地表位移监测、深部土体位移监测、地下水位观测等。非常规的监测内容有孔隙水压力监测、应力监测、应变监测和外部诱发因素监测等。地表位移监测是国外滑坡监测预警中普遍采用、行之有效的方法[119]。

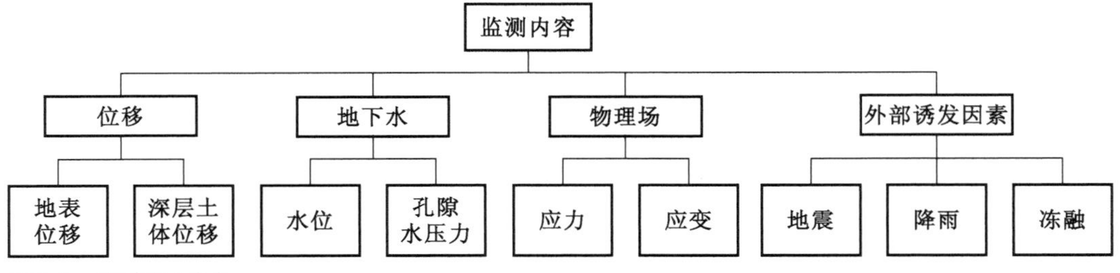

图 8-1　监测项目分类

随着工程监测要求的不断提高，边坡工程监测技术也不断提高。三峡库区的黄蜡石滑坡、黄土坡滑坡和雅安峡口滑坡采用大地测量、全球定位系统（Global Positioning System，GPS）监测网、地理信息系统（Geographic Information System，GIS）、遥感解译等新技术进行监测。为进行大面积、高精度、高密度的滑坡监测，三峡库区湖北宜昌市秭归县引进高分辨率合成孔径雷达（Synthetic Aperture Radar，SAR）影像幅度和差分干涉相位信息，成功地预测了三峡库区滑坡的时间、地点以及形变[120]。福宁高速公路八尺门滑坡监测中采用了三维地理信息系统，实现了滑坡监测信息与监测场址三维地理信息的综合表达，为滑坡监测方案设计和监测成果的综合分析提供了可视化的信息平台[121]。在香港地区，殷建华等[122]开发了一种集测斜仪、孔隙水压仪、雨量仪、时间域反射仪（Time Domain Reflectometry，TDR）、多天线 GPS 监测手段的边坡监测系统。近年来，三维激光扫描仪逐渐运用到滑坡变形监测中，为高风险的大型滑坡变形提供了直观和高效的监测方式[123, 124]。

在滑坡预测预报方面，通过建立不同地段滑坡与当地降雨量的关系[125-127]，一定程度上能够做到滑坡预报，如美国加州旧金山湾地区区域滑坡。利用监测点运动轨迹的分形理论也能够对滑坡演化阶段及变形趋势进行预测[128]。近年来，采用模糊数学、粗糙集理论、神经网络等智能方法结合聚类分析等统计学方法被用于边坡监测数据进行分析，从而对滑坡进行预测预报，如杨永波[129]提出基于组合灰色神经网络模型、灰色神经网络模型的滑坡预测方法；王旭华[130]基于模糊优选理论，提出模糊相似聚类模型的滑坡预测预报方法。

上述滑坡预测方法均是利用智能数学和统计关系建立某些显著诱发因素与某一地区滑坡失稳之间的关系，按滑坡发生风险的大小进行分区，并对滑坡进行预警预报。这些方法仅用有限的指标预报较大范围内的所有滑坡，未能考虑岩土体类型、坡形、坡高、地质结构等因素的影响，难以及时准确地进行单一滑坡预警。

杨人光[131]基于蠕变时效理论，探寻岩土结构稳定性理论及滑坡的发展规律，利用形变轨迹去预测滑坡的状态及失稳时间。工程实践表明，该理论能有效地应用于滑坡预报预警。

8.2 边（滑）坡监测方法

8.2.1 地表位移

地表位移监测分为地表绝对位移监测和地表相对位移监测。

1. 地表绝对位移监测

地表绝对位移监测是最基本的常规监测方法，应用大地测量法来测得崩滑体测点在不同时刻的三维坐标，从而得出测点的位移量、位移方向与位移速率。主要使用大地测量法（经纬仪、水准仪、红外测距仪、全站仪）、激光仪以及高精度 GPS、GIS 等[132]。

大地测量法是指以垂线为参照系的各种测量方法。用于边坡监测的大地测量法主要有视准线法、前方交会法、边角网法、水准测量、三角高程测量及地面摄影测量等。常用的大地测量仪器主要有经纬仪、水准仪、电磁波测距仪、精密水准仪、全站仪等。大地测量法具有能确定地表的变形范围、量程不受限制、技术成熟、精度高、成果资料可靠等优点，因此，该法在边坡地表监测中占有主导地位。但它受到地形通视条件限制和气象条件等的影响，具有工作量大、周期长、连续观测能力较差等缺点，对变形起伏大、测点多的工程较难运用[105]。

GPS 技术是利用空间卫星确定监测点坐标的方法，一般需要不少于 4 颗卫星，卫星数目越多，监测精度越高。GPS 监测具有全天候、不受地形同时条件限制、可提供三维位移信息、全天候监测、精度高、操作简便等优点，我国在三峡库区滑坡监测中运用得比较广泛，适用性良好。随着 GPS 硬件和软件技术的不断发展，GPS 监测已运用得越来越广泛，但受限于价格的影响。

三维激光扫描技术是一种集成了多种高新技术的新型测绘仪器，采用非接触式高速激光测量方式，为高精度自然表面的快速生成提供了新的高自动化的方法，具有非接触、快速获取 3D 点云数据等优点。通过滤波与内插技术可以获得以点云形式获取地形及复杂物体三维表面的阵列式几何图形数据，从而详细描述表面细部状况。相比大地测量法和 GPS 技术，三维激光扫描技术无须设置观测墩，监测数据为整个坡体的点数据，数据量大且连续。缺点是两次扫描测点不可重复，从而不能直接获取变形[133]。

地理信息系统（GIS）将空间数据处理、属性数据处理、空间分析与模型分析等技术与计算机技术紧密结合，具有很强的空间表现力，能够对复杂的空间数据进行采集、储存、分类、检索查询、分析建模，适时提供多种空间的和动态的地理信息，从而为地表移动监测提供了良好的软件平台[134]。GIS 具有海量储存、查询和分析处理、有效的分布式空间数据管理和计算、三维及时序处理能力等优点，缺点是定量化提取变形数据较为困难。

合成孔径雷达差分干涉测量（D-InSAR）是近年来在干涉雷达基础上发展起来的一种微波遥感技术，具有高灵敏度、高空间分辨率、宽覆盖率、全天候等特点，且对地表微小形变具有厘米甚至更小尺度的探测能力，使其在对地震形变、地表沉陷及火山活动等大范围地表变形的测量研究中迅速得到了广泛的应用[135]。这一方法的缺点是解译较为困难，较难定量化提取变形数据。

2. 地表相对位移监测

地表相对位移监测是量测坡面变形部位点与点之间相对位移变化，主要对裂缝等重点部位的张开、闭合、下沉、抬升、错动等进行监测，是位移监测的重要内容之一。

常用的地表相对位移监测方法有设置木桩或钢筋、设置标记、采用伸缩计或滑坡计等。最简单的方法就是在滑坡周界两侧选择若干个点，在动体和不动体上分别打入桩或钢筋（埋入土中的深度不小于 1.0 m），并桩顶设置监测标记，定时用钢尺测量两点间的距离，两桩间的相对位移即为地表相对位移。

8.2.2 深层土体位移

边（滑）坡深层岩土体的位移，尤其是滑带处岩土体的位移，对分析边（滑）坡的稳定性起着非常重要的作用，因此对深层位移的监测是边坡工程监测的重点之一。

按照所选用的材料、原理的不同，深层位移监测方法可分为以下几种：

(1) 简单地下位移监测，包括塑料管钢棒观测法、变形井监测、剪切带。

(2) 应变管监测，就是将电阻应变片贴于硬质聚氯乙烯管或金属管上，埋入钻孔中并充填密实。当埋管随岩土体位移而变形时，电阻应变片的电阻值也跟着变化，由此推算岩土体的位移量。

(3) 钻孔伸长计监测，包括简易钻孔伸长计、钻孔多点精密伸长计。

(4) 固定式钻孔测斜仪监测，包括惠斯登电桥摆锤式、应变计式、加速度计式。

(5) 活动式测斜仪监测，是目前使用比较广泛的一种深层位移监测方法，它是测量垂直钻孔内测点相对孔底的位移。钻孔倾斜仪由测量探头、传输电缆、读数仪及测量导管四大部件组成。其工作原理是利用仪器探头内的伺服加速度测量埋设于岩土体内的导管沿孔深的斜率变化。

由于它是自孔底向上逐点连续测量的，所以任意两点之间斜率变化累积反映了这两点之间的相互水平变化，通过定期重复测量可提供岩土体变形的大小和方向。计算公式如下：

$$X_i = \sum_{i=0}^{i} L\sin\alpha_i = C\sum_{i=0}^{i}(A_i - B_i)$$
$$\Delta X_i = X_i - X_{i0} \tag{6-1}$$

式中 ΔX_i ——i 深度的累积位移，mm；

X_i ——i 深度的本次坐标，mm；

X_{i0} ——i 深度的初始坐标，mm；

A_i——仪器在 0°方向的读数；

B_i——仪器在 180°方向上的读数；

C——探头标定系数；

L——探头长度，mm；

α_i——倾角，(°)。

8.2.3 地下水

地下水是边（滑）坡失稳的主要诱因。因此，地下水监测是边坡动态监测的重要内容之一。地下水动态监测是根据工程要求，进行地下水位、孔隙水压力等的监测，必要时进行水质监测和流量监测。这里主要针对地下水位及孔隙水压力的监测方法进行介绍。

1. 地下水位监测[136]

地下水位监测按照监测方法的不同可以分为人工观测法、自动观测法。

1）人工观测法

目前，人工观测地下水位基本上是应用电接触悬锤式水尺。电接触悬锤式水尺由水位测尺、测锤、接触水面指示器（音响、灯光、指针）、测尺收放盘等组成。

测尺是柔性金属长卷尺，其上附有2根导线，卷尺上有准确的刻度。测锤有一定重量，端部有2个相互绝缘的触点，触点与导线相连。当2触点接触地下水体时，地上与2根导线相连的音响、灯光、指针指示发出信号，此时可由测尺上读数得到地下水位埋深。电接触悬垂式水尺能很准确地指示地下水位的位置，水位测量准确性较高。

2）自动观测法

自动观测法是用自计水位计观测，可连续记录水位的变化。自计水位计可分为浮子式和压力式两种：

(1) 浮子式地下水位计的结构和测地表水位用的浮子式水位计相同，通过浮子、悬索、水位轮系统感应水位变化。

(2) 压力式地下水位计的原理结构和测量地表水的压力水位计一致。压力式水位计包括压力传感器和水位显示记录器、专用电缆、电源等。仪器测量水位以下某点的静水压力，再根据水体的密度换算得到此测量点以上水位的高度，从而得到水位。

2. 孔隙水压力监测[79]

边坡工程中孔隙水压力是评价和预测边坡稳定性的一个重要因素。目前，监测孔隙水压力主要采用孔隙水压力仪，根据测试原理可分为以下四类：

(1) 液压式孔隙水压力仪：土体中孔隙水压力通过透水测头作用于传压管中液体，液体将压力变化传递到地面上的测压计，由测压计直接读出压力值。

(2) 电气式孔隙水压力仪：包括电阻、电感和差动电阻式三种。孔隙水压力通过透水金属板作用于金属薄膜上，薄膜产生变形引起电阻域电磁的变化，进而通过电流量-压力关系，求得孔隙水压力的变化值。

(3) 气压式孔隙水压力仪：孔隙水压力作用于传感器薄膜，薄膜变形使接触钮接触而接通电路，压缩空气立即从进气口进入以增大薄膜内气压，当内气压与外部孔隙水压力平衡薄膜恢复原状时，接触钮脱离、电路断开、进气停止，量测系统量出的气压值即为孔隙水压力。

(4) 钢弦式孔隙水压力仪：传感器内的薄膜承受孔隙水压力产生的变形引起钢弦松紧的改变，并产生不同的振动频率，调节接收器频率使与之和谐，进而通过频率-压力线求得孔隙水压力值。

8.2.4 应力监测[79]

边坡工程的应力监测包括土质边坡应力监测、岩质边坡地应力监测、锚杆（索）应力监测、抗滑桩等支护结构内力监测等。

1. 土质边坡应力监测

土质边坡的应力监测可通过压力盒量测内部土压力和支挡结构（抗滑桩、重力式、板式挡墙）的受力，以了解边坡内部土压力以及传递给支挡结构的压力。压力盒根据测试原理可以分为液压式和电测试两类。液压式的优点是结构简单、可靠、现场直接读数、使用比较方便；电测试的优点是测量精度高，可远距离和长期观测。电测试压力计又可分为应变式、钢弦式、差动变压式、差动电阻式等。

2. 岩质边坡地应力监测

边坡地应力监测主要是针对大型岩石边坡工程，为了了解边坡地应力或施工过程中地应力变化而进行的一项重要监测工作。地应力监测包括绝对测量和地应力变化监测。绝对应力测量在边坡开挖前、中、后各进行一次，以了解三个阶段的地应力情况，采用的方法一般是深孔应力解除法。地应力变化监测即在开挖前，利用原地质勘探平硐埋设应力监测仪器，以了解整个开挖过程中地应力变化全过程。目前，应力变化监测传感器主要有 Yoke 应力计、国产电容式应力计及压磁式应力计等。

3. 锚杆应力监测

锚杆轴力量测：主要使用的是量测锚杆，量测锚杆杆体是用中空钢材制成，材质同锚杆一样，主要有机械式和电阻应变式两种。

(1) 机械式量测锚杆是在中空的杆体内放入 4 根细长杆，将头部固定在锚杆内预定的位置。量测锚杆一般长度在 6 m 以内，测点最多 4 个，采用千分表直接读数。通过应变值和弹性模量测出各点应力。

(2) 电阻应变片式量测锚杆是在中空锚杆内壁或在实际使用的锚杆上轴对撑贴 4 块应变片，以其平均值和弹性模量算出各点应力值。

锚索应力监测：监测设备一般采用圆环形测力计（液压式或钢弦式）或电阻应变式压力传感器。测力计的安装是在锚索施工前期进行，安装过程包括测力计室内检定、现场安装、锚索张拉、孔口保护和建立观测站等。传感器价格昂贵，由于长期使用，对传感器性能、稳定性及施工时的埋设技术要求较高，因此，在实际工程中运用并不广泛。

4. 抗滑桩等支护结构内力监测

20 世纪 70 年代，国内曾采用电阻应变片监测抗滑桩等支护结构的内力，但由于电阻应变片的贴片工艺较复杂，且应变片在地下易受潮，读数不稳定，监测效果往往不理想。目前，工程中主要采用钢筋计进行抗滑桩等支护结构的内力监测，其工作原理如下：在抗滑桩的某根纵向受拉钢筋上设置若干钢筋计，当抗滑桩受滑坡推力作用发生变形、受拉钢筋发生张拉时，钢筋计的振动频率将发生改变；通过频率仪测得钢筋计振动频率的变化值，即可求出钢筋所受作用力大小，进而推算出抗滑桩等支护结构所受的力或弯矩。

8.2.5 应变

边坡、滑坡及崩塌体内不同深度的应变情况，可采用电阻式应变计、振弦式应变计和光栅光纤式应变计量测。电阻式应变片体积较小，易于粘贴，但温度稳定性差，非线性误差大，进行长期监测时必须做好应变片和导线的防水绝缘处理。振弦式应变计稳定性好，抗外界电磁干扰能力强，没有防水要求，在工程中应用较为广泛，但其体积相对较大，对安装工艺要求较高。光栅光纤式应变计是光学应变仪，灵敏度高，不受电磁干扰，但光纤的焊接、保护要求高，野外使用时需做好保护，且解调仪成本较高。光纤光栅传感器是典型的准分布式传感器，测量的应变依然是点应变[137]。

采用应变计进行应变监测仅能得到测量元件埋设处的应变信息，为点应变。为此，20 世纪 80 年代初，瑞士联邦苏黎世科技大学岩石及隧道工程系 Kovari K 教授等提出了线法监测原理，连续测量相邻两点间的信息，从而导出整条测线上轴向和横向变形分布。基于线法原理研制出的便携式系列仪器，将测环及套管预埋在大型构件或钻孔中，即可监测多个钻孔甚至数个工程的应变情况[138]。

布里渊散射光时域反射测量技术（Brilliouin Optical Time Domain Reflectometer，BOTDR）是一项新型光电监测技术，它利用布里渊散射光的光谱技术和光时域测量技术，可对沿光纤的轴向应变进行分布式监测。由于 BOTDR 这一独特功能，它已开始被应用于一些基础工程如隧道、堤防和滑坡工程等的监测[126]。

8.3 蠕变时效原理及其应用

8.3.1 蠕变时效数学模型

苏联学者 C. C 维亚洛夫[140]根据不同荷载比下岩石拉、压、扭、剪及弯曲的蠕变时效资料，将剪切时效轨迹曲线分为 3 个蠕变阶段：衰减蠕变（稳定阶段）、过渡阶段、加速蠕变（失稳阶段）。杨人光[131]通过综合分析各种受力状态下蠕变体的形变轨迹曲线，认为滑坡的变形发展轨迹也遵循该原则。受力-时间的蠕变实验资料表明，开尔文模型［式（8-2）与式（8-3）］能较好地模拟滑坡稳态蠕变阶段，日本斋藤迪孝的失稳蠕变时效经验公式［式（8-4）与式（8-5）］能较好地模拟滑坡失稳阶段。

（1）滑坡稳态蠕变阶段形变规律。

$$y = \frac{v_0}{\xi}(1 - e^{-\xi t}) \tag{8-2}$$

式（8-2）对 t 进行二阶求导，可得

$$\frac{d^2 y}{dt^2} + \xi \frac{dy}{dt} = 0 \tag{8-3}$$

（2）滑坡失稳阶段形变规律。

$$y = \frac{\alpha - 1}{2 - \alpha}\left[\frac{1}{(\alpha - 1)A}\right]^{\frac{1}{\alpha - 1}}\left[\frac{1}{t_f - t}\right]^{\frac{2-\alpha}{\alpha - 1}} \tag{8-4}$$

式（8-4）对 t 进行二阶求导，可得

$$\frac{d^2 y}{dt^2} - A\left(\frac{dy}{dt}\right)^{\alpha} = 0 \tag{8-5}$$

式中　t——时间；

y——形变量；

ξ——材料的黏-弹性滞后系数；

A——失稳强度系数；

α——失稳时效指数。

式（8-3）描述了稳态蠕变时段滑坡形变时效的规律，并引入反映岩土体材料黏-弹性滞后的物理参数 ξ 来度量岩土材料时效性的强弱。式（8-5）为非线性微分方程，量化了滑坡从渐变到突变的过程，且不含受力状态的显式项，该微分方程组适合描述岩土体在各种复合受力状态下失稳蠕变的时效性。为将两个孤立量化的岩土材料蠕变时效形变二阶微分方程式（8-3）和式（8-5）拟合在同一条蠕变时效监测轨迹上，并根据实际监测资料准确预警滑坡灾害，杨人光以多种岩土材料试件在各种受力状态下的实际监测轨迹曲线为依据，遵循曲线拐点形变量和形变率连续性，导出以 t_p（稳态到失稳蠕变时间拐点）和 t_f（失稳时间）为未知量的二元非线性超越代数方程组，并与式（8-3）和式（8-5）联立，建立岩土体蠕变时效微分方程组。

岩土体蠕变时效具有以下普遍规律：

（1）在恒定施加荷载作用下，岩土体蠕变是自身随时间推移而发生的变形，即为时效。

（2）对多种蠕变体在各种受力状态下的形变轨迹综合分析认为：前后有两种变形速率，前段为负，称为稳态时段；后段为正，称为失稳时段。

（3）前、后段两个蠕变阶段的形变轨迹曲线彼此相互耦合，且存在共轭点；通过耦合稳态时段和失稳初期，可确定共轭点时刻及预测剧滑时间。

（4）滑坡发生的可预测预报性在于时效曲线拐点处形变量和一阶导数是连续的，可推导出仅含 t_p 和 t_f 的两个非线性代数方程。

杨人光通过研究证明：

（1）共轭点（t_p，y_p）存在且唯一。

（2）岩体蠕变时效微分方程组的函数解具有耦合性及可预测性。

（3）t_f 与蠕变量绝对值无关，仅决定于监测点赋值相对形变量之比，这是可预测性的必然结果。

数学模型曲线耦合的岩土体形变运动轨迹如图 8-2 所示。

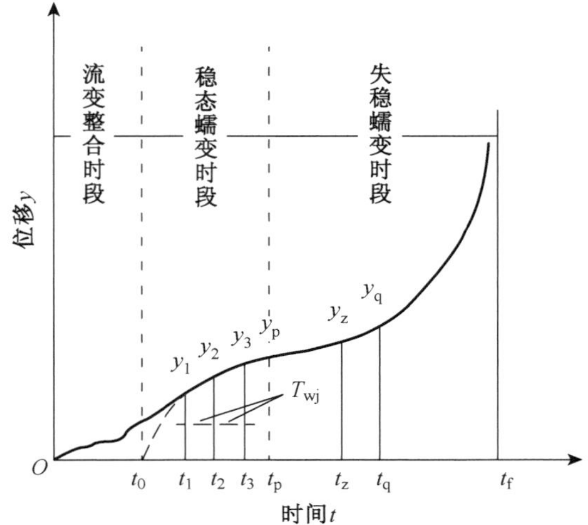

图 8-2　岩土体形变运动轨迹曲线

8.3.2 双耦合时效曲线及解析判据

双耦合时效曲线是指岩土结构稳定性理论两个二阶微分方程组中以耦合点 t_p 分为稳态蠕变与失稳蠕变两个时段的全过程曲线。

稳态蠕变的初始点为 t_0，终点为 t_p，该时段蠕变曲线的二阶导数为负值，即 $\frac{d^2y}{dt^2}<0$。失稳蠕变的起点为 t_p，终点为奇异点 t_f（当 $t\to t_f$ 时，形变量 $y\to\infty$），此时段蠕变曲线的二阶导数为正值，即 $\frac{d^2y}{dt^2}>0$。稳态蠕变及失稳蠕变时段的蠕变曲线在 t_p 点耦合，即 t_p 点既是稳态蠕变时段的终点，又是失稳蠕变时段的起点。蠕变曲线在该点的形变量与形变率连续，形变位移量 y 与形变率在该点相等。因此，耦合点 t_p 是蠕变曲线从稳态转向失稳时效的拐点，称为共轭点。相互连通的耦合曲线即为双耦合时效曲线。

双耦合时效曲线含有 5 个待定参数，稳态时段含有 v_0，ξ，t_0，失稳时段含有 A，α。通过监测手段获取稳态时段三组等时差监测时空坐标值（t_1，y_1；t_2，y_2；t_3，y_3），从失稳时段任取 2 组监测时空坐标值（t_z，y_z；t_q，y_q），代入非线性超越函数方程组，运行三重代数平方法数值求解，可得到判断岩土结构失稳破坏或失稳剧滑的时间 t_f，总称为解析判据。双耦合时效曲线可通过拟合实际监测数据得到：当 $\xi=0$ 时，失稳前段为等速蠕变阶段，只需取 2 点与失稳阶段的 2 点联立方程组，即可求解，称之为四点全数计算法；当 $\xi>0$ 时，失稳前段为稳态蠕变阶段，需取 3 点与失稳阶段的 2 点联立求解方程组，按五点全数计算方法。其中 5 个监测点为全数拟合点。

经过证明，双耦合时效监测曲线连续性，所选监测点必须满足如下条件：

$$\xi\geqslant 0,\ y_3>y_2>y_1,\quad y_3-y_2\leqslant y_2-y_1 \tag{8-6}$$

$$\frac{y_q}{y_p}>\left(\frac{y_z}{y_p}\right)^{K_T},\quad K_T=\frac{t_q-t_p}{t_z-t_p} \tag{8-7}$$

式（8-6）与式（8-7）为双耦合时段函数解的充分与必要条件，是跟踪监测曲线是否进入双耦合时效曲线的判别式。

工程实践表明，自滑坡萌发至滑移面贯通期间，坡体将多次呈现位移逐增速及滑移性整合流变。相应的，滑坡动态监测结果亦将多次呈现双耦合现象。利用监测资料可通过计算判断滑坡所处阶段并预测滑塌时间。滑坡监测计算结果判据如下：

（1）计算程序无解，则需判断 y_z，y_q 赋值是否符合门槛值要求。

（2）计算程序有解，但 t_f 违背时序预测值，即预测值 t_f 日期小于跟踪监测日期，它反映滑体处于非恒定载荷力驱动下的整合流变，其发展趋势回稳停歇，或是进入双耦合时效时段。

（3）计算程序有解，但预测值 t_f 离跟踪监测日期较远，则可作为中、长期预测发展趋势参考，继续跟踪分析。

(4) 计算程序有解，且预测值 t_f 离跟踪监测日期接近，应加密跟踪监测频率，遵循失稳时段 t_f 预测时间不变和自拟合特性做跟踪分析。应用全数拟合点解析判据求解，给出自拟合守恒常数值 C_f：

$$C_f = \dot{\varepsilon}_0^{\alpha-1} t_f \tag{8-8}$$

式中 $\dot{\varepsilon}_0$ ——变形速率；

t_f——失稳时间；

C_f——反映监测点位滑体所承受载荷状态，用以判别跟踪监测曲线的时效性。

当监测曲线从整合流变进入稳态蠕变（稳态首序拟合点 t_1 务必选在稳态蠕变内）继而转向逐增速阶段，应按全数拟合点解析判据，确定 t_f，t_p 以及 C_f，并依此做出以下预测值判断：

(1) 若 C_f 随跟踪监测赋值保持不变值（有时因工况变化而发生上下波动），该监测曲线即为双耦合时效曲线，t_f 值即为滑体滑塌预测时间。

(2) 倘若 C_f 随加密跟踪监测赋值呈递减变化，则滑体处于变载荷驱动下整合流变，最终将出现回稳和停息。

(3) C_f 与滑坡受力状态、荷载比或稳定系数有关，并非是普适常数。

采用联合方程组预测变形，需注意以下两个方面：

(1) 选取数据拟合稳态蠕变阶段时，应尽量避开蠕变萌发段的数据，采用多次逐段推移的方法赋值，使计算值逼近实际曲线的赋值。

(2) 监测期间，滑坡如遇到降雨、地震等外界不利因素时，滑体的抗滑移强度会降低，下滑力会增大，滑体的稳定系数减小，滑坡体形变呈急剧加速的状态，这种情况下应随时跟踪监测，随时给出剧滑时间 t_f。

8.3.3 工程应用

双耦合时效原理在南京牛首山文化旅游区一期工程中多次准确预测滑坡发生时间，滑坡灾害损失得以大幅降低。下面以佛顶宫边坡加固工程 GSP-17 监测点为例阐述双耦合时效曲线解析判据的原理。

佛顶宫边坡加固工程 GSP-17 监测点（地理坐标 X = 132 510.487，Y = 125 484.592，Z = 166.648）位于勘察报告中标定的 XP2 不稳定斜坡范围内(图 8-3)，属于重点监测部位。

该测点于 2013 年 1 月 9 日开始全站仪形变监测，设计监测频率 3 d 一次，赋值精度毫米级。2013 年 3 月 13 日地表检查发现测点周边部位开裂，跟踪监测到 2013 年 3 月 16 日，$t-y$ 曲线如图 8-4 所示。

图 8-4 表明监测曲线在稳态时段与失稳时段初期呈线性增速（$\xi=0$）。依据岩土结构稳定性基础理论，选取四点全数计算法，四点全数的赋值见表 8-1。计算显示 13 日 y_z 赋值 49.5 mm，恰好为失稳时段 y_z 门槛值（监测赋值 = 门槛值，计算程序无解），故而需继续跟踪，选取失稳阶段新的监测数据。

图 8-3

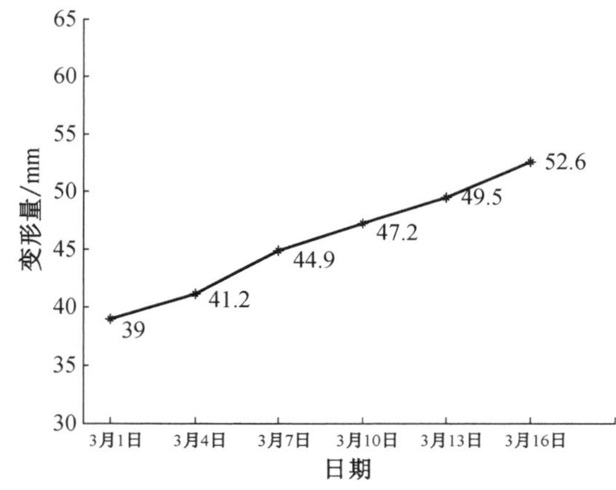

图 8-4

图 8-3 GSP-17 监测点位置

图 8-4 监测 t-y 曲线（2013 年 3 月 16 日止）

表 8-1 2013 年 3 月 16 日监测点赋值

稳态		失稳	
t_2	t_3	t_z	t_q
7 日	10 日	13 日	16 日
y_2/mm	y_3/mm	y_z/mm	y_q/mm
44.9	47.2	49.5	2.6

2013 年 3 月 19 日，经 17 日整天降雨过后，地表检查发现裂缝明显加宽，并呈向两侧发展趋势，监测点跟踪显示位移量明显加大，t-y 曲线如图 8-5 所示。

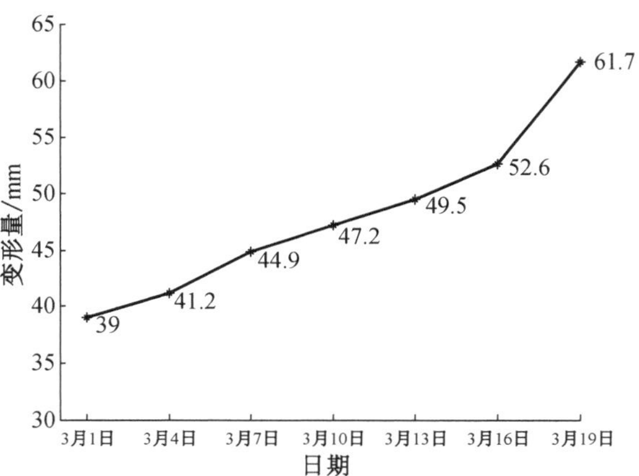

图 8-5 监测 t-y 曲线（2013 年 3 月 19 日）

依据四点全数计算法，监测点跟踪赋值见表 8-2，计算结果见表 8-3。表 8-3 的解析判据说明，t_f 预测滑坡发生时间悖时，不能作为预报依据。鉴于位移速率加快，决定加密监测频率为日监测周期。

表 8-2　监测点跟踪赋值（2013 年 3 月 19 日）

稳态		失稳	
t_2	t_3	t_z	t_q
7 日	10 日	16 日	19 日
y_2/mm	y_3/mm	y_z/mm	y_q/mm
44.9	47.2	52.6	61.7

表 8-3　全数赋值运算解析判据（2013 年 3 月 19 日）

t_0/d	ν_0/(mm·d^{-1})	ξ/d^{-1}	α	A/(mm$^{1-\alpha}$·d$^{\alpha-2}$)
−51.565	0.767	0	1.903 4	0.204
t_p/d	y_p/mm	t_f/d	C_f	
13.016	49.51	3 月 19 日	1.16	

2013 年 3 月 20 日，地表宏观检查裂缝呈圈椅状发展，加密跟踪显示位移量下降，$t-y$ 曲线如图 8-6 所示。图 8-6 中 $t-y$ 曲线表明，尽管变形速率减缓，但经失稳辨别式辨别，监测点赋值仍满足失稳时段非线性发展充要条件。

监测点跟踪的四点全数赋值见表 8-4，计算结果见表 8-5。表 8-5 的解析判据说明：依据失稳时效曲线自拟合原理，C_f 的值不是常数，预测时间 t_f 不能作为预报依据。

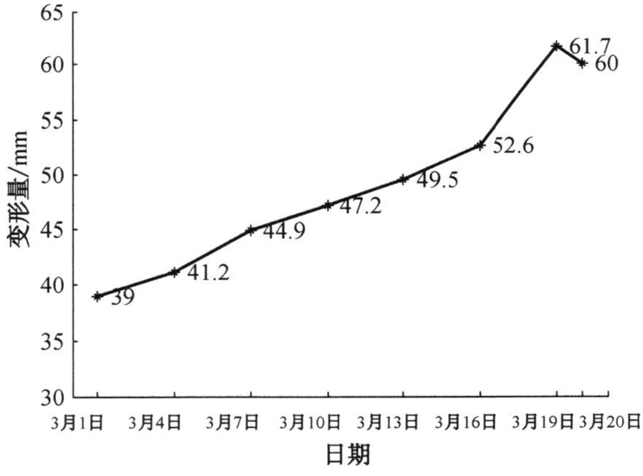

图 8-6　监测 $t-y$ 曲线（2013 年 3 月 20 日）

表 8-4　监测点跟踪赋值（2013 年 3 月 20 日）

稳态		失稳	
t_2	t_3	t_z	t_q
7 日	10 日	16 日	20 日
y_2/mm	y_3/mm	y_z/mm	y_q/mm
44.9	47.2	52.6	60

表 8-5　全数赋值运算解析判据（2013 年 3 月 20 日）

t_0/d	ν_0/(mm · d^{-1})	ξ/d^{-1}	α	A/($mm^{1-\alpha}$ · $d^{\alpha-2}$)
-51.565	0.767	0	1.843	0.125
t_p/d	y_p/mm	t_f/d	C_f	
12.046	48.77	3 月 23 日	1.23	

2013 年 3 月 21 日，地表检查裂缝呈圈椅状贯通，前部剪出痕迹明显，滑坡的地表特征已经全部显现。沿滑坡后缘裂缝、前部剪出痕迹位置及滑坡周界勾画滑移线，计算滑坡体积约 36 m^3，由此确定为浅层微型滑坡。监测跟踪显示位移量加大，t-y 曲线如图 8-7 所示。

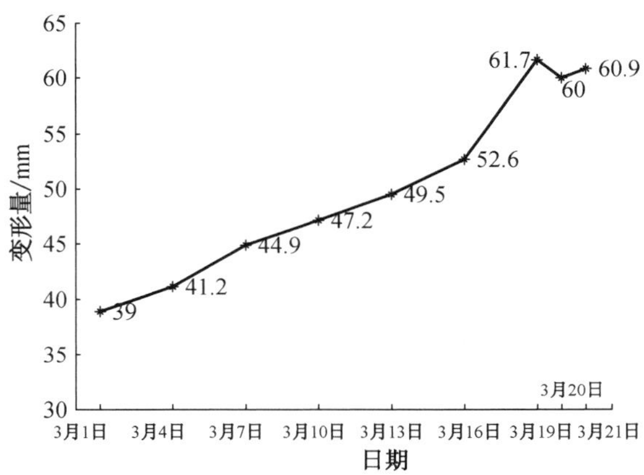

图 8-7　监测 t-y 曲线（2013 年 3 月 21 日）

监测点跟踪全数赋值见表 8-6，计算结果见表 8-7。解析判据说明：依据失稳时效曲线的自拟合原理，C_f 值不是常数，不能确认是否在失稳时效曲线上，t_f 预测时间不能作为预报依据。

表 8-6　监测点跟踪赋值（2013 年 3 月 21 日）

稳态		失稳	
t_2	t_3	t_z	t_q
7 日	10 日	16 日	21 日
y_2/mm	y_3/mm	y_z/mm	y_q/mm
44.9	47.2	52.6	60.9

表 8-7　全数赋值运算解析判据（2013 年 3 月 21 日）

t_0/d	ν_0/(mm · d^{-1})	ξ/d^{-1}	α	A/($mm^{1-\alpha}$ · $d^{\alpha-2}$)
-51.565	0.767	0	1.798 5	0.097
t_p/d	y_p/mm	t_f/d	C_f	
11.452	48.31	3 月 27 日	1.28	

2013 年 3 月 22 日，地表检查滑移体裂缝沉陷错位，监测点跟踪赋值显示位移量明显增大，$t-y$ 曲线如图 8-8 所示。监测点跟踪全数赋值见表 8-8，解析判据计算结果见表 8-9。

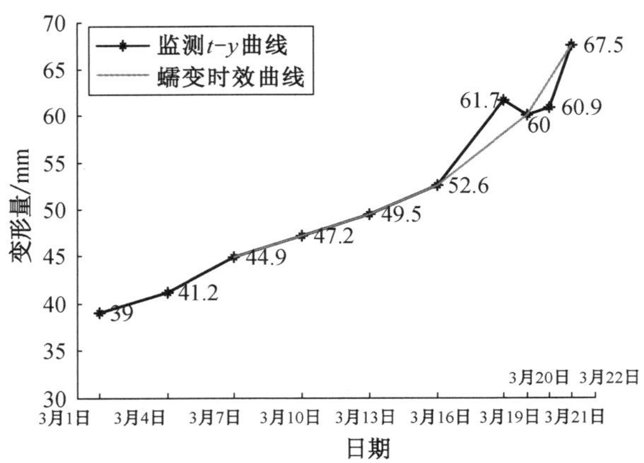

图 8-8　监测 $t-y$ 曲线与蠕变时效双耦合曲线（2013 年 3 月 22 日）

表 8-8　监测点跟踪赋值（2013 年 3 月 22 日）

第一组	t_2	t_3	t_z	t_q
	7 日	10 日	16 日	20 日
	y_2/mm	y_3/mm	y_z/mm	y_q/mm
	44.9	47.2	52.6	60
第二组	t_2	t_3	t_z	t_q
	7 日	10 日	16 日	22 日
	y_2/mm	y_3/mm	y_z/mm	y_q/mm
	44.9	47.2	52.6	67.5

表 8-9　全数赋值运算解析判据（2013 年 3 月 22 日）

组号	t_0/d	v_0/(mm·d^{-1})	ξ/d^{-1}	α	A/(mm$^{1-\alpha}$·d$^{\alpha-2}$)	t_p/d	y_p/mm	t_f	C_f
第一组	−51.565	0.767	0	1.843	0.125	12.046	48.77	3 月 23 日	1.23
第二组	−51.565	0.767	0	1.837 6	0.121	11.969	48.71	3 月 24 日	1.23

解析判据说明：①依据失稳时效曲线自拟合原理，临滑状态 C_f 值为常数，故可按第一组与第二组监测点赋值拟合蠕变时效曲线，如图 8-8 所示；②依据图 8-8 曲线拟合点，判定坡体进入失稳时效蠕变阶段。

以 13 日、16 日、20 日、22 日点为依据，做三点失稳时段非全数程序运算，各组非全数赋值见表 8-10，计算结果见表 8-11。至此，确定由拟合点监测赋值构成的 $t-y$ 曲线即为蠕变时效双耦合曲线，程序给出滑坡的失稳破坏时间 t_f 为 2013 年 3 月 24 日。考虑到滑坡的位置较高，且施工脚手架及设备已搭至滑坡部位，应预留拆除撤离时间。遂于 2013 年 3 月 22 日 21 时，做出红色预警滑坡预报：失稳破坏时间为 2013 年 3 月 23 日上午至 2013 年 3 月 24 日，如遇下雨，失稳破坏时间将提前。

表 8-10　失稳时段非全数赋值

第一组	t_1	t_2	t_3
	13 日	16 日	20 日
	y_1/mm	y_2/mm	y_3/mm
	49.5	52.6	60
第二组	t_1	t_2	t_3
	13 日	16 日	22 日
	y_1/mm	y_2/mm	y_3/mm
	49.5	52.6	67.5
第三组	t_1	t_2	t_3
	13 日	20 日	22 日
	y_1/mm	y_2/mm	y_3/mm
	49.5	60	67.5
第四组	t_1	t_2	t_3
	16 日	20 日	22 日
	y_1/mm	y_2/mm	y_3/mm
	52.6	60	67.5

表 8-11　非全数程序运算解

组号	α	$A/(\mathrm{mm}^{1-\alpha}\cdot \mathrm{d}^{\alpha-2})$	t_f
第一组	1.838 9	0.122 4	3 月 24 日
第二组	1.834 2	0.118 9	3 月 24 日
第三组	1.826 8	0.114 3	3 月 24 日
第四组	1.882 8	1.113 2	3 月 24 日

8.4　边（滑）坡工程检测

8.4.1　概述

边（滑）坡工程检测应依据相关行业的“工程施工质量检验评定标准”设计文件中对边坡开挖的规定、支挡和防护结构等构筑物的要求进行。边（滑）坡工程检测根据支挡结构的不同可分为重力式挡土墙、悬臂和扶壁式挡土墙、锚杆（索）支护、抗滑桩支护、排水工程的检测[19, 141]。既有矿坑边（滑）坡工程检测主要涉及锚杆（索）、抗滑桩检测。

8.4.2 锚杆（索）检测

1. 质量检验

1）预应力锚索的质量检验内容

包括锚孔、锚索杆体的组装与安放、注浆、张拉与锁定等。

2）实测项目

(1) 锚孔：孔位、孔径、锚固角度、内锚固段长度等项目。

(2) 锚索杆体的制作与安放：钢绞线强度、钢绞线配置、杆体长度、架线环密度，采用钢绞线时应无接头。

(3) 注浆：砂浆配合比、强度、注浆管的插入深度等。

(4) 张拉与锁定：外锚墩混凝土强度、钢垫板平面与孔轴线垂直情况、张拉荷载、锁定荷载、锚具、锚具保护层等项目。

3）锚杆（索）基本试验和验收试验

每个独立的滑坡防治工程或边坡工程均应进行锚杆（索）基本试验和验收试验，基本试验的主要目的是确定锚固体与岩土层间的黏结强度极限标准值、锚杆设计参数和施工工艺。当试验目的为获取黏结强度极限标准值时，应增加锚筋数量或减短锚固长度，对硬质岩取设计锚固长度 0.4 倍，对软质岩取 0.6 倍。当试验目的为确定锚固段变形参数和应力分布时，锚固段长度取设计锚固长度。每种试验锚杆数量均不少于 3 根。

验收试验的目的是检验施工质量是否达到设计要求。

滑坡工程宜随机抽取总数的 10%～20%进行超张拉检验，张拉力为设计锚固力的 120%。若工程重要时，可对所有锚索进行设计锚固力的 120%超张拉检验。

建筑边坡工程验收锚杆（索）的数量取每种锚杆（索）数量的 5%，自由段位于Ⅰ，Ⅱ，Ⅲ类岩石内时取总数的 1.5%，且均不得少于 5 根。验收试验荷载对永久性锚杆（索）为轴向拉力标准值的 1.50 倍，对临时性锚杆为 1.20 倍。

基本试验和验收试验的要求和加载方式可参见《建筑边坡工程技术规范》(GB 50330—2013)。

4）锚索质量合格条件

为所试验锚索的锚固力滑坡工程应达到设计锚固力的 120%以上；建筑边坡工程对永久性锚杆（索）为轴向拉力标准值的 1.50 倍，对临时性锚杆为 1.20 倍。

5）特殊设计要求

当设计对锚索有特殊要求时，可增做相应的检查验收试验。

2. 质量评定标准

1）保证项目

(1) 孔径、内锚固段长度、钢绞线强度、钢绞线配置、杆体长度、砂浆强度必须达到设计要求。

(2) 单根钢绞线不允许断丝。

(3) 承载力检验用的千斤顶、油表、钢尺等器具应经检查校正。

(4) 锚具应经检验合格方可使用。

(5) 承载力必须符合相关规范的规定。

(6) 锁定荷载应符合设计要求。

2) 允许偏差项目

预应力锚索的允许偏差项目应符合表 8-12 的规定。

表 8-12 预应力锚索允许偏差项目表

序号	检查项目		允许偏差	检查方法
1	孔距误差	水平方向	±50 mm	全部，经纬仪、钢尺测量
		垂直方向	±100 mm	全部，水准仪、钢尺测量
2	锚固角度		<2.5°	全部，钻孔测斜仪

8.4.3 抗滑桩检测

1. 质量检验

1) 抗滑桩的质量检验内容

包括原材料质量、桩孔开挖、护壁、清孔、钢筋制作与安装、桩身混凝土灌注质量检验。

2) 实测项目

(1) 成孔：桩孔开挖中心位置、开挖断面尺寸、孔底高程、孔底浮土厚度、桩周土与滑带土等项目。

(2) 护壁：混凝土强度、混凝土与围岩的结合情况、护壁后净空尺寸、壁面垂直度。

(3) 桩身：钢筋配置、钢筋笼焊接、竖向主钢筋的搭接位置、主筋间距、箍筋间距、混凝土种类、混凝土强度、混凝土密实度、混凝土与护壁的结合情况、桩顶高程等。

3) 检查方法

目测、尺检、测量、取样试验等。

4) 抗滑桩的桩身质量检测

抗滑桩的桩身质量检测数量应按表 8-13 的规定执行。

表 8-13 抗滑桩检测数量表

序号	防治工程级别	检验数量		检测方法
		占总桩数	最少桩数	
1	Ⅰ级	10%	5	动力检测或钻孔取芯检测
2	Ⅱ级	8%	4	动力检测或钻孔取芯检测
3	Ⅲ级	3%	2	动力检测或钻孔取芯检测

2. 质量评定标准

1) 保证项目

(1) 成桩深度、锚固段长度和桩身断面必须达到设计要求。

(2) 实际浇注混凝土体积严禁小于计算体积，桩身连续完整。

(3) 原材料和混凝土强度必须符合设计要求和有关规范的规定。

(4) 钢筋配置数量应符合设计要求，竖向主钢筋或其他钢材的搭接应避免设在土石分界和滑动面处。

2) 允许偏差项目

抗滑桩的允许偏差项目应符合表 8-14 规定。

表 8-14　抗滑桩允许偏差项目表

序号	检查项目	允许偏差	检查方法
1	桩位	±100 mm	每桩，经纬仪测、尺量
2	桩身断面尺寸	−50 mm	尺检，每桩上、中、下部各计一点
3	桩的垂直度	$H \leqslant 5$ m，50 mm； $H > 5$ m，min (0.01H，250 mm)	每桩吊线测量
4	主筋间距	±20 mm	每桩 2 个断面，尺量
5	箍筋间距	±10 mm	每桩 5～10 个间距，尺量
6	保护层厚度	±10 mm	每桩沿护壁检查 8 处，尺量
7	孔深/m	不小于设计值	测绳量：每桩测量
8	孔径/mm	不小于设计值	探孔器：每桩测量

8.4.4　其他检测项目

1. 重力式挡墙

(1) 重力式挡墙质量检验的内容：原材料质量、砌石、混凝土、钢筋的制作质量检验。

(2) 实测项目：砂浆（混凝土）强度、平面位置、顶面位置、坡度、断面尺寸、底面高程、表面平整度等项目。

2. 框架梁

(1) 格构锚固质量检验的内容：块石、砌筑砂浆或混凝土、钢筋、锚管（杆、索）原材料质量及制作质量的检查。

(2) 实测项目：①砌石（钢筋混凝土）格构，包括平面位置、长度、断面尺寸、块石和砌筑砂浆（混凝土）强度、坡度、表面平整度等项目。②锚管（杆），包括孔位、孔径、锚固角度、孔深、锚管（杆）杆体材料强度、杆体长度、砂浆配合比与强度等项目。

3. 注浆

(1) 对注浆效果的检查，应根据设计提出的要求进行，检验时间在注浆结束 28 d后。对于土质松软的地层，宜用标准贯入和静力触探法检测。对于以碎块石为主的地层，宜用超重型圆锥动力触探和钻孔取芯等方法检测。对于岩体，宜采用实测岩体波速和弹性模量的方法进行检测。必要时，应取样送试验室测定加固后土体的抗剪强度。

(2) 注浆效果检测点一般为注浆孔数的3%～5%(重要工程取大值),且不应少于5个。检测点位置应根据现场条件和检测方法由施工单位和设计单位协商解决。

(3) 注浆加固质量检查的内容:原材料质量、孔位偏差、孔深、被加固体直径和强度、加固范围、加固后岩土体强度、变形和耐久性等。

4. 排水工程

(1) 排水工程的质量检验内容:原材料质量、砌石、混凝土及导(引)水钻孔检验。

(2) 实测项目:①排水明沟,包括长度、平面位置、断面尺寸、沟底纵坡、跌水、表面平整度、砂浆强度等项目。②排水盲沟,包括长度、混凝土强度、平面位置、断面尺寸、沟底纵坡、砂浆强度、反滤层等项目。③排水隧洞,包括长度、平面位置、断面尺寸、洞底纵坡、渗井位置与数量、仰斜排水孔位置与数量、混凝土强度等项目。④引(排)水钻孔,包括钻孔深度、孔径、孔斜度等项目。

第 9 章 工程实践——南京牛首山一期边（滑）坡治理工程

9.1 工程概况

9.1.1 项目概况

南京牛首山文化旅游区一期工程位于牛首山大遗址公园的核心区域，是江苏省打造南京佛教旅游胜地的项目之一。规划用地面积约 353 700 m^2，总建筑面积约 245 100 m^2，主要建设内容为佛顶宫、佛顶塔、佛顶寺、禅意别院、酒店、入口配套区及基础设施等（图 9-1）。

图 9-1　南京牛首山一期全景

牛首山一期工程核心项目佛顶宫拟建于废弃矿坑内，矿坑底部至周边山体的顶部高差为 60～130 m，边坡坡度为 20°～45°，局部直立后反倾。矿坑南侧和东侧的陡崖已被尾矿渣填没，形成了一定坡度的厚层尾矿渣堆积体，矿坑现状如图 9-2 所示。

图 9-2　矿坑全景

H1 滑坡位于场区南侧（图 9-1），滑坡周界清晰，平面上呈不规则半椭圆形，滑坡纵向总长约 250 m，平均宽 180 m，滑体平均厚度约 20 m，总面积约 45 000 m^2，总体积约 90 万 m^3。滑体土质为尾矿渣，属中型土质滑坡。滑坡体前缘高程 85 m，滑坡后缘顶高程 162 m，相对高差约 77 m。坡体中后部坡度较陡，坡度在 25°～35°，前缘坡度较缓，坡度在 10°～20°之间，主滑方向为 247°。该滑坡体在土体自身重力和雨水等外界作用下，已产生下滑，在滑坡体后缘和中部的道路上可见明显拉张裂缝。

9.1.2　边坡工程安全等级

根据国家标准《建筑边坡工程技术规范》（GB 50330—2002）及《岩土工程勘察勘察规范》（2009 年版）（GB 50021—2001），矿坑边坡属Ⅳ类边坡，边坡工程安全等级为一级。

受降雨影响，H1 滑坡的坡顶和坡腰道路均产生显著张拉裂缝（图 9-3）。考虑项目的复杂性、重要性，根据《滑坡防治工程设计与施工技术规范》(DZ/T 0219—2006)，滑坡的防治工程等级为一级。

(a) 滑坡后缘张拉裂缝

(b) 滑坡中部张拉裂缝

图 9-3　滑坡裂缝开展情况

9.2 工程地质条件

9.2.1 区域自然环境及地质条件

1. 气象与水文条件

南京属亚热带季风气候，气候温和湿润，四季分明，春季风和日丽；梅雨时节，又阴雨绵绵；夏季炎热；秋天干燥凉爽；冬季寒冷、干燥；春秋短、冬夏长，冬夏温差显著，四时各有特色。年平均温度 15.4 ℃，年极端气温最高 39.7 ℃，最低 −13.1 ℃。风向多为北东和南东。

区内雨量充沛，年降水 1 200 mm，年平均降水量 1 106 mm，降水最多季节为 7 月份，494.5 mm，最少为 2 月份，仅 7.7 mm。

2. 区域地质条件

根据区域地质资料，拟建场区位于扬子准地台下扬子台褶带，属淮阳山字形反射弧西段。对区内地质构造起主导作用的是燕山运动与喜马拉雅运动。燕山期褶皱，断块升降明显，岩浆活动强烈，喜马拉雅期构造运动较弱[142]。

1）区域地质构造

场区内断裂构造十分发育，以北东、北西向最为发育，主要断裂有南京—湖熟断裂、北东向方山—小丹阳断裂、北北西方山—孔镇断层，近东西向断裂有祖堂山—桥头断裂、祖堂山—殷巷断裂等（图 9-4）。

南京—湖熟断裂（F_1）：西北起于安徽滁县，向东南经浦口、南京、上坊、淳化、湖熟延至溧阳。断裂走向北西 310°～330°，倾向南西，倾角较陡约 70°，断层北东为宁镇山脉，广泛出露古生代、中生代地层，断层西南为宁芜火山构造洼地，出露中生代和新生代地层。该断裂由多条断面组成，全长约 140 km，宽度可达 350～500 m，属隐伏断裂带。

北东向方山—小丹阳断裂（F_2）：为溧水断陷盆地与宁芜火山构造洼地分界，北起上访，南经方山西麓、陶吴、横溪，过小丹阳后延入安徽釜山，长度大于 40 km，总体走向 20°～30°，北西向陡倾，倾角 60°～80°。该断裂规模大，切割深，上下落差大，为基底断裂，具有压性逆断或压扭性平移断裂。

沿江断裂带（F_3）：该断裂带位于宁镇隆起的北缘，自幕府山—镇江焦山，区内位于断裂带西段。北东东向延伸，长达 36 km，断层面倾向北，倾角陡，南北盘落差可达数千米。

祖堂山北—桥头断层、祖堂山—殷巷断层：为两条方向、性质相同的断层，祖堂山北—桥头断层属主干断裂，祖堂山—殷巷断层为伴生构造。自祖堂山北经将军山南、桥头村向东延伸，全长 13.5 km，总体走向 73°，倾向南南东，倾角 70°。

2）场地地质构造

岩土工程勘察揭示，拟建场区存在两条断层：南北向从矿坑中部穿越的 F_1 逆断层；矿渣堆积高平台南侧呈东西向穿越的 F_2 正断层。

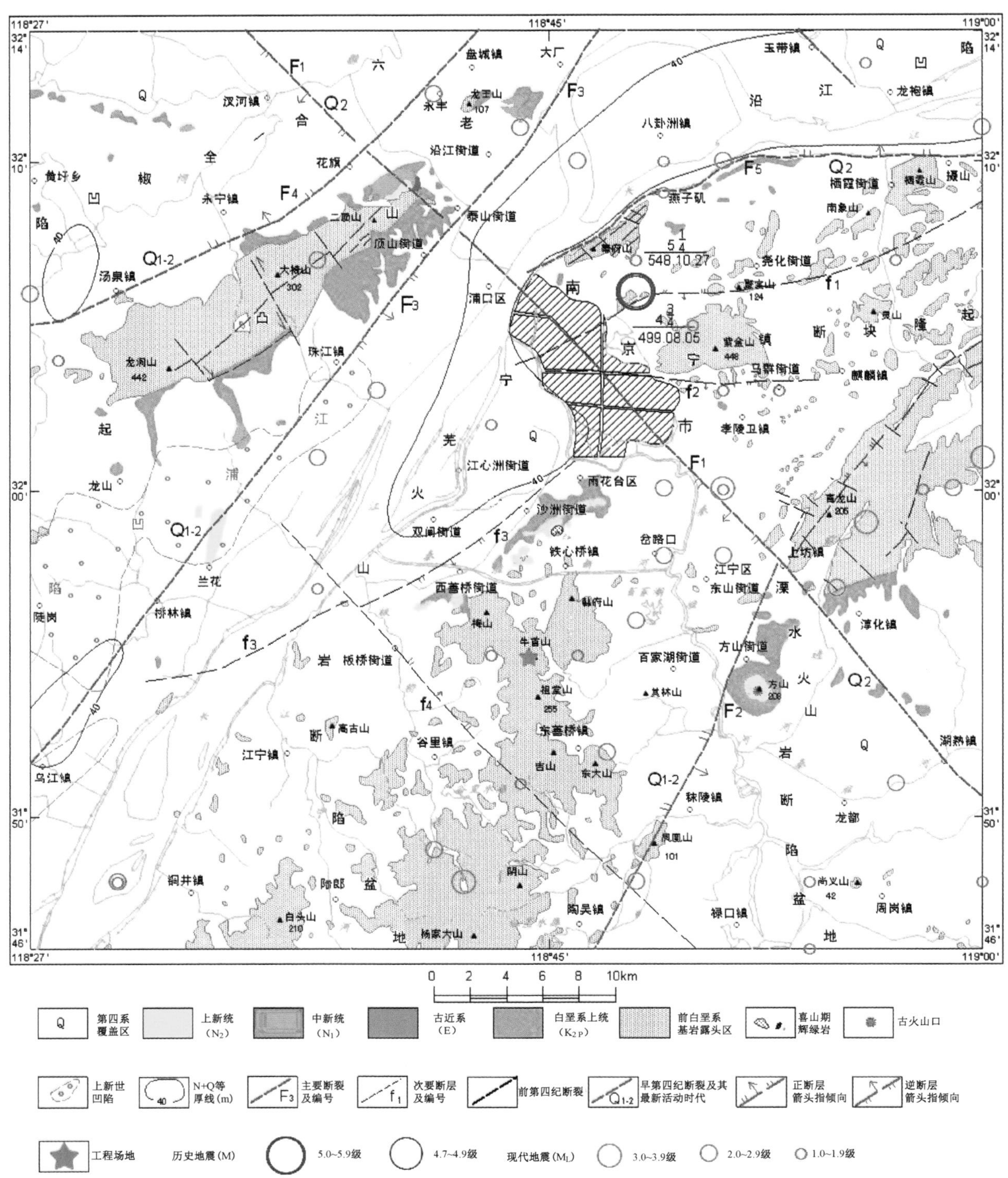

主要断裂名称： F_1 南京—湖熟断裂；F_2 方山—小丹阳断裂；F_3 江浦—六合断裂；F_4 滁河断裂；F_5 幕府山—焦山断裂

次要断层名称： f_1 杨坊山—长林村断层；f_2 定淮门—马群断层；f_3 西善桥—雨花台断层；f_4 板桥—谷里断层

图 9-4　区域地质构造及地震分布图

F_1 逆断层：位于场区中部，勘察区域内长度约 850 m，走向 N15°E，至南侧高平台，受 F_2 正断层的影响，转为 NNS；断层倾角近陡立，沿断层有次生石英岩化，且在矿坑中发生铁矿化变质；深部沿断层有岩体倾入，对断层西侧岩层影响较大，岩石蚀变严重；该断层为压性断层，物探低阻不规则，其构造裂隙多为闭合和半闭合，地下水水量不甚丰富。

F_2 右平移正断层：位于尾矿渣高平台南侧，总长度约 2.5 km，勘察区内长度约 1 000 m，倾向 355°，倾角较陡，切割 F_1 断层。钻探揭示，因构造作用，岩层张性裂隙发育，断层带岩石风化、蚀变严重，岩石呈灰白色断层糜棱岩化。

F_1 逆断层及 F_2 正断层均属于燕山期断裂构造，距今已年代久远，近几百年来未有活动记录，综合判定不是活动断层，对工程安全无影响。

3. 地震资料

南京市地处华北地震区长江下游—黄海地震带，中强地震活动和原地复发水平较高。辖区内地质构造复杂，区域性断裂发育，具备发生中强地震的地震地质条件。自从有文字记载以来，南京共发生有感地震近 300 次，其中破坏性地震 3 次，依次分别为 4.75 级、5.5 级及 4.75 级地震，震中烈度分别达到Ⅵ度、Ⅶ度、Ⅵ度。外地发生的强度较大地震对南京市也曾造成过破坏。如 1668 年山东郯城的 8.5 级地震和 1624 年扬州 6.0 级地震，两次地震在南京造成的破坏均超过地震烈度Ⅵ度。20 世纪以来，1977 年溧水 4.6 级地震和 1979 年溧阳 6.0 级地震等均对南京造成影响，地震烈度达到Ⅵ度。2008 年江苏省句容发生里氏 3.6 级地震，2009 年南京市江宁区和句容交界地区发生里氏 3.4 级地震，南京市震感均较明显。由此可见，场区内地震活动频度较高，边（滑）坡工程中应予以考虑[142]。

4. 人类工程活动

自抗日战争起至 20 世纪 80 年代末，场区内多次进行铁矿开采。铁矿开采破碎了岩石，人为地导致边坡坡度及坡高增加，并形成厚层尾矿渣堆积体，对边坡稳定产生不利影响。

9.2.2 场地工程地质条件

1. 地形地貌

拟建场地属低山丘陵地貌单元。场地中央为铁矿开采后形成的矿坑，坑底最低高程在 106 m，四周山坡高点至坑底的高差在 54～141.5 m 范围内。南面和东面的陡崖已被尾矿渣填没，形成有一定坡度的尾矿渣堆积体。

2. 岩土层分布及其特征

本区地层区划属扬子地层区、下扬子地层分区、宁芜地层小区北部，以中生代侏罗系地层分布为主。其中，牛首山地区出露地层主要为侏罗系的火山岩和第四系的坡积物，上覆第四系主要为人工填土层（Q_4^{ml}）及坡积层（Q_3^{dl}）；下伏基岩 F_1 断层东侧为侏罗系大王山组下段（J_3d^3）的凝灰质角砾岩、凝灰岩，F_1 断层西侧为侏罗系龙王山组（J_3l^2）的蚀变安山质凝灰岩。拟建场地岩土层可分为四大工程地质层，10 个亚层，现自上至下分述如下：

① 杂填土（Q_4^{ml}）：杂色（以灰黄色，紫灰色，灰黑色，灰绿色为主），湿-饱和，结构松散-稍密，局部中密，主要由粉质黏土、风化岩屑、废弃矿石、尾矿渣组成，不均质。浅部呈松软状，以风化岩屑夹少量碎块石为主，混有少量可～软塑状粉质黏土，中下部混矿渣，含量 25%～80%不等，矿渣母岩成分复杂，以凝灰岩、火山角砾岩、凝灰岩、低品位铁矿石为主，风化程度不等。碎石粒径在 0.5～3 cm之间，最大可达 10～30 cm，以棱角状-次棱角状为主，颗粒级配不良，分选型较差，颗粒排列基本无规律，充填少量风化岩屑、黏性土，遇水易软化。钻探时严重漏浆，孔壁易坍塌掉块。主要分布于矿坑南北两侧。该层工程地质性能差。层厚 0.30～39.80 m。

② 残坡积土（Q_3^{dl}）：灰褐色-灰黄色夹暗红褐色，湿，主要由黏性土及安山质凝灰岩风化物组成，植物根系发育；局部含安山质凝灰岩角砾，粒径 0.5～2 cm 不等。主要分布于山坡表层。该层层厚较薄，局部分布，工程地质性能较差。该层仅见于 H31 孔，层厚 1.80 m。

③$_1$ 强风化凝灰岩（J_3d^3）：杂色（灰黄色，紫灰色，灰绿色，暗红色），岩石结构大部分被破坏，矿物成分显著变化。上部岩芯多呈密实砂土状，手捏易碎，下部岩芯呈密实砂土状夹碎块状，岩石强度趋下渐增。遇水极易软化，属极软岩，岩体基本质量等级为Ⅴ级。地基土承载力特征值为 260 kPa，工程地质性能良好。该层层厚 0.30～35.30 m，顶板埋深 0～20.00 m。

③$_2$ 中风化凝灰岩（J_3d^3）：杂色（灰黄色，紫灰色，灰绿色），以长石碎屑为主，多以高岭土化、绿泥石化，见少量安山质、轻微赤铁矿-磁铁矿染。局部矽化较重，岩体致密坚硬。岩体较完整，裂隙节理较发育，内有石英及方解石脉穿插充填，脉宽 2 mm 左右。岩芯多呈中柱状-长柱状，取芯率 40%～85%，$RQD=$ 50%～80%。属软岩，岩体基本质量等级为Ⅳ级。局部强度较高者为暗红色赤铁矿或灰黑色磁铁矿。地基土承载力特征值为 4 000 kPa，工程地质性能良好。该层层厚1.80～67.60 m，顶板埋深 0.50～48.00 m。

③$_{2a}$中风化破碎状凝灰岩（J_3d^3）：杂色（灰黄色，紫灰色，灰绿色），以长石碎屑为主，多以高岭土化、绿泥石化，见少量安山质、轻微赤铁矿-磁铁矿染。局部矽化较重，岩体致密坚硬。岩体较完整，裂隙节理较发育，内有石英及方解石脉穿插充填，脉宽 2 mm 左右。岩芯多呈碎块状-短柱状，取芯率 40%～65%，$RQD=0$～30%。属软岩，岩体基本质量等级为Ⅴ级。地基土承载力特征值为 1 200 kPa，工程地质性能良好。该层层厚 2.70～41.00 m，顶板埋深 0.30～37.90 m。

③$_{2b}$强风化凝灰岩（J_3d^3）：杂色（灰白色，灰黄色，灰黑色、浅灰绿色），岩石结构大部分被破坏，矿物成分显著变化。岩芯多呈碎块状和密实砂土状，碎块手

捏易碎。遇水极易软化，属极软岩，该层呈透镜状分布于③$_2$ 中风化凝灰岩层中。岩体基本质量等级为Ⅴ级。地基土承载力特征值为 2 620 kPa，工程地质性能良好。该层层厚 8.00～18.00 m，顶板埋深 18.10～40.00 m。

④$_1$ 强风化蚀变安山质凝灰岩（J_3l^2）：杂色（灰白色，灰黄色，灰黑色、浅灰绿色），岩石结构大部分被破坏，矿物成分显著变化。局部夹有灰黑色的赤铁矿、磁铁矿石，矿石强度较高。上部岩芯多呈密实砂土状，手捏易碎，下部岩芯呈密实砂土状夹碎块状，岩石强度趋下渐增。由于蚀变严重，部分岩体呈绿泥石化和高岭土化，基岩颜色浅灰绿色，呈遇水极易软化，属极软岩，岩体基本质量等级为Ⅴ级。地基土承载力特征值为 220 kPa，工程地质性能良好。该层层厚 1.20～25.80 m，顶板埋深 0.80～39.80 m。

④$_2$ 中风化蚀变安山质凝灰岩（J_3l^2）：杂色（灰白色，灰黄色，灰绿色、紫灰色），以凝灰质为主，胶结疏松，胶结物为安山质、凝灰质及铁质，长石多以高岭土化、绿泥石化。由于蚀变严重，矿物成分较难分辨。岩体较破碎，岩芯短柱状，裂隙节理较发育，取芯率 60%～90%，$RQD=30\%\sim60\%$，属软岩，岩体基本质量等级为Ⅴ级。局部强度较高者为赤铁矿或磁铁矿。地基土承载力特征值为 3 800 Pa，工程地质性能良好。该层层厚 5.10～25.90 m，顶板埋深 1.40～35.90 m。

④$_{2a}$中风化破碎状蚀变安山质凝灰岩（J_3l^2）：杂色（灰白色，灰黄色，灰绿色、紫灰色），以凝灰质为主，胶结疏松，胶结物为安山质、凝灰质及铁质，长石多以高岭土化、绿泥石化。由于蚀变严重，矿物成分较难分辨。岩体破碎，岩芯呈碎块状为主，裂隙节理发育，取芯率 50%～70%，$RQD=0\sim30\%$，属软岩，岩体基本质量等级为Ⅴ级。局部强度较高者为赤铁矿或磁铁矿。地基土承载力特征值为 1 100 kPa，工程地质性能良好。该层层厚 1.50～28.40 m，顶板埋深 1.40～44.00 m。

④$_{2b}$强风化安山质凝灰岩（J_3l^2）：杂色（灰白色，灰黄色，灰黑色、浅灰绿色），岩石结构大部分被破坏，矿物成分显著变化。岩芯多呈碎块状和密实砂土状，碎块手捏易碎。由于蚀变严重，部分岩体呈绿泥石化和高岭土化，基岩颜色为浅灰绿色，遇水极易软化，属极软岩，该层呈透镜状分布于③$_2$ 中风化蚀变安山质凝灰岩层中。仅见于 H1 号孔中。岩体基本质量等级为Ⅴ级。地基土承载力特征值为 230 kPa，工程地质性能良好。该层层厚 1.20 m，顶板埋深 23.70 m。

9.2.3 水文地质条件

1. 地表水

拟建项目场地位于牛首山顶峰附近，无河流通过场区。在场地中央有一个人工开采铁矿后形成的水塘，水面高程为 135.398 m（雨季时水位有所升高），水深约 30 m。水塘位于山谷之中，水位受地形地貌、大气降水及季节性等因素而变化，水位变化幅度 1.00 m 左右，最高水位约 136.50 m。目前坑底积水已经抽干。

勘察期间水质报告判定地表水对混凝土结构具微腐蚀性，对钢筋混凝土结构中的钢筋具微腐蚀性。

2. 地下水

勘察揭示，拟建场地地下水主要赋存于①层杂填土（主要为尾矿渣）与风化岩中，地下水类型主要有松散岩类孔隙水、基岩裂隙水。勘察期间测得基岩裂隙水位在102.80～145.26 m之间，地下水流向与地形坡度基本一致。

松散岩类孔隙水主要赋存于第四系残坡积块碎石土及尾矿渣中，补给来源为大气降水和地表水体入渗。该层赋水性及透水性强，根据现场水文地质试验成果，该层由于土质不均，其渗透性差异也很大，渗透系数 $K=0.0757\sim26.8$ m/d，属强透水岩组。尾矿渣堆场渗透性强，加上场区地形较陡，大气降水迅速入渗流向低洼处排泄，因此该层孔隙地下水不易大量富集，水量贫乏。对工程施工影响较小。但是由于该层矿渣层土质不均，局部地段渗透性强，在暴雨期间，地下水迅速流动，携带土颗粒移动，形成软弱面，是形成滑动面的主要原因。由于残坡积块碎石土厚度薄，分布面积小，且残坡积层多含相对隔水的低液限黏土夹碎块石，透水性及富水性均较差。

基岩构造裂隙水赋存于岩体构造及风化节理裂隙中，火山岩构造节理裂隙较发育，除浅部受各种因素，裂隙呈部分张开外，深部岩石已被石英和方解石脉裂隙局部充填，渗透性相对较差。基岩裂隙水接受大气降水补给和层间径流补给，顺风化裂隙、构造裂隙等沿强、弱风化界面汇集、运动，场地由于基岩面较陡，排泄较通畅，地下水贫乏，地下水位埋深一般均较深，地下水富水性属贫～弱含水，对工程施工影响较小。

3. 岩土体渗透系数

勘察报告综合现场水文地质试验和室内试验成果，场地各岩土层渗透系数推荐值见表9-1。

表9-1　各岩土层推荐渗透系数

层号	岩土层名称	渗透系数/($\times10^{-6}$cm·s^{-1})		透水性评价
		水平 K_h	垂直 K_v	
①	杂填土（尾矿渣）	607.14	415.56	弱透水
风化岩层		22.09		弱透水

9.2.4　场地的地震效应

根据《建筑抗震设计规范》(GB 50011—2010)附录A，南京市抗震设防烈度为7度，设计地震加速度值为0.10g，设计地震分组为第一组。建筑场地类别为Ⅰ$_1$～Ⅱ类。按不利因素综合判定场地建筑场地类别为Ⅱ类，特征周期值为0.35 s[143]。

经勘探揭示，拟建场区浅层20 m内均为杂填土及风化岩，未见可液化土层，故不考虑场地的液化影响。依据场区所处的地形地貌单元和土层分布特征，综合判定拟建场地属对建筑抗震不利地段。场地各岩土层动参数见表9-2。

表 9-2　场地各岩土层动参数表

层号	地层名称	平均波速		动参数		
		横波波速 $V_s/(m \cdot s^{-1})$	纵波波速 $V_p/(m \cdot s^{-1})$	动泊松比 μ_d	动弹性模量 E_d/MPa	动剪切模量 G_d/MPa
①	杂填土	141.4	393.0	0.425 4	110.9	38.9
$③_1$	强风化凝灰岩	531.6	1 286.8	0.396 9	1 700.6	608.9
$③_{2a}$	破碎中风化凝灰岩	632.0	1 521.3	0.395 8	2 629.4	942.2
$③_2$	中风化凝灰岩	784.1	1742.7	0.3729	3 998.7	1 456.5
$④_1$	强风化蚀变安山质凝灰岩	555.1	1312.6	0.389 0	1 839.1	661.6
$④_{2a}$	破碎中风化安山质凝灰岩	766.0	1 841.2	0.395 3	3 872.9	1 389.7
$④_{2b}$	强风化安山质凝灰岩	542.7	1 352.9	0.403 5	1 772.9	631.4
$④_2$	中风化蚀变安山质凝灰岩	1 029.4	2 328.1	0.378 5	6 911.2	2 511.4

9.2.5　不良地质作用

1. 边坡现状

牛首山东、西两峰海拔标高为 247.5 m 与 201.6 m，中部为连接两峰的鞍形山脊。后鞍形山脊处开山采石，形成了南北长约 462 m、东西宽约 294 m 的采矿坑，坑底高程 110 m，采坑四周均为坡度较陡的山坡。由此形成高为 50～130 m 不等的高边坡，坡度平均在 35°左右，局部直立或反倾。

矿坑西侧、北侧和矿坑南部高平台西南侧和东南侧共有 5 个尾矿渣堆积体。由尾矿渣堆积而成，厚度在 5～35 m 之间，土质不均，颗粒成分从黏性土到漂石均有，结构从松散到致密不均，渗透性好。矿坑南侧高平台高程在 157～163 m 之间，呈南北向长条形状，面积 9 000 m^2。局部尾矿渣堆积体有变形迹象。

岩质边坡是开矿形成的陡崖和陡坡，局部堆积矿渣形成滑坡或不稳定斜坡体。

2. 不良地质作用和地质灾害概述

勘察期间未发现岩溶、泥石流、地面沉降、活动断裂等不良地质作用和地质灾害，也未发现明显的采空区，仅在矿坑西南侧有两条小巷道，分别位于标高 130 m 和 162 m 处，长度约 100 m。

勘察期间发现，场区内有不稳定斜坡体、危岩和崩塌等地质灾害。其中坡度在 35°以下的岩质山坡，植被也发育良好的地段，未发现滑坡和崩塌等地质灾害。但是在坡度较大，尤其是坡度大于 70°的地段，调查共发现 6 处危岩或崩塌（W1、B2～B6）。此 6 处危岩和崩塌均位于陡立且裸露的岩质山坡，节理裂隙发育。另外，4 个主要的尾矿渣堆积体（XP2～XP5）由于层厚较大，坡度较陡，局部有变形地形，是潜在的不稳定斜坡。不稳定斜坡体、危岩和崩塌的平面位置详见图 9-5。典型危岩及崩塌如图 9-6 所示，典型不稳定斜坡如图 9-7 所示。

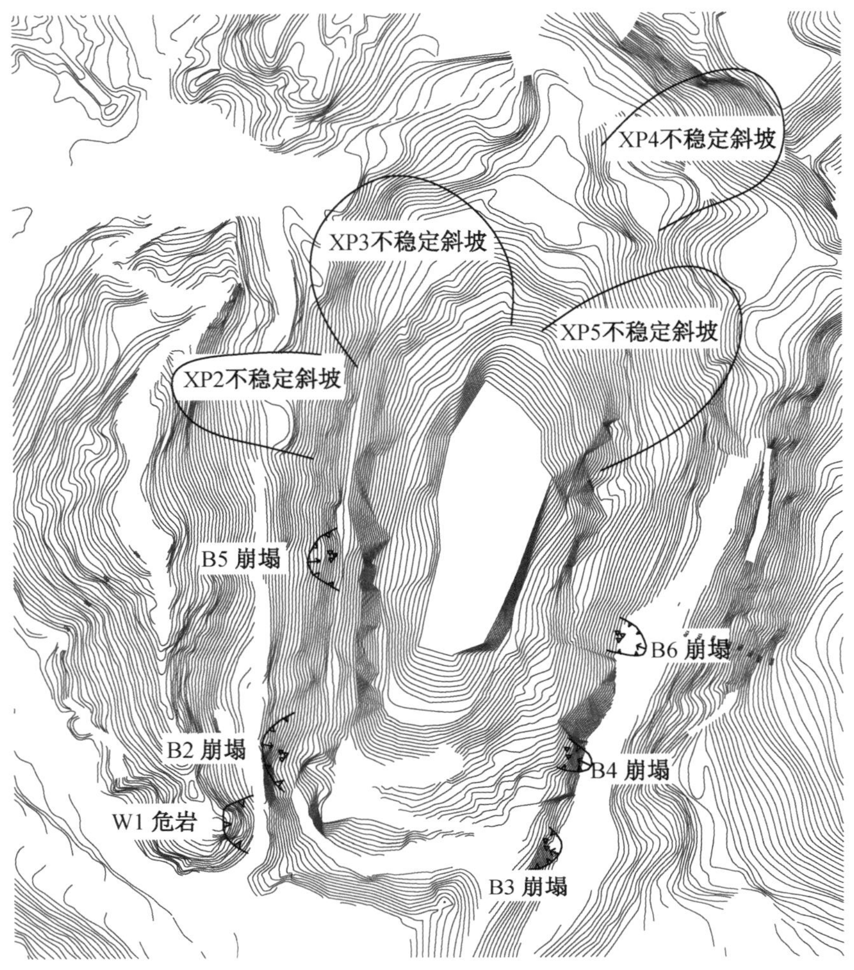

图 9-5　不良地质现象平面布置图

图 9-6　典型危岩及崩塌

图 9-7　典型不稳定斜坡

9.2.6　滑坡特征和成因

1. 滑坡平面形态特征

H1 滑坡总体平面形状近似呈扇形，总体平面图如图 9-8 所示。滑体纵向总长约 250 m，平均宽 180 m，滑体平均厚度约 20 m，总面积约 45 000 m^2，总体积约 90 万 m^3。滑体主要为尾矿渣，属中型土质滑坡；滑坡体前缘高程 85 m，滑坡后缘顶高程 162 m，相对高差约 77 m。坡体整体坡度在 17°，中后部坡度较陡，坡度在 25°～35°之间，前缘坡度较缓，坡度在 10°～20°之间，主滑方向为 247°。

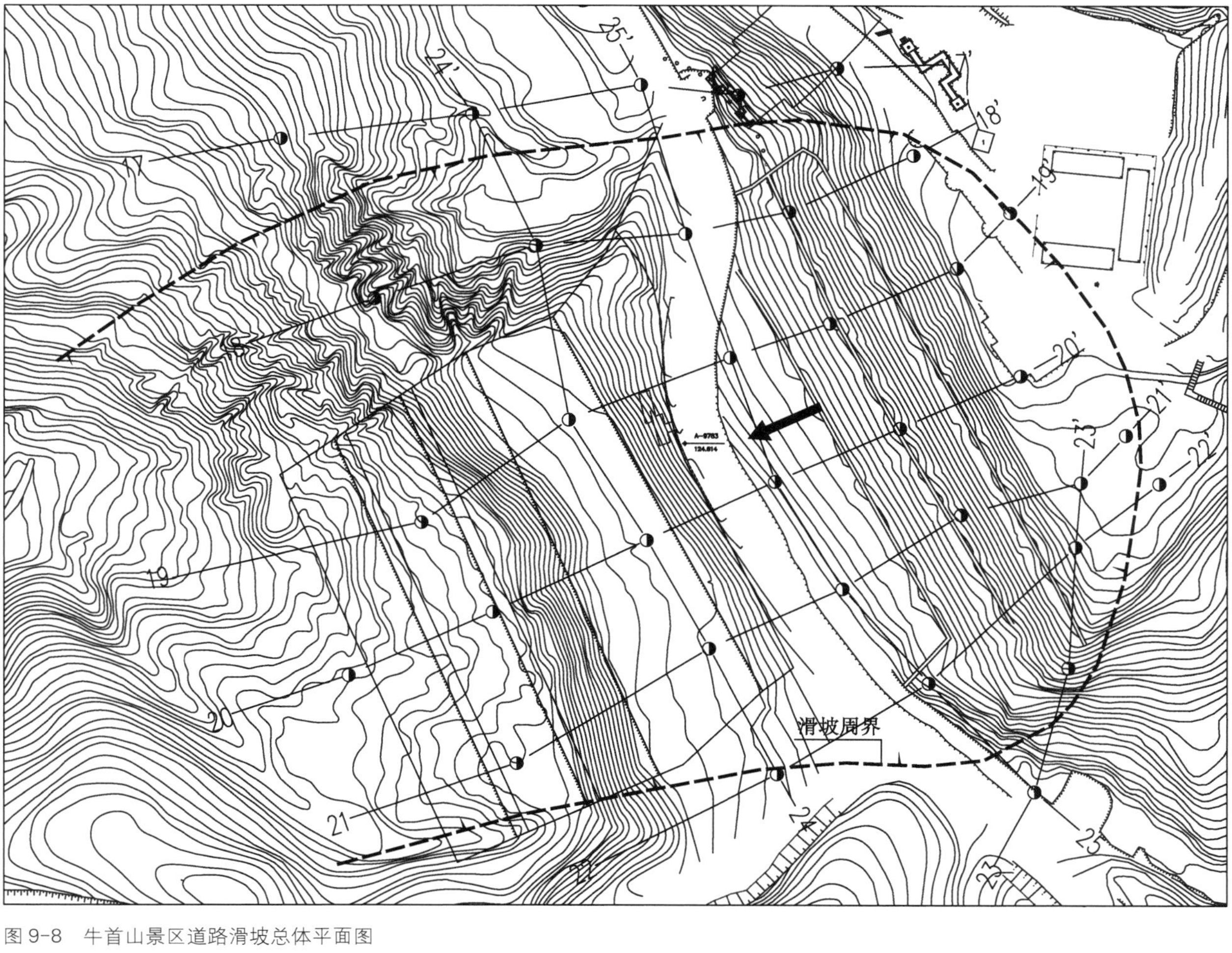

图 9-8　牛首山景区道路滑坡总体平面图

现场踏勘显示，滑坡后缘周界位于广场平台裂缝处，如图 9-9（a）所示；右侧周界为上山道路，如图 9-9（b）所示；左侧周界位于东侧山丘坡脚冲沟，如图 9-9（c）所示；滑坡前缘（南）为南部山丘下的较大冲沟。

(a) 后缘错动裂缝

(b) 右侧边界

(c) 左侧边界

图 9-9　滑坡边界

2. 滑坡结构特征

1）滑体

滑坡勘察揭示，滑坡主要由表层黏性素填土和矿渣填土组成：黏性素填土为人工回填土，厚约 1 m，主要分布于滑坡体上部；矿渣填土最厚可达 40 m，平均厚度约 20 m，呈现滑坡后缘厚度大，前部厚度薄，两侧薄的特征。

2）滑带

钻孔结果揭示，矿渣层的底面普遍分布着残积土和强风化岩，不易透水。残积土层级强风化岩层均为该地区岩石风化的产物，强度较低，透水性差，结合地面调查综合分析确定为滑坡最深的潜在滑动面。

3）滑床

滑床岩性为残积土和强风化岩组成，滑面较陡，整体坡度 17°，中间坡度在 25°～35°之间，呈台阶形，后缘和剪出口位于矿渣区内。

3. 滑坡成因机制

矿山开采期间大量矿渣堆填在坡度为 15°～20°的自然坡面，形成整体坡度为 15°～20°的坡体，局部区域坡度较大。矿渣成分杂乱，颗粒大小不一，黏聚力较差，当坡度较大时易产生滑动。

滑坡体分布区为山前斜坡带，地表植被较发育，致使地表水流动由快变缓，且坡体整体坡度为 15°～20°，坡度相对较缓，为地表水下渗提供较好条件。

勘察区内矿渣填土渗水性极强，而②层残坡积土或$④_1$ 层强风化岩均为不透水层。暴雨工况下，地下水易在矿渣填土内聚积，矿渣内填土处于地下水浸没的饱和状态，土体容重增大，下滑力增加。而受雨水浸蚀作用，②层残积土或$④_1$ 层强风化岩表层的滑带土体强度降低，并最终形成软弱滑动面。暴雨工况下，滑体下滑力增加，而土体强度降低，抗滑力减小，导致滑坡发生。

表 9-3　极限平衡法计算采用材料参数

材料参数			层序							
			①	②	③$_1$	③$_2$	④$_1$	④$_2$	③$_{2a}$	④$_{2a}$
重度 γ/(kN·m^{-3})	天然工况		19.3	19.9	20.4	24.9	20.5	24.8	23.7	23.1
	饱和工况		19.8	20.1	20.9	24.9	21.2	24.8	(24)	(24)
抗剪强度	黏聚力 c/kPa	天然工况	0	10	(18)	(600)	(18)	(500)	(42)	(42)
		饱和工况	0	8	(16)	(600)	(16)	(500)	(37)	(37)
	内摩擦角 φ/(°)	天然工况	32	30	(35)	(45)	(35)	(44)	(37)	(37)
		饱和工况	28	28	(35)	(45)	(35)	(44)	(37)	(37)
基底摩擦系数			0.20	0.28	0.40	0.50	0.40	0.50		
地基承载力特征值 f/kPa			90	150	260	4 000	220	3 800		
岩土体与锚固体黏结强度特征值 f_{rb}/kPa					100	260	100	300	180	200

9.3　设计计算分析

9.3.1　计算参数选取

结合岩土工程勘察结果及参数反分析结果，佛顶宫边坡加固设计中岩土体物理力学参数按表 9-3 与本书 9.3 节选取。综合地质勘察报告、原设计报告、原位直剪试验场试验和反分析计算结果，H1 滑坡防治设计中岩土体的物理力学指标按表 9-5选取。

表 9-4　佛顶宫边坡加固强度折减法计算所采用材料参数

材料参数		层序							
		①	②	③$_1$	③$_2$	④$_1$	④$_2$	③$_{2a}$	④$_{2a}$
重度 γ/(kN·m^{-3})		19.3	19.9	20.4	24.9	20.5	24.8	23.7	23.1
弹性模量/(×10^2 MPa)		0.16	7.17	1.23	52.5	1.58	39.99	32.83	26.72
泊松比		0.43	0.43	0.33	0.25	0.34	0.24	0.26	0.25
动弹性模量/(×10^2 MPa)		1.17	1.17	17.0	39.99	18.38	69.11	26.29	38.43
动泊松比		0.42	0.42	0.40	0.37	0.39	0.38	0.40	0.40
抗剪强度	黏聚力 c/kPa	0	10	(18)	(600)	(18)	(500)	(42)	(42)
	内摩擦角 φ/(°)	32	30	(35)	(45)	(35)	(44)	(37)	(37)
基底摩擦系数		0.20	0.28	0.40	0.50	0.40	0.50		
地基承载力特征值 f/kPa		90	150	260	4 000	220	3 800		
岩土体与锚固体黏结强度特征值 f_{rb}/kPa				100	260	100	300	180	200

表 9-5　H1 滑坡治理设计所采用的岩土体的物理力学参数

材料参数			土层			
			①	—	④$_1$	④$_2$
			矿渣	滑带	强风化岩	中风化岩
容重	天然状态/(kN·m^{-3})		19.3	18.8	20.5	24.8
	饱和状态/(kN·m^{-3})		19.8	20	21.2	24.8
抗剪强度	天然状态	c/kPa	0	10	(18)	(500)
		φ/(°)	32	20	(35)	(44)
	饱和抗剪强度	c/kPa	0	8	(16)	(500)
		φ/(°)	28	15	(35)	(44)
	有效抗剪强度	c'/kPa	18	17		
		φ'/(°)	38	25		
天然单轴抗压强度		R/MPa				10.6
基底摩擦系数		μ	0.2		0.4	0.5
锚固体极限摩阻力标准值		q_{sik}/kPa		35	135	180
地基土水平抗力比例系数		M/(MN·m^{-4})	10	22	25	120

天然工况下各土层的物理力学参数选天然状态指标；暴雨工况采用有效抗剪强度指标；地震工况中地震加速度 $a=0.10g$，各土层的物理力学参数选天然状态指标。

9.3.2　设计计算剖面

佛顶宫边坡加固设计平、剖面图如图 9-10、图 9-11 所示。

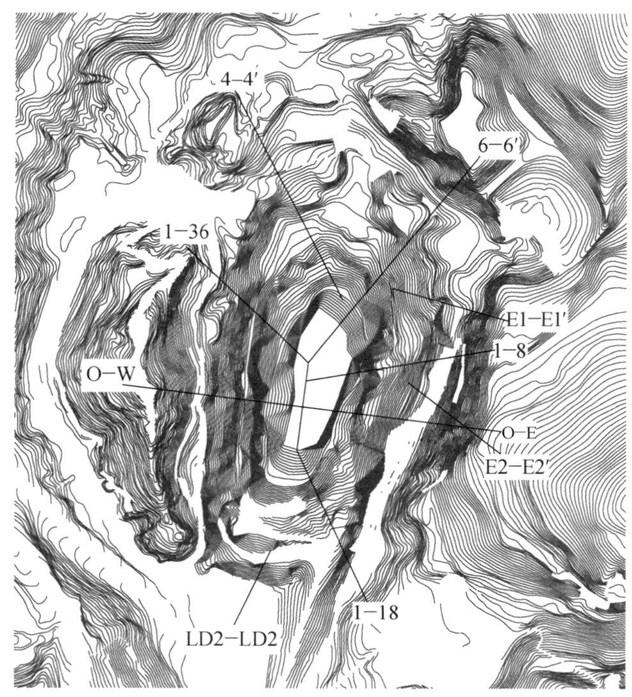

图 9-10　边坡削坡加固断面分区图

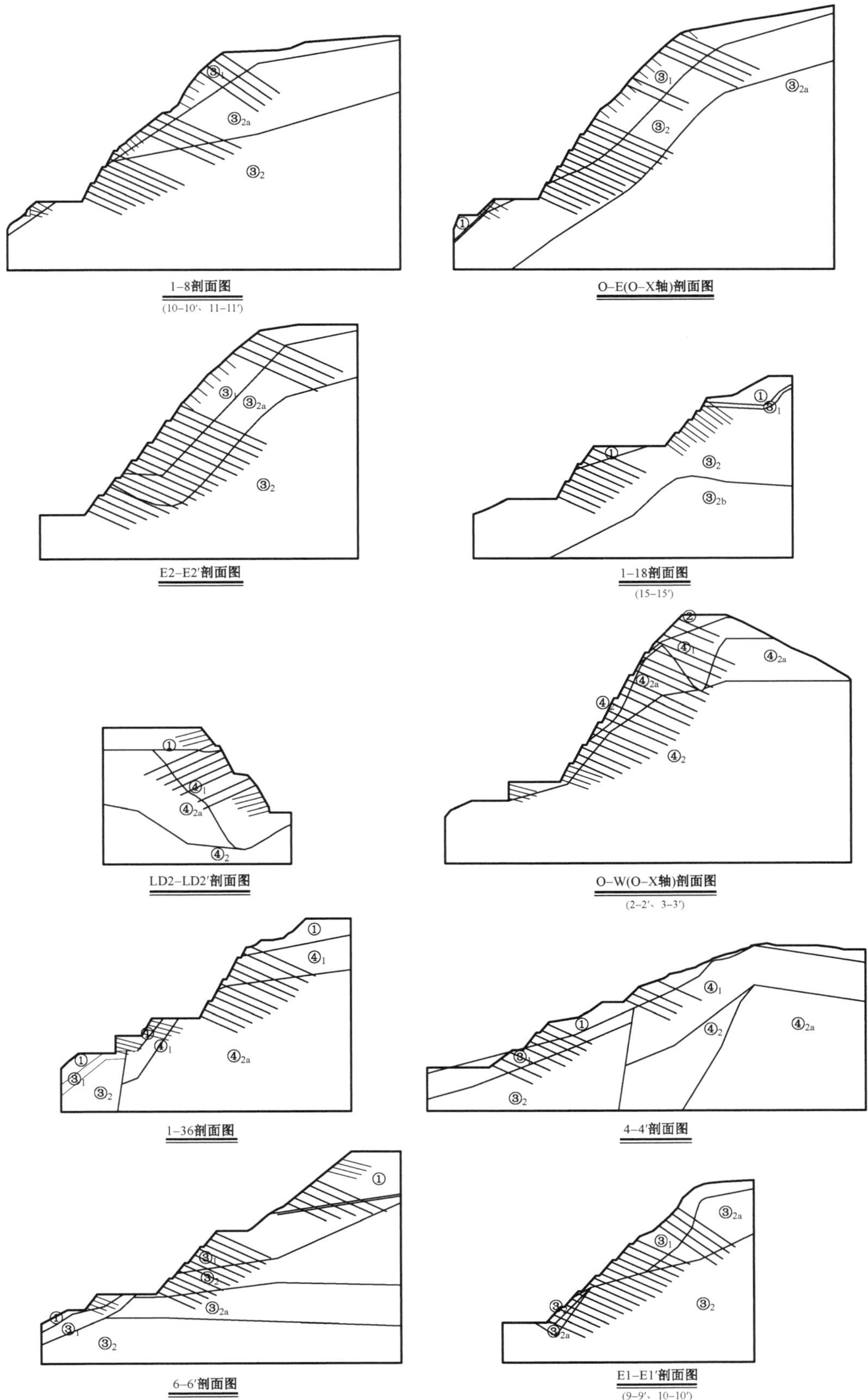

图 9-11　边坡削坡加固剖面图

H1 滑坡治理设计的计算平、剖面图如图 9-12、图 9-13 所示。

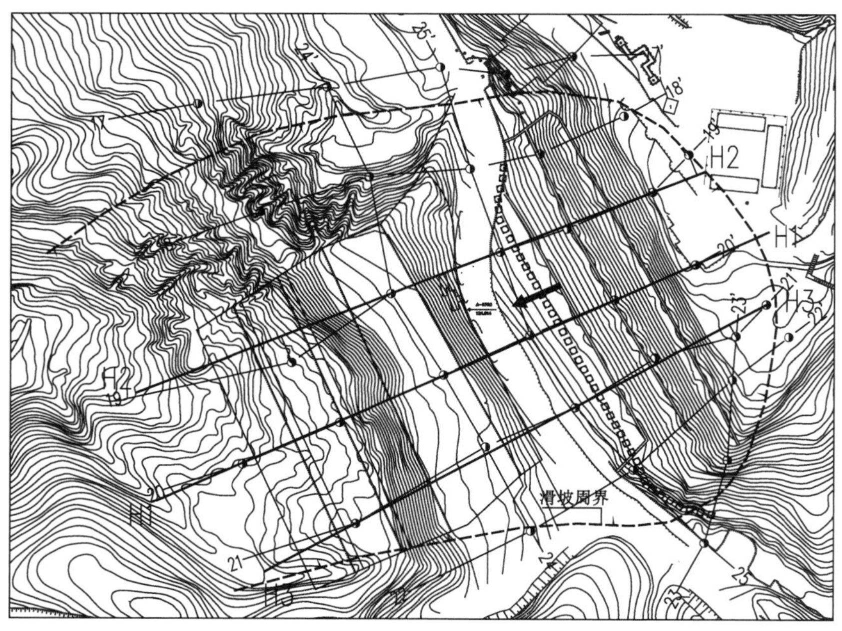

图 9-12　H1 滑坡计算平面图

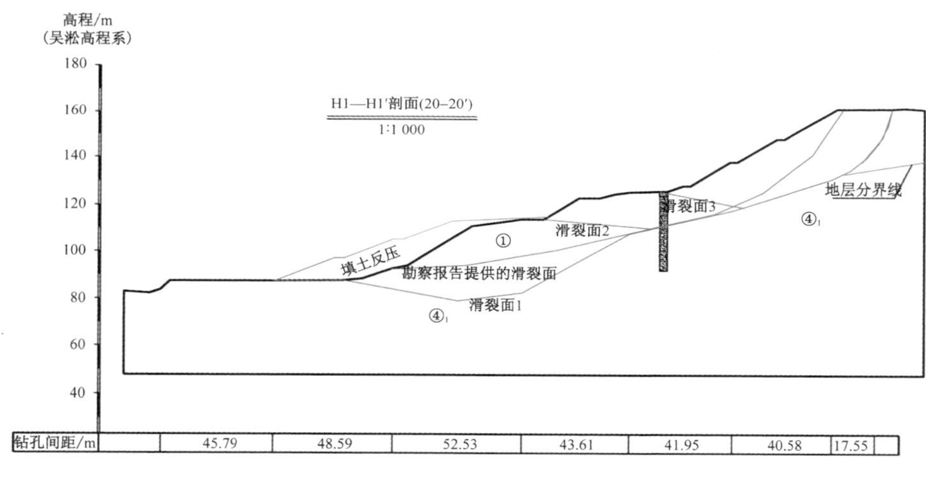

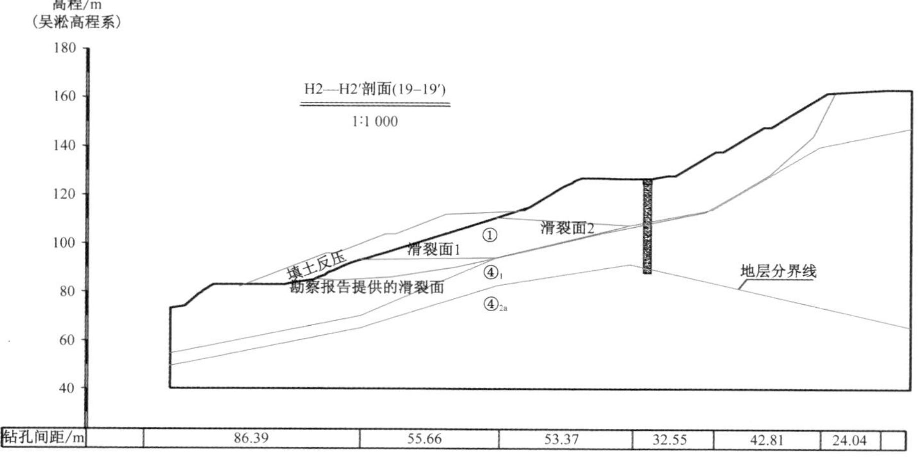

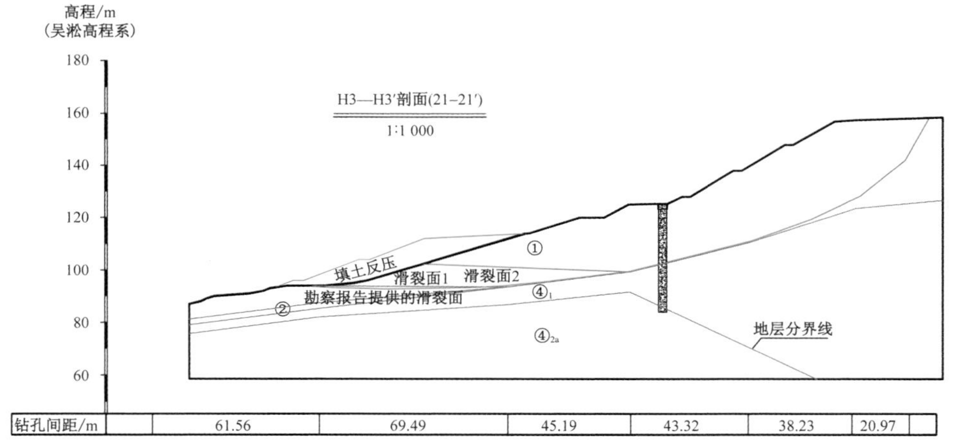

图 9-13　H1 滑坡计算剖面

9.3.3　失稳模式初步判定

根据变形破坏机制分析，危岩体的破坏主要是沿岩体结构面的滑移，受软弱结构面的控制。因此，可采用结构面的极射赤平投影分析进行岩质边坡失稳模式的初步判定。其基本原理如下：将岩体结构面投射于绘有坡面大圆和岩体强度摩擦圆的赤平投影图上（从最不利角度考虑，岩体内摩擦角取 35°，结构面倾角取最小值）。若结构面或两结构面交线的倾角大于摩擦角而小于坡面倾角，即交点落在坡面大圆与摩擦圆之间的区域，则节理面切割的岩块或楔形体会沿结构面或结构面交线滑动，落在区外则不会滑动。以佛顶宫东侧边坡上的 D357 观测点为例介绍极射赤平投影法判定岩体失稳模式的工程应用。

佛顶宫东侧地质观测点 D357 处有 4 组节理，分别为节理 L1（150°∠72°）、节理 L2（79°∠56°）、节理 L3（178°∠26°）和 L4（235°∠55°）节理。削坡后受节理面影响的坡段坡率为 1∶0.5、1∶0.75 或垂直。该观测点节理面的赤平极射投影图如图 9-14 所示。

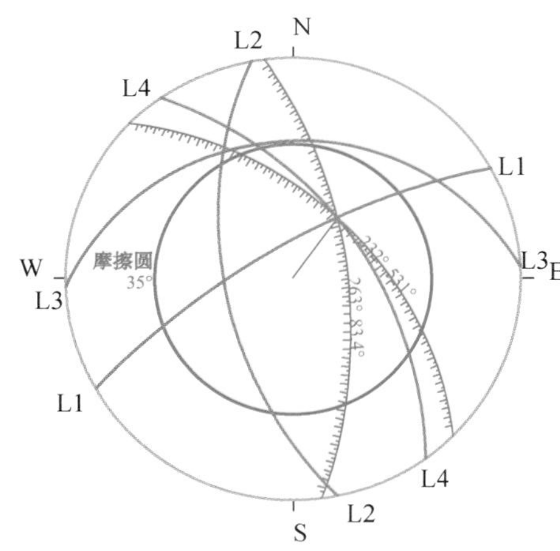

图 9-14　D357 处节理面赤平极射投影图

由图 9-14 可知，节理 L1（150°∠72°）与节理 L4（235°∠55°）的交线 L14（214°∠60°），及节理 L1（150°∠72°）与节理 L2（79°∠56°）的交线 L12（88°∠62°）均落在摩擦圆内。

对于坡率为 1∶0.75 的坡段，交线 L12 和 L14 的倾角均大于坡角，即交线 L12 和 L14 均位于安全区。

对于坡率为 1∶0.5 的坡段，当坡向为 167°～263°时，交线 L14 位于危险区。

对于垂直坡段，当坡向为 48°～128°时，交线 L12 位于危险区。

东侧坡率为 1∶0.5 的岩石边坡坡向为 266°～303°，依据上述分析，交线 L12 位于安全区，即坡率为 1∶0.5 的岩石边坡不会发生崩塌。

东侧垂直坡段的岩石边坡坡向为 304°～323°时，交线 L12 位于安全区。

9.3.4 静力计算分析

1. 极限平衡法计算结果

1）佛顶宫边坡稳定性计算

根据岩土工程勘察资料及数值模拟分析，佛顶宫边坡可能发生的滑坡破坏模式有圆弧滑动及界面滑动，其中圆弧滑动面可采用简化 Bishop 法自动搜索得到。针对边坡削坡后及锚索（杆）加固后，采用简化 Bishop 法分别计算天然工况、暴雨工况及地震工况下的各断面的边坡稳定性安全系数。

削坡后边坡的简化 Bishop 计算结果（表 9-6）表明：天然工况下的稳定性系数为 0.789～1.287；暴雨工况下为 0.672～1.177；地震工况下为 0.695～1.194，大部分边坡削坡后安全系数均小于 1.0，存在滑动的风险。计算结果表明，滑裂面多显示在填土层、强风化岩土内部或岩土交界面处（图 9-15）。

表 9-6 削坡后简化 Bishop 计算结果

序号	剖面方位	断面号	天然工况	暴雨	地震	控制性破坏面
1	东区	1-8	1.037	1.001	0.998	浅层圆弧滑裂面
			1.088	1.060	1.048	深层圆弧滑裂面
2	东区	O-E	0.853	0.833	0.820	浅层圆弧滑裂面
			0.912	0.890	0.869	深层圆弧滑裂面
			1.114	1.097	1.071	深层折线滑裂面
3	东区	E2-E2′	0.914	0.890	0.879	深层圆弧滑裂面
			1.144	0.996	0.993	坡中浅层圆弧滑动
4	南区	1-18	0.789	0.672	0.759	下坡段浅层圆弧滑裂面
			1.530	1.302	1.436	坡顶假定的浅层圆弧滑动
5	南区	LD2-LD2	0.974	0.908	0.935	深层圆弧滑裂面
6	西区	O-W	1.067	0.937	1.020	浅层圆弧滑裂面
			0.934	0.890	0.900	深层圆弧滑裂面
			1.022	0.991	0.987	深层直线或折线滑裂面
7	西北区	1-36	0.849	0.733	0.695	下坡段浅层圆弧滑裂面
			1.125	1.112	0.990	上坡段深层圆弧滑裂面
8	北 1 区	4-4′	1.287	1.177	1.194	深层圆弧滑裂面
			1.582	1.346	1.509	假定的坡中浅层圆弧滑动面
9	北 2 区	6-6′	0.955	0.833	0.911	浅层圆弧滑裂面
			1.125	0.993	1.069	深层圆弧滑裂面
			1.182	0.980	1.123	深层折线滑裂面
10	北 2 区	E1-E1′	1.126	1.100	1.079	深层圆弧滑裂面
			1.512	1.428	1.453	坡顶假定的浅层圆弧滑动

锚杆（索）加固后，边坡稳定性安全系数计算结果（表 9-7）为：天然工况下的稳定性安全系数为 1.347～2.533，大于 1.3；暴雨工况下的安全系数为 1.283～1.885，大于 1.25；地震工况下的安全系数为 1.236～1.895，大于 1.2。计算结果表明加固后各断面的边坡安全系数都能满足设计要求。

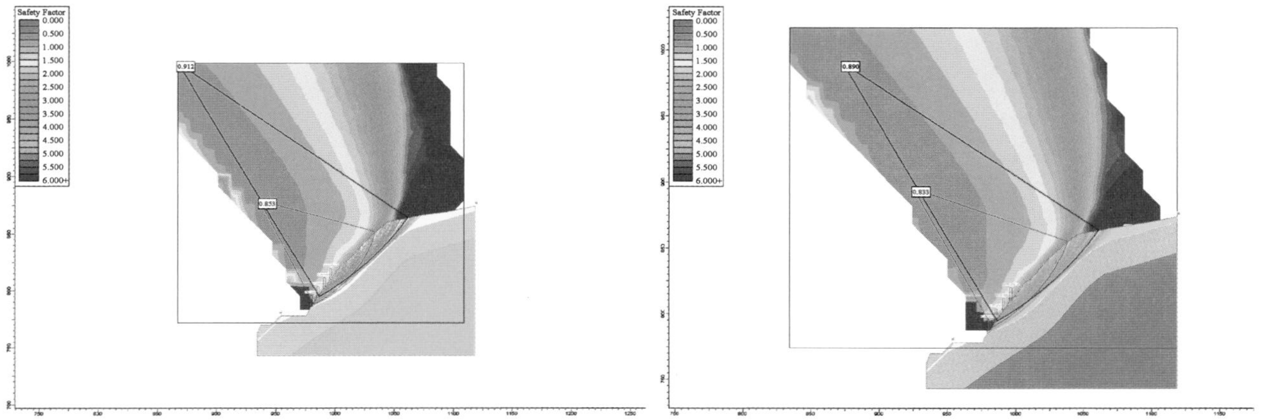

图 9-15　典型剖面安全系数云图

表 9-7　锚索加固后简化 Bishop 计算结果

序号	剖面方位	断面号	天然工况	暴雨工况	地震工况	控制性破坏面
1	东区	1-8	1.374	1.296	1.236	浅层圆弧滑裂面
			2.533	1.824	1.818	深层圆弧滑裂面
2	东区	O-E	1.347	1.319	1.293	浅层圆弧滑裂面
			1.421	1.390	1.365	深层圆弧滑裂面
			1.723	1.684	1.651	深层折线滑裂面
3	东区	E2-E2′	1.512	1.491	1.476	深层圆弧滑裂面
			1.348	1.312	1.301	坡中浅层圆弧滑动
4	南区	1-18	>2	>2	>2	下坡段浅层圆弧滑裂面
			1.530	1.302	1.436	坡顶假定的浅层圆弧滑动
5	南区	LD2-LD2	1.513	1.470	1.458	深层圆弧滑裂面
6	西区	O-W	3.482	3.356	3.301	浅层圆弧滑裂面
			1.777	1.714	1.710	深层圆弧滑裂面
			1.806	1.746	1.740	深层直线或折线滑裂面
7	西北区	1-36	1.704	1.619	1.668	下坡段浅层圆弧滑裂面
			1.966	1.885	1.895	上坡段深层圆弧滑裂面
8	北1区	4-4′	>2	>2	>2	深层圆弧滑裂面
			1.582	1.346	1.509	假定的坡中浅层圆弧滑动面
9	北2区	6-6′	1.502	1.277	1.423	浅层圆弧滑裂面
			1.748	1.679	1.628	深层圆弧滑裂面
			1.789	1.710	1.694	深层折线滑裂面
10	北2区	E1-E1′	2.162	2.101	2.062	深层圆弧滑裂面
			1.512	1.428	1.453	坡顶假定的浅层圆弧滑动

采用严格条分 Morgenstern-Price 法对加固边坡稳定性安全系数进行复核，结果见表 9-8。对比发现，Morgenstern-Price 法计算结果与简化 Bishop 法计算结果基本相同。这说明尽管不严格满足平衡条件，但简化 Bishop 法对圆弧滑面安全系

数的计算结果与其他严格条分法安全系数基本吻合，是非常实用的边坡稳定性分析方法[144]。

表 9-8 简化 Bishop 法和 Morgenstern-Price 法计算结果比较

序号	断面号	计算方法	天然工况	暴雨工况	地震工况
1	1-8	简化 Bishop 法	1.374	1.296	1.236
		Morgenstern-Price 法	1.372	1.300	1.262
2	O-E	简化 Bishop 法	1.347	1.319	1.293
		Morgenstern-Price 法	1.339	1.315	1.284
3	E2-E2´	简化 Bishop 法	1.348	1.312	1.301
		Morgenstern-Price 法	1.347	1.313	1.304
4	1-18	简化 Bishop 法	1.530	1.302	1.436
		Morgenstern-Price 法	1.530	1.302	1.439
5	LD2-LD2	简化 Bishop 法	1.513	1.470	1.458
		Morgenstern-Price 法	1.496	1.453	1.440
6	O-W	简化 Bishop 法	1.777	1.714	1.710
		Morgenstern-Price 法	1.764	1.701	1.692
7	1-36	简化 Bishop 法	1.704	1.619	1.668
		Morgenstern-Price 法	1.747	1.656	1.705
8	4-4´	简化 Bishop 法	1.582	1.346	1.509
		Morgenstern-Price 法	1.581	1.343	1.515
9	6-6´	简化 Bishop 法	1.502	1.277	1.423
		Morgenstern-Price 法	1.506	1.272	1.422
10	E1-E1´	简化 Bishop 法	1.512	1.428	1.453
		Morgenstern-Price 法	1.514	1.427	1.452

2）H1 滑坡稳定性计算

(1) 加固前边坡稳定性计算。

尾矿渣边坡稳定性验算采用简化 Bishop 法进行，尾矿渣抗剪强度采用岩土工程勘察推荐值，滑带土体抗剪强度采用滑带综合抗剪强度，计算结果见表 9-9。各剖面安全系数均不能满足安全和设计要求，需要进行加固治理。

表 9-9 道路滑坡现状稳定性安全系数

剖面编号	天然工况		暴雨工况		地震工况	
	稳定系数	设计要求	稳定系数	设计要求	稳定系数	设计要求
19-19	1.227	不满足	0.818	不满足	1.140	不满足
20-20	1.168	不满足	0.778	不满足	1.089	不满足
21-21	1.419	满足	0.950	不满足	1.304	满足
23-23	1.613	满足	1.236	不满足	1.505	满足

浅层滑动面采用简化毕肖普法搜索确定，搜索结果见表 9-10。左、右滑坡的

最不利滑面三个工况下的安全系数均小于设计要求安全系数1.20，不满足安全和设计要求，需要进行加固治理。

表 9-10　道路滑坡现状浅层滑动稳定性安全系数

剖面编号	天然工况		暴雨工况		地震工况	
	稳定系数	设计要求	稳定系数	设计要求	稳定系数	设计要求
道路上段滑坡	0.915	不满足	0.780	不满足	0.870	不满足
道路下段滑坡	1.064	不满足	0.873	不满足	0.971	不满足

(2) 边坡加固后安全系数。

边坡加固处理后，采用简化 Bishop 法验算加固边坡稳定性，结果见表 9-11。

表 9-11　道路滑坡加固后稳定性安全系数

剖面编号	天然工况		暴雨工况		地震工况	
	稳定系数	设计要求	稳定系数	评价	稳定系数	设计要求
19-19	1.629	满足	1.280	满足	1.486	满足
20-20	1.550	满足	1.283	满足	1.422	满足
21-21	1.687	满足	1.330	满足	1.536	满足
23-23	1.945	满足	1.615	满足	1.827	满足

加固后浅层破坏的稳定性安全系数采用简化 Bishop 法搜索得到，见表 9-12。

表 9-12　道路滑坡 20-20 断面浅层滑动稳定性安全系数

剖面编号	天然工况		暴雨工况		地震工况	
	稳定系数	设计要求	稳定系数	设计要求	稳定系数	设计要求
道路上段滑坡	1.386	满足	1.270	满足	1.318	满足
道路下段滑坡	2.132	满足	1.669	满足	1.912	满足

由表 9-11 与表 9-12 可知，采用锚拉抗滑桩 + 堆土反压 + 框架梁锚索是安全的，符合规范和设计要求。

2. 有限元强度折减法计算结果

为进行边坡加固设计及保证运营期边坡稳定性要求，采用有限元强度折减法对各典型断面的稳定性进行复核。有限元分析中，边坡岩土体采用实体单元模拟，锚索及锚杆采用杆单元进行模拟。边坡岩土体的材料非线性采用 Mohr-Coulomb 模型描述。

针对上述各典型断面，采用有限元强度折减法计算边坡稳定性安全系数，见表 9-13。由表 9-13 可知，大部分边坡削坡后安全系数均小于 1，存在滑动的风险，需进行加固治理。

表 9-13　削坡后有限元计算结果

序号	断面号	天然	暴雨	地震	控制性破坏面
1	1-8	1.088	0.938	1.063	深层
2	O-E	0.975	0.962	0.920	深层
3	E2-E2′	0.938	0.912	0.900	深层
4	1-18	0.763	0.650	0.737	浅层
		0.675	0.663	0.613	深层
5	LD2-LD2	0.913	0.802	0.875	浅层
6	O-W	0.925	0.863	0.887 5	深层
7	1-36	0.751	0.710	0.675	浅层
		0.850	0.762	0.748	深层
8	4-4′	0.775	0.672	0.725	浅层
		1.038	0.862	0.963	深层
9	6-6′	0.775	0.663	0.724	浅层
		0.851	0.700	0.788	上坡深层
		0.925	0.812	0.975	下坡深层
10	E1-E1′	0.688	0.636	0.663	深层

图 9-16 为有限元强度折减法分析得到的典型断面最大剪切应变云图。由图 9-16可知，滑裂面多位于填土层/强风化岩层内部或岩土交界面处。由图中最大剪切变云图可以确定边坡潜在最不利滑裂面的位置，进而确定边坡加固范围及锚杆(索）自由段长度。

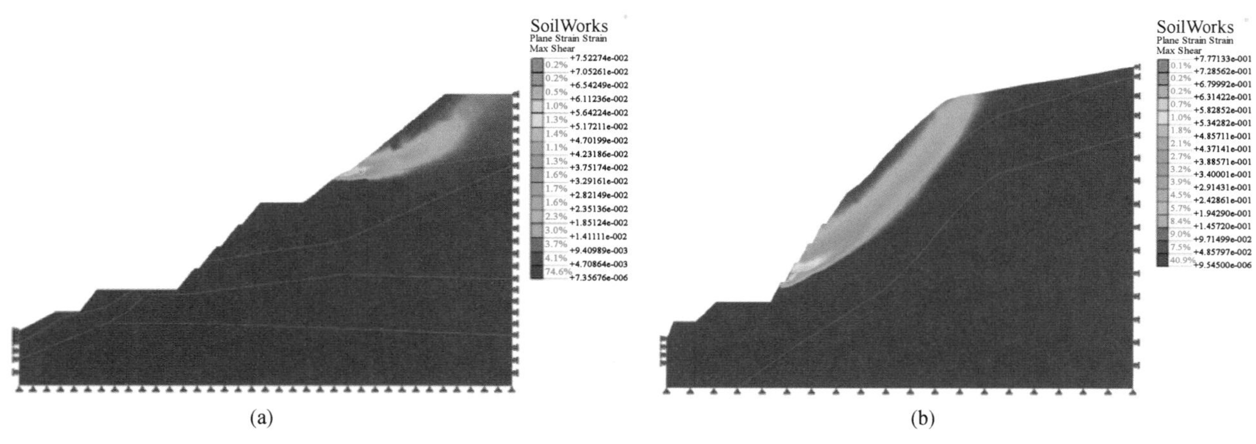

图 9-16　典型剖面削坡后剪切应变云图

边坡加固治理后，采用有限元强度折减法计算得到边坡稳定性安全系数，见表 9-14。计算结果表明，加固后边坡的安全系数均能满足设计要求。

表 9-14　削坡加固后有限元计算结果

序号	断面号	天然	暴雨	地震
1	1-8	1.387	1.275	1.288
2	O-E	1.362	1.263	1.287
3	E2-E2′	1.351	1.238	1.326
4	1-18	1.613	1.375	1.512
5	LD2-LD2	1.313	1.251	1.298
6	O-W	1.650	1.387	1.563
7	1-36	1.563	1.375	1.476
8	4-4′	1.470	1.316	1.351
9	6-6′	1.550	1.312	1.487
10	E1-E1′	1.400	1.284	1.325

对比表 9-7 与表 9-14 的计算结果可知，有限元强度折减法的计算结果通常较简化 Bishop 法计算结果略小。这可能是由于二者的计算原理不同：

（1）简化 Bishop 法是通过分析临近破坏状态下土体外力与内部强度所提供的抗力之间的平衡关系来计算安全系数。

（2）有限元强度折减法是有限元和强度折减法的综合，采用离散化结构代替原来的连续体结构，通过不断降低边坡岩土体抗剪强度参数使其达到极限破坏状态，根据弹塑性有限元计算结果得到破坏滑动面，得到边坡的强度储备安全系数。

9.3.5　动力计算分析

1. 计算模型

矿坑内选取 4 个典型的剖面 O-W（西区），O-E（东区），6-6′（北区），1-18（南区）进行计算分析。边坡尺寸选取如下：O-W 剖面模型，选取高度 170 m，长 778 m，坡高 88 m；O-E 剖面模型选取高度 220 m，长 855 m，坡高 110 m；6-6′剖面模型选取高度 170 m，长 860 m，坡高 90 m；1-18 剖面模型选取高度 122 m，长 835 m，坡高 62 m。

模型中的锚杆、锚索采用二结点的梁单元模拟。对梁单元施加预压力从而产生预应力效果。计算中考虑了锚杆、锚索的轴向拉压作用及抗弯作用，忽略了锚杆、锚索与岩体接触面上的剪切滑移作用。在静力计算中，将重力作为主要作用力施加在锚固坡体上，计算静力作用下受力变形特征以及相应的安全系数值。在动力计算中，预先将锚杆、锚索单元设为空单元，对模型施加重力求出边坡内的初始应力分布，然后激活空单元，导入初始应力场，施加地震动荷载，求出在地震动荷载作用下基坑的基本受力变形特征以及相应的安全系数值。实际施工后，由于各种原因带来的预应力损失，砂浆的剪切滑移表现在预应力松弛上，在计算中取设计预应力值的 80%作为锚杆、锚索的预应力值。削坡锚索（杆）加固后的模型如图 9-17所示。

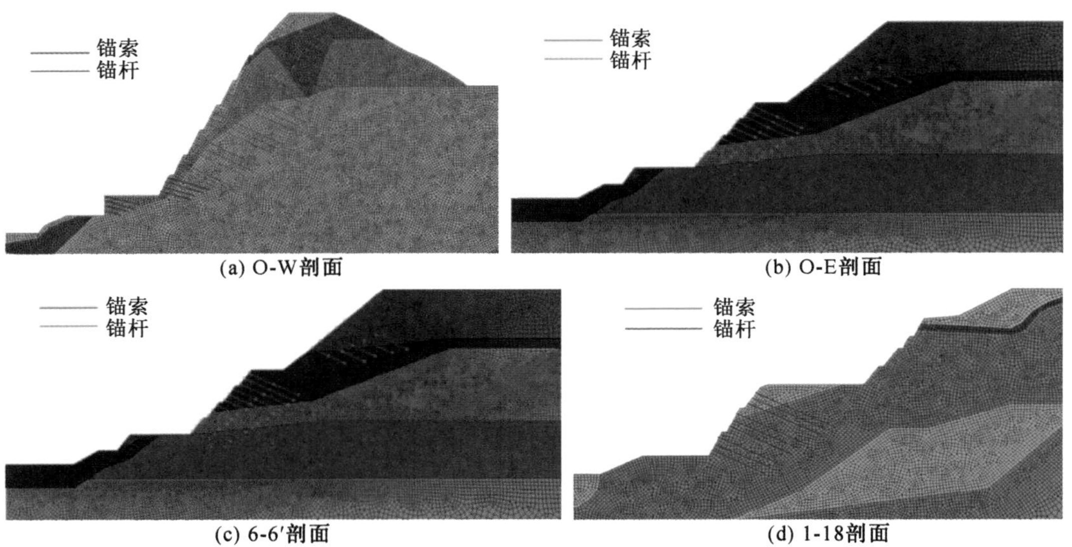

图 9-17　四个典型剖面锚索加固后网格模型

2. 边界条件

模型除边界采用无限元外，内部均采用四边形四节点平面应变单元进行划分。O-W 剖面节点总数为 26 344 个，单元总数为 27 752 个；O-E 剖面节点总数为 23 903个，单元总数 23 798 个；6-6′剖面节点总数为 32 197 个，单元总数为 33 690 个；1-18 剖面节点总数为 26 572 个，单元总数为 26 531 个。其中坑周单元分布密集，密集范围内的单元最大尺寸不超过 0.5 m×0.5 m，在远离边坡坡体处，单元稀疏分布，网格尺寸为 5～8 m。坐标取向沿高度方向为 y 正方向，沿基坑方向为 x 正方向，长度单位为 m。模型中所有单元均采用摩尔-库伦屈服准则。边坡左侧坑底为轴对称边界，边坡右侧为普通边界，右侧仅约束 x 方向，底部为固定边界。动力计算时，除左右两边边界为无限元边界外，其余网格均与静力计算时相同。底部边界将 x 方向放开，变为自由向，y 方向仍然固定约束，在模型底部 x 方向输入南京人工合成波作为地震动荷载的输入。

3. 工况和加载情况

动力计算主要考虑以下工况：

(1) 开挖后无支护状态下地震荷载工况。在此工况下，重力产生地应力作为初始状态加入模型中，进行地应力平衡后，在模型底部输入水平向地震动荷载，以计算地震动荷载在边坡的地震响应，包括加速度响应、应力、安全系数值、滑动面变化等。其中，输入的地震动为南京地区人工合成波，分别代表大震状态，50 年超越概率为 2%，输入最大加速度值为 180 cm/s^2；中震状态，50 年超越概率为 10%，输入最大加速度值为 103 cm/s^2；小震状态，50 年超越概率为 63%，输入最大加速度值为 34 cm/s^2 (图 9-18)[145]。

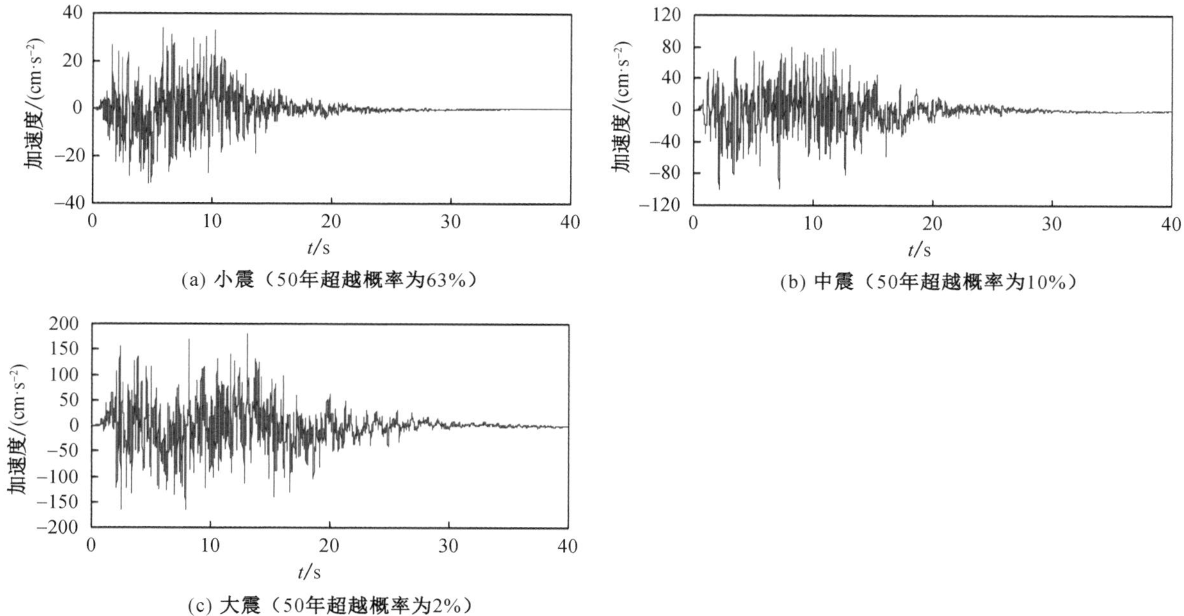

(a) 小震（50年超越概率为63%）

(b) 中震（50年超越概率为10%）

(c) 大震（50年超越概率为2%）

图 9-18　南京牛首山人工合成地震波

(2) 支护状态下地震荷载工况。在此工况下，重力产生地应力仍然作为初始状态加入模型中，然后激活锚杆、锚索，再在模型底部输入水平向地震动荷载，输入的地震动荷载同工况 (1)。最终获得地震动荷载在边坡的地震响应，包括加速度响应、应力、安全系数值、滑动面变化等。

4. 位移响应

有限元动力计算结果表明：边坡位移随地震持时发生变化，在 4～6 s 的时刻，位移达到最大值。图 9-19 位移场分布显示最大的水平位移、沉降与静力下的分布情况一致，均发生在坡顶或坡面的填土、残积土及强风化岩层中。图 9-20 为不同地震工况下边坡水平位移 (U_1)、沉降 (U_2)、坡顶与坡底的最大水平相对位移 (U_3)。由图可知，边坡位移 U_1，U_2 及 U_3 均随地震加速度峰值的增大而增大。相比于小震工况，中震工况下的 U_1 增大了 45.0%～73.2%，U_2 增大了 68.7%～118.2%，U_3 增大了 10.5%～150.9%；大震工况下的 U_1 增大了 63.0%～139.2%，U_2 增大了 92.8%～260.0%，U_3 增大了 30.1%～231.3%。加速度峰值越大，位移响应越显著。

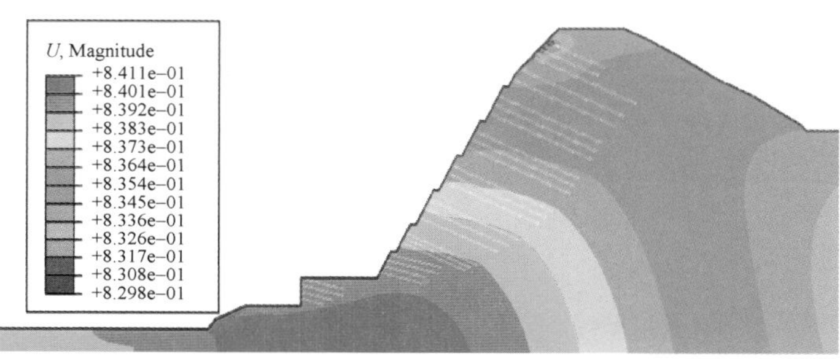

图 9-19　O-W 剖面在小震工况下的水平位移云图

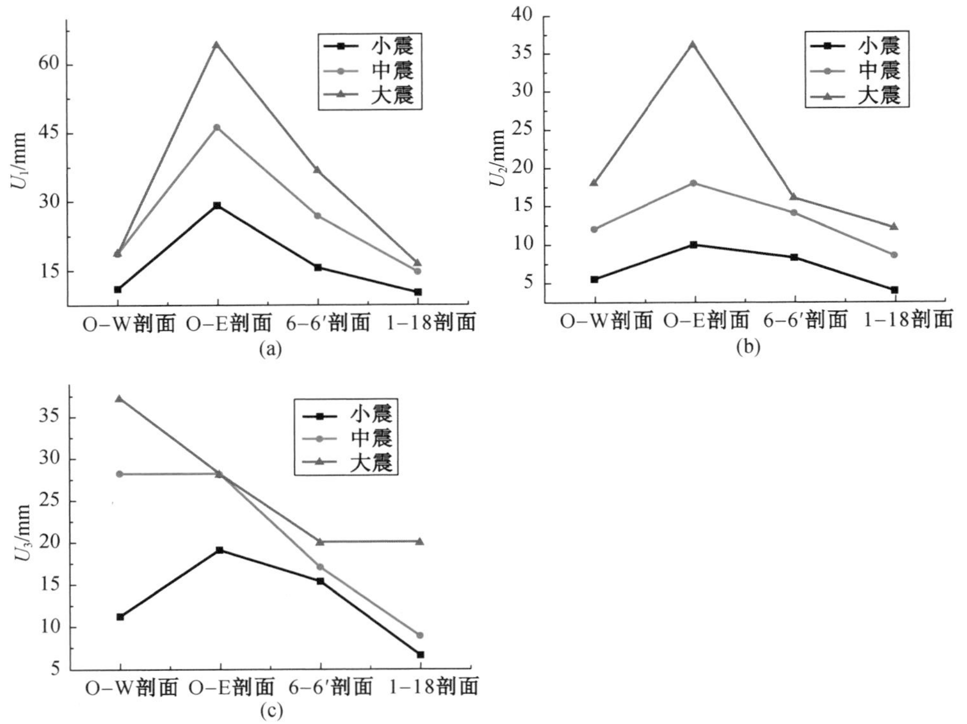

图 9-20　各种地震工况下的最大位移折线图

5. 加速度响应

加速度响应随着边坡高度方向呈放大趋势，表层土体加速度响应明显放大。最大加速度响应均发生在坡顶边缘处。由图 9-21 坡顶加速度响应峰值及放大的倍数可知，边坡加速度随地震加速度峰值的增大而增大，而加速度响应倍数与最大加速度峰值之间没有明显的增加或减小关系。

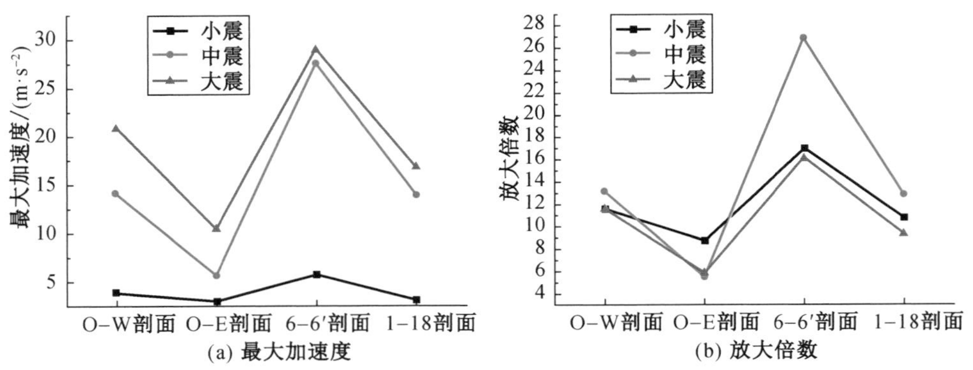

图 9-21　各种地震工况下的边坡最大加速度及放大倍数

6. 应力分布

由图 9-22 的压力云图可知，地震作用下边坡最大 Mises 应力发生在边坡内部，而最大剪应力 S_{12} 发生在坡脚。由图 9-23 中各剖面的最大应力水平可知，边坡的

Mises 应力和剪应力随地震加速度峰值的增大而增大，Mises 应力相对于静力工况分别增加 1.8%～12.1%、12.5%～74.8%、24.4%～121.8%，剪应力相对静力工况分别增加 5.0%～20.8%、93.1%～187.5%、124.1%～362.5%，边坡应力随地震加速度峰值的增大而增大，剪应力相对增大得更明显一些，反映了锚索（杆）起了显著的加固效果。

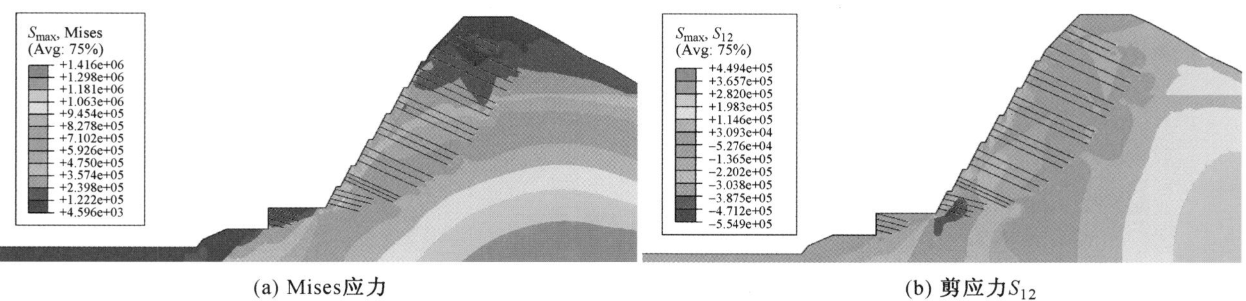

(a) Mises应力 (b) 剪应力S_{12}

图 9-22 O-W 剖面应力分布

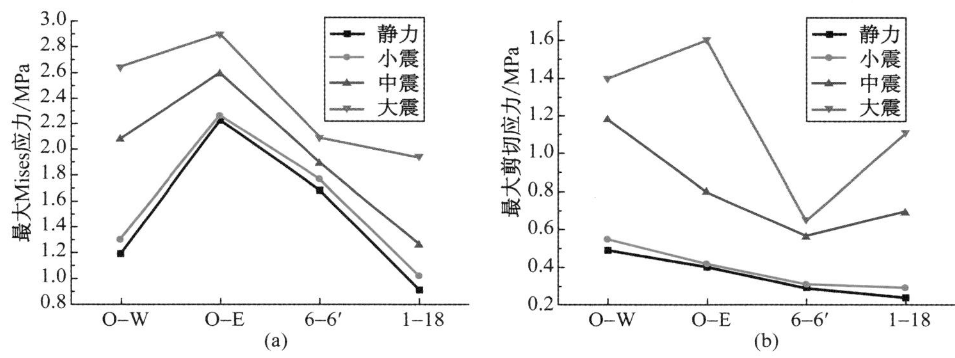

图 9-23 各种地震工况下剪应力变化情况

7. 稳定系数

表 9-15 为采用有限元强度折减法计算得到小震、中震及大震工况下各断面的边坡稳定性安全系数，由表可知边坡加固后满足小震不坏、中震可修、大震不倒的设计要求。此外，有限元动力计算表明，加固后边坡在地震作用下塑性区主要发生在坡面、未加固填土和坡体深部（图 9-24 与图 9-25），塑性区有向深层转移的趋势。这说明锚索加固后边坡的稳定性得到极大提高，坡体在设计地震作用下能够保持稳定。

表 9-15 边坡安全系数

剖面号	小震	中震	大震	破坏面位置
O-W 剖面	1.37	1.19	1.03	坡面边缘、坡底和坡脚下未支护位置
O-E 剖面	1.23	1.18	1.14	坡体中段坡面
6-6′剖面	1.20	1.10	1.02	坡体中、上段未加固区域
1-18 剖面	1.42	1.31	1.11	坡体下段坡面及坡顶未加固填土

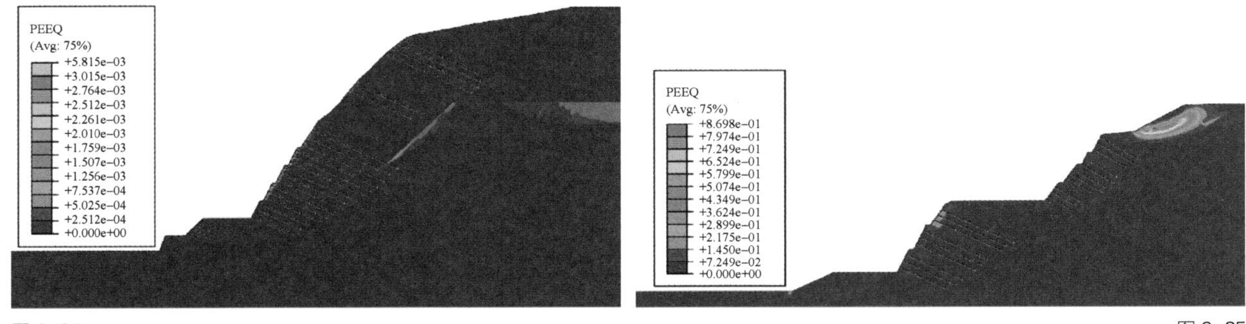

图 9-24

图 9-25

图 9-24　O-E 剖面中震作用下边坡等效塑性应变云图

图 9-25　1-18 剖面中震作用下边坡等效塑性应变云图

9.4　边坡加固治理设计

9.4.1　佛顶宫边坡加固治理设计

1. 加固方案

佛顶宫边坡总体采取坡率法结合格构式框架锚杆（预应力锚索）进行加固治理。对于危岩和崩塌，首先进行清理，清理后仍然松动或节理裂隙发育的危岩，采取破碎带固结注浆、安装主动防护网等防护措施加固；对于断层破碎带、节理裂隙发育区，采用固结注浆加固；对于不稳定斜坡，采取框架锚索加固后根据需要采取三维植草或喷锚防护。其加固治理方案典型加固断面如图 9-26—图 9-29 所示。

2. 佛顶宫台阶式边坡坡率确定原则

(1) 中风化岩层坡率 1∶0.5，强风化岩层坡率 1∶0.5～1∶0.75，矿渣或残坡积土 1∶0.75～1∶1，中风化和强风化每级坡高一般为 8～10 m，平台宽 1.5 m。

(2) 当坡顶在建筑界限内时，坡高按实际地宫层高计，平台宽为坡顶线至本地宫当前层位建筑界线外 2 m。

(3) 当坡面的矿渣或残坡积土土层厚度较小时，可沿土层与强风化岩层界线削至下一地宫层位或建筑界线外 2 m。

3. O-E 剖面加固治理方案

如图 9-26 所示，第 1 级坡（标高 119～128 m）采用 1∶1 削坡面，同时采用锚杆框架加固，锚杆采用 HRB335 直径 32 mm 钢筋，孔径 100 mm，间距 2 m×2 m，水平锚杆长度 6～9 m，锚杆倾角均为 15°。框架内采用挂网喷射混凝土防护。

东侧第 2～4 级坡面（标高 128～150 m）采用坡率 1∶0.5 削坡面，同时采用锚索框架加固，锚索孔水平间距 3 m，竖向间距 3 m，平台上下两侧锚索竖向间距为 2 m，锚索倾角 25°。每孔锚索由 8 根 UPS15.20-1860 高强低松弛无黏结钢绞线编束而成，锚固段长 12 m，锚固段进入稳定的中风化岩层不少于 13.5 m。

东侧及两侧高程 143 m 至陡坡坡顶之间的非开挖陡坡面，清除坡面松散土体或危险岩石，采用主动防护网进行坡面防护，钢绳锚杆长 6 m，局部采用锚墩锚索代替钢绳锚杆锚墩锚索设计同山顶坡面加固。

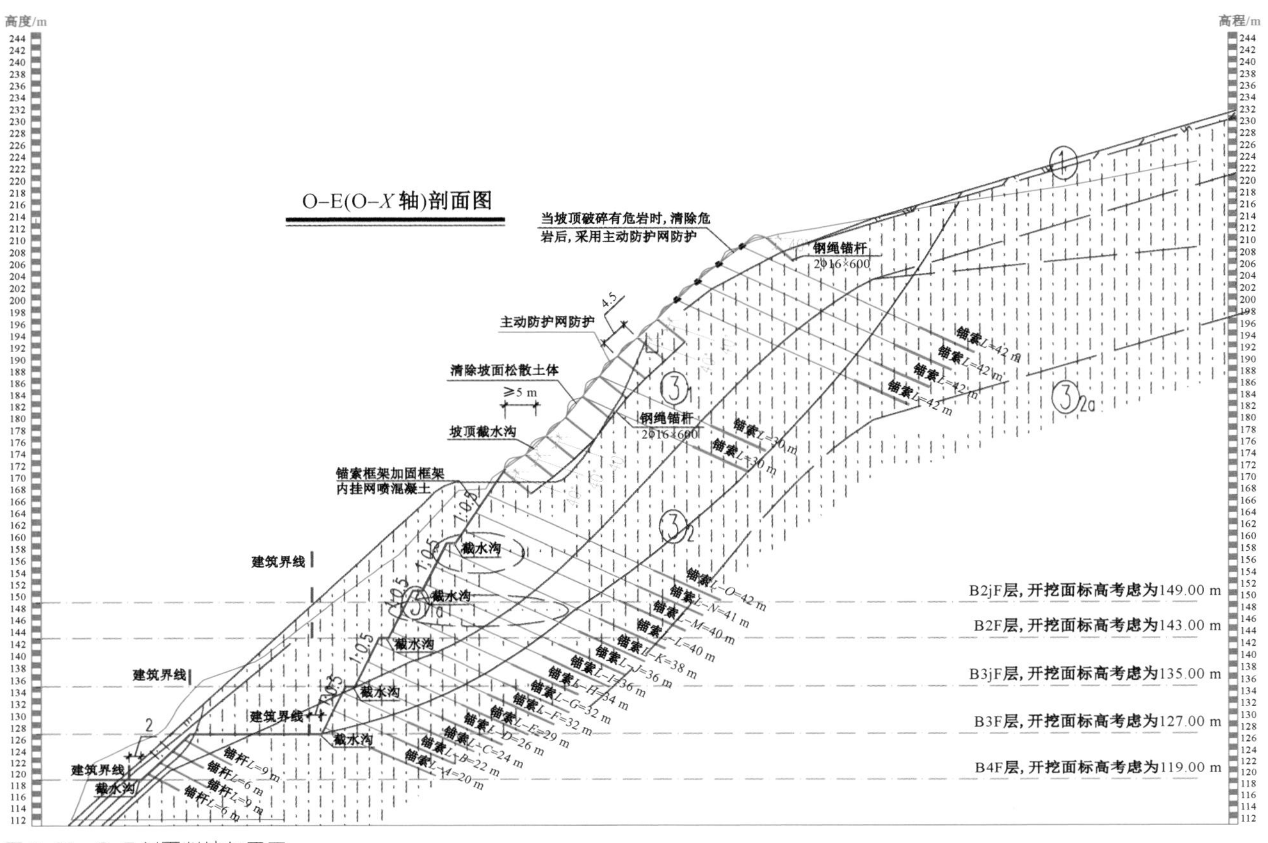

图 9-26　O-E 剖面削坡加固图

东侧山体陡坡面顶部附近（标高 200～211 m）坡面设 4 道锚墩锚索进行加固，水平间距 3 m，竖向间距 3～4 m，锚索孔下倾 25°，每孔锚索由 6 根直径 15.24 mm、强度 1 860 MPa 的高强度低松松弛无黏结钢绞线编束而成，锚固段长 10 m，锚固段进入稳定的中风化岩层不少于 11.5 m。

东侧 165 m 平台以上和东北侧 127 m 以上可能存在景观要求，未削坡处采用的主动防护网和锚墩加固可能会根据要求取消，采用其他满足景观要求的加固形式。

4. O-W 剖面加固治理方案

如图 9-27 所示，第 1 级坡（标高 119～127 m）和第 2 级坡（标高 127～136 m）分别采用垂直削坡面和 1∶0.5 削坡面，同时采用锚杆框架加固，锚杆采用 HRB335 直径 32 mm 钢筋，孔径 100 mm，间距 2 m×2 m，水平锚杆长度 6～12 m，锚杆倾角均为 15°。框架内采用挂网喷射混凝土防护。

西侧第 3～7 级坡面（标高 135～188 m）采用坡率 1∶0.5 削坡面，同时采用锚索框架加固，锚索孔水平间距 3 m，竖向间距 3 m，平台上下两侧锚索竖向间距为 3～4 m，锚索倾角 25°，详见剖面图。每孔锚索由 8 根 UPS15.20-1860 高强低松弛无黏结钢绞线编束而成，锚固段长 12 m，锚固段进入稳定的中风化岩层不少于 13.5 m。西侧及两侧高程 163 m 至陡坡坡顶之间的非开挖陡坡面，清除坡面松散土体或危险岩石，采用主动防护网进行坡面防护，钢绳锚杆长 6 m。

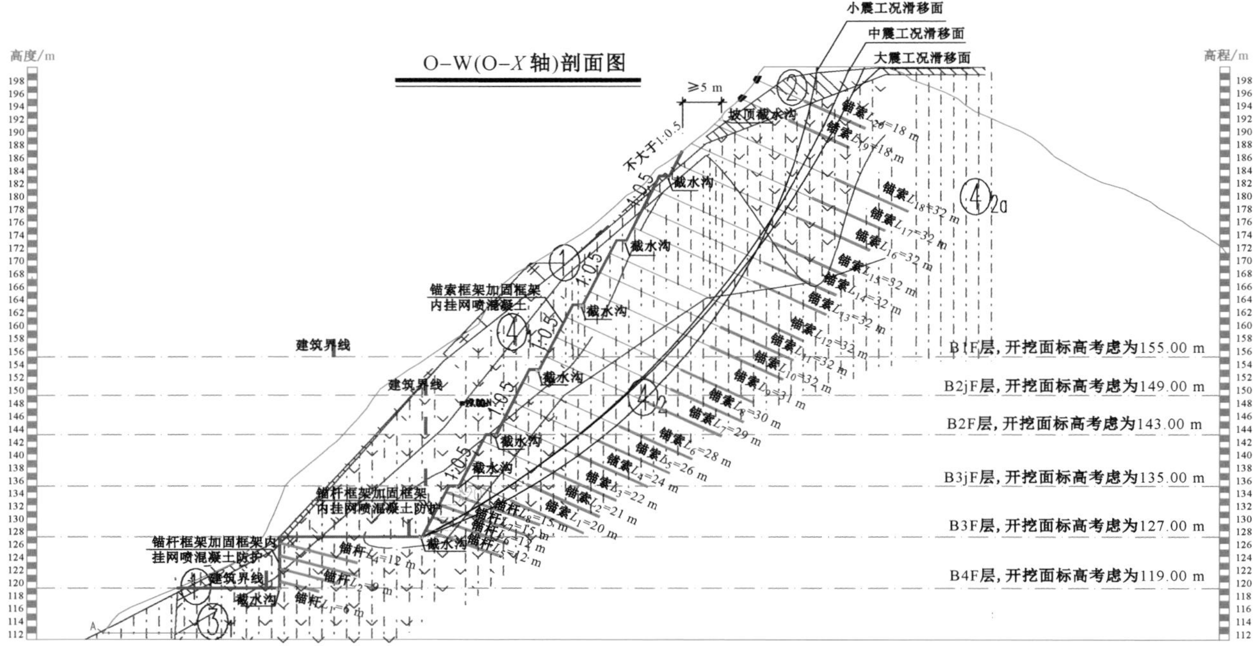

图 9-27　O-W 剖面削坡加固图

西侧顶部山脊及两侧标高 191 m 附近坡面设 2～3 道锚墩索进行加固，水平间距 3 m，竖向间距 3～4 m，锚索孔下倾 35°；如果顶部山脊附近坡面较破碎时，需要进一步设置主动防护网。

5. O-S 剖面加固治理方案

如图 9-28 所示，第 1 级坡（标高 119～127 m）采用 1∶0.5 削坡，第 2 级坡（标高 127～135 m）采用 1∶0.75 削坡，同时采用锚索框架加固；锚索孔水平间距 3 m，竖向间距 3 m，跨平台上下两排锚索竖向间距 2 m。每孔锚索由 6 根 UPS15.20-1860 高强低松弛无黏结钢绞线编束而成，锚固段长 12 m，锚固段进入稳定的中风化岩层不少于 13.5 m。

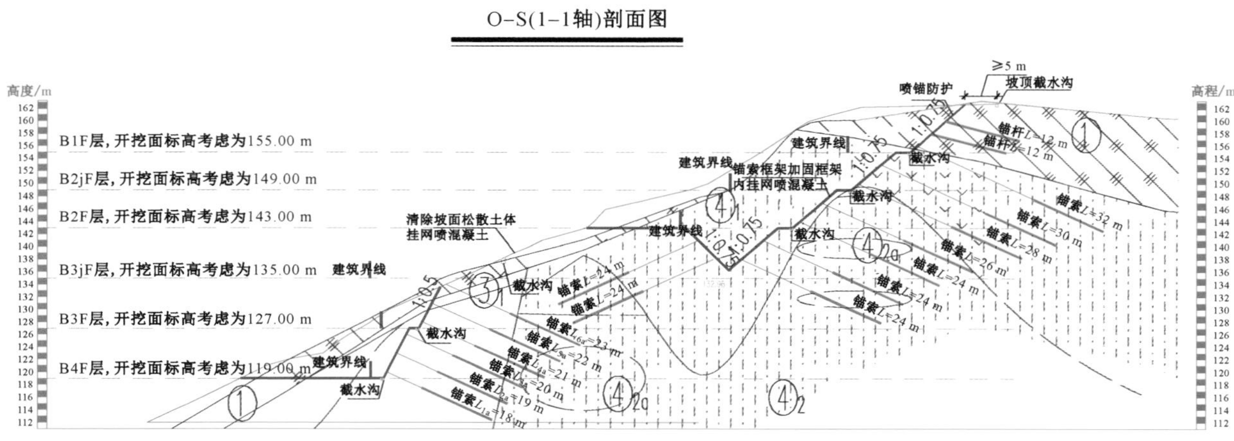

图 9-28　O-S 剖面削坡加固图

南侧及两侧第 4～6 级边坡（标高 143～155 m）面采用挂网喷射混凝土防护，锚杆采用 HRB400 直径 32 mm 钢筋，孔径 100 mm，间距 2 m×2 m，锚杆长度 9～12 m，锚杆孔下倾 30°，C20 喷射混凝土厚 10 cm。

6. O-N 剖面加固治理方案

如图 9-29 所示，北侧第 1～3 级边坡（标高 119～139 m）面采用 1∶0.75 削坡，同时采用锚索框架加固；锚索孔水平间距 3 m，竖向间距 3 m，跨平台上下两排锚索竖向间距 2 m。每孔锚索由 6 根 UPS15.20-1860 高强低松弛无黏结钢绞线编束而成，锚固段长 10 m，锚固段进入稳定的中风化岩层不少于 11.5 m。

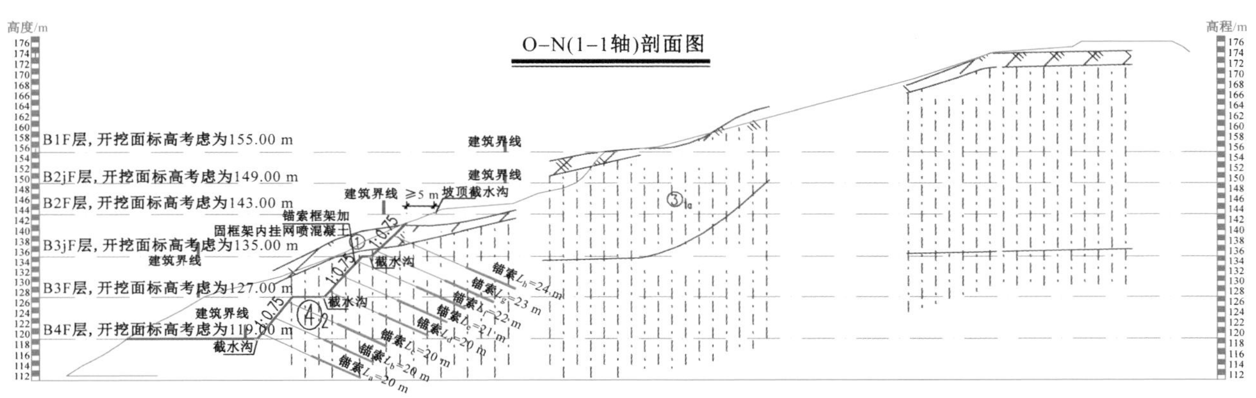

图 9-29　O-N 剖面削坡加固图

北侧及两侧第 3 级坡（高于 139 m）以上如有景观需求，可直接培土外挂三维网喷播植草。

7. 不稳定斜坡 XP4 加固治理方案

如图 9-30 所示，坡面整平后中下部约 18 m 坡高范围（171～189 m）内采用锚索框架加固框内植草防护，其中锚索孔水平间距 3 m，竖向间距 3 m，锚索孔下倾 25°，每孔锚索由 4 根直径 15.24 mm、强度 1 860 MPa 的高强度低松松弛无黏结钢绞线编束而成，锚固段长 12 m，锚固段进入稳定的强风化岩层不少于 13.5 m。

坡面整平后，上部坡面采用土工格室外加三维植草防护。矿渣土层内设置 4 排深层排水管，水平和竖直间距为 3 m，排水管的长度 20 m，上仰角度 5°。上部再设置 4 排锚杆，坡面采用挂网喷射混凝土防护，锚杆采用 HRB400 直径 25 mm 钢筋，孔径 100 mm，间距 2 m×2 m，锚杆长度 15 m，C20 喷射混凝土厚 10 cm。

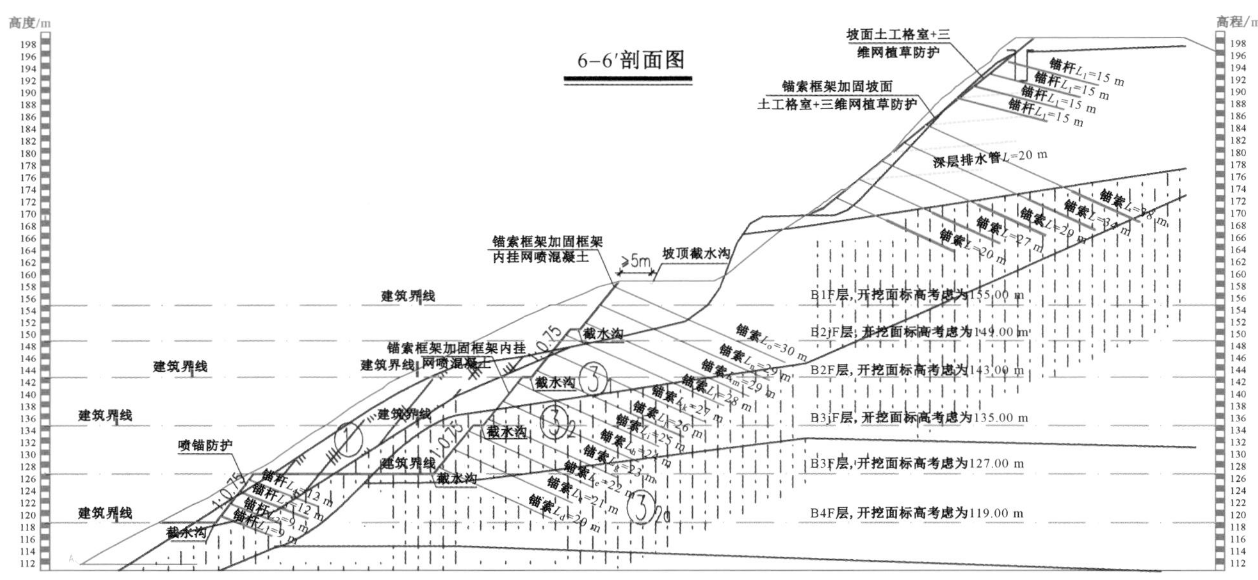

图 9-30　XP4 剖面削坡加固图

8. 其他治理措施

(1) 边坡排水系统，在坡顶 5 m 外设坡顶截水沟，每级平台均设平台截水沟；在陡坡面上的排水沟采用急流槽；坡面根据情况设置排水管。

(2) 采用信息化施工管理措施，应对存在失稳隐患的边坡进行巡查监测，布置地表位移监控网、钻孔测斜仪或多点伸长计等监测措施，对边坡的稳定性进行跟踪监测。

(3) 如景观需要，锚头、框架、锚墩均可采取内嵌形式，锚入边坡以内，同时在混凝土防护层以内掺入有机颜料，做成仿石效果。

佛顶宫加固治理效果如图 9-31、图 9-32 所示。

(a) 削坡图

(b) 框架锚杆（预应力锚索）加固

图 9-31　佛顶宫边坡加固治理效果

(a)

(b)

图 9-32　佛顶宫边坡仿石效果

9.4.2　H1 滑坡治理设计

1. 滑坡治理方案

对于深层整体滑坡，采用抗滑桩＋阻滑段堆土反压治理；对于浅层滑坡，采用预应力框架锚索＋深层排水管进行治理。

2. 深层滑动治理设计

(1) 抗滑桩采用机械成孔钻孔灌注桩，桩长为 24.5～40 m 不等，钻孔灌注桩的设计参数：上部 3.6 m 为 3 m×3 m 方桩，下部为 ϕ3 m 的钻孔灌注桩；桩间距 5 m，进入中风化岩不得小于 3 m。灌注桩上部设置 3.4 m×2 m 的连梁，连梁顶标高同灌注桩顶。

(2) 锚索设计：在距连梁顶 0.75 m 和 1.5 m 处各设一道压力分散性预应力锚索，锚索采用 10ϕ15.2 mm 的 1×7 钢绞线，锚索孔直径 175 mm；第 1 道下倾角 20°，第 2 道下倾角 30°，锚固段长度 15 m，分 5 个锚固单元，每个单元锚固长度 3 m。每孔锚索设计拉力为 1 200 kN。

(3) 从新填土边坡顶部向外扩 8 m 后，开始按 1∶2.5 放坡，每级坡高 8 m，平台宽 1.5～2 m。

3. 浅层滑动治理设计

(1) 共设置 4 道锚索，锚索孔水平间距 3 m，竖向间距 5 m，每孔锚索由 4ϕ15.2 mm 的 1×7、强度 1 860 MPa 的高强度低松弛无黏结钢绞线编束而成，锚索孔直径 175 mm，锚固长度 10 m，锚索下倾角 25°，每孔锚索设计拉力为 400 kN。框架采用现浇 C30 混凝土。

(2) 深层排水管设计：排水管采用 ϕ75 mm PVC 塑料管，插入 ϕ120 mm 的排水孔内，孔长 20 m，仰角约 6°，排水孔竖向间距 3 m，水平向间距 3 m，在坡面呈梅花形布置；在排水管上半圆，钻 5 个或 6 个进水孔，孔径 ϕ10 mm，孔间距 25 mm，梅花状布置；采用二层透水土工布或塑料纱布封包裹排水管和进水端头。

滑坡加固治理方案平面布置如图 9-33 所示，典型断面如图 9-34 所示。

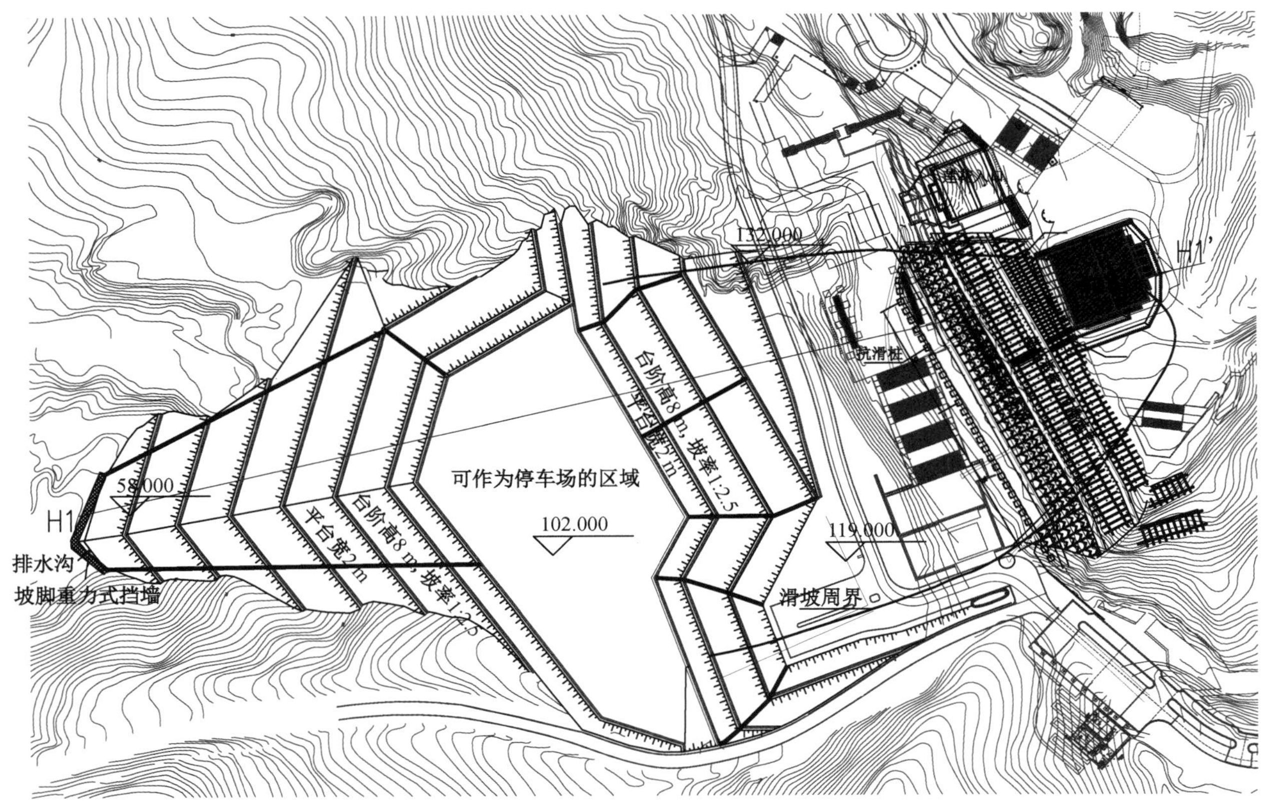

图 9-33　H1 滑坡加固治理布置平面图

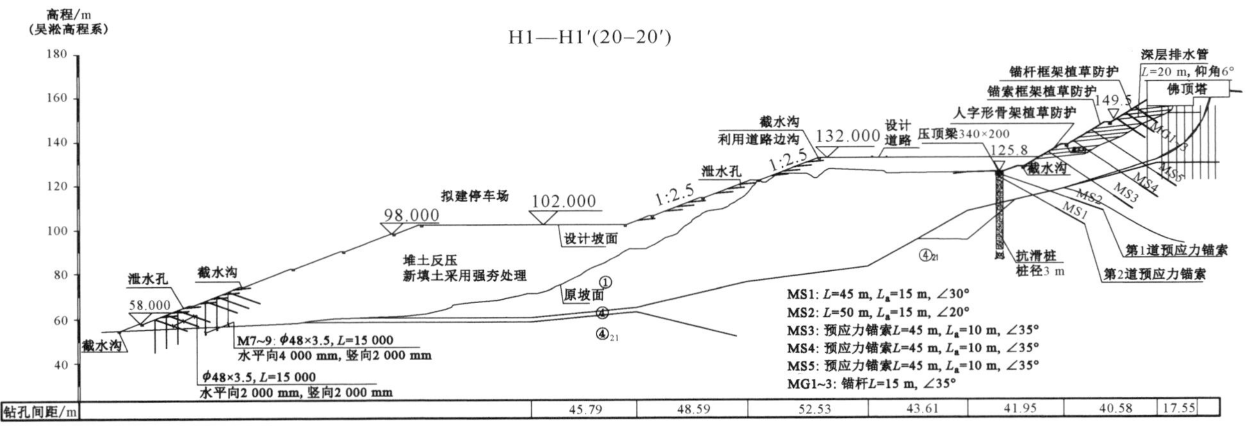

图 9-34　H1 滑坡加固治理设计典型断面

9.5　边坡监测

本项目监测采用 GPS、全站仪等手段对边坡位移进行动态监测，运用基于蠕变时效的岩体稳定性分析程序实测数据进行分析给出解析判据，从而给出监测成果报表及滑坡预警预报。滑坡失稳监测系统如图 9-35 所示。项目监测周期长达 24 个月，监测过程共分 3 个阶段：施工准备期（矿坑排水及坑底清淤、不稳定块体清理、不稳定斜坡体加固）、边坡治理与基础施工阶段（边坡开挖加固及基础施工）、结构施工阶段。

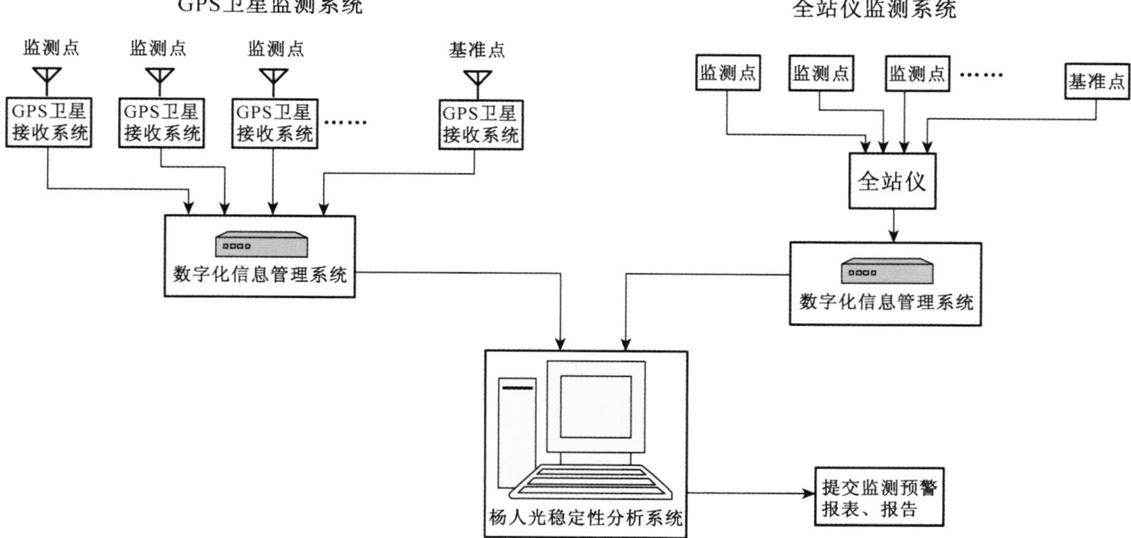

图 9-35 既有深坑滑坡失稳监测系统

9.5.1 施工准备期

施工准备期工况包括矿坑排水及坑底清淤、不稳定块体清理、不稳定斜坡体加固。监测工作包括人工巡查及边坡形变监测，人工巡查按监测频次检查工区地表形变状况；边坡形变监测沿矿坑周边 135 m、165 m高程布设临时全站仪监测点 19 个。监测点的平面布置如图 9-36 所示，监测结果如图 9-37、图 9-38 所示。

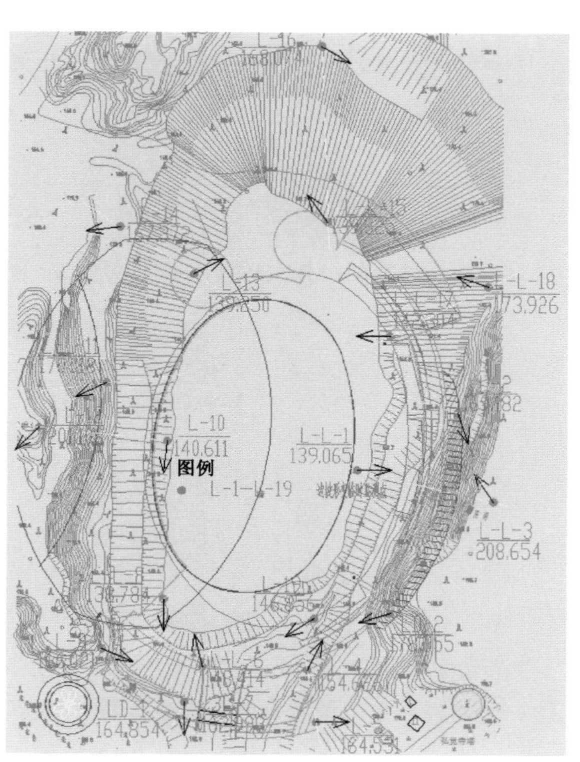

图 9-36 施工准备期监测点平面布置图

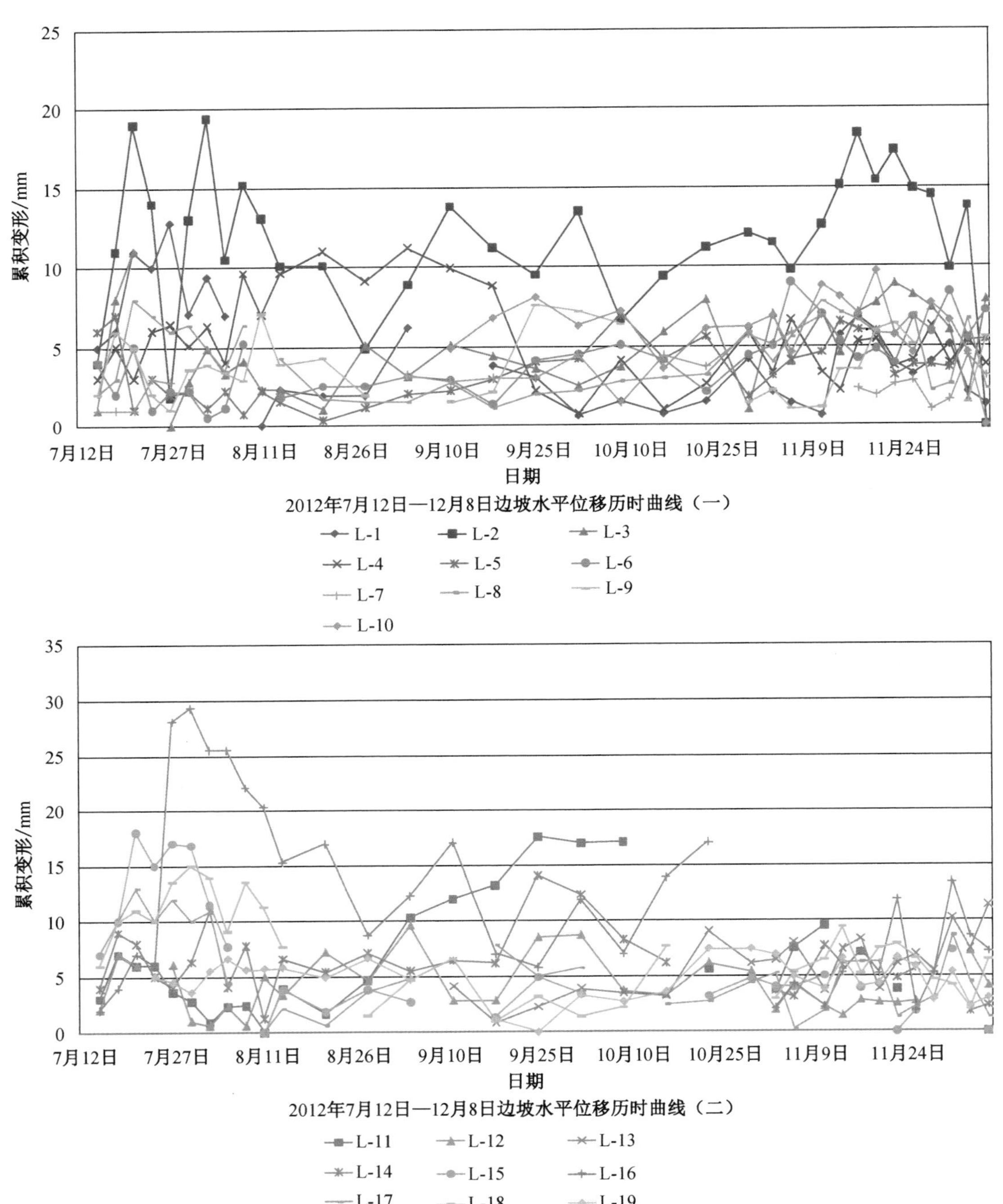

图 9-37　边坡水平位移历时曲线

图 9-37 与图 9-38 监测结果表明，施工准备期监测边坡形变速率波动不大，水平变形最大值为 29.3 mm，竖向变形最大值为沉降 24 mm，均在可控范围之内。监测 $y-t$ 曲线显示位移形变处于流变萌发（整合）时段，无预警情况发生。

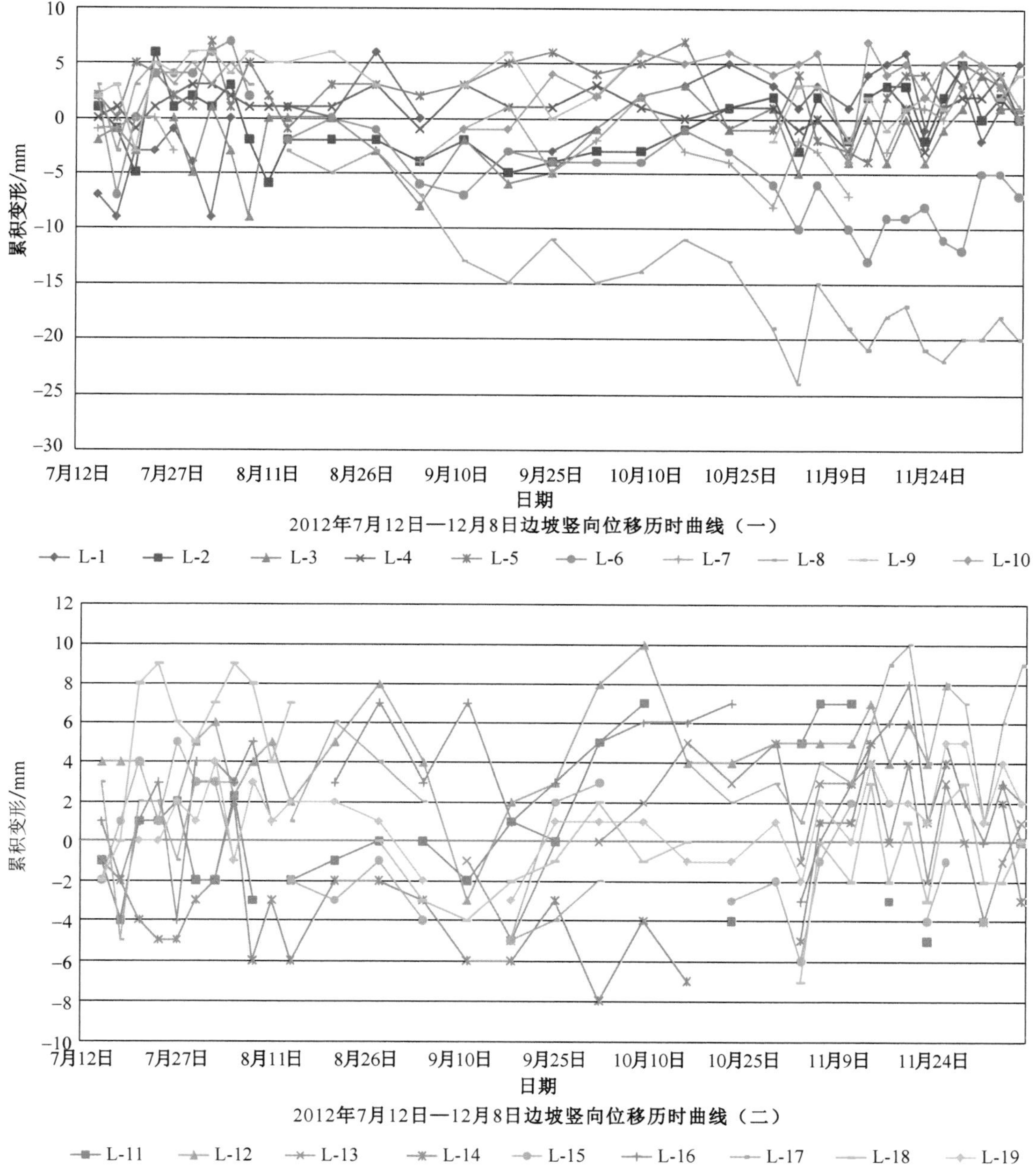

图9-38 边坡竖向位移历时曲线

9.5.2 边坡治理与基础施工期

边坡治理与基础施工期的工程监测根据施工进度逐步实施，包括人工巡查、边坡形变位移监测、地表裂缝量测、爆破震动监测、弘觉塔监测等。监测点根据高边坡地形条件，按边坡走向线布设：165 m（±0.000）以上高边坡布设8个GPS监测点；165 m以下边坡布设42个全站仪监测点，后根据监测要求新增10个测点。监测点平面布置如图9-39所示，监测结果如图9-40、图9-41所示。

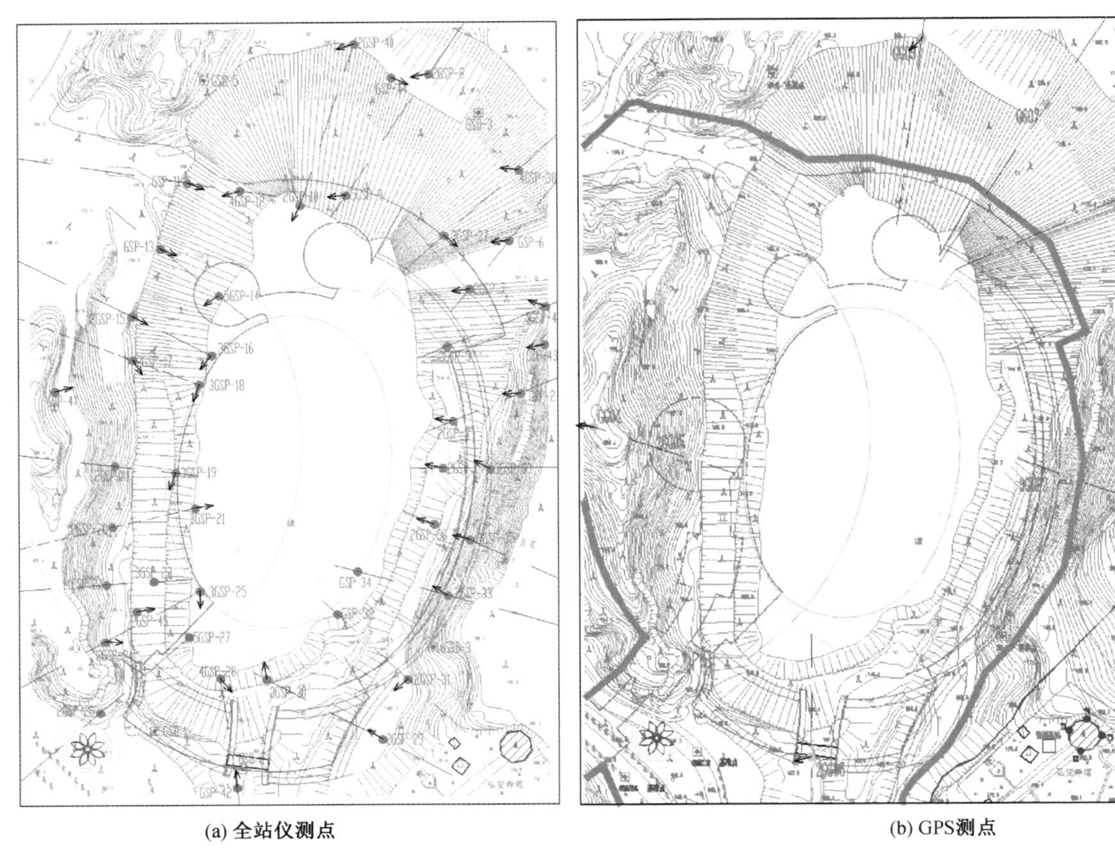

(a) 全站仪测点　　(b) GPS测点

图 9-39　边坡加固及基础施工期监测点平面布置图

1. 监测结果分析

(1) 2012 年 12 月 14 日—2013 年 2 月 26 日 [图 9-40 (一)、图 9-41 (一)]，水平累积变形量基本在 50 mm 以内，仅有 GSP-32 点（位于矿坑南侧）的累积水平位移在 2013 年 2 月 23 日发生报警，变形在 3 d 内迅速增大到 80 mm，经判别分析，边坡进入流变整合阶段，不影响施工，后期进行削坡即可。

(2) 2013 年 3 月 1 日—2013 年 5 月 29 日 [图 9-40 (二)、图 9-41 (二)]，水平累积变形量大部分点在 50 mm 以内，GSP-6～8，10，12，17，32，38，40，41，47 测点的累积位移超过 50 mm。期间（3 月 8 日—4 月 12 日）矿坑内进行爆破和大面积削坡阶段，导致变形较大。经分析，边坡处于流变整合期，无整体失稳的风险。但 GSP17 在 3 月 15 日变形超过 50 mm，后跟踪监测，变形持续增加；3 月22 日系统预测该处边坡将在 3 月 23 日—3 月 24 日期间发生滑塌，工程指挥部接报后立即采取应急措施，连夜对失稳坡体卸载减荷，挖除失稳体上部的土石方。矿坑西侧 GSP-47 测点在 9 d 时间内（5 月 20 日—5 月 29 日）变形量增长 70 mm，判别分析显示边坡经过流变整合阶段基本进入稳定阶段。变形主要是由于削坡坡率较陡、加固不及时，多日降雨导致坡顶裂缝发展加大，后经灌浆覆膜封堵及支护处理，边坡已处于稳定期。位于矿坑西侧的 GG05 点的位移 5 月 17 日—5 月 29 日变形较大，最大达到 97 mm，经滑坡失稳预测系统分析，边坡处于流变整合期，边坡暂无失稳风险，变形较大可能是由于监测点基础的坡面土体松动。

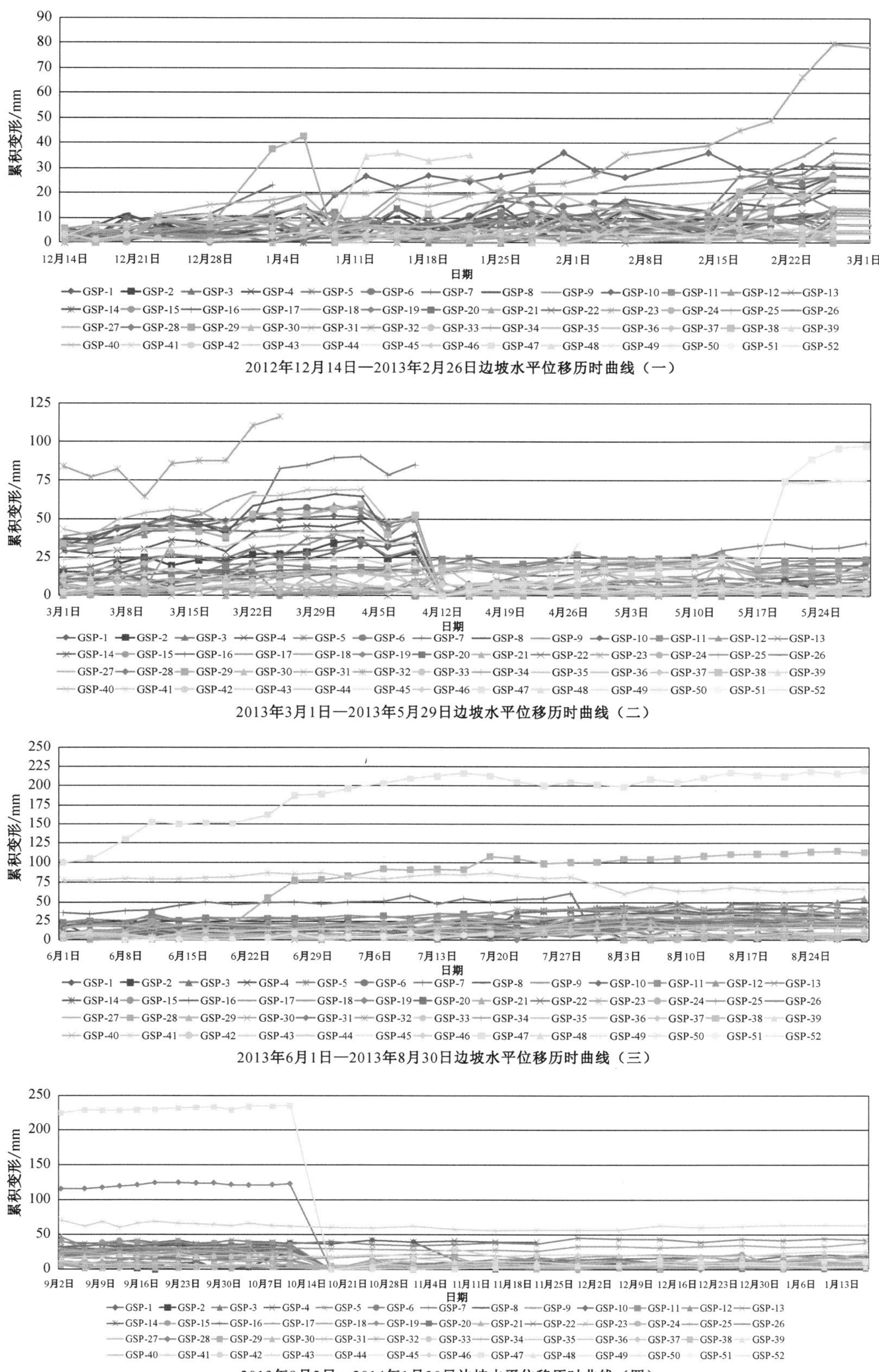

图 9-40　边坡水平向位移历时曲线（全站仪）

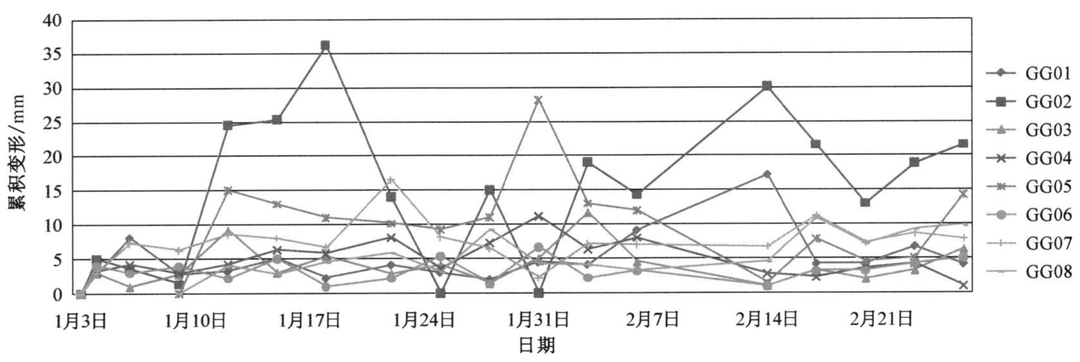

2013年1月3日—2013年2月21日边坡水平位移历时曲线（一）

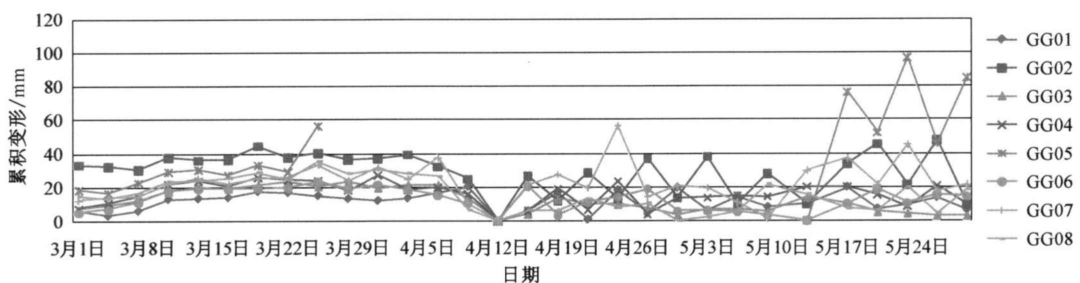

2013年3月1日—2013年5月24日边坡水平位移历时曲线（二）

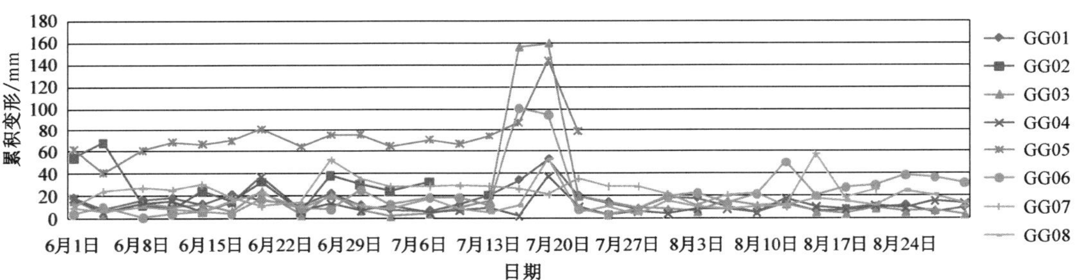

2013年6月1日—2013年8月24日边坡水平位移历时曲线（三）

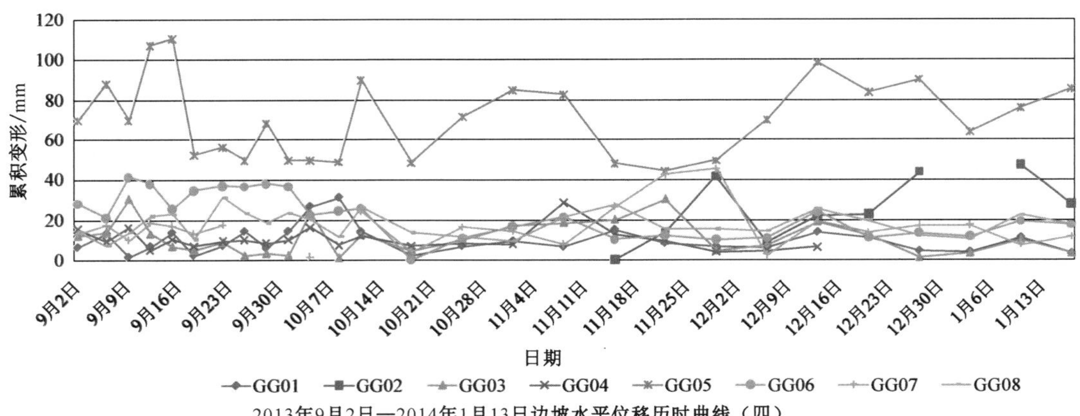

2013年9月2日—2014年1月13日边坡水平位移历时曲线（四）

图 9-41　边坡水平向位移历时曲线（GPS）

(3) 2013 年 06 月 01 日—2013 年 08 月 30 日［图 9-40（三）、图 9-41（三）］，水平累积变形量大部分点在 50 mm 以内，GSP-28，41，47 测点的累积位移超过

50 mm，经滑坡失稳预测系统分析，边坡处于流变整合期，无整体失稳风险。此期间边坡加固基本完成，边坡经过流变整合阶段在 8 月 3 日左右进入稳定阶段。2013 年 7 月 13 日—2013 年 7 月 20 日期间，GG03，GG05，GG06 测点的位移量超过100 mm，皆为浅层蠕变，不会发生失稳滑塌。

(4) 2013 年 9 月 2 日—2014 年 1 月 30 日［图 9-40（四）、图 9-41（四）］，水平累积变形量基本在 50 mm 以内，GG04 点的累积位移超过 50 mm，但变形基本稳定。期间边坡加固已完成，边坡处于稳定阶段。

2. 施工期监测预警

依据蠕变时效原理，通过对监测资料分析，施工期共进行 4 次滑坡预警。

第 1 次，2013 年 2 月 26 日。预警内容：GSP-32♯测点累计位移值超标，边坡形变处于流变整合时段，不影响施工。

第 2 次，2013 年 3 月 4 日—2013 年 3 月 16 日。预警内容：GSP17♯测点形变速率逐增速。措施建议：加密监测频率，施工防范滚石塌落。

第 3 次，2013 年 3 月 22 日。预警内容：GSP-17♯测点红色预警滑坡预报（图 9-42）。措施建议：布置警戒线，人机撤离。

第 4 次，2013 年 5 月 29 日。预警内容：GSP-47♯测点坡顶裂缝发展加大，边坡处于流变整合阶段（图 9-43）。裂缝开展较大，为避免雨水贯入裂缝引起滑坡现象，采用灌浆覆膜封堵。

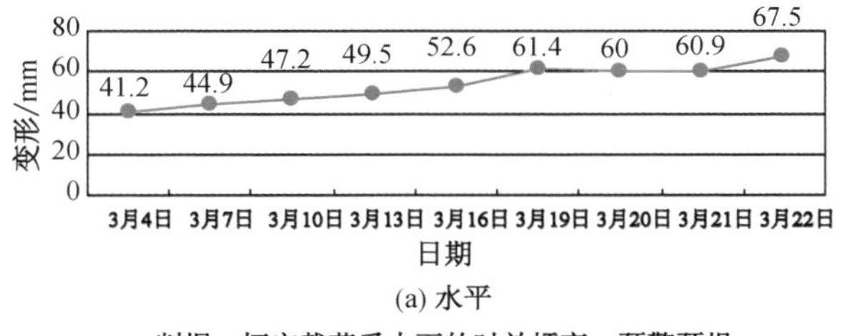

(a) 水平

判据：恒定载荷受力下的时效蠕变，预警预报

(b) 垂直

判据：流变整合

图 9-42　GSP-17♯监测点变形历时曲线及判别分析

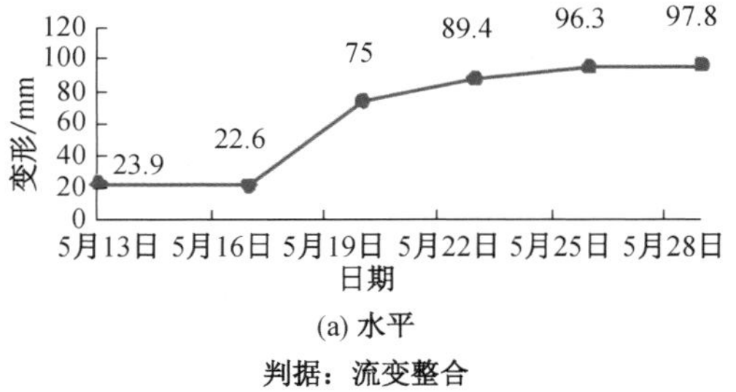

(a) 水平

判据：流变整合

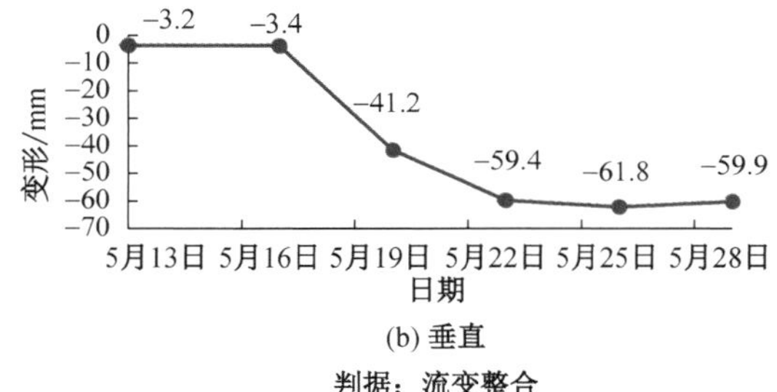

(b) 垂直

判据：流变整合

图 9-43　GSP-47♯监测点变形历时曲线及判别分析

9.5.3　结构施工期

结构施工期的监测工作包括人工巡查、高边坡 GPS 监测、加固边坡全站仪监测、深部位移测斜、梁锚索应力监测等。结构施工期共布设 GPS 监测点 6 个，基准点 2 个；全站仪监测点 20 个，基准点 7 个；佛顶宫建筑物的 B1 层和 B1 夹层沉降监测点布设 35 个。监测点平面布置如图 9-44 所示，主要监测结果如图 9-45—图 9-47 所示。

1. 监测结果分析

(1) 全站仪监测点 GSP-1～GSP-20 数据显示：加固后边坡监测 $y-t$ 曲线显示边坡形变位移处于流变整合时段，形变速率基本稳定。边坡的水平累积变形量基本控制在 30 mm 以内，沉降变形在 20 mm 以内，故建筑物结构施工对加固边坡稳定性影响较小。

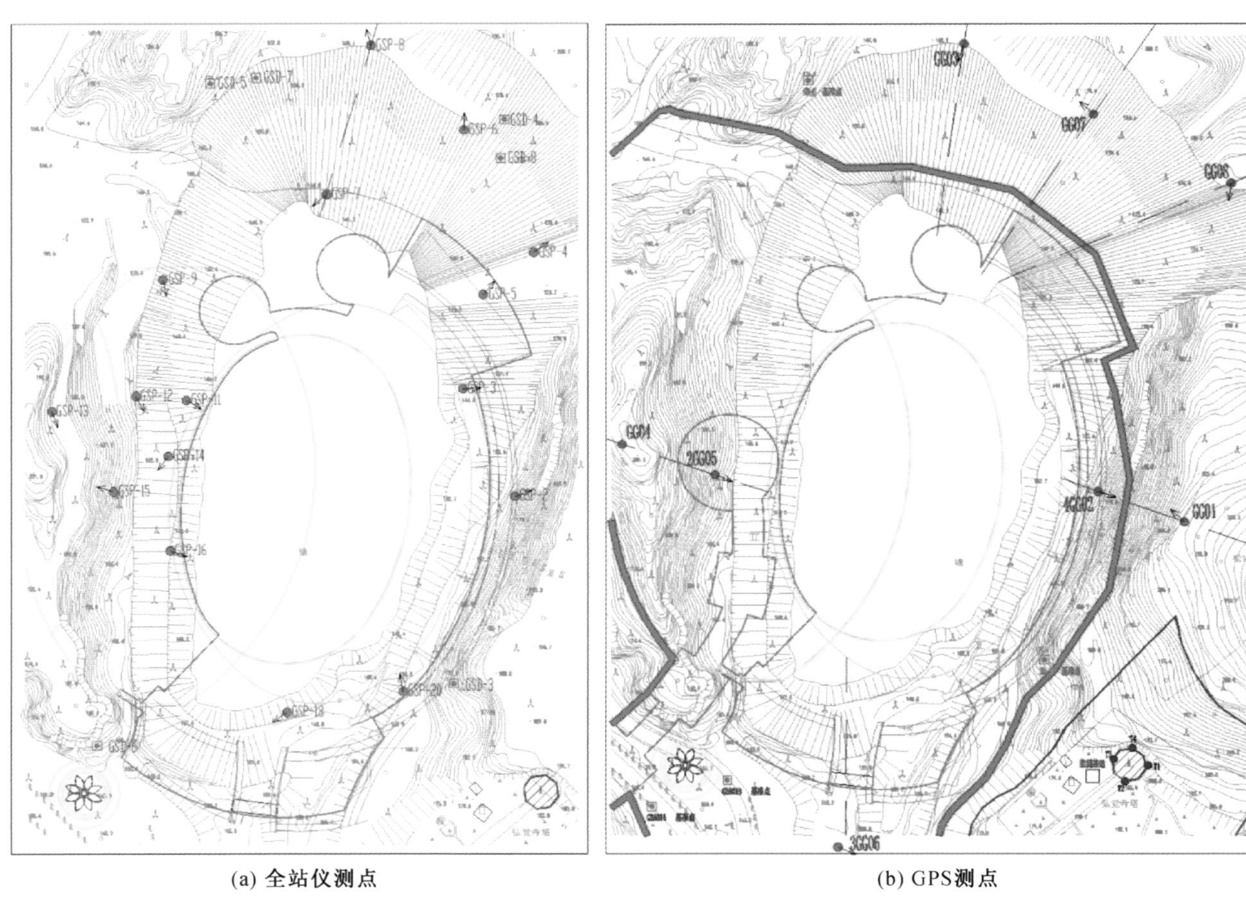

(a) 全站仪测点　　(b) GPS测点

图 9-44　结构施工阶段监测点布置图

(2) GPS 监测点 GG01～GG08 数据显示：边坡的水平累积变形量基本控制在 50 mm 以内，沉降变形在 - 40～80 mm 之间，边坡变形较大。稳定性分析表明，加固后边坡形变位移处于流变整合时段，边坡形变速率波动不大。边坡变形较大的原因可能是 GPS 监测点多在 163 m 标高以上，受重车行走及施工震动等影响，变形较大。

(3) 监测成果显示结构施工期间佛顶宫沉降位移量变化很小，最大为

1.21 mm，建筑物稳定。

(4) 工区内深部位移测斜监测涵盖建设期，监测点共布设 8 孔，竖向监测间距 0.5 m。自 2013 年 12 月 13 日至 2014 年 6 月 24 日，计完成监测频次 157 次，监测结果显示深层土体测斜基本稳定。

(5) 工区边坡加固框格梁、锚索应力监测点共布设 181 个。自 2013 年 7 月 19 日至 2014 年 8 月 6 日，计完成监测频次 79 次，监测结果显示框格梁、锚索应力均未超过设计荷载。

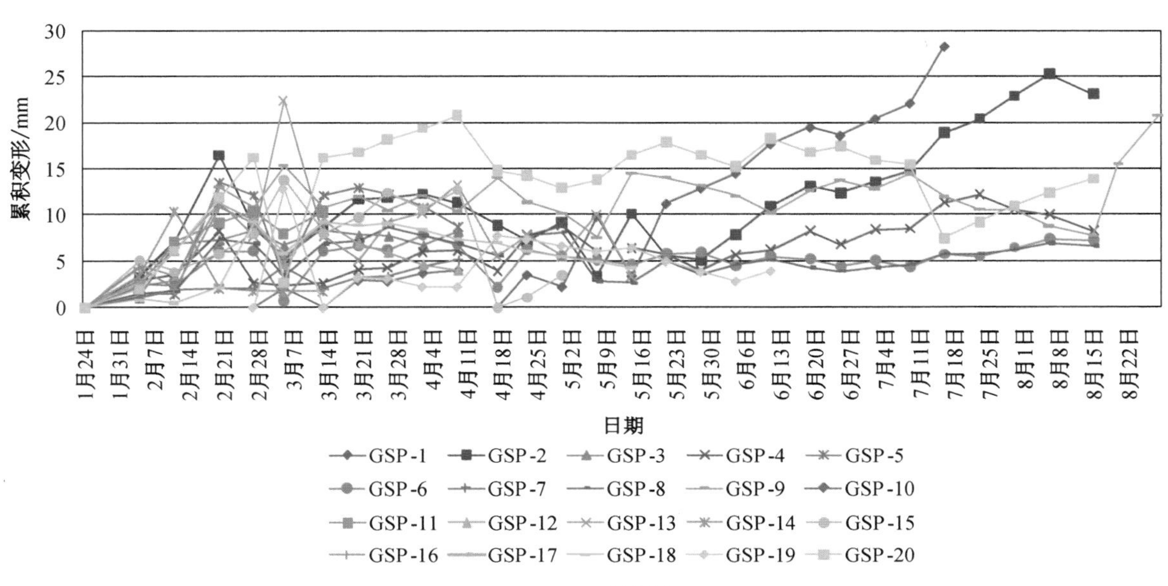

(a) 水平位移

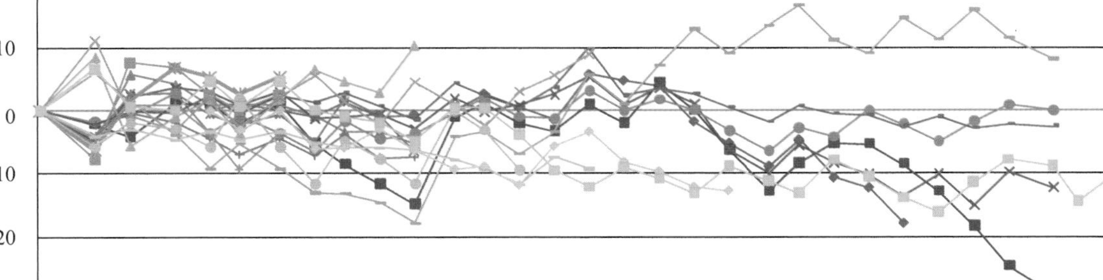

(b) 竖向位移

图 9-45　结构施工阶段全站仪监测边坡位移历时曲线

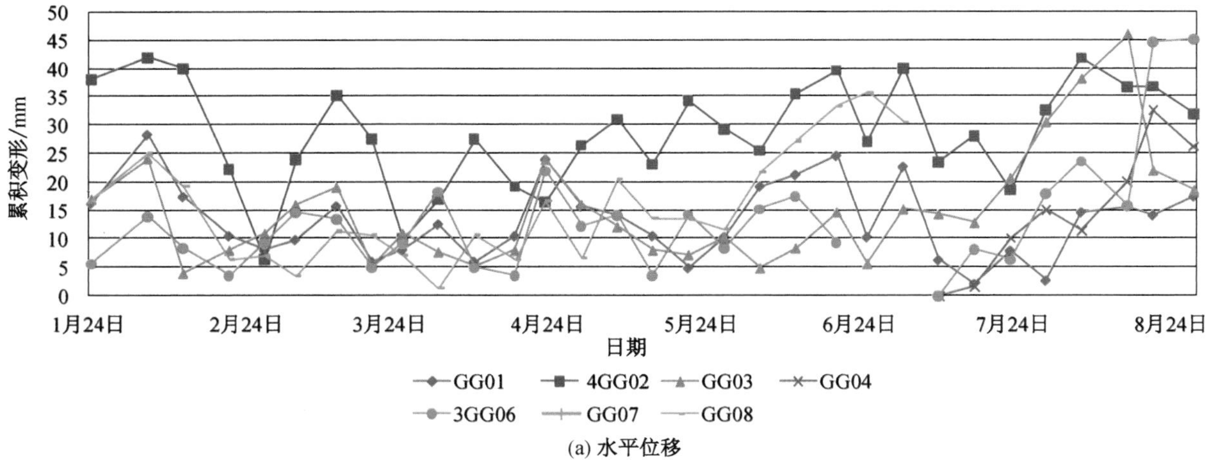

(a) 水平位移

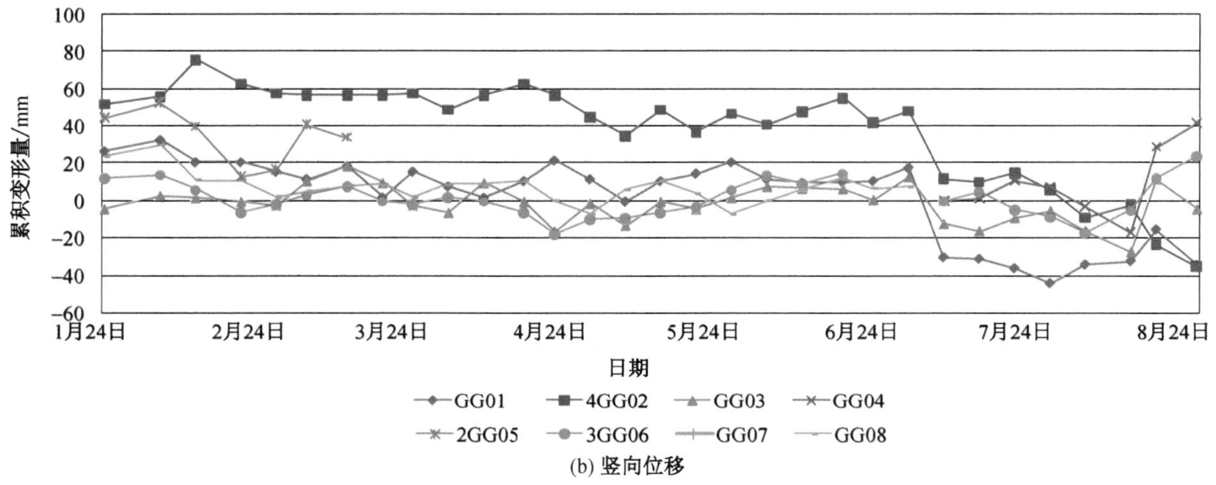

(b) 竖向位移

图 9-46　结构施工阶段 GPS 监测边坡位移历时曲线

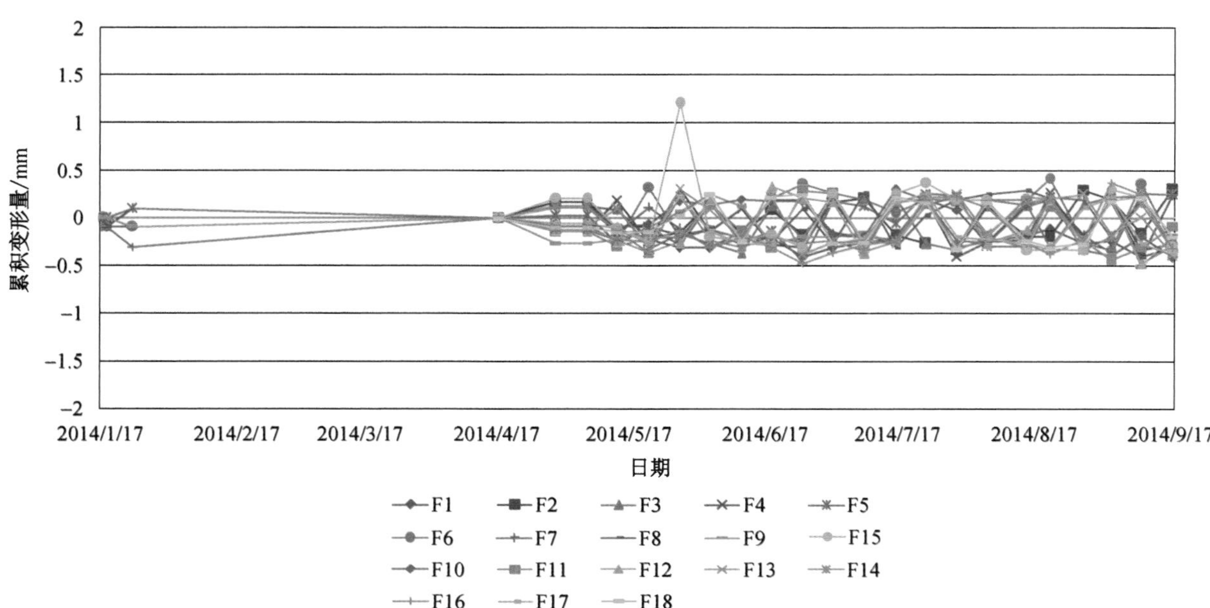

图 9-47　佛顶宫沉降历时曲线

9.6 施工检测

本工程施工检测主要包括锚杆（索）检测、抗滑桩检测、框架梁及排水工程检测。

1. 锚杆（索）的检测

预应力锚索的质量检验内容包括锚孔、锚索杆体的组装与安放，注浆，张拉与锁定等。

佛顶宫边坡和 H1 滑坡均应进行锚杆（索）基本试验和验收试验。基本试验每种试验锚杆数量均不少于 3 根，最大试验荷载不宜超过锚杆杆体（锚索钢绞线）承载力标准值的 0.9 倍。验收试验取每种锚杆（索）数量的 5%，自由段位于Ⅰ，Ⅱ，Ⅲ类岩石内时取总数的 1.5%，且均不得少于 5 根。验收试验荷载对永久性锚杆（索）为轴向拉力标准值的 1.50 倍，对临时性锚杆为 1.20 倍。

基本试验和验收试验的要求和加载方式可参见《建筑边坡工程技术规范》（GB 50330—2013）。

2. 抗滑桩的检测

抗滑桩检测包括原材料质量、桩孔开挖、护壁、清孔、钢筋制作与安装、桩身混凝土灌注质量检验。

3. 框架梁、排水工程检测

框架梁、排水工程检测包括原材料质量、块石、砌石、混凝土、钢筋、锚管（杆、索）原材料质量及制作质量、导（引）水钻孔检验。

9.7 边坡景观与绿化

9.7.1 边坡覆绿

边坡覆绿是在确保边坡安全的前提下，尽可能提高绿化率，丰富植物品种，高矮搭配，达到春花秋叶、四季葱翠的绿化效果。边坡覆绿在植物品种选择上以速生乡土树种为主，以尽快覆绿；框架梁边用常绿爬藤类植物进行覆盖，使整个护坡可以达到自然山体的效果。H1 滑坡东侧绿化前后对比效果如图 9-48 所示。

9.7.2 植被混凝土生态防护技术

植被混凝土生态防护技术是采用特定混凝土配方和混合植绿种子配方对岩石（混凝土）边坡进行防护和绿化的新技术，适用于高陡岩石（混凝土）边坡防护和绿化的办法，强度较高，能起到护坡的作用。植被混凝土是根据边坡地理位置、边坡角度、岩石性质、绿化要求等来确定水泥、沙壤土、腐殖质、保水剂、长效肥、

(a) 绿化前

(b) 绿化后

图 9-48　H1 滑坡东侧绿化前后对比

混凝土绿化添加剂、混合植绿种子和水组成比例。混合植绿种子是采用冷季型草种和暖季型草种，根据生物生长特性混合优选而成，植被能四季常青、多年生长、自然繁殖。护坡绿化技术核心中最关键的技术是混凝土绿化添加剂。混凝土绿化添加剂的应用不但增加护坡强度和抗冲刷能力，而且使植被混凝土层不产生龟裂，又可以改变植被混凝土化学特性，营造较好的植物生长环境。

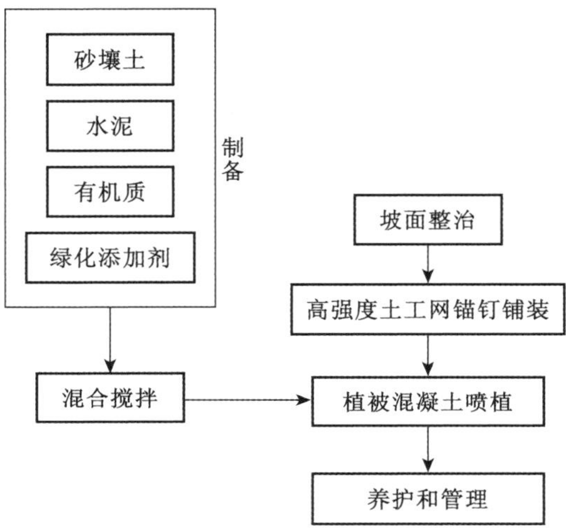

图 9-49　植被混凝土生态护坡施工工序

植被混凝土生态护坡包括以下工序：坡面整治—高强度土工网和锚钉的铺设安装—植被混凝土基材制备—植被混凝土喷植及管理和养护，如图 9-49 所示。边坡采用植被混凝土生态防护前后的边坡效果如图 9-50 所示。

(a) 绿化前

(b) 绿化后

图 9-50　消防通道边坡绿化前后对比

9.7.3 GRC假山塑石绿化技术

本工程主要是采用假山GRC+绿化种植进行山体修复。新型的GRC假山技术具有纹理逼真、色彩自然的优点，辅以局部的绿化种植能很好地和周边景观融合。GRC假山基于原有护坡山体设计，施工难度和工程量相对较小。根据不同的采光条件，假山局部设置大小不同的种植槽，满足不同植物的生长要求，既丰富了假山立面，又显清新隽秀、自然向上、生机盎然。佛顶宫北侧假山塑石绿化效果如图9-51所示。

(a) 绿化前

(b) 绿化后

图9-51 佛顶宫北侧假山塑石绿化效果

假山塑石绿化种植技术施工流程：

(1) 根据设计在坡体内打入斜桩，通过与镀锌槽钢、角钢相互焊接连接形成骨架，将细的圆钢弯折焊接、捆扎形成造型，如图9-52 (a)、(b) 所示。

(2) 在造型钢筋面层和内层分别覆盖钢丝网，用扎丝扎牢，如图9-52 (c) 所示；用于挂牢喷射塑石水泥，形成面层，如图9-52 (d) 所示。

(3) 采用撒播各种细土粒、大块泡沫至未凝固塑石水泥，待塑石水泥凝固后，扣除泡沫、用水冲出土粒及印、拉、勒等手法来形成石头的丰富造型、力感、楞角、节理等效果，如图9-52 (e) 所示。

(4) 根据所需岩石色泽，打底后，采用不同颜色的矿物颜料加白水泥再加适量的107胶配制石头色泽，通过多遍喷涂、弹后为塑石着色，如图9-52 (f) 所示。

(5) 采用塑石假山内树池及局部面层覆土后，移植灌、乔木及爬藤、草等植物实现绿化景观及生态恢复要求，如图9-52 (g) 所示。

(a) 塑石假山典型断面

(b) 塑石假山骨架施工图

(c) 骨架钢丝网绑扎图

(d) 喷浆、找平图

(e) 纹理找型、修饰、细部处理图

(f) 塑石着色

(g) 覆土及配置植物图

图 9-52　佛顶宫 GRC 假山塑石绿化种植施工流程

第 10 章 工程实践——上海天马山世茂深坑酒店边坡加固工程

10.1 工程概况

上海天马山世茂深坑酒店位于上海市松江区佘山镇辰花路，地处佘山国家旅游度假区，距离上海市中心约 30 km。地块南面紧邻辰花公路，周边近沪青平高速、沪杭高速、A30 高速、轨道交通 9 号线，交通十分便捷，如图 10-1、图 10-2 所示。

上海天马山世贸深坑酒店项目由上海世茂集团投资建设，是世界上首个建设于坑内的五星级酒店。该项目总用地 170 余 hm^2，由公共设施区域和农业观光休闲度假区两大区域组成。公共设施区域用地约 42.82 hm^2，包括独家酒店、宾馆、旅游商业、运动休闲设施。农业观光度假区用地约 130 hm^2，是以花卉种植园、果园、葡萄园为主题的度假庄园。世茂天马深坑原为天马山采石矿区，矿区于 1950 年投入使用，2000 年关闭（图 10-3）。采石坑大致呈椭圆形，上宽下窄，坡度陡峭，坡角约为 80°。采石坑面积约为 36 800 m^2，坑深约 70 m，长 280 m，宽约 220 m，坑内积水深度约为 30 m（图 10-4）。

图 10-1 上海天马山世贸深坑酒店项目地理位置

图 10-2　上海天马山世茂深坑酒店卫星图

(a) 天马山采矿区卫星图

松江天马山采石坑采矿遗迹简介

天马山采石坑属人工采矿遗迹。1950年松江天马山镇天马采石厂开始从事石材开采活动，2000年依据《中华人民共和国矿产资源法》及地质环境保护管理的有关规定精神，为保护矿山地质环境，促进资源与环境的协调发展，停止核发采矿许可证并予以关闭。

采石坑面积约36800平方米，最大深度达70米，围岩由安山岩组成。

采石坑坑深壁陡、裂隙发育，易发生崩塌，为贯彻落实《地质灾害防治条例》（国务院令第394号），消除潜在的地质灾害隐患，切实保障人民群众的生命与财产安全，决定对该采石坑进行避险围护治理。本工程由上海市松江区房屋土地管理局组织实施，上海市地质调查研究院施工完成。

请自觉爱护避险工程设施。

上海市房屋土地资源管理局
上海市松江区人民政府
二00四年七月

(b) 天马山采石坑遗迹简介

图 10-3　天马山采矿区

(a)

(b)

图 10-4　天马山采石坑实景

根据《建筑边坡工程技术规范》(GB 50330—2013)及《岩土工程勘察勘察规范》(2009 年版)(GB 50021—2001),采石坑边坡为Ⅰ类边坡,工程安全等级为一级,场地复杂程度为一级,地基复杂程度为二级。

2006 年,上海天马山世茂深坑酒店项目正式启动并进行了坑壁和坑底岩石爆破。但因酒店所在深坑落差巨大,项目实施存在许多的建筑技术难题,包括消防、防水、抗震等难度很大的问题。此外,在地下空间的运用、地质考查和研究论证以及建成后的使用和管理等方面,都没有先例可查。因此,该项目设计方案被反复论证、调整,导致开工时间不断推迟。2013 年 3 月,深坑酒店正式动工,建成后或成为世界上海拔最低的酒店,将与欢乐谷、上海辰山植物园等共同带动佘山旅游度假区及周边商业的发展。

(a)

(b)

图 10-5　上海世茂新体验酒店项目效果图

上海天马山世茂深坑酒店项目作为全球独一无二的奇特工程,不仅将创造全球人工海拔最低五星级酒店的世界纪录,而且其遵循自然环境、向地表以下开拓建筑空间的建筑理念也将成为建筑设计的革命性创举,成为环保设计和旧工业区改造利用的绿色建筑范例。2013 年 3 月 17 日,世茂纳米魔幻城、上海天马山世茂深坑酒店与美国国家地理频道合作的《伟大工程巡礼》纪录片开机仪式在上海佘山举行,上海天马山世茂深坑酒店项目和此前入选的中国国家体育馆“鸟巢”、国家游泳中心“水立方”成为展现中国社会经济发展、科技文明进步的最新成果。

10.2　自然地理条件

10.2.1　地形、地貌

本工程场地位于长江三角洲入海口东南前缘,其地貌属于上海地区四大地貌单元中的湖沼平原与天马山剥蚀残丘边缘两种类型。场地内大部分地势平坦,平均高程 2.80~3.50 m(吴淞高程),邻近有数座孤立的基岩残丘出露[146, 147]。

10.2.2 气候、气象

本地区地处长江三角洲，属亚热带季风区域，受冷暖空气影响，四季分明，气候温和，雨水充沛，日照充足，无霜期长，有利于农业生产的发展。季风环流是支配该地区气候的主要因素，冬季盛行西北风，受大陆风侵袭，以少雨寒冷天气为主；夏季盛行东南风，受来自海洋风控制，天气炎热多雨；春秋季为冬夏季风交替时期，常形成冷暖、干湿、多变等不稳定天气[146, 147]。

据统计，本地区气象特征如下：

(1) 气温：本地区年平均气温约 15.7 ℃，极端最高与最低气温分别为 40.2 ℃、－10.0 ℃。高温期为 7～8 月份，平均气温为 27.7 ℃，低温期为 1～2 月份，平均气温为 3.5 ℃。

(2) 降水：本地区雨量充沛，多年平均降水量 1 123.7 mm，年最大与最小降水量为 1 673 mm 与 625.6 mm，日最大降水量 204.4 mm，年降水日数 125～135 d；一般每年 4～9 月为本地区春雨和梅雨季节，占全年降水的 70%，多为梅雨和台风带来的降水。

(3) 风况：本地区受季风影响，常风向春夏季为 SE 与 E 向风，秋冬季为 NNW 与 N 向风，年平均风速 5.0 m/s；年最大风速达 30 m/s。

(4) 雾况：本区域以冬季雾日为多，盛夏最少；雾日中以下半夜至日出前为最多，多以辐射雾出现，在上午 10 时前消失；多年平均雾日数为 28 d，最多雾日数为 53 d。

(5) 湿度：晚秋至初夏空气比较干燥，6 月中旬后期进入梅雨季节，湿度明显上升。多年平均湿度在 75%～85%，月平均相对湿度 79%，最大月平均湿度值达到 89%，最小相对湿度为 11%。

10.2.3 水文环境

本地区地处黄浦江上游，境内河流纵横，塘渠交错。黄浦江三大源流——斜塘、园泄泾、大泖港均流经场地西南部，上受淀山湖、浙北等处来水，经黄浦江下泄江海。大小河流，形成感潮河网，平均密度 4.36 km/km^2。区内主要河道有泖河、淀浦河、通波塘、油墩港等，流经规划区的主要河道为沈泾塘、辰山塘及横山塘[146, 147]。

10.3 工程地质条件

10.3.1 区域地质构造

本区大地构造单元属于扬子准地台浙西—皖南台褶带和下扬子台褶带的北东延伸部分，在地质历史时期总体表现为隆起状态，构造运动以断裂为主，辅之缓慢升降，为断裂分割而成的正向隆起断块，称之“上海台隆”（图 10-6）；该地区基岩埋藏较浅，一般在 3～50 m 之间，基岩主要为燕山期英安岩；场地及附近区域分布的基岩主要为侏罗系黄尖组基岩，局部为寒武系及奥陶系基岩[146, 147]。

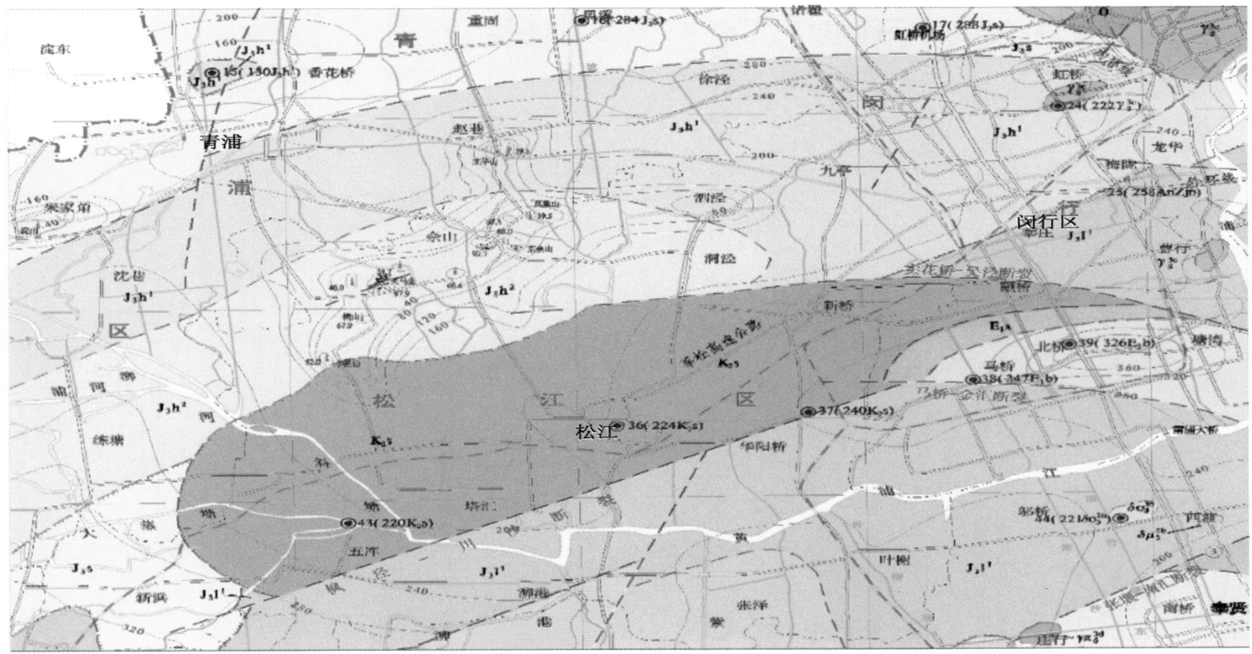

图 10-6　佘山地区地质构造与基岩埋深图

10.3.2　活动断裂及地震活动性

本场地邻近区域分布有多条断裂构造，主要的有北东向的枫泾—川沙断裂（F16）、北北东的廊下—大场断裂（F8）。F16 断裂沿枫泾—周浦—川沙断续分布，是由多条断裂组成的宽 4～6 km 的断裂带，总体走向北东 60°，倾向北西，倾角 75°以上，断续出露长约 40 km；F8 断裂沿廊下—松隐—七宝—北新泾呈北东 25°方向断续分布，长约 67 km，断裂带宽 2～3 km。这些断裂规模都较小，且中更新世后基本没有活动迹象（图 10-7）。

由图 10-8 所示的地震震中分布资料可见，场地附近区域历史和现今均发生过地震活动。区域地震构造形式主要表现为盆地构造、弧形构造与活动断裂。近场区揭露出多条第四纪以来活动断裂，但这些断裂规模都较小，不会产生地表破裂等震害。近场区中小地震活动相对集中，盆地构造具有发生 4～5 级地震的条件。

10.3.3　地层结构

1. 坡顶覆盖层

经岩土工程勘察揭示，场地内坡顶覆盖层自上而下分布情况如下：

填土（①$_{1}$）层：场地内除明浜（塘）地段外均有分布，层底标高 3.77～−3.28 m，厚度 0.60～6.40 m。色杂，松散，上部由黏性土夹少量碎石、砖块及木屑等组成，土质不均。

浜填土（①$_{2}$）层：场地内明浜（塘）及暗浜地段分布，层底标高 2.10～−1.37 m，厚度 0.20～2.40 m。暗浜地段上部主要由黏性土夹少量碎石、砖块及木屑等组成，底部为灰黑色淤泥，含有机质及腐殖物，土质差。

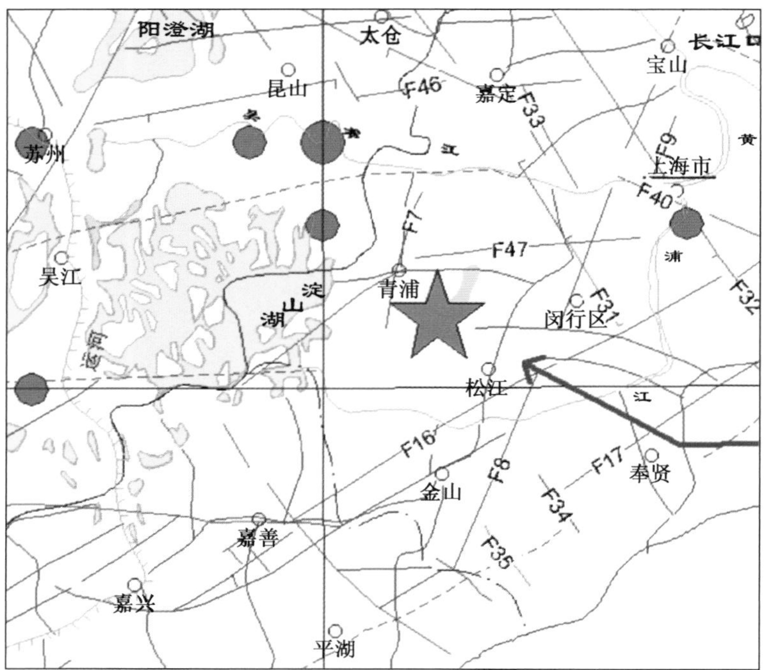

F7：白鹤—姚家港断裂；
F8：廊下—大场断裂；
F16：枫泾—川沙断裂带；
F47：青浦—龙华断裂；
F31：奉贤—太仓断裂

图 10-7　上海及邻近地区活动断裂图

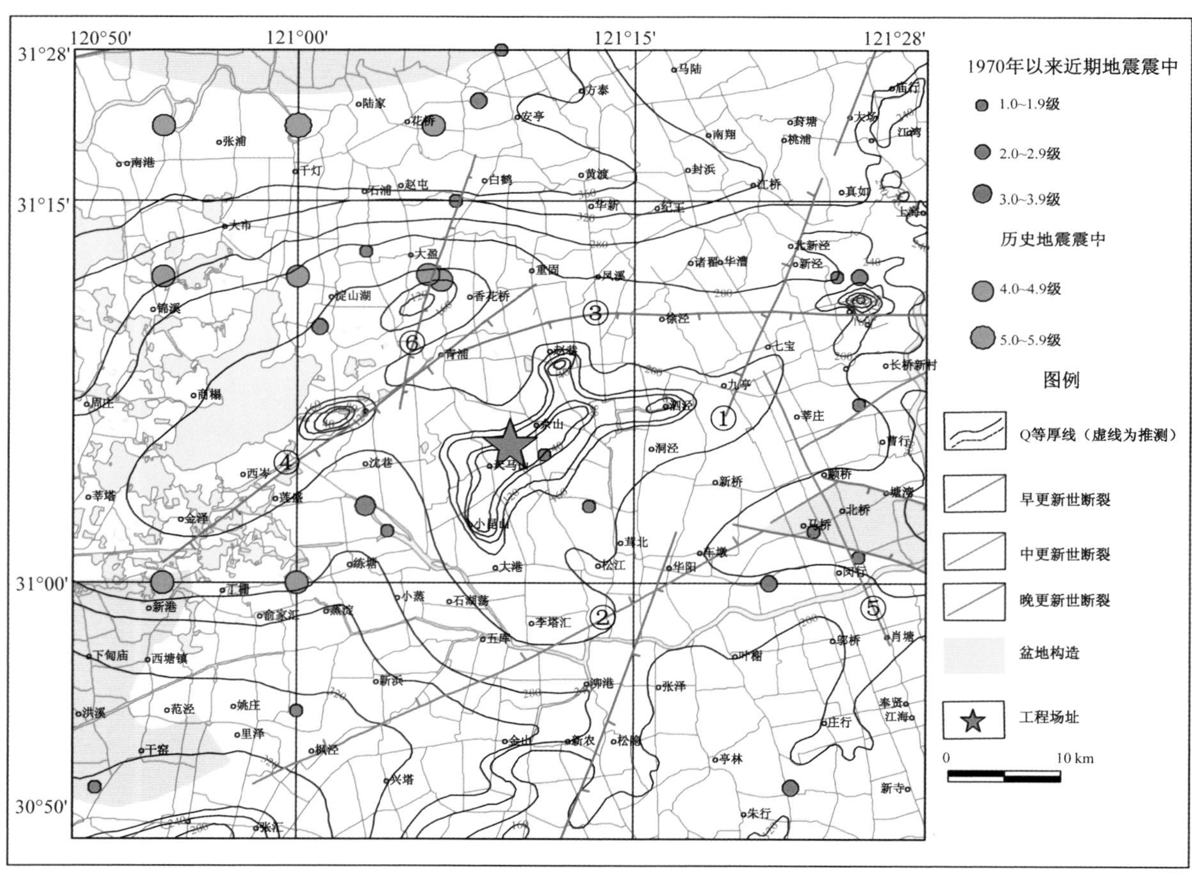

图 10-8　近场区地震构造图

灰黄～蓝灰色黏土（②）层（Q34）：属滨海～河口相沉积，场地内大部分地段分布，层底标高 1.61～－2.37 m，厚度 0.30～2.20 m。湿、可塑，含氧化铁斑点及泥钙质结核，属中等压缩性土。

灰色黏土（③）层（Q24）：属滨海～浅海相沉积，场地内大部分地段分布，层底标高－0.19～－17.62 m，厚度 0.90～18.10 m。湿，软塑，含少量有机质，属高等压缩性土。

暗绿～草黄色黏土（④）层（Q24）：属河口～湖沼相沉积，场地内大部分地段分布，层底标高－1.88～－26.61 m，厚度 0.70～15.00 m。稍湿，硬塑，含铁锰质结核及氧化铁斑点，属中等压缩性土。

灰色黏土（⑤）层（Q14）：属滨海～沼泽相沉积，场地内局部分布，层底标高－26.47～－31.85 m，厚度 2.70～6.40 m。湿，可塑～软塑，含有机质、少量泥钙质结核及半腐殖物根茎，属高等压缩性土。

2. 岩体

本工程场地内岩体岩性较为单一，均为侏罗系上侏罗统黄尖组上段（J3h3）安山岩。根据薄片鉴定结果，该场地内安山岩可细化为黑云母安山岩、粗面安山岩等。

根据钻孔内揭露岩层按岩体工程特性以及风化程度，场地内岩体自上而下可分为全风化安山岩、强风化安山岩、中风化安山岩、微风化安山岩。各风化带特征如下：

(1) 全风化安山岩：结构基本破坏，但尚可辨认，有残余结构强度，夹残积土，部分区域与上覆覆盖层相互混杂。

(2) 强风化安山岩：含斜长石、角闪石、辉石、黑云母等，结构大部分破坏，风化裂隙很发育，矿物成分显著变化，岩体较破碎，遇水易松散。

(3) 中风化安山岩：含斜长石、角闪石、辉石、黑云母等，结构部分破坏，延节理面有方解石、黄铁矿等次生矿物，风化裂隙发育，岩体被切割成块，破碎部分有色变。

(4) 微风化安山岩：含斜长石、角闪石、辉石、黑云母等，局部呈绿色、结构基本未变，可见原生柱状节理，节理面有渲染或略有变色。

3. 岩土体物理力学性质参数

经岩土工程勘察揭示，场地内各层岩土体物理力学参数见表 10-1—表 10-3。

表 10-1　地基土物理力学性质表

层号	土层名称	静探 P_s/MPa	固结快剪（峰值）		地基承载力值	
			c/kPa	φ/(°)	设计值 f_d/kPa	特征值 f_{ak}/kPa
②	灰黄～蓝灰色黏土	0.67	18	16.0	90	70
③	灰色黏土	0.55	15	15.0	70	55
④	暗绿～草黄色黏土	3.55	45	18.5	140	110
⑤	灰色黏土		16	16.5	85	70

表 10-2 岩体物理力学参数表

岩石名称	风化分带	干密度/($g \cdot cm^{-3}$)	饱和密度/($g \cdot cm^{-3}$)	饱和吸水率	耐崩解性指数	静三轴试验		单轴抗压强度/MPa		抗拉强度/MPa
						c/MPa	φ/(°)	干燥/R_d	饱和/R_s	
安山岩	强风化	2.30～2.34(2.32)	2.33～2.37(2.35)	0.79%～0.83%(0.81%)						
	中风化	2.34～2.75(2.45)	2.36～2.77(2.47)	0.74%～0.85%(0.82%)	99.2%～99.6%(99.4%)	7.5～11.5(9.3)	31.4～38.1(33.1)	21.6～34.9(27.6)	19.0～26.4(22.5)	5.11～7.87(6.30)
	微风化	2.37～2.66(2.57)	2.38～2.68(2.58)	0.37%～0.88%(0.79%)	98.9%～99.6%(99.3%)	7.6～13.6(11.2)	21.1～36.0(31.4)	24.0～45.4(33.5)	22.7～41.5(33.5)	4.40～8.64(6.90)

表 10-3 岩体物理力学参数表

岩石名称	风化分带	静弹性模量 E /GPa	静剪切模量 G /GPa	静泊松比 μ	纵波波速 V_p/($m \cdot s^{-1}$)	横波波速 V_s ($m \cdot s^{-1}$)	动弹性模量 E_d /GPa	动剪切模量 G_d /GPa	动泊松比 μ_d
安山岩	中风化	34.8～50.8(41.1)	15.4～19.8(16.6)	0.22～0.26(0.24)	4 077～4 878(4 445)	2 302～2 871(2 651)	35.0～54.0(46.0)	13.8～21.9(18.5)	0.21～0.25(0.23)
	微风化	36.6～60.4(43.9)	14.9～24.6(18.1)	0.19～0.26(0.22)	4 687～5 102(4 904)	2 806～3 197(3 009)	49.5～61.5(56.2)	20.1～26.1(23.5)	0.18～0.24(0.20)

10.3.4 地质构造

本工程场地高边坡的地质构造可区分为 7 个区域，其中南坡为 1 区和 6 区，东坡为 2 区，东北坡为 3 区，北坡为 4 区，西坡定为 5 区，如图 10-9[148, 149] 所示。现根据所划分区对上海天马山世茂深坑所揭露的断层进行描述。

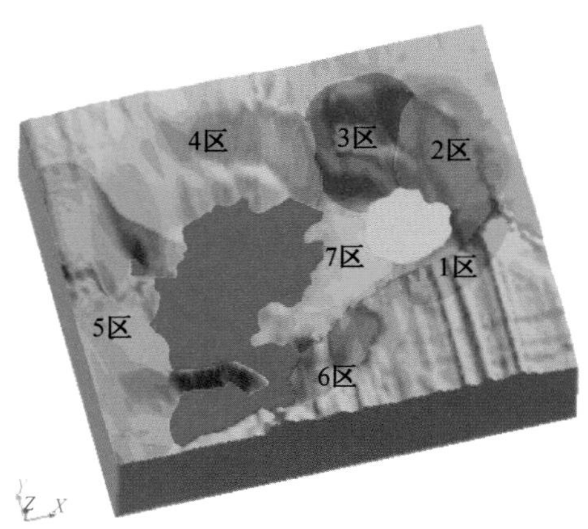

图 10-9 高边坡地质构造分区示意图

1. 1 区（位于南坡）

岩石类型为火山中性熔岩，呈暗灰、暗灰绿和褐灰色；岩性致密，以安山岩为主，见少量角闪安山岩和石英安山岩。区域内无断层发育，节理相当发育，主要有三组节理，包括两组竖向节理和一组水平节理（图 10-10）。节理面有充填物，颜色深灰色，宽 2～3 mm。此外，岩石裂缝较多，为爆破引起，易发生落石危险。

图 10-10　高边坡 1 区岩石节理及裂缝

2. 2 区（东坡）

岩石类型为火山中性熔岩，岩性致密，以安山岩为主，见少量角闪安山岩和石英安山岩。节理相当发育，区域内主要有三组节理，包括二组竖向节理和一组水平节理。节理面有充填物，颜色深灰色，宽 2～3 mm。

区域内有断层 F1 发育，贯穿整个岩体露头，断层上盘在岩壁中部，断层面附近的岩体被挤压呈褶曲状（图 10-11）。断层破碎带下部岩体的表面为黄色和灰黄色，破碎严重，堆积在坑底，宽度为 15～20 m。断层面比较平直，倾向为 355°，倾角为 72°。

3. 3 区（东北坡）

岩石类型为火山中性熔岩，上部岩石为浅黄色，下部岩石整体为深灰色，表面夹有黄褐色；岩性致密，以安山岩为主，见少量角闪安山岩和石英安山岩。节理发育，主要有 3 组节理，包括 2 组竖向节理和 1 组水平节理。区域边缘东侧节理张开，竖向节理张开 3 cm，水平节理张开 2 cm，有落石危险，如图 10-12 所示。

4. 4 区（北坡）

岩石类型为火山中性熔岩，岩性致密，安山岩为主，见少量角闪安山岩和石英安山岩。区域内无断层出露，节理发育，主要为 2 组竖向节理和 1 组水平节理，如图 10-13 所示。

图 10-11　高边坡 2 区 F1 断层照片

图 10-12　高边坡 3 区节理面裂隙

图 10-13　高边坡 4 区岩壁照片

5. 5 区（西坡）

岩石类型为火山中性熔岩，岩性致密，以安山岩为主，见少量角闪安山岩和石英安山岩。岩石整体性较差，破裂严重，区域发育多个断层（图 10-14、图 10-15）。断层 F1 贯通岩壁，断层两侧岩石有轻微错动，沿断层面岩石破碎严重，断层面平直，倾向为 200°，倾角为 80°，下部破碎带宽度为 5 m。断层 F2 贯通岩壁，断层面呈折线状，断层倾向为 60°，倾角为 89°。

断层 F2 产生竖向 F2-1 和水平 F2-2 次生裂缝（图 10-16），裂缝面附近岩石被挤压成宽约 5 cm 的板状～页片状岩石，裂缝两侧岩石破裂严重。破裂严重区域岩层颜色为黄褐色和浅黄色。断层 F3 的断层面呈折线状，上部倾向为 295°，倾角为 82°；下部倾向为 60°，倾角为 42°，区域内顶部岩石发生滑动，滑动面呈圆弧形。

图 10-14　高边坡 5 区断层和水平贯通裂纹分布

图 10-15　高边坡 5 区 F3 断层

(a) F2-1次生裂缝

(b) F2-2次生裂缝

图 10-16　次生裂缝

区域内竖向节理发育，水平向沿节理面出现平面贯通裂缝 J1，成为岩体潜在的滑动面，倾向为 15°，倾角为 26°。主要发育有 3 组节理，包括 2 组竖向节理和 1 组水平节理。

6. 6 区（位于南坡）

岩石类型为火山中性熔岩，岩性致密，以安山岩为主，见少量角闪安山岩和石英安山岩。东侧岩层整体比较好，有水平和柱状节理。西侧岩层整体性较差，破裂严重。区域内发育断层 F4，地形有陡降，陡降是由于断层上盘下降引起，断裂面张开，平直且光滑，底部有破碎带，宽约 5 m，倾向为 205°，倾角为 58°～60°，如图 10-17 所示。柱状节理非常发育，开裂严重，主要有 3 组节理发育，包括 2 组竖向节理和 1 组水平节理，如图 10-18 所示。

图 10-17　高边坡 6 区 F4 断层

图 10-18　断层附近柱状节理发育

7. 7 区（位于坑底）

岩石类型为火山中性熔岩，岩性致密，以安山岩为主。岩石破碎严重，破裂严重的岩石为黄褐色，破碎带宽度约为 20 m，张开裂缝宽度最大为 50 mm，如图 10-19所示。岩石有褶曲现象，如图 10-20 所示。

图 10-19　岩体破碎严重及岩石张开裂缝

图 10-20　岩石褶曲现象

综上所述，2 区、5 区和 7 区都能见到断层 F1 露头，由此可知该断层穿过整个基坑。此外，由邻近区域地质构造资料可知本场地构造运动以断裂为主，辅以缓慢升降，为断裂分割而成的正向隆起断块；场地分布多条断裂，主要的有北东向的枫泾—川沙断裂（F16，由多条断裂组成的宽 4～6 km 的断裂带，总体走向北东 60°，倾向北西，倾角 75°以上，断续出露长约40 km），北北东的廊下—大场断裂（F8，北东 25°方向断续分布，长约 67 km，断裂带宽 2～3 km）。基坑内出露断层分布图如图 10-21、图 10-22 所示。

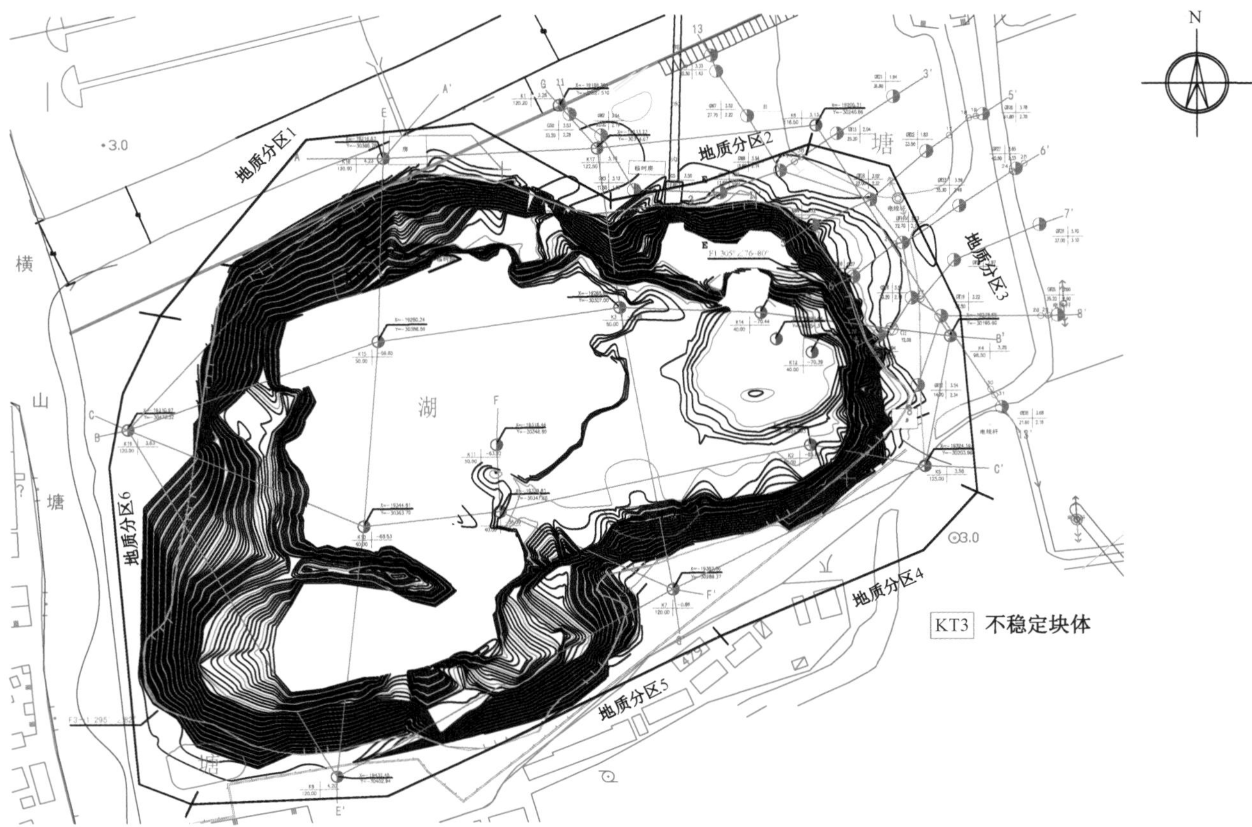

图 10-21 矿坑中出露断层分布示意图

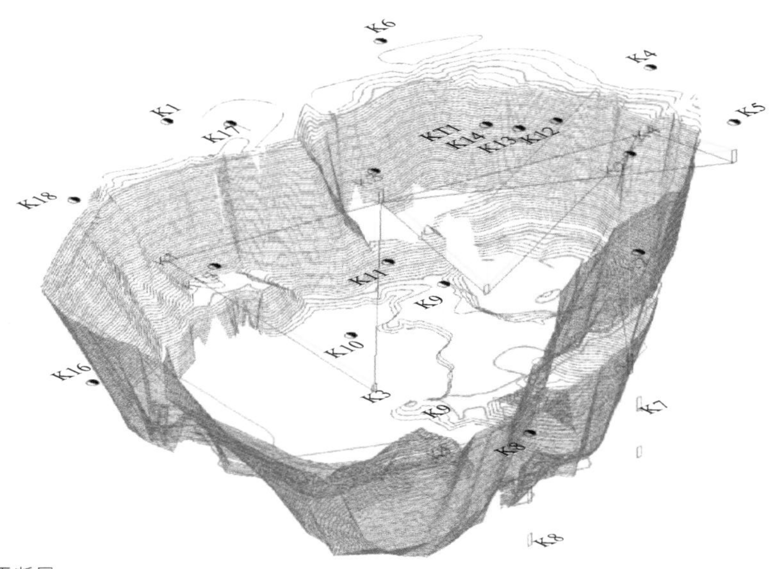

图 10-22 矿坑中出露断层、
内部结构面分布示意图

场地附近岩体中普遍发育 3 组节理裂隙，均为原生裂隙，其走向及倾向统计结果如图 10-23、图 10-24 所示。第一组倾向 72°～116°裂隙组，大体走向北北西或北北东，倾角 61°～81°，裂面较平直，宽 2～30 mm，坡底裂隙一般无充填，一般长

2.0～4.0 m，少数长 5.0～7.0 m，节理间距为 30 cm 左右。第二组倾向 175°～192°裂隙组，大体走向北东东或北西西，倾角 70°～86°，裂面平直，宽 5～50 mm，坡底裂隙一般无充填，一般长 1.0～3.0 m，少数长 10.0 m，节理间距为 1 m 左右。第三组倾向 9°～18°裂隙组，大体走向北西西，倾角 10°～21°，裂面平直，宽 2～20 mm，坡底裂隙一般无充填，一般长 1.5～3.0 m，少数长 8.0 m，节理间距为 30 cm左右。

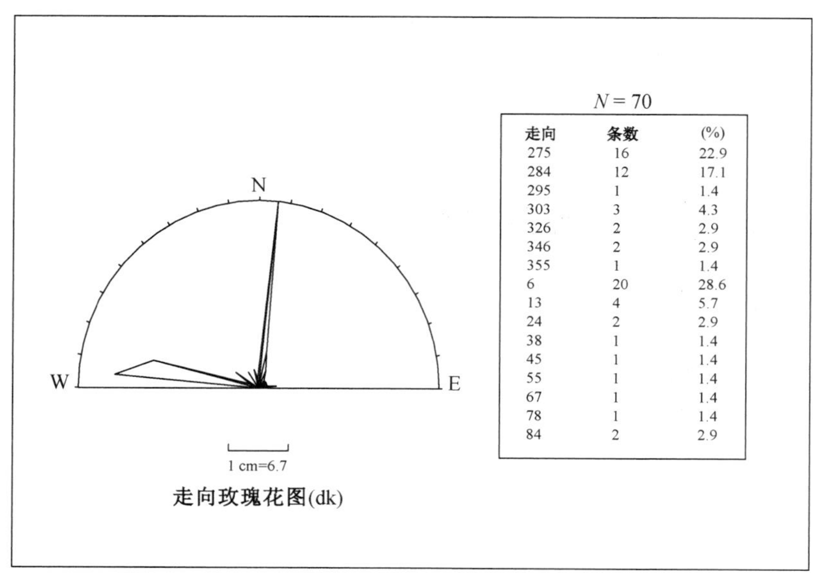

走向	条数	(%)
275	16	22.9
284	12	17.1
295	1	1.4
303	3	4.3
326	2	2.9
346	2	2.9
355	1	1.4
6	20	28.6
13	4	5.7
24	2	2.9
38	1	1.4
45	1	1.4
55	1	1.4
67	1	1.4
78	1	1.4
84	2	2.9

图 10-23　高边坡裂隙走向玫瑰花图

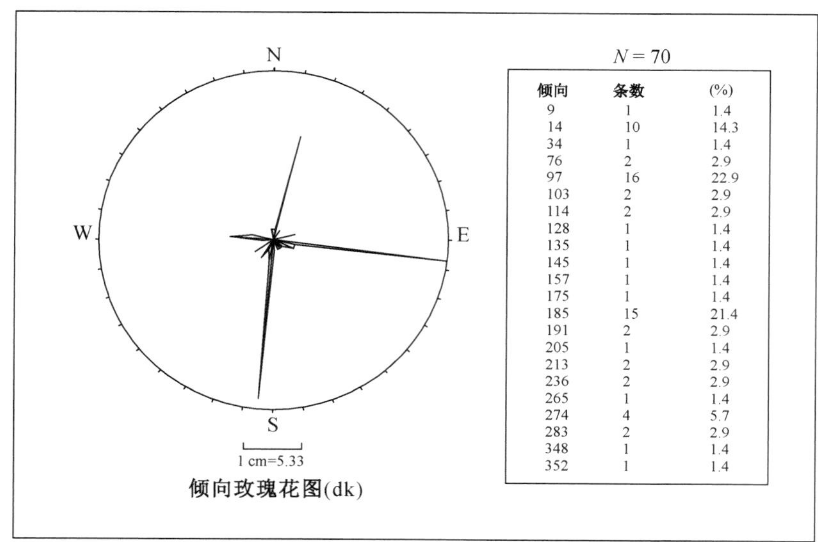

倾向	条数	(%)
9	1	1.4
14	10	14.3
34	1	1.4
76	2	2.9
97	16	22.9
103	2	2.9
114	2	2.9
128	1	1.4
135	1	1.4
145	1	1.4
157	1	1.4
175	1	1.4
185	15	21.4
191	2	2.9
205	1	1.4
213	2	2.9
236	2	2.9
265	1	1.4
274	4	5.7
283	2	2.9
348	1	1.4
352	1	1.4

图 10-24　高边坡裂隙倾向玫瑰花图

根据高边坡现状，按照《岩土工程勘察规范》（GB 50021—2001）对岩体类型的判断见表 10-4。

表 10-4　边坡岩体类别表

边坡分区	风化程度	判定条件					边坡岩体类别
		岩体坚硬程度	岩体完整程度	结构面结合程度	结构面产状	直立边坡自稳能力	
2，3 区	强风化	较软岩	较破碎	结构面结合差	结构面近似外倾、倾角 70°～86°	边坡出现局部塌落	Ⅳ
	中风化	较软岩	较完整	结构面结合一般	结构面近似外倾、倾角 70°～86°	边坡出现局部塌落	Ⅳ
	微风化	较硬岩	较完整	结构面结合一般	结构面近似外倾、倾角 70°～86°	边坡出现局部塌落	Ⅲ
1，4，5，6 区	强风化	较软岩	较破碎	结构面结合差	结构面近似外倾、倾角 61°～81°	边坡出现局部塌落	Ⅳ
	中风化	较软岩	较完整	结构面结合一般	结构面近似外倾、倾角 61°～81°	边坡出现局部塌落	Ⅳ
	微风化	较硬岩	较完整	结构面结合一般	结构面近似外倾、倾角 61°～81°	边坡出现局部塌落	Ⅲ

10.3.5　水文地质条件

1. 坑内地下水

采石坑周边河网密布，与可通航的河塘很近，但坑内未发现涌水和渗水现象，即采石坑与地表水无直接水力关系。坑内积水主要由大气降水补给，与地下水无明显的补给关系。采石坑边缘地形高于周围农田，降水形成的地表径流主要向坑外方向分流，而不是向坑内聚集，故坑壁岩层内垂直裂隙受到的水流冲击与补给入渗均很微弱。

2. 坑外地下水（潜水）

1）水位埋深

拟建场地浅部土层中的地下水属于潜水类型，水位动态变化主要受控于大气降水和地面蒸发等，地下水位丰水期较高，枯水期较低。勘察期间实测取土孔内（采石坑外部）地下水初见水位埋深在 1.70～3.40 m 之间；稳定水位埋深在 0.60～2.60 m 之间。地下水主要靠大气降水及地表河道补给，降水主要沿坡面快速向坑底排泄，仅有很少部分雨水垂直下渗，补给地下水。该地段的松散堆积层中，水量均不丰，主要以蒸发、渗水的方式排泄，未见孔隙泉、孔隙-裂隙泉和裂隙泉。

2）地下水质

据地下水水质分析揭示，场地内地下水对混凝土结构不具有腐蚀性；长期浸水环境中地下水对钢筋混凝土结构中的钢筋亦不具有腐蚀性；干湿交替环境中地下水对钢筋混凝土结构中的钢筋具有弱腐蚀性，对钢结构具有弱腐蚀性。

10.3.6　场地地震条件[150]

1. 工程场地类别

本场地的覆盖土层厚度小于 30 m，地基土属于软弱土，根据上海市《建筑抗震设计规程》（DG J08-9—2003）第 4.1.1 条及上海市《岩土工程勘察规范》（DG J08-37—2002）第 7.1 条的有关规定，本工程场地属Ⅱ类场地。

2. 抗震设防烈度

基于计算分析得到的本项目工程场地基岩地震动峰值加速度值和设计地震动峰值加速度值，结合《中国地震动参数区划图》（GB 18306—2001）、《建筑抗震设计规范》（GB 50011—2001）和上海市《建筑抗震设计规程》（DG J08-9—2003）的相关规定，建议本项目工程场地的抗震设防烈度为Ⅶ度。

3. 工程场地设计地震动参数

依据本项目地质勘探结果以及拟建酒店结构设计方案，以反演得到的 180 m 深度处的入射波为输入，利用二维有限差分方法对工程场地进行地震响应分析，计算不同超越概率的地震作用下坑底和坑顶部位的地震响应及其差异。不同超越概率水平下点 M（43，0.0）、点 N（－12，－78.1）及钻孔 GW21 地表点的动力响应见表 10-5。

表 10-5 计算结果汇总（平均值）

超越概率	振动方向	峰值加速度/($m \cdot s^{-2}$)		峰值位移/cm		点 M 与点 N 相位差/(°)
		坑顶部点 M	坑底部点 N	坑顶部点 M	坑底部点 N	
50 年 63%	水平向	0.358	0.226	0.43	0.27	1.560
	竖向	0.144	0.097	0.12	0.06	1.911
50 年 10%	水平向	1.170	0.812	2.83	1.56	2.689
	竖向	0.601	0.458	1.03	0.46	2.361
50 年 2%	水平向	1.874	1.735	11.53	5.47	2.667
	竖向	1.325	1.150	4.77	1.82	4.000
100 年 63%	水平向	0.503	0.339	1.14	0.564	3.585
	竖向	0.245	0.173	0.29	0.15	2.060
100 年 10%	水平向	1.317	1.140	5.54	3.06	0.881
	竖向	0.862	0.693	2.34	0.97	1.117
100 年 3%	水平向	2.019	1.943	14.78	7.03	4.101
	竖向	1.442	1.302	6.46	2.34	0.680

表 10-5 数值模拟结果表明，无论是水平向还是竖向加速度响应，坑顶地表点 M 的水平向及竖向加速度振幅均比坑底地表点 N 的振幅高 50% 以上。因此，建筑物抗震计算时应采用多点输入方法计算，即坑底和坑顶部位采用不同的地震加速度峰值和反应谱数据，但多点输入分析时可不考虑相位差别。

10.4 计算分析

10.4.1 设计要求

本工程的主体建筑依深坑边坡而建，主体建筑基础落于坑底，顶部搭建于坡顶基础上，坡顶有裙房，地面还有大量人员活动。边坡支护首先要确保边坡整体稳定，其次坑底有建筑物和人员活动，坡面落石会危及建筑和人员，要保证建筑物和人员活动范围内坡面不出现落石。

主体建筑顶部搭建于坡顶基础上，结构设计单位提出主体建筑范围内的边坡在地震作用下坡顶与坡脚的最大相对位移在小震（50 年超越概率 63%，下同）时不超过 18 mm，大震（50 年超越概率 2%，下同）时不超过 120 mm。

本项目采用通用有限元软件 ABAQUS，利用强度折减法对矿坑-基础共同作用进行了二维、三维静力与动力分析，确保满足酒店使用要求。

10.4.2 计算参数选取

据本工程岩土工程勘察揭示，各岩土体的物理力学参数见表 10-6。由于内部通常存在联结力较弱的层理、片理和节理、断层等，故工程岩体具有明显的不连续性，使得岩体强度远远低于岩石强度，岩体变形远远大于岩石本身，岩体的渗透性远远大于岩石的渗透性。通常，根据各地工程经验及工程条件，通过对岩石强度参数 C_R，φ_R进行折减得到岩体的强度参数。根据已有经验，并结合本项目的工程地质与水文地质条件及边坡工程治理的具体要求，对于微风化至中等风化岩体，考虑裂隙密度对岩体内聚力的影响，将岩块的 C_R降低 10 倍，将完整无裂隙岩块的内摩擦系数折减 0.8～0.9 倍。由此得到本工程计算分析中岩体及节理组的强度参数，见表 10-7。

表 10-6　土体和岩石物理力学参数

土性描述	波速 V_s/(m·s^{-1})	泊松比 μ	重度 ρ/(kN·m^{-3})	静弹性模量 E/GPa
杂填土	123.8	0.47	19.2	0.088
灰色黏土	143.8	0.47	19.0	0.119
暗绿～草黄色黏土	249.4	0.47	18.8	0.351
中风化基岩	2 651	0.32	28.0	4.35
弱风化基岩	3 009	0.32	28.0	5.5
断层		0.3	25.6	0.5
节理组		0.3		0.2

表 10-7　土体和岩体材料强度参数

土性描述	凝聚力 c/MPa	摩擦角 φ/(°)
杂填土	0.018	16.0
灰色黏土	0.015	15.0
暗绿～草黄色黏土	0.045	18.5
中风化基岩	0.75	21.0
弱风化基岩	1.12	21.0
节理组	0.2	35.0

10.4.3 结构面赤平投影（组合）分析

对高边坡的楔体稳定性进行结构面赤平投影分析，其结果如图 10-25—图 10-29所示，图中优势结构面为岩石节理面。由赤平投影图可知，深坑内东坡及北坡倾向与三组优势结构面的倾向组合属稳定结构，楔体较稳定，一般不易发生破坏，但在某些特殊条件下，有可能发生局部楔体塌落、掉块现象，如高边坡具代表性的不稳定块体 KT2。

东北坡坡面与 4 号优势结构面倾向相近，4 号优势结构面倾角略小于坡面倾角，属基本稳定结构，楔体处于基本稳定状态，但可能发生塌落及掉块，如不稳定块体 KT1。

西坡坡面与 3 号优势结构面倾向相近，3 号优势结构面倾角略大于坡面倾角，属基本稳定结构，楔体处于基本稳定状态，但可能发生塌落及掉块。

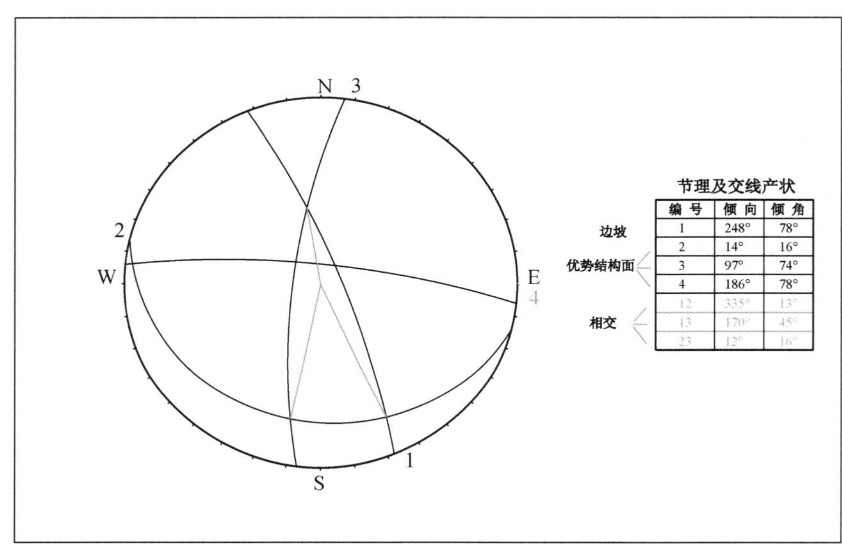

	编 号	倾 向	倾 角
边坡	1	248°	78°
优势结构面	2	14°	16°
	3	97°	74°
	4	186°	78°
相交	12	335°	13°
	13	170°	45°
	23	12°	16°

图 10-25 东坡（2 区）结构面赤平投影

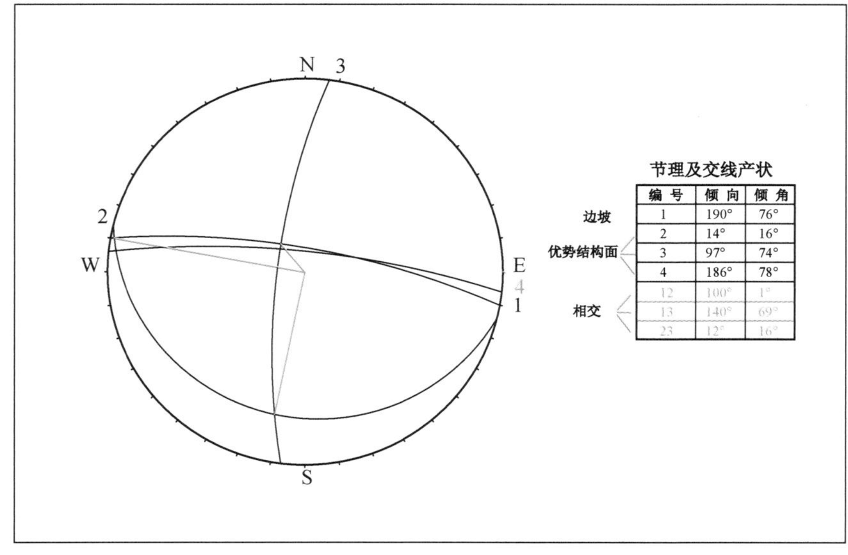

	编 号	倾 向	倾 角
边坡	1	190°	76°
优势结构面	2	14°	16°
	3	97°	74°
	4	186°	78°
相交	12	100°	1°
	13	140°	69°
	23	12°	16°

图 10-26 东北坡（3 区）结构面赤平投影

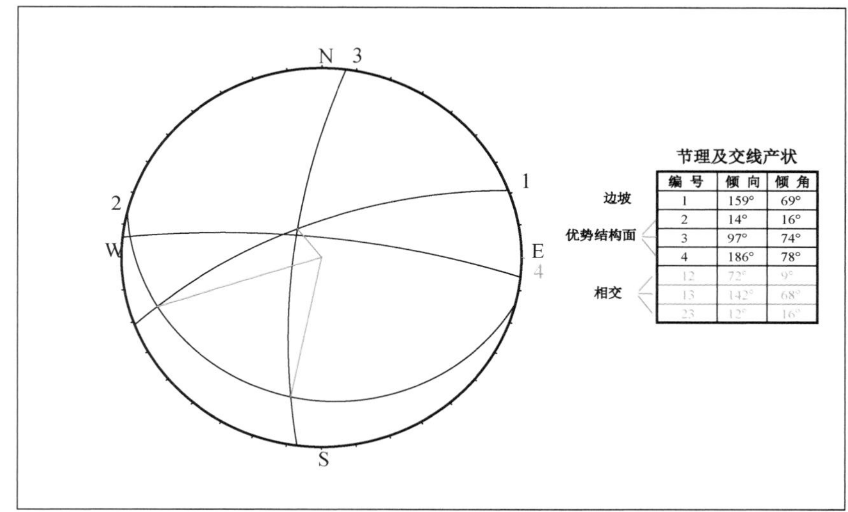

节理及交线产状

	编号	倾向	倾角
边坡	1	159°	69°
优势结构面	2	14°	16°
	3	97°	74°
	4	186°	78°
相交	12	72°	9°
	13	142°	68°
	23	12°	16°

图 10-27　北坡（4 区）结构面赤平投影

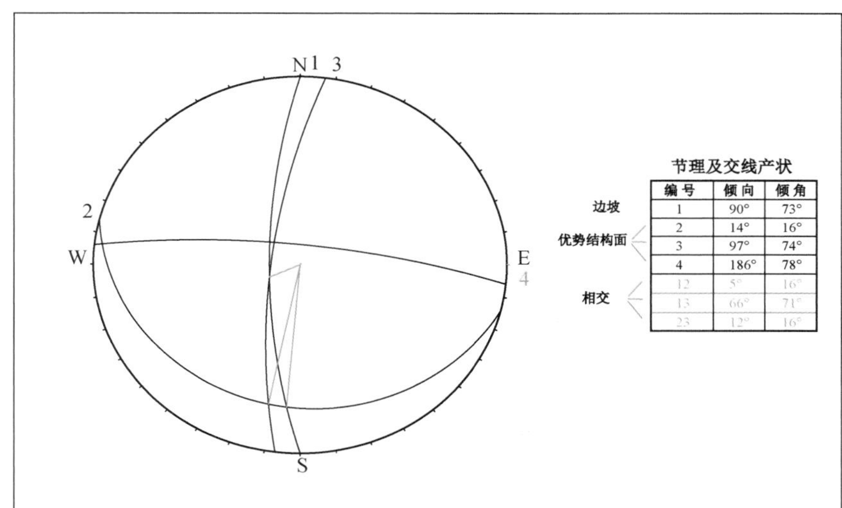

节理及交线产状

	编号	倾向	倾角
边坡	1	90°	73°
优势结构面	2	14°	16°
	3	97°	74°
	4	186°	78°
相交	12	5°	16°
	13	66°	71°
	23	12°	16°

图 10-28　西坡（5 区）结构面赤平投影

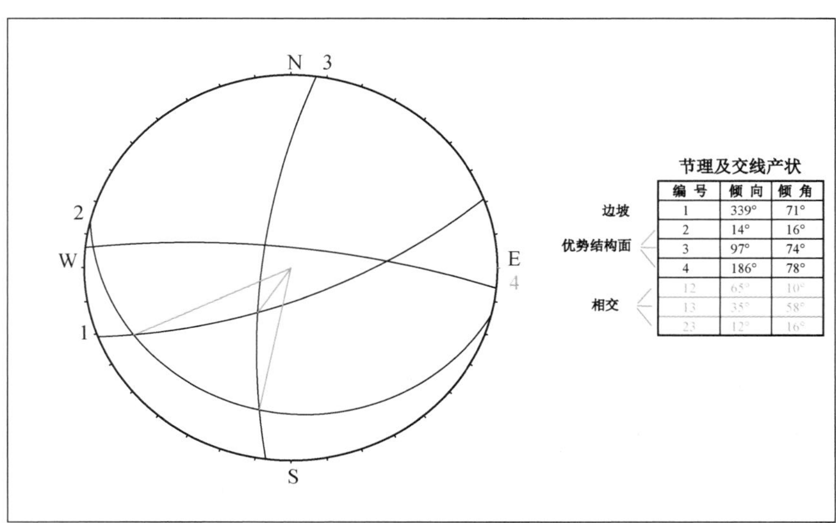

节理及交线产状

	编号	倾向	倾角
边坡	1	339°	71°
优势结构面	2	14°	16°
	3	97°	74°
	4	186°	78°
相交	12	65°	10°
	13	35°	58°
	23	12°	16°

图 10-29　南坡（1 区，6 区）结构面赤平投影

南坡坡面与 2 号优势结构面倾向虽相差 35°，但 2 号优势结构面倾角小于坡面倾角，发生塌落及掉块的可能性较大，但在当前自然状态下，属基本稳定状态。

根据结构面赤平投影分析，该高边坡楔体在自然状态下处于基本稳定状态，但由于高边坡岩石原生节理较为发育，在外力及风化作用下，易引起边坡表层楔体的稳定性发生变化，将来有可能出现楔体塌落或掉块现象。

上海天马山世茂深坑高边坡坡体上 F1～F4 断层的倾向与坡体倾向交角较大，倾角较陡，不会造成边坡失稳，不会对高边坡的整体稳定性构成较大影响。

位于西坡（5 区）的水平向沿节理面有平面贯通裂缝 J1，倾向为 15°，倾角为 26°，成为岩体潜在的滑动面，可能会对西坡的整体稳定造成不利影响。

10.4.4 静力计算分析结果

1. 非锚固天然状态二维分析结果

图 10-30 为模型 1 及模型 2 在静力超载作用下的 Mises 应力、最大主应力、最小主应力云图，最大 Mises 应力为 2.25 MPa 和 2.23 MPa，最大拉应力为 0.34 MPa和 0.25 MPa，最大压应力为 3.2 MPa 和 3.18 MPa；模型除坡面结构面软弱层处的局部区域处于拉应力状态外，整体模型处压应力状态，应力主要集中在坡脚及坑内结构面接触处。

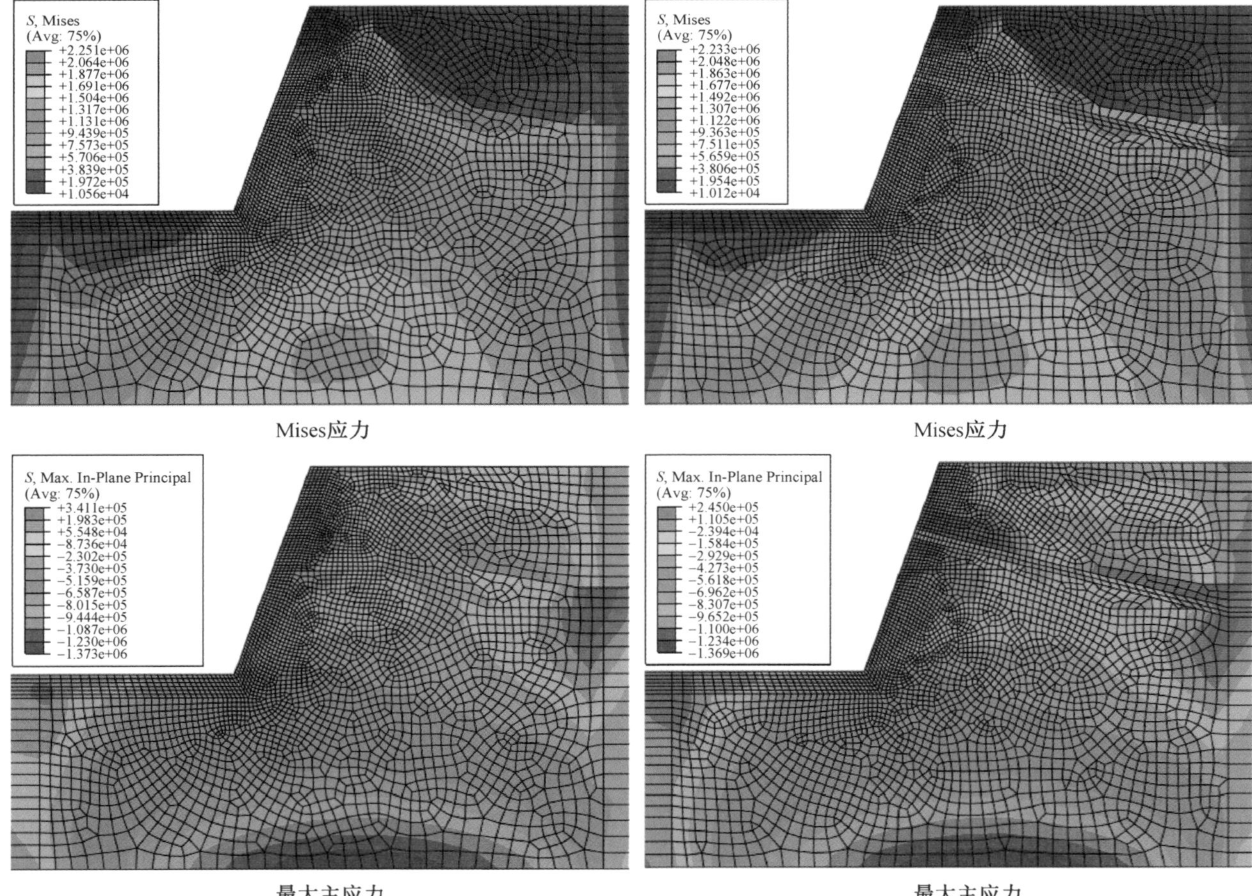

Mises应力　　Mises应力

最大主应力　　最大主应力

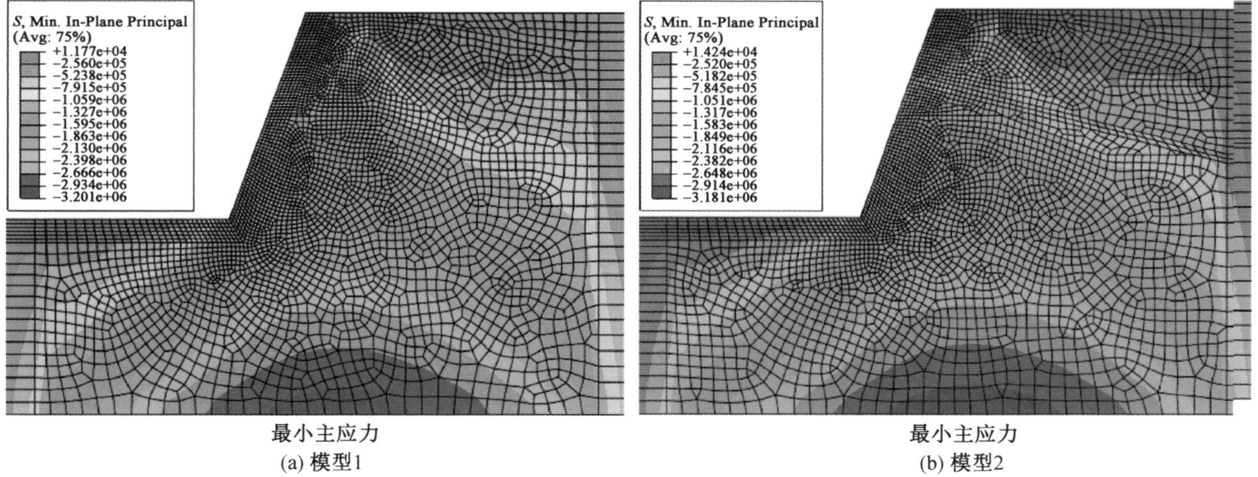

最小主应力
(a) 模型1

最小主应力
(b) 模型2

图 10-30　无锚固天然状态应力云图

2. 非锚固极限稳定状态二维分析结果

经多次强度折减后模型边坡达到极限稳定状态，得到静力工况下模型 1 及模型 2 的安全系数分别为 1.75 和 1.6。图 10-31 为极限稳定状态下边坡的等效塑性应变分布。由图可知，边坡在极限状态下结构面广义塑性应变区贯通，可以认为边坡在该状态下已经失稳。在坡脚处，虽然塑形应变没有贯通，但是由于坡脚应力集中，可能导致岩体处于屈服极限状态，易发生小范围坍塌。

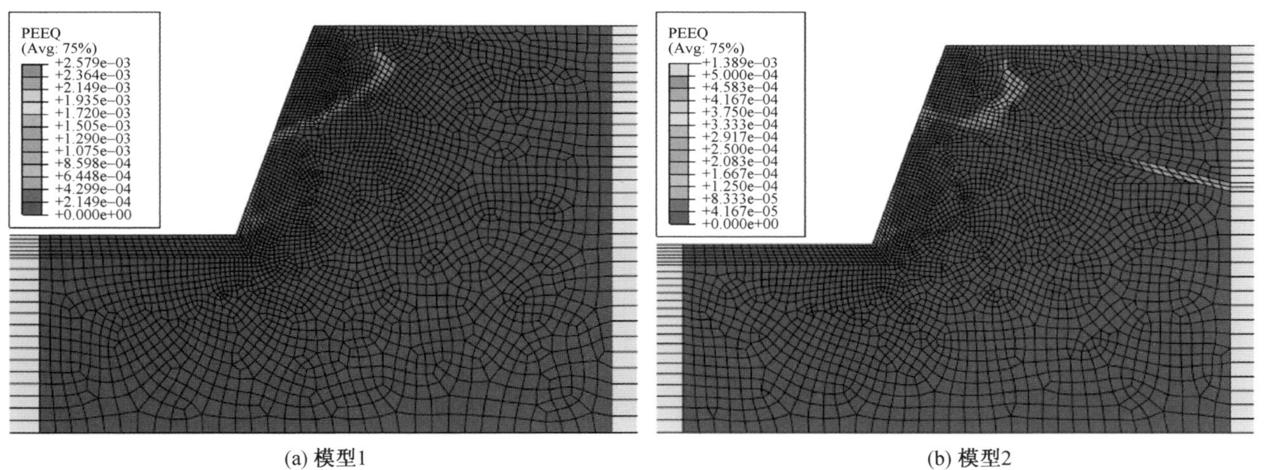

(a) 模型1

(b) 模型2

图 10-31　无锚固极限稳定状态下等效塑性应变云图

3. 有锚固天然状态二维分析结果

图 10-32 为模型 1 及模型 2 在静力作用下的 Mises 应力、最大主应力和最小主应力云图。其中，最大 Mises 应力为 2.21 MPa，最大拉应力为 0.24 MPa，最大压应力为 3.16 MPa。由图可知：①边坡支护加固对边坡最大主应力分布的影响较大，而对最小主应力分布的影响相对较小；②压应力主要集中在坡脚，坡面较浅的区域（即坡面节理群）处仍分布有拉应力，而断层周围的岩体应力由拉应力转为压应力，有利于边坡稳定。

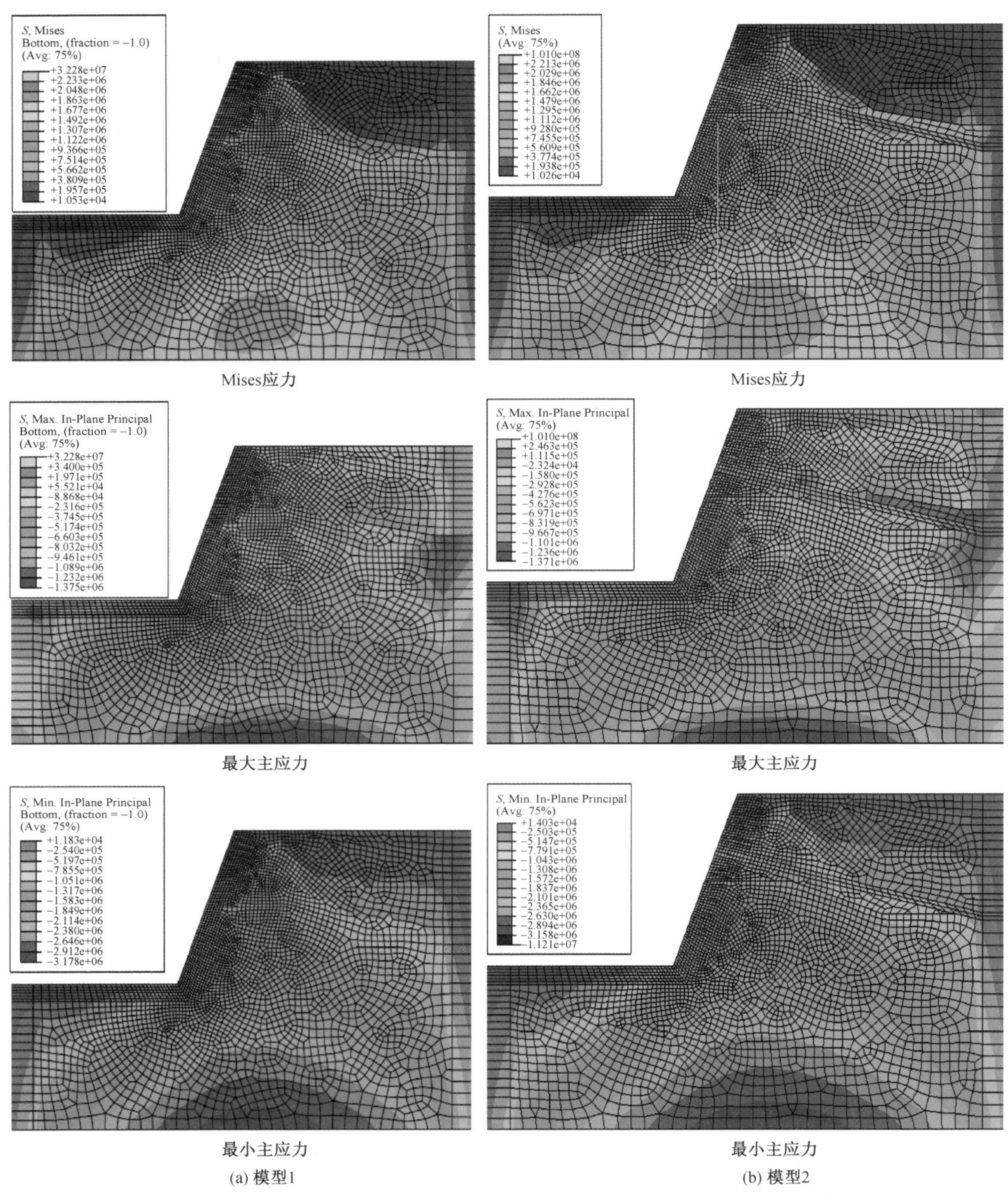

Mises应力　　Mises应力

最大主应力　　最大主应力

最小主应力　　最小主应力

(a) 模型1　　(b) 模型2

图 10-32　有锚固天然状态应力云图

4. 有锚固极限稳定状态二维分析结果

加固后模型 1 与模型 2 的边坡安全系数分别由 1.75 和 1.6 提高到 2.15 和 1.95，相对于天然状态下边坡稳定性有明显改善。图 10-33 为极限稳定状态下边坡的应变分布。由图可知，边坡在极限状态下结构面塑性区贯通，即自坡脚贯通至坡顶。

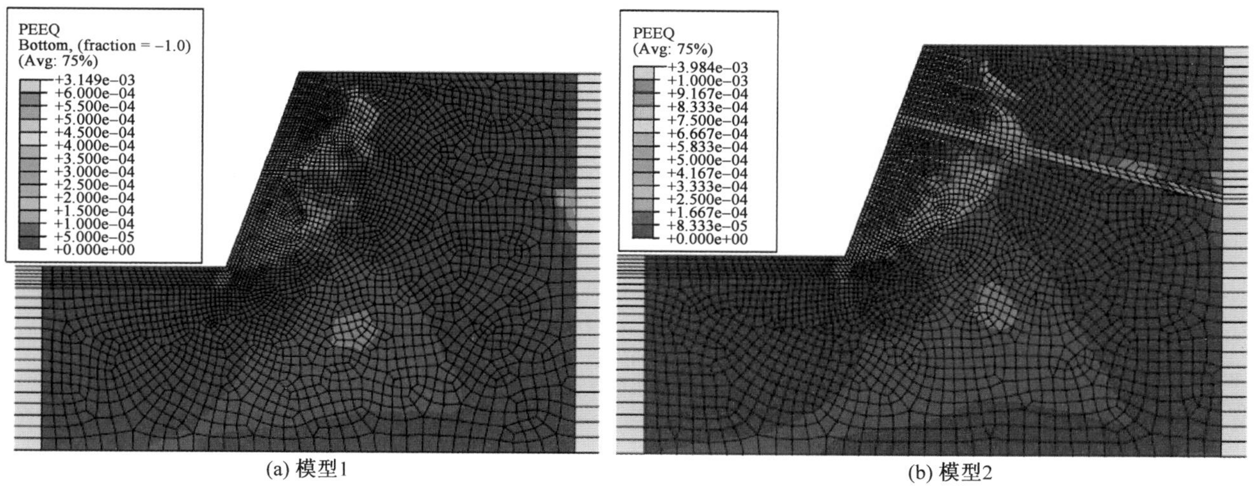

图 10-33 有锚固极限稳定状态下等效塑性应变云图

10.4.5 动力计算分析

1. 地震载荷选取

根据上海天马山世茂深坑酒店主体结构设计要求，边坡设计计算中要考虑小震（50 年超越概率 63%）与大震（50 年超越概率 2%）作用下的地震动力响应。边坡加固抗震设计中所采用的基岩地震波时程曲线见图 10-34 与图 10-35，其卓越频谱为 1.0～2.0 Hz，与场地地基（卓越频率 0.23～0.62 Hz）的频率特征比较接近。

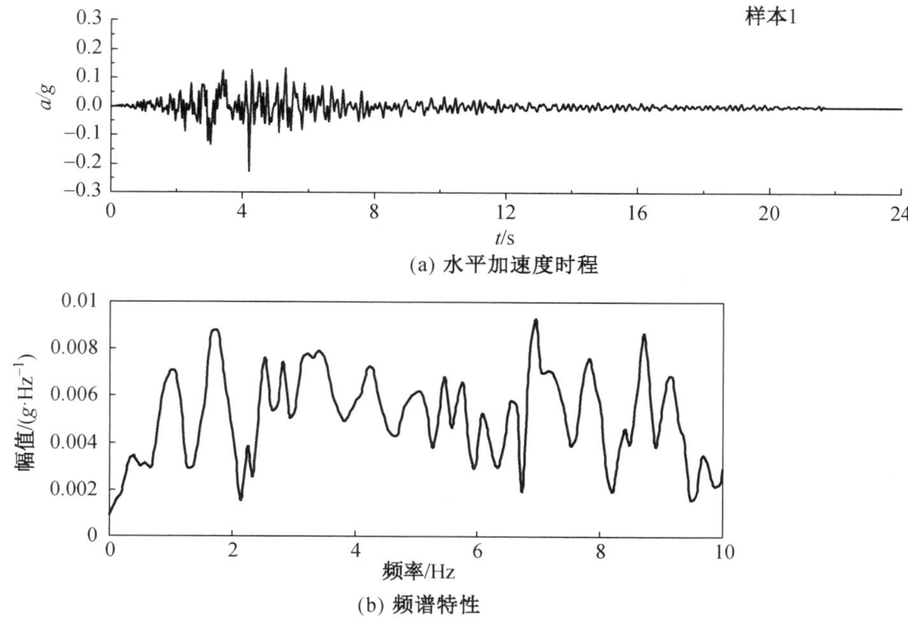

图 10-34 50 年超越概率 63%地震工况下基岩动力响应

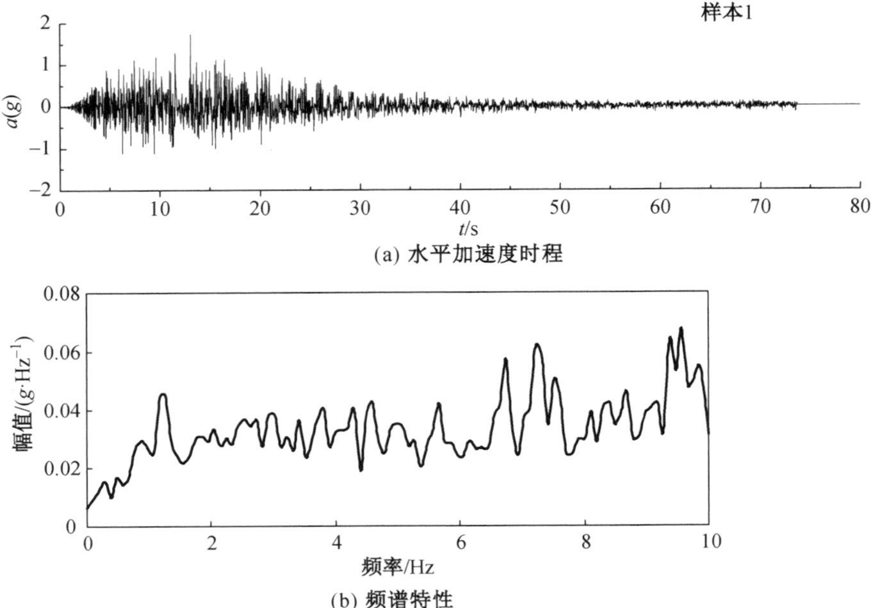

(a) 水平加速度时程

(b) 频谱特性

图 10-35　50 年超越概率 2% 地震工况下基岩动力响应

2. 大震（50 年超越概率 2%）作用下无锚固天然边坡的动力响应

图 10-36 为大震作用下边坡的加速度分布（总加速度及其分量）及坡顶、坡底处的加速度时程曲线。由图可知，边坡的加速度响应随着高度增加呈放大趋势，且随岩土体性质不同而不同，坡顶岩体处放大约 2 倍，而坡顶土体处放大约 4 倍；表层土体动态响应放大较为明显，岩体的放大效应在边坡坡顶处及软弱结构面处较显著。

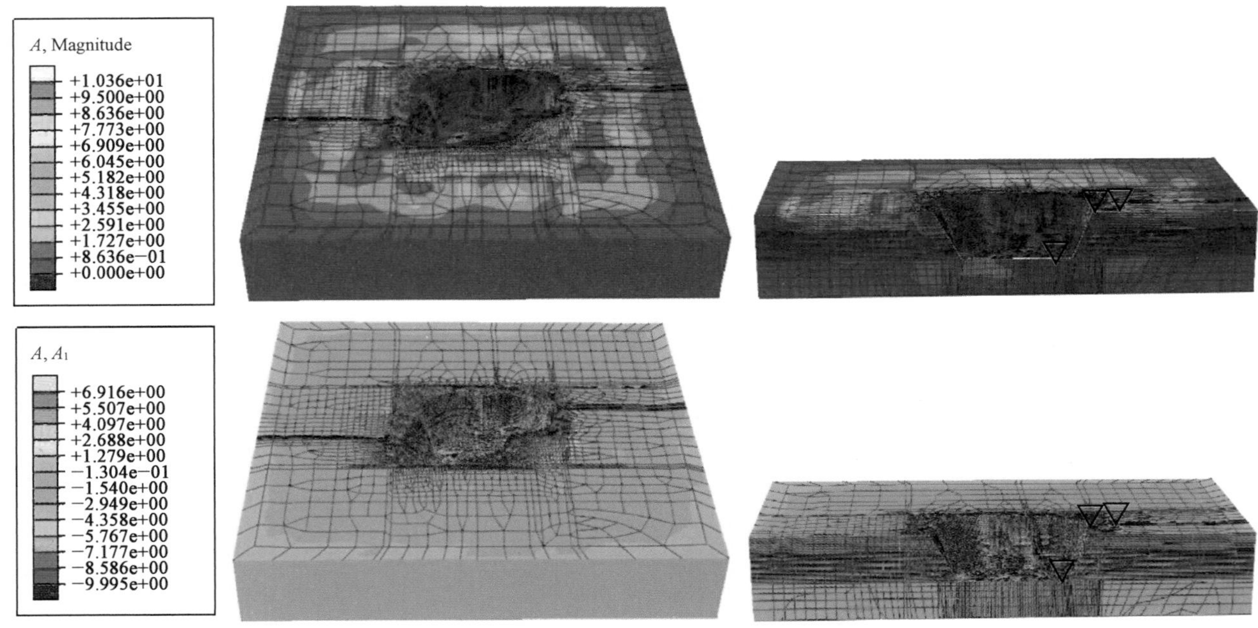

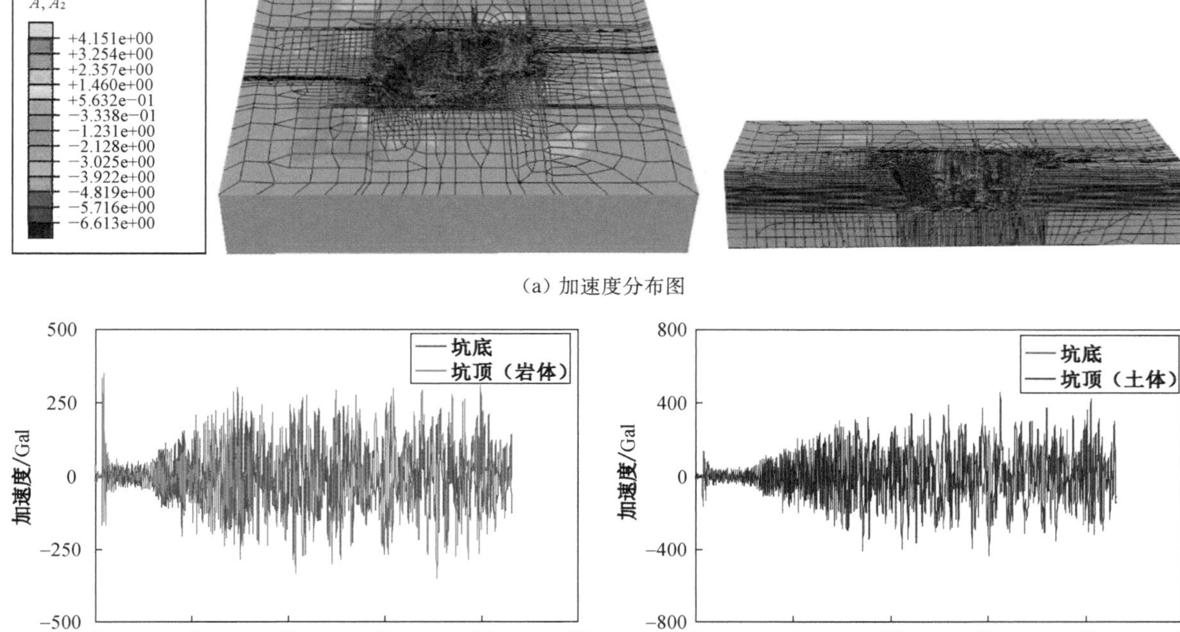

（a）加速度分布图

（b）边坡岩体与土体加速度时程曲线

图 10-36　无锚固天然边坡大震作用下的加速度响应

图 10-37 为大震作用下边坡的 Mises 应力、最大主应力及最小主应力云图。由图可知，最大 Mises 应力为 2.9 MPa，最大拉应力为 1.2 MPa，最大压应力为 5.4 MPa；应力主要集中在坡脚及岩体软弱结构面处；除结构面附近局部区域的坡面处于拉应力状态外，边坡基本处于压应力状态。

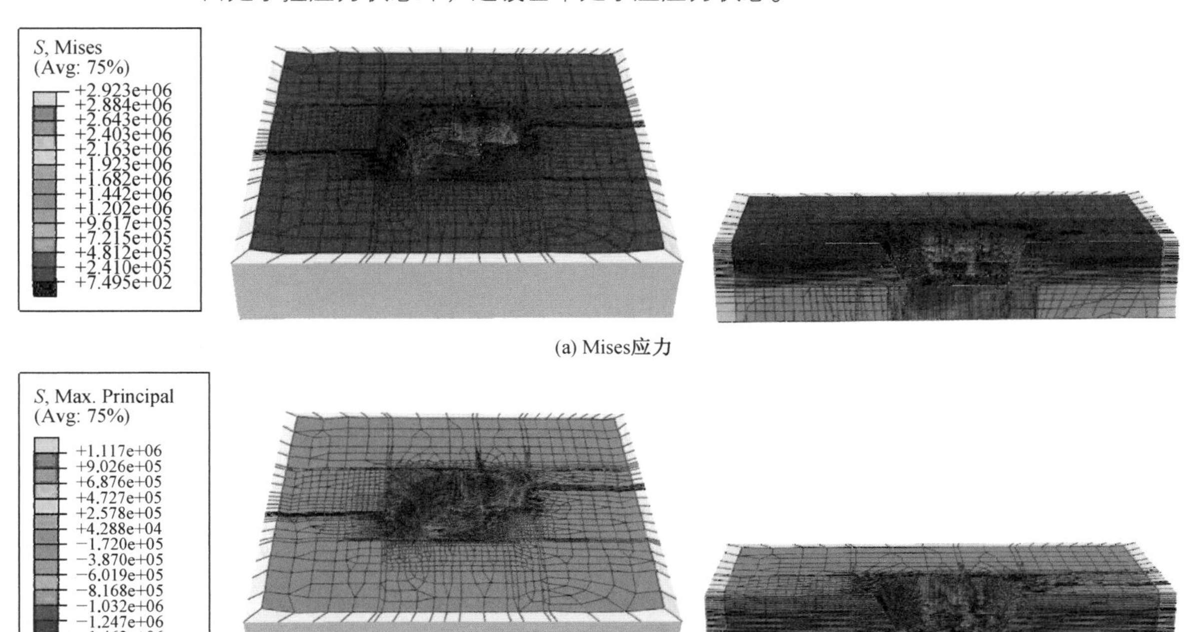

(a) Mises应力

(b) 最大主应力

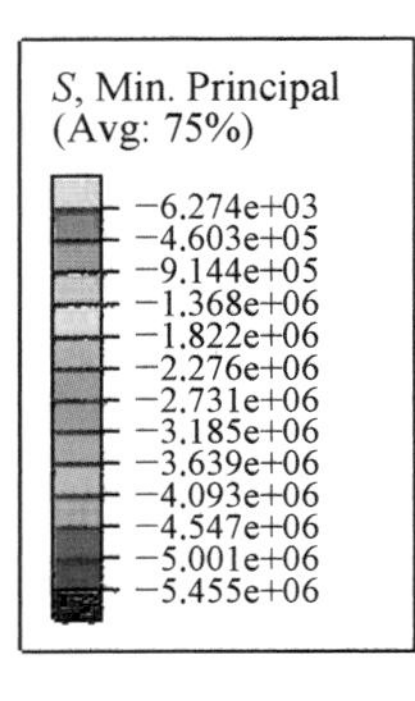

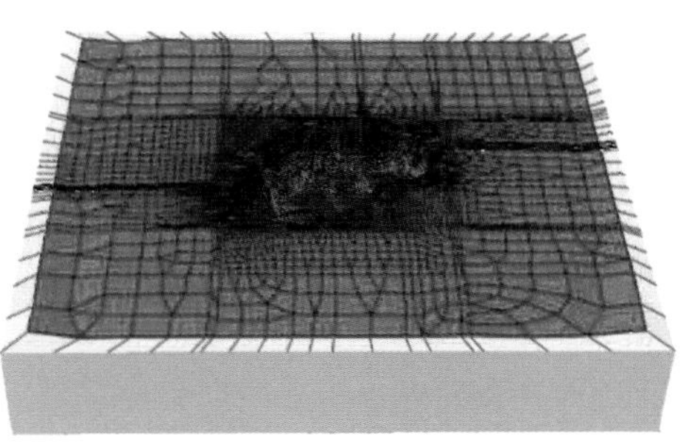
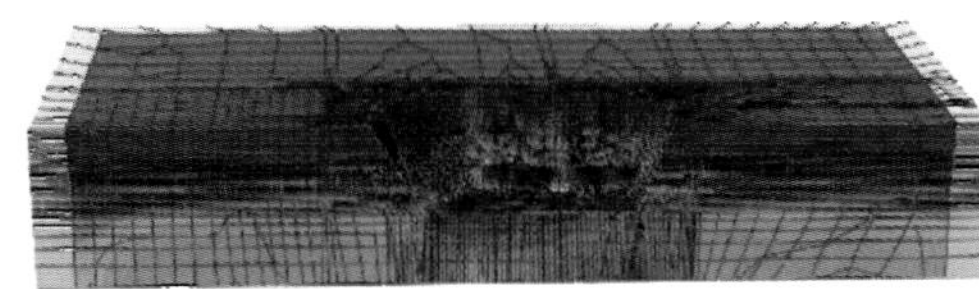

(c) 最小主应力

图 10-37　无锚固天然边坡大震作用下的应力分布图

图 10-38 为大震作用下边坡的位移分布（总位移及其分量）及坡顶、坡底处的位移时程曲线。由图可知，边坡坡面顶部岩体处最大水平位移约为 40 mm，土体处最大水平位移约为 150 mm；考虑边坡坡顶及坡脚的相位差，坑顶岩、土体处和坑底的最大水平相对位移分别为 40 mm 和 150 mm。

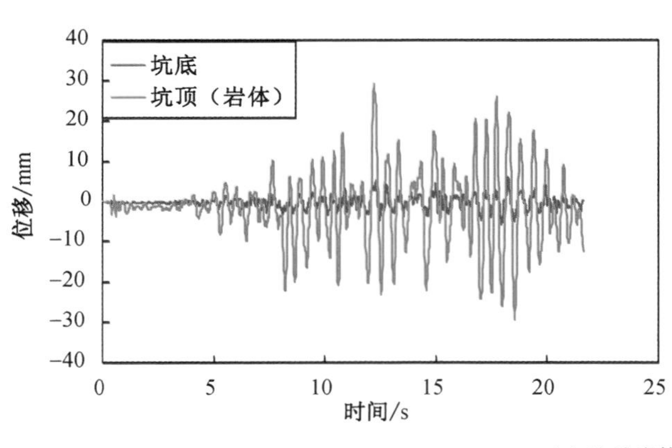

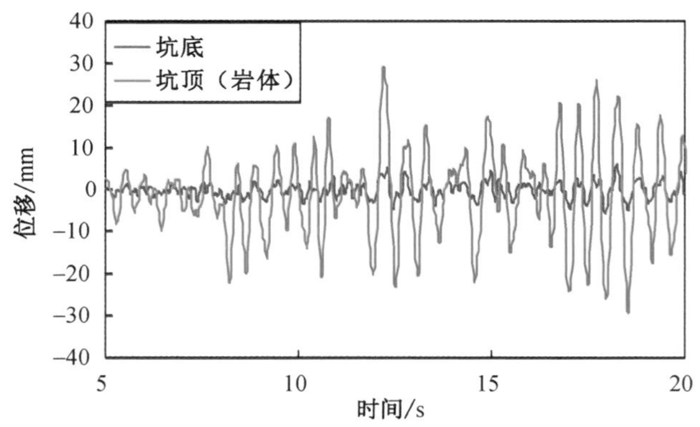

(a) 边坡岩体位移时程曲线

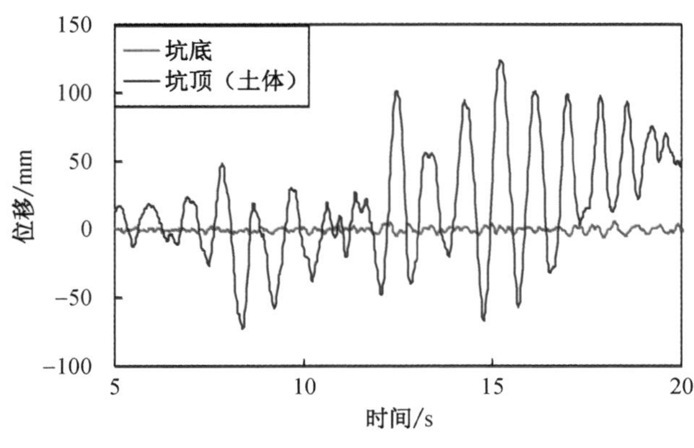

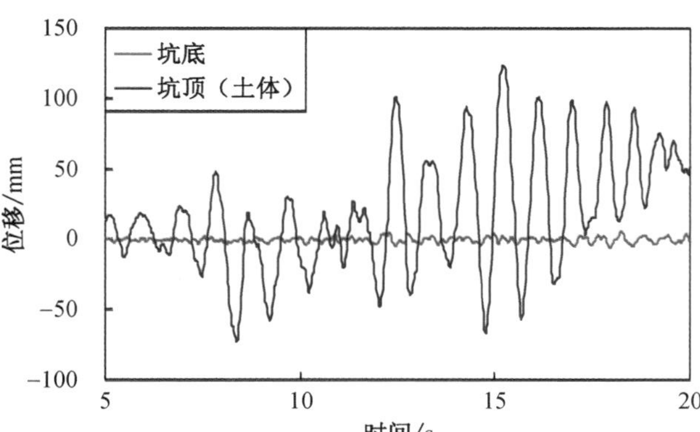

(b) 边坡土体位移时程曲线

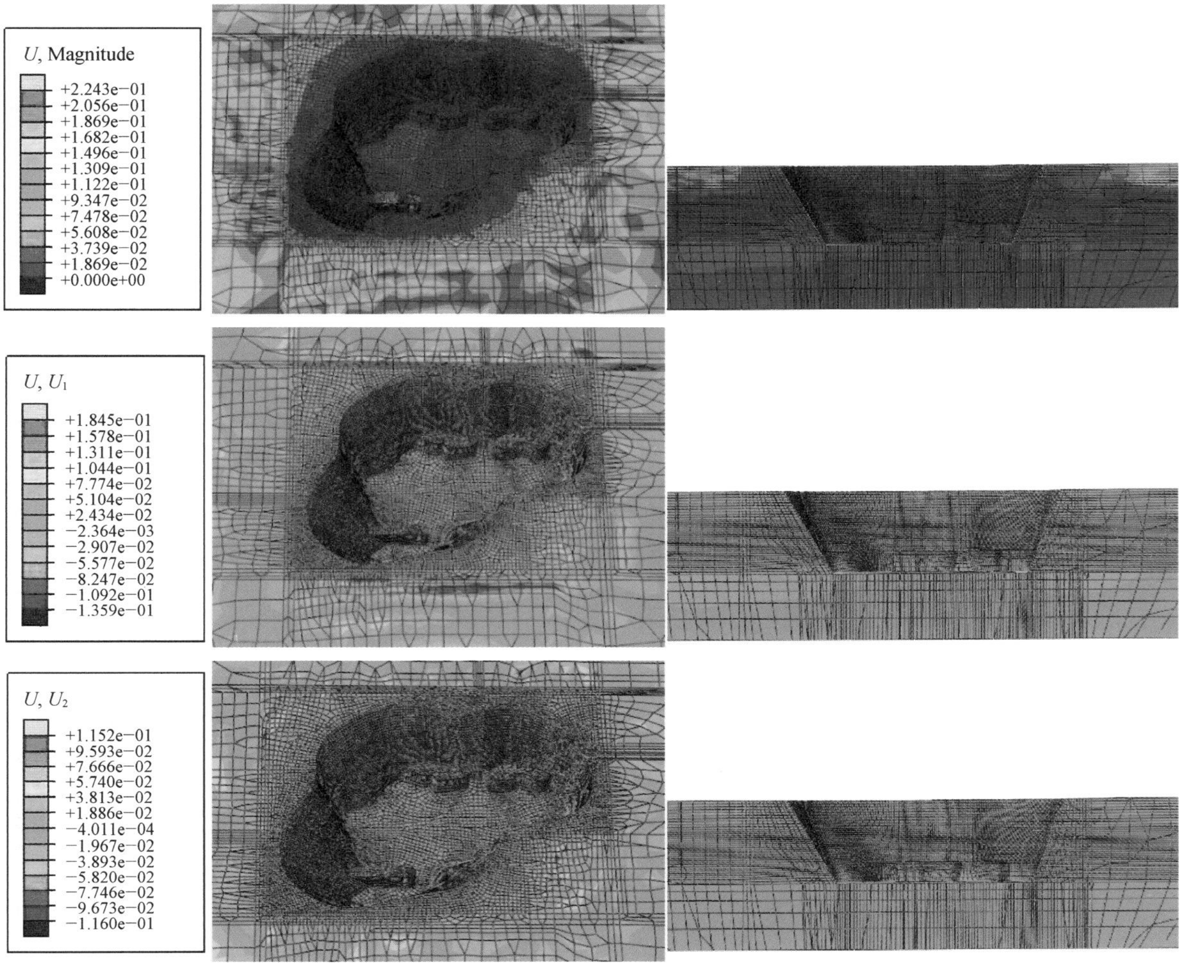

(c) 边坡位移分布图

图 10-38 无锚固天然边坡大震作用下的位移响应

3. 大震（50 年超越概率 2%）作用下有锚固极限稳定状态的动力响应

经过多次强度折减后锚固边坡达到极限稳定状态，相应的稳定性安全系数为 1.4。图 10-39 为极限稳定状态下边坡应力云图，图 10-40 为极限稳定状态下边坡应变云图。由图可知，边坡在极限状态下结构面塑性区自坡脚贯通至坡顶。

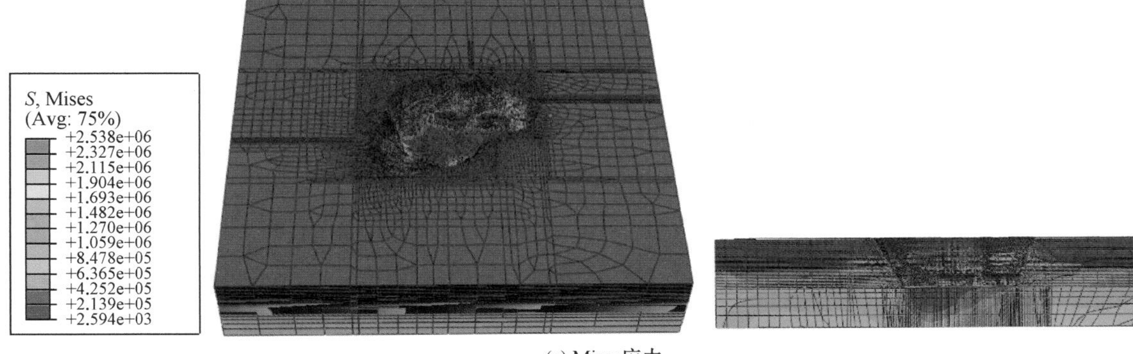

(a) Mises应力

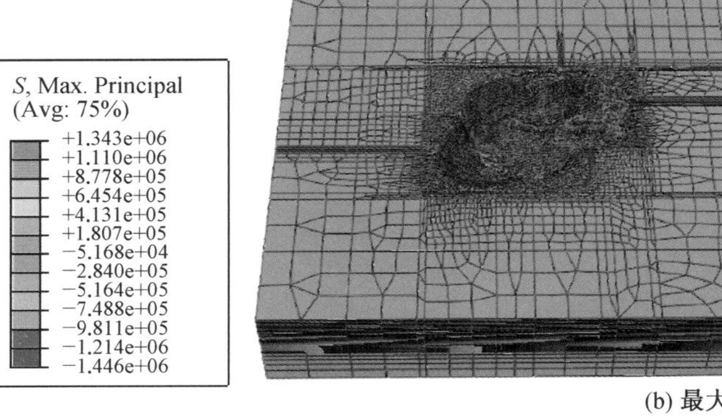

(b) 最大主应力

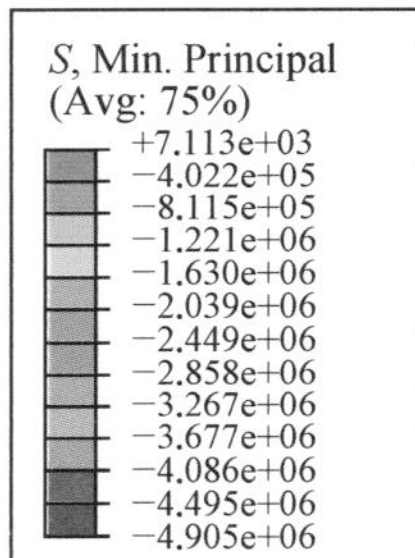

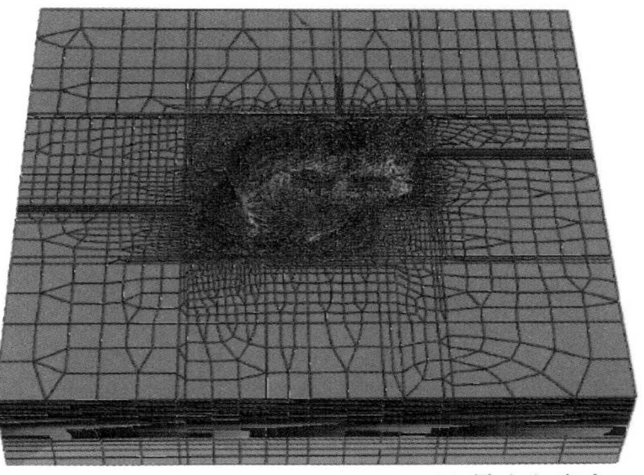

(c) 最小主应力

图 10-39　大震作用下有锚固边坡极限稳定状态下应力云图

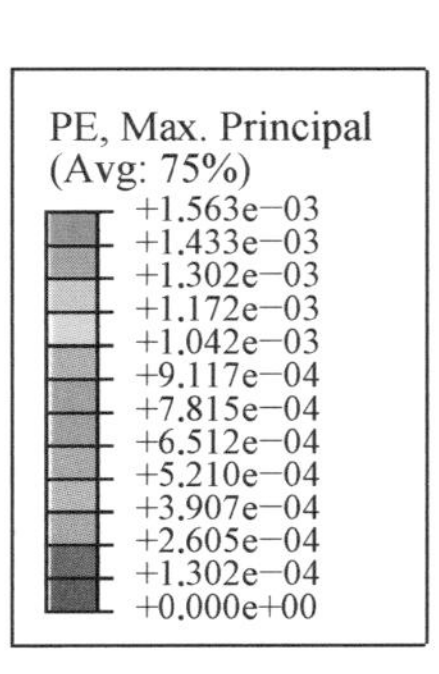

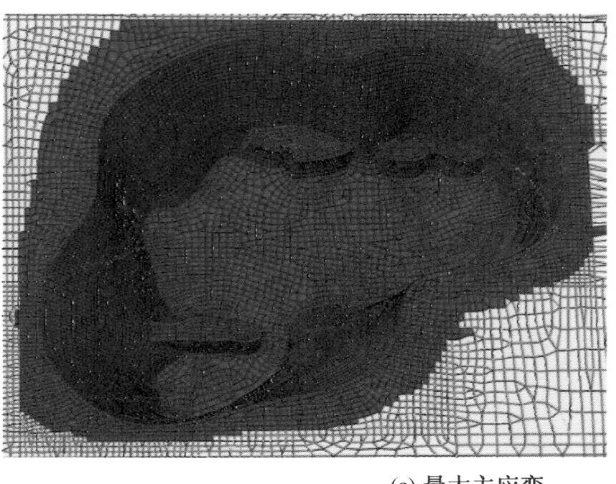

(a) 最大主应变

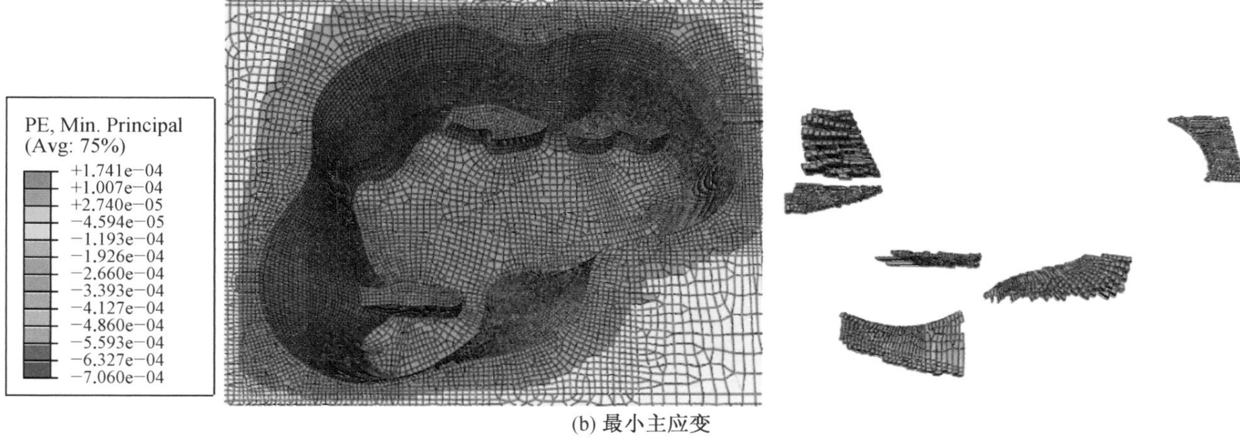

(b) 最小主应变

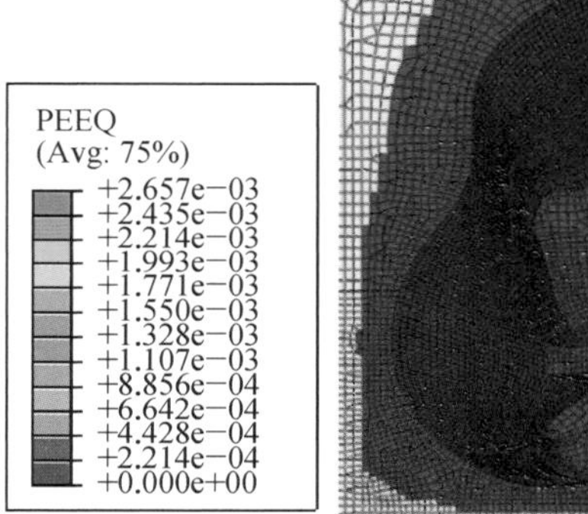

(c) 等效塑性应变

图 10-40　大震作用下有锚固边坡极限稳定状态下边坡应变云图

10.4.6　计算分析结果小结

通过对上海天马山世茂深坑酒店基坑的二、三维动静力有限元进行计算分析(表 10-8—表 10-10)，得出以下结果：

(1) 对于无支护措施的天然边坡，静力作用下的边坡水平相对位移为 5.0 mm，边坡稳定性安全系数为 1.60；小震作用下边坡的水平相对位移为 9.0 mm，边坡稳定性安全系数为 1.34；大震作用下边坡的水平相对位移为 130 mm，边坡稳定性安全系数为 1.18。

(2) 计算结果表明，边坡坡脚及结构面处应力集中明显，坡顶在地震作用下水平相对位移较大；可能导致边坡失稳的主要原因是指向坡外的水平地震力，当水平地震力在岩体中产生的指向坡外的作用力超过岩层的抗滑强度时，岩体就有可能发生滑动破坏；当水平地震力产生的倾覆力矩超过岩块自重和岩层连接强度产生的抗倾覆力矩时，陡崖岩体就可能发生向坡外的倾覆崩落。因此，对上述部位的岩体应采取系统锚杆、锚索支护，在应力集中部位有必要布置预应力锚索等以保证围岩施工期的稳定。

(3) 采取锚固支护措施后，静力作用下的边坡水平相对位移为 3.8 mm，边坡稳定性安全系数为 1.95；小震作用下边坡的水平相对位移为 5.0 mm，边坡稳定性安全系数为 1.82；大震作用下边坡的水平相对位移为 50 mm，边坡稳定性安全系数为 1.41。支护加固前，坡面附近边坡岩体最大主应力方向与边坡倾向趋向一致，而受结构面的影响，边坡最大主应力的大小与方向结构面处发生明显的变化。支护加固对边坡最大主应力分布的影响较大，而对最小主应力分布的影响相对较小。支护加固前、后边坡位移分布规律相似，水平位移较小，竖向沉降较大，坡顶的水平位移及竖向沉降均最大。但是，支护加固后边坡的变形显著减小，即支护构件发挥了加固效果。

(4) 围岩地质条件、物理力学参数等对边坡的应力、变形及塑性区影响显著。上述计算结果是基于地质报告和设计报告所给定条件下边坡应力、变形及塑性区的基本规律。施工过程中如围岩地质条件、物理力学参数以及施工过程发生变化，边坡的应力、变形及塑性区将表现出不同的特性。因此，施工过程中应加强监测，及时反馈，以便基坑快速、经济、安全施工。

表 10-8　静载作用下计算结果统计表

边坡状态 1	无断层模型			
	岩体最大水平位移值/mm	岩体最大垂直位移值/mm	坑顶与坑底岩体水平相对位移/mm	安全系数指标
天然状态下	7.4	5.3	3.50	1.75
锚固状态下	5.5	4.4	3.02	2.15
边坡状态 2	有断层模型			
	岩体最大水平位移值/mm	岩体最大垂直位移值/mm	坑顶与坑底岩体水平相对位移/mm	安全系数指标
天然状态下	8.5	6.6	4.99	1.60
锚固状态下	6.0	6.2	3.84	1.95

表 10-9　小震（50 年超越概率 63%）作用下计算结果统计表

边坡状态 1	无断层模型			
	加速度放大系数	时程内坑顶最大水平位移/mm	坑顶与坑底岩体最大水平相对位移/mm	安全系数指标
天然状态下	2	7.0	6.0	1.55
锚固状态下	2	3.5	3.0	1.94
边坡状态 2	有断层模型			
	加速度放大系数	时程内坑顶最大水平位移/mm	坑顶与坑底岩体水平相对位移/mm	安全系数指标
天然状态下	2.5	10.0	9.0	1.34
锚固状态下	2.5	5.5	5.0	1.82

表 10-10　大震（50 年超越概率 2%）作用下计算结果统计表

边坡状态 1	无断层模型			
	加速度放大系数	时程内坑顶最大水平位移/mm	坑顶与坑底岩体最大水平相对位移/mm	安全系数指标
天然状态下	3	90	90	1.25
锚固状态下	3	21	20	1.45
边坡状态 2	有断层模型			
	加速度放大系数	时程内坑顶最大水平位移/mm	坑顶与坑底岩体水平相对位移/mm	安全系数指标
天然状态下	3.5	130	130	1.18
锚固状态下	3.5	50	50	1.41

10.5　边坡加固设计与施工

根据本工程的使用要求，要尽量保留原坡面景观，因此加固设计对建筑区域与非建筑区域区别对待。对于建筑区域，边坡支护设计采用锚杆、锚索加固，预应力锚索控制深层滑动和地震时的坡顶变形，锚杆支护控制坡面浅层滑动。对于无景观要求的区域，采用喷射混凝土进行坡面防护；有景观要求且坡面破碎无法彻底清除的部位安装主动防护网防护。坡面需设置泄水孔排水，且需结合建筑与景观设计设置截水与排水系统，坑内结合建筑设计设置抽排水系统。对于非建筑区域，原则上清除表面松散岩土体；对破碎带采用固壁灌浆加固，其余坡面保留天然状态。其矿坑加固示意图如图 10-41 所示。

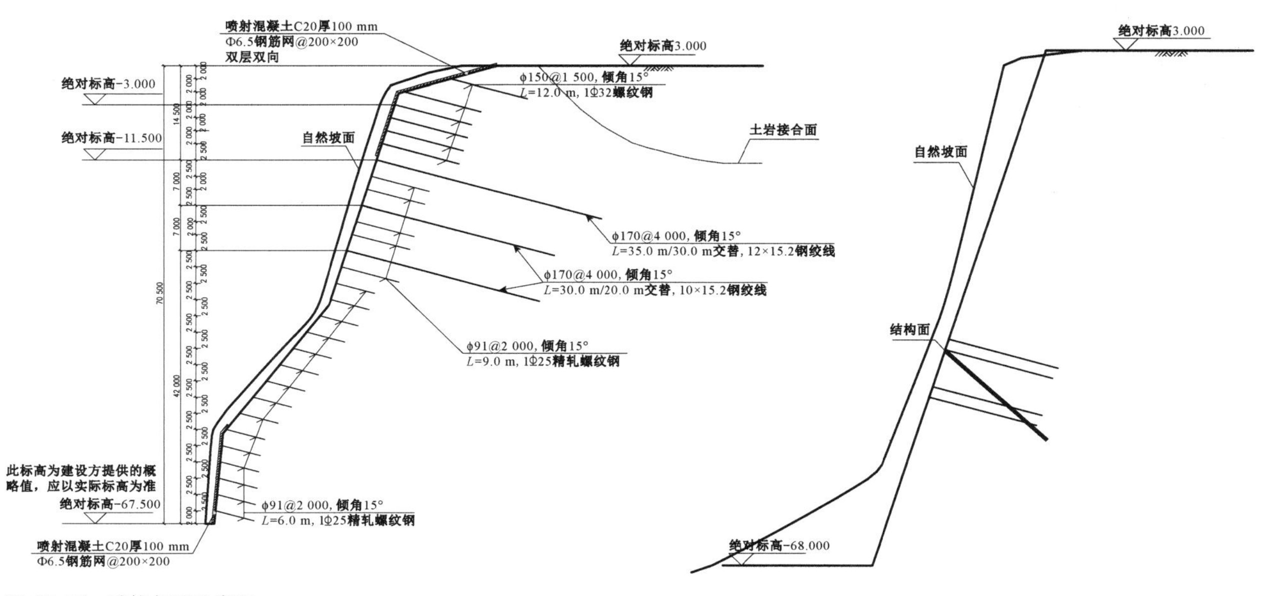

图 10-41　矿坑加固示意图

根据深坑地质条件及使用要求，边坡支护分为 15 个区。1～10 区（建筑区域）支护采用锚索 + 锚杆 + 挂网喷射混凝土支护，断层破碎带固结注浆，局部安装主动防护网。11～15 区断层两侧沿断层在坡面的延伸方向各施工两列预应力锚杆，在断层破碎带固壁灌浆。局部不稳定块体根据其是否影响建筑安全和是否有游客通行，采取不同对策：对于不影响建筑安全和没有游客通行的区域，原则上进行不稳定块体清除即可；否则应根据实际情况采取预应力锚杆 + 主动防护网（或挂网喷射混凝土）防护。

截止至 2015 年 6 月 15 日，上海天马山世茂深坑边坡加固基本完成。基底爆破、边坡加固施工阶段，边坡变形始终处于较低水平，坑顶 24 个测点的水平位移最大值为朝向坑内位移 2.6 mm，沉降最大值为 4.6 mm。某矿坑加固施工现场如图 10-42所示。

图 10-42　矿坑加固施工现场图

参考文献

[1] 王月. 废弃采石场恢复治理技术的研究[D]. 邯郸:河北工程大学,2013.

[2] 钟元春. 矿区景观生态维护与重建研究[D]. 长沙:湖南大学,2005.

[3] 李耀林. 英国的人造伊甸园——现代设计改变荒废矿坑[J]. 世界环境,2003(4):23-28.

[4] 宋丹丹. 石灰岩矿山废弃地生态恢复与景观营建研究[D]. 天津:河北工业大学,2012.

[5] 蒋保汝. 城市工业废弃地景观再造与文化艺术价值重建[D]. 南京:东南大学,2009.

[6] 郑敏,赵军伟. 废弃矿坑综合利用新途径[J]. 矿产保护与利用,2003,3(6):49-53.

[7] 王永生,郑敏. 废弃矿坑综合利用[J]. 中国矿业,2002,11(6):65-67.

[8] 吕红亮,许顺才,林纪. 生态需要空间——采矿区生态重构与城市复兴[C]//华中科技大学. 第二届"21世纪城市发展"国际会议论文集. 武汉,2007.

[9] 朱育帆,姚玉君,孟凡玉. 辰山植物园矿坑花园,上海,中国[J]. 世界建筑,2015(3):52-55.

[10] 陈治光. 门头沟生态修复六大示范工程巡礼[J]. 科技潮,2006(10):12-17.

[11] 韩瑞光. 大连市石灰石矿环境综合整治的可能性探讨[J]. 中国园林,2008,24(2):9-13.

[12] 张毅川,齐安国,乔丽芳,等. 城郊废弃地景观改造研究——以新乡市世利农业园为例[J]. 中国地质灾害与防治学报,2007,18(1):144-146.

[13] 刘传正. 中国崩塌滑坡泥石流灾害成因类型[J]. 地质评论,2014,60(4):858-868.

[14] 水利部水利水电规划设计总院,黄河勘测规划设计有限公司.《水利水电工程边坡设计规范》(SL 386—2007)实施指南[M]. 北京:地质出版社,2009.

[15] 中华人民共和国水利部. 水利水电工程边坡设计规范:SL 386—2007[S]. 北京:中国水利水电出版社,2006.

[16] 张倬元,王士天,王兰生,等. 工程地质分析原理[M]. 3版. 北京:中国水利水电出版社,2009.

[17] 郑颖人,陈祖煜,王恭先,等. 边坡与滑坡工程治理[M]. 北京:人民交通出版社,2010.

[18] 王国章.陡倾层状岩质斜坡破坏机制研究[D].上海:上海交通大学,2014.
[19] 中华人民共和国住房和城乡建设部.建筑边坡工程技术规范:GB 50330—2013[S].北京:中国建筑工业出版社,2013.
[20] 中华人民共和国住房和城乡建设部.岩土工程勘察规范(2009 年版):GB 50021—2001[S].北京:中国建筑工业出版社,2009.
[21] 中华人民共和国水利部.碾压式土石坝设计规范:SL 274—2001[S].北京:中国水利出版社,2001.
[22] 中华人民共和国国土资源部.地质灾害危险性评估规范:DZ/T 286—2015[S].北京:中国地质出版社,2015.
[23] 上海市规划和国土资源管理局.地质灾害危险性评估技术规程:DGJ 08-2007—2016[S].上海:同济大学出版社,2016.
[24] 浙江省质量技术监督局.地质灾害危险性评估规范:DB 33/T 881—2012 [S].武汉:中国地质大学出版社,2012.
[25] 中华人民共和国铁道部.铁路工程不良地质勘察规程:TB 10027—2012 [S].北京:中国铁道出版社,2012.
[26] 中华人民共和国国土资源部.滑坡防治工程勘查规范:DZ/T 0218—2006 [S].北京:中国标准出版社,2006.
[27] 常士骠,张苏民,项勃,等.工程地质手册[M].4 版.北京:中国建筑工业出版社,2007.
[28] 中华人民共和国国家质量监督检验检疫总局,中国国家标准化管理委员会.工程场地地震安全性评价:GB 17741—2005[S].北京:中国标准出版社,2005.
[29] 胡聿贤.地震安全性评价技术规程[M].北京:地震出版社,1999.
[30] 中华人民共和国住房和城乡建设部.水利水电工程地质勘察规范:GB 50487—2008[S].北京:中国计划出版社,2008.
[31] 中华人民共和国水利部.工程岩土分级标准:GB 50128—2014[S].北京:中国计划出版社,2015.
[32] 刘超.黄土高边坡抗剪强度参数反演研究[D].西安:长安大学,2014.
[33] 王学坤,胡帮海.边坡参数取值研究以及加固措施分析[J].公路工程,2014,39(3):192-195.
[34] 吕爱钟,蒋斌松.岩石力学反问题[M].北京:煤炭工业出版社,1998.
[35] 李林,李锁平.圆弧形滑坡反分析技术研究[J].地质灾害与环境保护,2001,12(4):53-55.
[36] 徐韬.某岩质高边坡稳定性计算与力学参数反分析[D].长沙:中南大学,2013.
[37] 马威,董海婷,曹延海.某工程边坡监测资料及参数反演分析[J].西南公路,2014(4):81-83.
[38] 李剑伟,杨堉果,陈清泉.反算法在某滑坡稳定性评价中的应用[J].四川水力发电,2014,33(3):89-91.
[39] 杨明亮,袁从华,骆行文,等.高速公路路堑边坡顺层滑坡分析与治理[J].岩石力学与工程学报,2005,24(23):4383-4389.

[40] 王超，蒋宏兴，杨峰. 基于滑塌实例的边坡力学参数反算与破坏模式分析[J]. 公路工程，2011，36(3)：63-65.

[41] 孙立川，王红贤，周念清，等. 可靠度理论在岩质边坡楔形体破坏反分析中的应用[J]. 岩石力学与工程学报，2012，31(S1)：2660-2667.

[42] 吴刚，夏艳华，陈静曦，等. 可靠性理论在边坡反分析中的运用[J]. 岩土力学，2003，24(5)：809-811.

[43] 中华人民共和国国家发展和改革委员会. 水电水利工程边坡工程地质勘察技术规程：DL/T 5337—2006[S]. 北京：中国电力出版社，2006.

[44] 孙志彬. 边坡稳定性上限分析方法及参数反演研究[D]. 长沙：中南大学，2013.

[45] 岳铭. 一种新的边坡反分析方法研究[J]. 公路工程，2014，39(2)：229-231.

[46] 黄昌乾，丁恩保. 边坡工程常用稳定分析方法[J]. 水电站设计，1999，15(1)：53-58.

[47] 冯少杰，孙世国. 边坡稳定性评价方法及其发展趋势[J]. 中国矿山工程，2007，36(6)：41-44.

[48] 李建林. 边坡工程[M]. 重庆：重庆大学出版社，2013.

[49] 中华人民共和国水利部. 水利水电工程边坡设计规范：DL/T 5353—2006 [S]. 北京：中国水利水电出版社，2006.

[50] ROMANA M. New adjustment ratings for application of Bieniawski classification to slopes[C]//Proceedings of the International Symposium on Role of Rock Mechanics. Zacatecas, Mexico, 1985.

[51] ROMANA M. SMR classification[C]//Proceedings of 7th International Congress on Rock Mechanics, Aachen. Germany, 1991.

[52] ROMANA M. The geomechanical classification SMR for slope correction [C]//Proceedings of 8th International Congress on Rock Mechanics. Tokyo, Japan, 1995.

[53] ROMANA M, SERON J, MONTALAR E. SMR Geomechanics classification: application, experience and validation[C]//Proceedings of the International Symposium on Role of Rock Mechanics. Johannesburg, South Africa, 2003.

[54] 黄昌乾，范建军，丁恩保. 边坡岩体质量分类的 SMR 法及其应用实例[J]. 岩土工程技术，1998，11(1)：7-13.

[55] 周应华，周德培，张辉，等. 楔形体破坏模式下红层边坡岩体质量 SMR 法评价[J]. 工程地质学报，2005，13(1)：89-93.

[56] 王明华，谢世禄，张电吉. SMR 法在大冶铁矿边坡岩体分类中的应用研究[J]. 采矿技术，2006，6(2)：29-30.

[57] 陈国平，孙懿，陈志刚，等. 边坡岩体质量分类的 SMR 法在高边坡桥基设计中的应用[J]. 公路工程，2007，32(5)：110-112.

[58] HACK H. An evaluation of slope stability classification[C]//Proceedings of the EUROCK. Madeira, Portugal, 2002.

[59] HACK H, PRICE D, RENGERS N. A new approach to rock slope stability-a probability classification[J]. Bulletin of Engineering Geology and the Environment, 2003,62(2):167-184.
[60] 孙东亚,陈祖煜,杜伯辉,等.边坡稳定评价方法 RMR-SMR 体系及其修正[J].岩石力学与工程学报,1997,16(4):297-304.
[61] 王哲.西南山区高等级公路岩质边坡稳定性分级研究[D].成都:成都理工大学地质工程,2004.
[62] 石豫川.山区高等级公路层状岩质边坡稳定性 HSMR 快速评价体系研究[D].成都:成都理工大学地质工程,2007.
[63] 耿志斌.崩塌边坡稳定性评价及其处治设计[J].西部探矿工程,2007,19(11):206-207.
[64] 熊传治.岩石边坡工程[M].长沙:中南大学出版社,2010.
[65] 邓卫东.公路边坡稳定技术[M].北京:人民交通出版社,2006.
[66] 张均锋,王思莹,祈涛.边坡稳定分析的三维 Spencer 法[J].岩石力学与工程学报,2005,24(19):3434-3439.
[67] 弥宏亮,陈祖煜,张发明,等.边坡稳定三维极限分析方法及工程应用[J].岩土力学,2002,23(5):649-653.
[68] CHEN Z. A generalized solution for tetrahedral rock wedge stability analysis [J]. International Journal of Rock Mechanics and Mining Sciences, 2004,41(4):613-628.
[69] 弥宏亮,陈祖煜,张发明,等.边坡稳定三维极限分析方法及工程应用[J].岩土力学,2002,23(5):649-653.
[70] 姜清辉,王笑海,丰定祥,等.三维边坡稳定性极限平衡分析系统软件 SLOPE 3D 的设计及应用[J].岩石力学与工程学报,2003,22(7):1121-1125.
[71] 谢谟文,蔡美峰,江崎哲郎.基于 GIS 边坡稳定三维极限平衡方法的开发及应用[J].岩土力学,2006,27(1):117-122.
[72] ZHENG H. A three-dimensional rigorous method for stability analysis of landslides[J]. Engineering Geology, 2012,145(30):30-40.
[73] 郑宏.严格三维极限平衡法[J].岩石力学与工程学报,2007,26(8):1529-1537.
[74] SUN G, ZHENG H, JIANG W. A global procedure for evaluating stability of three-dimensional slopes[J]. Natural Hazards, 2012,61(3):1083-1098.
[75] 韩颖.岩质边坡楔形体稳定分析[D].杭州:浙江大学岩土工程,2006.
[76] HOEK E, BRAY J W.岩石边坡工程[M].卢世宗等,译.北京:冶金工业出版社,1983.
[77] 陈祖煜,张建红,汪小刚.岩石边坡倾倒稳定分析的简化方法[J].岩土工程学报,1996,18(6):92-95.
[78] 王勤成,邵敏.有限单元法基本原理和数值方法[M].北京:清华大学出版社,2002.
[79] 张永兴.边坡工程学[M].北京:中国建筑工业出版社,2008.

[80] 寇晓东,周维垣,杨若琼.FLAC-3D进行三峡船闸高边坡稳定分析[J].岩石力学与工程学报,2001,20(1):6-10.
[81] 吕西林,陈跃庆,陈波,等.结构-地基动力相互作用体系振动台模型试验研究[J].地震工程与工程振动,2000,20(4):20-29.
[82] 李培振.结构-地基动力相互作用体系的振动台试验及计算模拟分析[D].上海:同济大学,2002.
[83] 杨林德,季倩倩,郑永来,等.软土地铁车站结构的振动台模型试验[J].现代隧道技术,2003,40(1):7-11.
[84] 陈跃庆,吕西林,李培振,等.不同土性的地基-结构动力相互作用振动台模型试验对比研究[J].土木工程学报,2006,39(5):57-64.
[85] 任红梅.液化场地桩-土-高层结构相互作用体系的振动台试验及计算分析[D].上海:同济大学,2009.
[86] 李培振,程磊,吕西林,等.可液化土-高层结构地震相互作用振动台试验[J].同济大学学报(自然科学版),2010,38(4):467-474.
[87] 陈国兴,王志华,宰金珉.土与结构动力相互作用体系振动台模型试验研究[J].世界地震工程,2002,18(4):47-54.
[88] 钱德玲,赵元一,王东坡.桩-土-结构体系动力相互作用的试验研究[J].上海交通大学学报,2005,39(11):1856-1861.
[89] 钱德玲,夏京,卢文胜,等.支盘桩-土-高层建筑结构振动台试验的研究[J].岩石力学与工程学报,2009,28(10):2024-2030.
[90] 尚守平,姚菲,刘可.软土-铰接桩体系隔震性能的振动台试验研究[J].铁道科学与工程学报,2006,3(6):19-24.
[91] 陈国兴,左熹,王志华,等.地铁车站结构近远场地震反应特性振动台试验[J].浙江大学学报(工学版),2010,44(10):1955-1961.
[92] 杨迎春,钱德玲,雷超.桩-土-结构动力相互作用体系振动台模型试验研究[J].四川建筑科学研究,2010,36(3):138-141.
[93] MARIA R, MICHELE M. Physical modelling of shaking table tests on dynamic soil-foundation interaction and numerical and analytical simulation [J]. Soil Dynamics and Earthquake Engineering, 2013,49(8):1-18.
[94] 徐礼华,刘祖德,茜平一.上部结构-桩基础-地基相互作用体系地震反应分析[J].岩石力学与工程学报,2002,21(11):1720-1723.
[95] 贺雅敏,杨锋.地基-基础-结构共同作用抗震分析综述[J].工业建筑,2006,36(Z1):633-636.
[96] 中华人民共和国住房和城乡建设部.建筑结构荷载规范:GB 50009—2012[S].北京:中国建筑工业出版社,2012.
[97] 赵其华,彭社琴.岩土支挡与锚固工程[M].成都:四川大学出版社,2008.
[98] 阎莫明,徐祯祥,苏自约.岩土锚固技术手册[M].北京:人民交通出版社,2004.
[99] 程良奎,李象范.岩土锚固、土钉、喷射混凝土——原理、设计与应用[M].北京:中国建筑工业出版社,2008.

[100] 陈新,赵文谦.压力型和拉力型锚索锚固作用的原位试验研究[J].水力发电,2009,35(3):47-50.

[101] 中华人民共和国交通部.公路路基设计规范:JTG D30—2015[S].北京:人民交通出版社,2015.

[102] 中华人民共和国铁道部.铁路路基支挡结构设计规范:TB 10025—2006 [S].北京:中国铁道出版社,2009.

[103] 中华人民共和国住房和城乡建设部.岩土锚杆与喷射混凝土支护工程技术规范:GB 50086—2015[S].北京:中国计划出版社,2001.

[104] 中国工程建设标准化协会.岩土锚杆(索)技术规程:CECS 22:2005 [S].北京:中国计划出版社,2005.

[105] 佴磊,徐燕,代树林.边坡工程[M].北京:科学出版社,2010.

[106] 北京理正软件股份有限公司.理正岩土挡土墙设计软件帮助[CP/OL].

[107] 中华人民共和国交通部.公路排水设计规范:JTG/T D33—2012[S].北京:人民交通出版社,2012.

[108] 中华人民共和国住房和城乡建设部.土方与爆破工程施工及验收规范:GB 50201—2012[S].北京:中国建筑工业出版社,2012.

[109] 中华人民共和国国家质量监督检验检疫总局.爆破与安全规程:GB 6722—2014[S].北京:中国标准出版社,2014.

[110] 郭进平,聂兴信.新编爆破工程实用技术大全[M].北京:光明日报出版社,2002.

[111] 张宏升,胡湘宏,张宏恩.工程爆破技术[M].北京:煤炭工业出版社,2001.

[112] 中华人民共和国国家发展和改革委员会.水电水利工程预应力锚索施工规范:DL/T 5083—2010[S].北京:中国电力出版社,2010.

[113] 周德培,张俊云.植被护坡工程技术[M].北京:人民交通出版社,2003.

[114] 赵方莹,赵廷宁.边坡绿化与生态防护技术[M].北京:中国林业出版社,2009.

[115] 许文年,王铁桥,叶建军.岩石边坡护坡绿化技术应用研究[J].水利水电技术,2002,33(7):35-36.

[116] 宋维峰,陈丽华,刘秀萍.树木根系固土力学机制研究综述[J].浙江林学院学报,2008,25(3):376-381.

[117] 曹波,曹志东,王黎明,等.植物根系固土作用研究进展[J].水土保持应用技术,2009(1):26-28.

[118] 唐亚明,张茂省,薛强,等.滑坡监测预警国内外研究现状及评述[J].地质论评,2012,58(3):533-541.

[119] 周平根.滑坡监测的指标体系与技术方法[J].地质力学学报,2004,10(1):19-26.

[120] 廖明生,唐婧,王腾,等.高分辨率SAR数据在三峡库区滑坡监测中的应用[J].中国科学:地球科学,2012,42(2):217-219.

[121] 李邵军,冯夏庭,杨成祥,等.基于三维地理信息的滑坡监测及变形预测智能分析[J].岩石力学与工程学报,2004,23(21):3673-3678.

[122] 殷建华，丁晓利，杨育文，等.常规仪器与全球定位仪相结合的全自动化遥控边坡监测系统[J].岩石力学与工程学报，2004，23(3)：357-364.

[123] 谢谟文，胡嫚，王立伟.基于三维激光扫描仪的滑坡表面变形监测方法——以金坪子滑坡为例[J].中国地质灾害与防治学报，2013，24(4)：85-92.

[124] 赵国梁，岳建利，余学义，等.三维激光扫描仪在西部矿区采动滑坡监测中的应用研究[J].矿山测量，2009(3)：29-31，72.

[125] CANNON S，ELLEN S. Rainfall conditions for abundant debris avalanches，San Francisco Bay region，California[J]. California Geology，1988，38(12)：267-272.

[126] 李媛.区域降雨型滑坡预报预警方法研究[D].北京：中国地质大学(北京)，2005.

[127] 赵衡，宋二祥.诱发区域性滑坡的降雨阈值[J].吉林大学学报(地球科学版)，2011，41(5)：1481-1487.

[128] 胡显明，晏鄂川，周瑜，等.滑坡监测点运动轨迹的分形特性及其应用研究[J].岩石力学与工程学报，2012，31(3)：570-576.

[129] 杨永波.边坡监测与预测预报智能化方法研究[D].武汉：中国科学院武汉岩土力学研究所，2005.

[130] 王旭华.基于工程模糊集理论的边坡稳定性评价及预测[D].大连：大连理工大学水利水电工程，2005.

[131] 杨人光.岩土结构稳定性理论与滑坡预测预报[M].北京：科学出版社，2010.

[132] 季伟峰.地质灾害防治工程中监测新技术的开发应用与展望[C]//地质灾害调查与监测技术方法现场研讨会.重庆，2004.

[133] 徐进军，王海城，罗喻真，等.基于三维激光扫描的滑坡变形监测与数据处理[J].岩土力学，2010，31(7)：2188-2191，2196.

[134] MILLER H，WENTA E. Representation and spatial-analysis in geographic information systems[J]. Annals of the Association of American Geographers，2003，93(3)：574-594.

[135] 王桂杰，谢谟文，邱骋，等.D-INSAR技术在大范围滑坡监测中的应用[J].岩土力学，2010，31(4)：1337-1344.

[136] 姚永熙.地下水监测方法和仪器概述[J].水利水文自动化，2010(1)：6-13.

[137] 许学瑞，帅健，肖伟生.滑坡多发区管道应变监测应变计安装方法[J].油气储运，2010，29(10)：780-784.

[138] 李光煜，黄粤.岩土工程应变监测中的线法原理及便携式仪器系列[J].岩石力学与工程学报，2001，20(1)：99-109.

[139] 施斌，徐洪钟，张丹，等.BOTDR应变监测技术应用在大型基础工程健康诊断中的可行性研究[J].岩石力学与工程学报，2004，23(3)：493-499.

[140] 维亚洛夫C C.土力学流变原理[M].杜余培，译.北京：科学出版社，1987.

[141] 中华人民共和国国土资源部.滑坡防治工程设计与施工技术规范：DZ/T 0219—2006[S].北京：中国标准出版社，2006.

[142] 江苏南京地质工程勘察院.南京牛首山文化旅游区——核心区岩土工程详细勘察报告[R].南京:江苏南京地质工程勘察院,2013.
[143] 中华人民共和国住房和城乡建设部.建筑抗震设计规范:GB 50011—2010[S].北京:中国建筑工业出版社,2010.
[144] 朱大勇,邓建辉,台佳佳.简化 Bishop 法严格性的论证[J].岩石力学与工程学报,2007,26(3):455-458.
[145] 江苏省地质工程研究院.南京江宁牛首山圣境一期工程场地地震安全性评价报告[R].南京:江苏省地质工程研究院,2012.
[146] 上海地矿工程勘察有限公司.辰花路二号地块深坑酒店工程拟建场地岩土工程勘察报告[R].上海:上海地矿工程勘察有限公司,2009.
[147] 上海市民防地基勘察院.世茂天马深坑酒店勘察报告[R].上海:上海市民防地基勘察院,2009.
[148] 上海市地质调查研究院.上海辰山国家植物园地质灾害危险性评估报告[R].上海:上海市地质调查研究院,2009.
[149] 上海市地质调查研究院.上海世茂天马深坑酒店工程岩体深大基坑稳定性调查评价报告[R].上海:上海市地质调查研究院,2009.
[150] 中国地震局地壳应力研究所.上海世茂松江辰花路二号地块场地地震安全性评价报告[R].北京:中国地震局地壳应力研究所,2009.